Messelektronik und Sensoren

Herbert Bernstein

Messelektronik und Sensoren

Grundlagen der Messtechnik, Sensoren, analoge und digitale Signalverarbeitung

2. Auflage

 Springer Vieweg

Herbert Bernstein
München, Deutschland

ISBN 978-3-658-38928-4   ISBN 978-3-658-38929-1   (eBook)
https://doi.org/10.1007/978-3-658-38929-1

Die Deutsche Nationalbibliothek verzeichnet diese Publikation in der Deutschen Nationalbibliografie;
detaillierte bibliografische Daten sind im Internet über http://dnb.d-nb.de abrufbar.

Planung/Lektorat: Reinhard Dapper
Springer Vieweg ist ein Imprint der eingetragenen Gesellschaft Springer Fachmedien Wiesbaden GmbH und ist
ein Teil von Springer Nature.
Die Anschrift der Gesellschaft ist: Abraham-Lincoln-Str. 46, 65189 Wiesbaden, Germany

Vorwort

Eine rationelle Betriebsführung in prozesstechnischen Anlagen ist ohne eine moderne Messtechnik nicht mehr denkbar. Voraussetzung für den Einsatz von Steuereinrichtungen, Reglern, Prozessrechnern und PC-Systemen ist eine kontinuierliche oder quasi-kontinuierliche sowie exakte Messwerterfassung und die Darstellung der Messwerte in Form elektrischer, hydraulischer oder pneumatischer Signale.

Die messtechnische Erfassung und Auswertung der Umwelt ist für den Ingenieur und Physiker von jeher die Voraussetzung für seine Arbeit gewesen. Die heute anstehenden naturwissenschaftlichen und technischen Aufgaben stellen ihn vor eine sehr große Anzahl von miteinander verknüpften Problemen. Deren Lösung bedarf einer ganzheitlichen Betrachtung, wozu die Methoden der Sensorik und der Messwerterfassung und -verarbeitung einen wichtigen Beitrag leisten können. Für den Techniker und Meister im Labor, im Betrieb und in der Anlagentechnik ist die praktische Anwendung der zahlreichen Sensoren und die Kenntnis der Messelektronik bzw. PC-Messtechnik heute unentbehrlich.

Das Buch gibt einen Einblick in die heutige Betriebsmesstechnik einschließlich der Analysentechnik, ohne dabei Anspruch auf Vollständigkeit zu erheben. Für den Studierenden stellt das Buch neben den einschlägigen Lehr- und Handbüchern eine Einführung dar. Dem im Beruf stehenden Ingenieur vermittelt es einen raschen Überblick über ihm nicht vertraute Messverfahren und Geräte.

In der Messtechnik ist ein PC-System heute zum unersetzlichen Hilfsmittel geworden. Der PC führt automatisch Messungen aus, analysiert Messdaten und stellt sie als Grafik oder Datei zur weiteren Verarbeitung zur Verfügung. Der PC kann ganze Anlagen steuern, indem er mit Relais, Ventile und Motoren geschaltet werden kann. Natürlich ist er auch aus der Regelungstechnik nicht mehr wegzudenken. Musste früher eine Regelungsschaltung durch zahlreiche diskrete Bauelemente oder mit sehr teuren Prozessrechnern aufgebaut werden, lässt sie sich heute durch die Verwendung eines PC-Systems flexibler und effektiver gestalten, weil Hardware-Komponenten durch eine entsprechende Software ersetzt werden können.

Durch die notwendige Kombination der analogen und der digitalen Schaltungstechnik ergeben sich oft Problemstellungen, die sich nur durch entsprechende Erfahrung auf beiden Gebieten lösen lassen. Aus diesem Grunde werden in diesem Buch nicht nur die Bauelemente der Messtechnik transparent gestaltet, sondern auch die analogen Komponenten, die für den Aufbau von Mess-, Steuer- und Regelungssystemen notwendig sind, ausführlich dargestellt.

Die Erfahrungen und Vorkenntnisse der PC-Benutzer oder derjenigen, die es werden wollen, sind ganz unterschiedlicher Natur. Auf der einen Seite gibt es die „PC-Freaks", die über einen hohen Kenntnisstand betreffs Programmierung und Innenleben des PC verfügen, aber mit der Analogtechnik nicht so vertraut sind, dass sie entsprechende Systeme entwickeln könnten. Auf der anderen Seite wird der PC in den unterschiedlichsten Bereichen, sei es in der Elektrotechnik/Elektronik, im Maschinenbau oder in der Verfahrenstechnik, eingesetzt. Hier wird das PC-System eher als Hilfsmittel zur eigentlichen Problemlösung betrachtet und dementsprechend sind die PC-Kenntnisse meist nicht tiefgreifend genug, um Messsysteme hinsichtlich ihrer Eignung für den PC beurteilen oder selbst entwickeln zu können.

Den theoretischen Grundlagen und den Messverfahren ist ebenso breiter Raum gewidmet wie der Beschreibung von Systemen bzw. Geräten und Messeinrichtungen. Durch Angabe von Messbereichen und Fehlergrenzen werden zusätzliche Anhaltspunkte für den Einsatz gegeben, wobei die genannten Werte aufgrund der ständig technischen Entwicklung als Mindestwerte anzusehen sind. Zahlreiche Tabellen runden das Buch zu einer handlichen Arbeitsunterlage ab.

Meiner Frau Brigitte danke ich für die Erstellung der Zeichnungen und für die Korrektur des Manuskripts.

Zur 2. Auflage: Das Fachbuch wurde überarbeitet und erweitert.

München   Herbert Bernstein
im Sommer 2022   E-Mail: Bernstein-Herbert@t-online.de

Inhaltsverzeichnis

Einführung in die Sensorik und in die elektronische Messtechnik

Zusammenfassung

Am Anfang jeder elektrischen Messung von nicht elektrischen Größen stehen die Sensoren. Sie nutzen bestimmte physikalische Effekte, durch die die Messgröße in eine elektrische Größe umgesetzt wird. Diese Effekte sind in den meisten Fällen keine Entdeckungen unserer Zeit, sondern zum Teil bereits seit Jahrzehnten oder Jahrhunderten bekannt. Sie wurden lediglich in Richtung auf eine einfache Anwendbarkeit im Rahmen der heutigen Möglichkeiten der Elektronik, PC-Messtechnik und mit Mikrocontrollern in Frontendsystemen „hochgezüchtet".

Am Anfang jeder elektrischen Messung von nicht elektrischen Größen stehen die Sensoren. Sie nutzen bestimmte physikalische Effekte, durch die die Messgröße in eine elektrische Größe umgesetzt wird. Diese Effekte sind in den meisten Fällen keine Entdeckungen unserer Zeit, sondern zum Teil bereits seit Jahrzehnten oder Jahrhunderten bekannt. Sie wurden lediglich in Richtung auf eine einfache Anwendbarkeit im Rahmen der heutigen Möglichkeiten der Elektronik, PC-Messtechnik und mit Mikrocontrollern in Frontendsystemen „hochgezüchtet".

Die Arbeitsweise vieler Sensoren ist seit langem bekannt. So wurden beispielsweise Photozellen und Thermoelemente schon in den dreißiger Jahren zur Licht- bzw. Temperaturmessung eingesetzt. Richtig begann die Verbreitung aber erst ab den 70er Jahren, als temperatur- und druckempfindliche Halbleiterbauelemente aufkamen und das im Englischen benutzte Wort „Sensor" sich auch in der deutschen Sprache durchsetzte.

Bei allen Betrachtungen über „Sensoren" ist zwischen „Sensorelementen" und „Sensorsystemen" zu unterscheiden:

© Springer Fachmedien Wiesbaden GmbH, ein Teil von Springer Nature 2024
H. Bernstein, *Messelektronik und Sensoren,*
https://doi.org/10.1007/978-3-658-38929-1_1

- Sensorelemente sind eigentlich Messfühler, die eine physikalische Größe in ein elektrisches Signal umsetzen. Häufig werden sie von einem Bauelementehersteller gefertigt und sind aber in der gelieferten Form nicht direkt im rauen Industriebetrieb einsetzbar, weil sie noch nicht das passende Gehäuse und die notwendige Signalvorverarbeitung haben. Diesen Fertigungsschritt übernehmen in vielen Fällen andere Firmen.
- Sensorsysteme enthalten dagegen außer den in ein praxisgerechtes Gehäuse eingebauten Sensorelementen auch einen Teil der Elektronik für dessen Betrieb und die Aufbereitung des gewonnenen Signals – etwa Vorverstärkung, Linearisierung, Temperaturkompensation und Anpassung an die weitere Signalverarbeitung, in manchen Fällen sogar die Digitalisierung für den direkten Anschluss an einen Rechner.

Der Entwickler von elektronischen Regel- und Steuersystemen muss im Einzelfall entscheiden, ob er ein Sensorelement oder ein Sensorsystem verwendet. Die Überlegungen werden primär von der Anwendung ausgehen – so wird man z. B. eine Feuchtemessung bei einem Wäschetrockner anders durchführen als in einem chemischen Prozess. Das sehr weite verfügbare Spektrum an Sensorelementen und -systemen ermöglicht dem geschickten Entwickler in jedem Fall eine optimale Lösung.

1.1   Sensortypen

Sensoren gibt es für unterschiedlichste Messgrößen. Ihre Vielfalt ist fast unüberschaubar. Den ersten Überblick gibt die folgende Zusammenstellung, in der die verschiedenen Typen nach ihrem Umsatzanteil aufgeführt sind. Diese Zahlen beruhen auf Untersuchungen des AMA Fachverbandes für Sensorik e. V. Es handelt sich um ungefähre Schätzungen, die genauen Werte sind in der Praxis zum Teil schwierig zu ermitteln.

Füllstandssensoren	20 %
Druck, Differenzdruck	20 %
Temperatur	15 %
Durchfluss	10 %
Drehzahl	10 %
Kraft, Gewicht	8 %
Beschleunigung	2 %
Feuchte	1 %
Elektrochemie	1 %
Gasanalyse	1 %
Sonstige	12 %
Summe	100 %

Die größten Wachstumsraten mit teilweise deutlich mehr als 10 % pro Jahr weisen Abstands-, Beschleunigungs-, Geschwindigkeits- und Drehzahlsensoren sowie optische Sensoren und verschiedene Biosensoren auf. Die Verwendung der Sensoren teilt sich etwa wie folgt auf:

Automobil	49 %
Haushalt	27 %
Messen, Steuern, Regeln	14 %
Daten- und Nachrichtentechnik	5 %
Unterhaltungselektronik	5 %

Der ideale Sensor setzt nur eine einzige physikalische, chemische oder geometrische Größe hochlinear in ein elektrisches Signal um und ist unempfindlich gegenüber anderen Größen. In der Praxis ist das oft schwer zu erreichen; vor allem die Temperatur beeinflusst bei vielen Typen den Messwert. Hier ist eine entsprechende Kompensation notwendig.

Wer die Auswahl oder die Entwicklung von Sensoren zu verantworten hat, muss Entscheidungen im Bereich der Sensorphysik, Sensortechnik, Sensorproduktion, Sensortypen sowie des sehr umfangreichen Sensormarktes treffen. Rund 100 grundlegende physikalische Effekte lassen sich für den Bau von Sensoren verwenden. Es gilt dabei für den Entwickler, den physikalischen Effekt zu „kultivieren", d. h. gewünschte Wechselwirkungen zu verstärken und störende abzuschwächen oder zu unterdrücken. Die Vielfältigkeit der teilweise konträren Forderungen zwingt bei der Umsetzung der physikalischen Effekte in industrietaugliche Produkte bzw. Verfahren zu einer strukturierten Vorgehensweise.

Belegt wird dies nachdrücklich durch eine bereits 1986 vom Battelle-Institut vorgelegte Studie über Sensoren im Maschinenbau, wo die Frage „Warum scheitern Sensorprojekte?" untersucht wurde. Die wichtigsten der angegebenen Gründe waren die Umgebungsbedingungen (30 %), die Sensorzuverlässigkeit (27 %) und die Sensorkosten (27 %). Dies bedeutet, dass alle spezifischen Anforderungen in ihrer Ganzheit zu berücksichtigen sind. Die Sensoren müssen als Systeme (Mikro- und Subsysteme) behandelt werden. Dafür stehen dann bewährte Werkzeuge der Systemtechnik zur Verfügung. Wichtige Elemente dieser Vorgehensweise bestehen in der klaren Spezifikation von

- Sensorumfeld (Umwelt)
- Funktionsanforderungen
- operationellen Anforderungen
- Schnittstellen
- Sicherheitsanforderungen

Hilfe bei der Spezifikationserstellung für Sensoren kann die folgende, zehn Themen-
bereiche umfassende Checkliste geben:

- Funktionsanforderungen:
  - Physikalisches Grundprinzip
  - Zwischengrößen
  - Genauigkeit
  - Auflösung
  - Dynamik
  - Kompensation von Störgrößen
- Umweltanforderungen:
  - Klimatische Anforderungen
    Temperatur
    Druck
    Feuchte
  - Mechanische Anforderungen
    Vibration
    Schock
    Beschleunigung
  - Elektromagnetische Anforderungen
    Resistenz gegen eingeleitete Störungen
    Resistenz gegen eingestrahlte Störungen
    Reduktion der abgeleiteten Störungen
    Reduktion der abgestrahlten Störungen
- Schnittstellen-Anforderungen:
  - Elektrische Schnittstelle (Betriebsspannung):
    Spannung
    Leistung
  - Elektrische Schnittstellen (Signale):
    Analoge Schnittstellen:
        Spannung
        Strom
        Frequenz
        Impedanz
    Digitale Schnittstellen (parallel):
        Bitzahl
        Protokoll
        Bitrate
        Signalpegel
    Digitale Schnittstellen (seriell):
        Baudrate
        Protokoll

Konfiguration
Busvereinbarungen (Kollisionsvermeidung)
Mechanische Schnittstellen:
  Gehäuse (Schutzklasse nach DIN)
  Befestigung
  Steckverbinder
- Signalverarbeitung:
  – Analoge Signalverarbeitung:
  Verstärkung
  Anpassung
  Impedanz
  – Digitale Signalverarbeitung:
  Auflösung (Format)
  Abtastrate
  Datenreduktion
  Zwischenspeicherung
  Algorithmen
- Sicherheitsanforderungen:
  – Elektrische Sicherheit
  – Systemsicherheit (fail safe)
- Zuverlässigkeit:
  – MTBF (mean time between failures)
  – Redundanz
- Kalibration und Test:
  – Gesetze, Normen, Richtlinien
- Wirtschaftlichkeit:
  – Technologie
  – Optimale Stückzahl

Sind die Messaufgaben und die damit verbundenen Randbedingungen spezifiziert, beginnt die Suche nach dem geeigneten Sensor.

- Auf der Basis der physikalischen Wechselwirkungen sind etwa 2000 verschiedene grundlegende Sensorverfahren bekannt. Diese wiederum wurden bis heute in etwa 100.000 verfügbare Produkte umgesetzt. Die Freude über diese Vielfalt wird durch Unübersichtlichkeit außerordentlich gedämpft. Hinzu kommt die Tatsache, dass ein großer Teil der vorhandenen Sensoren am Markt nicht so einfach zu beschaffen ist.
- Standardsensoren sind im Allgemeinen preiswert und robust, aber man muss die Angaben im Datenblatt genau beachten. Wegen vertraglicher Bindung von Hersteller und Kunde sind diese Typen oft nicht direkt verfügbar. Es kann sich also lohnen, auf Ersatzteilsensoren aus dem Kraftfahrzeug- bzw. Hausgerätebereich zurückzugreifen.

- Teuer, jedoch in großer Vielfalt verfügbar, sind Sensoren aus den Katalogen der zahlreichen Hersteller und Vertriebsfirmen. Informationen über Produkte bzw. Lieferanten in systematischer Ordnung findet man in den großen Fachmessen wie Interkama (Düsseldorf), Sensor und SPS (Nürnberg), Messcomp (Wiesbaden), Electronica (München) und Industriemesse (Hannover).
- Die dritte Gruppe von Sensoren enthält Spezialsensoren, die kundenspezifisch entwickelt bzw. angepasst werden und meist sehr teuer sind. Die Entscheidung, einen Spezialsensor neu zu entwickeln, muss daher sehr sorgfältig abgesichert sein.
- Einmal ist zu prüfen, ob sich nicht ein Katalog-Standardsensor mit den gewünschten Eigenschaften anpassen lässt. Weiterhin muss man die Entwicklung an Fachleute mit spezifischer Sensorentwicklungs-Erfahrung delegieren, um auszuschließen, dass ein vermeintlich kleines Sensorproblem zu einem längeren Leidensweg eskaliert.

1.1.1   Standardsensoren

Vor einer ausführlichen Beschreibung und Anwendung der Standardsensoren soll Tab. 1.1 einen kurzen Überblick über die Messwertaufnahme und die Sensorarten bieten. In Tab. 1.1 sind die wichtigsten physikalischen, chemischen und geometrischen Größen und die dafür geeigneten Sensorprinzipien aufgelistet. Dabei lässt sich zwischen direkter Messung einer nicht elektrischen Größe (Temperatur, optische Strahlung, Magnetfeld usw.) und indirekter Messung über eine Zwischengröße (Weg, Durchfluss, Geschwindigkeit usw.) unterscheiden. Diese Abgrenzung lässt sich jedoch nicht immer konsequent durchführen.

Sensoren lassen sich aber auch in passive und aktive unterteilen. Bei ersteren ändert sich z. B. ein Widerstand, eine Kapazität oder eine Induktivität, letztere geben als Ausgangssignal eine Spannung oder einen Strom ab. Mit zunehmendem Einbau von Auswerte- bzw. Anpassungsschaltungen in dasselbe Gehäuse oder Integration von Sensorelement und Elektronik auf einem Chip verliert diese Unterteilung aber mehr und mehr an Bedeutung.

In den heutigen Kraftfahrzeugen findet man bis zu 50 verschiedene Sensoren – die nicht immer nur sinnvolle Arbeit verrichten. Durch künftige gesetzliche Vorschriften und steigendem Komfort dürfte die Anzahl noch auf weit über 100 ansteigen. Die harten Betriebsbedingungen wie ein Temperaturbereich von -40 bis $+150\,°C$, schnelle Temperaturänderungen, Erschütterungen und aggressive Atmosphäre setzen Qualitätsmaßstäbe voraus, die wegen der Häufigkeit dieser Belastung während der Lebensdauer eines Autos durchaus an die der Militär- und der Raumfahrttechnik heranreichen können. Hier sind in den letzten Jahren viele neue bzw. verbesserte Technologien entwickelt worden. So arbeiten z. B. in einem Kraftfahrzeug heute keine Silizium-Drucksensoren mehr, sondern Druckdosen mit Membranpositionserfassung durch einen Hallgenerator. Im Antiblockier-System (ABS) sitzen Raddrehzahlfühler, die nicht nur sehr hohen Arbeitstemperaturen und aggressiven Umweltbedingungen standhalten,

Tab. 1.1 Gegenüberstellung der wesentlichen physikalischen, chemischen und geometrischen Größe und der entsprechenden Sensortypen

Physikalische, chemische oder geometrische Größe	Sensortyp bzw. Messprinzip
Druck	Dehnungsmessstreifen, Siliziummembran, Oberflächen-wellen-Resonator
Kraft	Dehnungsmessstreifen, Siliziummembran, Piezo-Wandler, Oberflächenwellen-Resonator
Temperatur	NTC, PTC, Thermoelement, Pt- und Ni-Widerstandsthermometer, Quarz, Si-Elemente
Lichtstärke, optische Strahlung	Photowiderstand, Photodiode, Phototransistor, pyroelektrische Strahlungssensoren
Lautstärke, Schall	Elektrodynamische oder kapazitive Mikrofone
Magnetfeld	Hallgenerator, Feldplatte, magnetoresistiver Sensor
Feuchte	Metalloxid, Halbleiter, Metallschicht
Gasgemisch	Metalloxide, ionensensitiver FET
Strahlung, Teilchen	Geiger-Müller-Zählrohr
pH-Wert	Ag/AgCI-Elektrode, ionensensitiver FET
Position, Weg, Länge	Induktiver oder kapazitiver Näherungsschalter, optische Abtastung, Ultraschall
Geschwindigkeit	Kapazitiver oder induktiver Bewegungsmelder, optische Verfahren, Radar
Beschleunigung	Dehnungsmessstreifen, piezoelektrisch, kapazitiv, induktiv
Bewegung, Annäherung	Radar, Bewegungsmelder, Weg, optische und induktive Sensoren
Füllstand	Schwimmerabfrage, kapazitive oder optische Messung, Ultraschall, Wärmeleitung
Durchfluss	Differenzdruck nach Venturi, anemometrisch, magnetisch-induktiv, Woltmann-Zähler, Coriolis-Prinzip, thermisch
Drehzahl	Optische und induktive Verfahren
Winkelstellung	Inkrementale oder absolute Messung mittels optischer, kapazitiver oder induktiver Sensoren
Drehmoment	Dehnungsmessstreifen, magnetostriktive Sensoren

sondern auch bei einem sehr langsam drehenden Rad noch verwertbare Signale erzeugen.

Die Einsatzmöglichkeiten für Sensoren in der Kfz-Elektronik sind sehr umfangreich, vor allem im weiten Bereich der Motorelektronik. In der rauen Umgebung des Motorraums bei Temperaturen zwischen −40 und +150 °C müssen nicht nur die Sensoren, sondern auch die Steuergeräte einwandfrei arbeiten und gegen Feuchteeinwirkungen, aggressive Medien wie Salze und Öle, und gegen mechanische Stöße resistent sein. Anwendungen sind z. B. der Generatorregler in der Lichtmaschine, die Ölstandskontrolle und vor allem die Zündschaltgeräte.

Für einen Sensor ist die Zulassung zum Kfz-Einsatz eine hohe qualitative Hürde. Ist diese aber einmal geschafft, dann bieten sich für andere Anwendungsbereiche kostengünstige Produkte an, die man allerdings meist noch etwas „veredeln" muss, etwa bei Linearität oder Messgenauigkeit.

Andere Anforderungen an Sensoren als die Automobilindustrie stellt der rasch wachsende Robotermarkt, denn höhere Genauigkeit, vielseitigere Einsatzmöglichkeiten und möglichst standardisierte Ausgangssignale sollen vorhanden sein. Dafür herrscht hier aber kein so harter Kostendruck. In der heutigen Automatisierungstechnik müssen vor allem Positionen oder Drehbewegungen erfasst werden. Doch für die neue Roboter-Generation ist mehr Sensibilität erforderlich, d. h. die Sensoren müssen nicht nur genauer sein, sie sollen auch „mit Gefühl erfassen" können und sie benötigen daher einen passenden Kraftsensor im Greifsystem. Für die Erkennung von Werkstücken, Arbeitsgeräten, Oberflächen, Konturen usw. benötigt man Bildsensoren, mit denen man auch Entfernungen genau erfassen kann. Gerade in der modernen Sensortechnik wichtiger denn je, denn die Einsatzmöglichkeiten umfassen elektronische, elektromechanische, pneumatische und mechanische Messaufgaben.

1.1.2 Messtechnische Grundbegriffe

Messen heißt, die im Wert einer Messgröße enthaltene Anzahl ihrer Einheiten bestimmen:

$$\text{Messwert} = \text{Maßzahl} \times \text{Einheit}$$

Dabei wird die Zahl der Einheiten entweder vom absoluten Nullpunkt oder von einem vereinbarten Bezugspunkt der Messgröße gerechnet. Das bekannteste Beispiel für eine unterschiedliche Zählung und Benennung ist die Temperatur mit den Einheiten °C (Grad Celsius) und K (Kelvin).

Für eine Messung benötigt man nicht nur ein Messgerät, sondern auch die entsprechenden Einheiten. Heute setzt man ausschließlich das 1960 international vereinbarte „Système International d'Unités" ein, abgekürzt „SI". Die SI-Einheiten beruhen auf sieben Basiseinheiten, wie Tab. 1.2 zeigt.

Die Definitionen für diese Basiseinheiten lauten:

- Meter: 1 m ist die Länge der Strecke, die Licht im Vakuum während des zeitlichen Intervalls von 1/299.792.458 s durchläuft.
- Sekunde: 1 s ist das 9.192.631.770-fache der Periodendauer der Strahlung des Nuklids Caesium ^{133}Cs.

Tab. 1.2 Basiseinheiten des internationalen SI-Systems

Basisgröße	Basiseinheit	
	Name	Zeichen
Länge	Meter	m
Zeit	Sekunde	s
Masse	Kilogramm	kg
Elektrische Stromstärke	Ampere	A
Temperatur	Kelvin	K
Stoffmenge	Mol	mol
Lichtstärke	Candela	cd

- Kilogramm: 1 kg ist die Masse des in Paris aufbewahrten internationalen Kilogramm-prototyps eines Platin-Iridium-Zylinders.
- Ampere: 1 A ist die Stärke eines Gleichstroms, der zwei lange, gerade und im Abstand von 1 m parallel verlaufende Leiter mit sehr kleinem kreisförmigen Querschnitt durchfließt und zwischen diesen die Kraft $0,2 \cdot 10^{-6}$ N/m ihrer Länge erzeugt.
- Kelvin: 1 K ist der 273,16te Teil der Temperaturdifferenz zwischen dem absoluten Nullpunkt und dem Tripelpunkt des Wassers. Beim Tripelpunkt sind Dampf, Flüssigkeit und fester Stoff im Gleichgewicht.
- Candela: 1 cd ist die Lichtstärke, mit der $1/6 \cdot 10^{-6}$ m^2 der Oberfläche eines schwarzen Strahlers bei der Temperatur des erstarrenden Platins (2046,2 K) bei 1,013 bar senkrecht zu seiner Oberfläche leuchtet.
- Mol: 1 mol ist die Stoffmenge eines Systems bestimmter Zusammensetzung, das aus ebenso vielen Teilchen besteht, wie Atome in $12 \cdot 10^{-3}$ kg des Nuklids Kohlenstoff ^{12}C enthalten sind.

Für jede messbare physikalische Größe ist im Rahmen der internationalen Generalkonferenzen für Maß und Gewicht eine international verbindliche Einheit festgelegt. Diese Definitionen sind so gewählt, dass die Einheiten möglichst nicht von Materialeigenschaften abhängen oder irgendwelchen Störeinflüssen unterliegen. Außerdem bilden die Einheiten ein kohärentes System, in dem ihre Beziehungen untereinander ausschließlich durch solche Einheitengleichungen beschrieben werden, die keinen von „1" abweichenden Zahlenfaktor enthalten.

Die in der Elektrotechnik wichtigsten Basiseinheiten sind das Ampere und die Sekunde. Ihre Definitionen lauten:

- 1 A ist die Stärke eines zeitlich unveränderlichen elektrischen Stroms, der, durch zwei im Vakuum parallel im Abstand 1 m voneinander angeordnete, geradlinige, unendlich lange Leiter von vernachlässigbar kleinem, kreisförmigem Querschnitt fließend, zwischen diesen Leitern je Meter Leiterlänge elektrodynamisch die Kraft $0,2 \cdot 10^{-6}$ N hervorrufen würde.

- 1 s ist das 9.192.631.770-fache der Periodendauer der dem Übergang zwischen den beiden Hyperfeinstrukturniveaus des Grundzustands von Atomen des Nuklids Caesium [133]Cs entsprechenden Strahlung entspricht.

Die wichtigsten abgeleiteten Einheiten sind:

- Die Einheit der elektrischen Leistung: 1 Watt (1 W) ist die elektrische Leistung, bei der in einer Sekunde eine Energie umgesetzt wird, die gleich der mechanischen Arbeit 1 J = 1 N m ist.
- Die Einheit der elektrischen Spannung: 1 Volt (1 V) ist gleich der Spannung zwischen zwei Punkten eines fadenförmigen, homogenen und gleichmäßig temperierten metallischen Leiters, in dem bei einem zeitlich unveränderlichen Strom der Stärke $I = 1$ A zwischen den beiden Punkten die Leistung $P = 1$ W umgesetzt wird.
- Die Einheit des elektrischen Widerstands: 1 Ohm (1 Ω) ist gleich dem elektrischen Widerstand zwischen zwei Punkten eines fadenförmigen, homogenen und gleichmäßig temperierten elektrischen Leiters, durch den bei der elektrischen Spannung 1 V zwischen den beiden Punkten ein zeitlich unveränderlicher Strom der Stärke $I = 1$ A fließt.
- Die Einheit der Frequenz: 1 Hertz (1 Hz) ist die Frequenz eines periodischen Vorgangs, dessen Periodendauer 1/s beträgt.

Die exakten Definitionen der Einheiten stellen theoretische Grenzwerte dar, die durch praktische Einrichtungen nur unvollkommen und oft auch nur indirekt realisierbar sind. Sie eignen sich meist auch nicht unmittelbar für den Einsatz etwa in einem Messgerät. Zum Beispiel scheitert die der Definition entsprechende exakte Realisierung der Stromstärkeeinheit 1 A daran, dass es keinen unendlich langen Leiter mit vernachlässigbarem Querschnitt gibt.

Es sind aber angenäherte Realisierungen möglich, deren Fehler berechnet oder deren Unsicherheiten abgeschätzt werden können. So ist das Ampere bei größtmöglichem Aufwand mithilfe einer Stromwaage mit einer Unsicherheit von einigen 10^{-6} realisierbar. Da nun alle anderen elektrischen Einheiten auf die Basiseinheit 1 A bezogen sind, ist es zur Zeit grundsätzlich unmöglich, irgendeine beliebige elektrische Größe auf mehr als fünf oder sechs Dezimalstellen genau zu messen. Allerdings gibt es für einige elektrische Größen auch Maßverkörperungen, die außerordentlich konstant und von Einflüssen unabhängig sind, sodass zumindest Änderungen einer Messgröße oder einer anderen Maßverkörperung in der Größenordnung 10^{-8} oder darunter erkennbar sind.

Für die meisten praktischen Messaufgaben sind erheblich größere Messunsicherheiten in der Größenordnung 10^{-4} oder sogar 10^{-5} zulässig. Für diese Aufgaben stehen für viele aufbewahrbare Größen (Frequenz, Spannung, Widerstand, Kapazität u. a.) einfach zu handhabende und kostengünstige Maßverkörperungen zur Verfügung, die sich als Referenz fest in ein Messgerät einbauen lassen. Sie beruhen oft anderen physikalischen Prinzipien, als es der jeweiligen Definition entspricht.

Maßverkörperungen, deren Aufbau und Eigenschaften den Beglaubigungsvorschriften der zuständigen Eichbehörde entsprechen (in der Bundesrepublik Deutschland ist dies die Physikalisch Technische Bundesanstalt PTB), werden auch als Gebrauchsnormale oder einfach als Normale bezeichnet.

1.1.3 Analoge und digitale Messgeräte

In der praktischen Messtechnik (Messgeräte unter 200 €) unterscheidet man zwischen

- analogen Messgeräten,
- digitalen Messgeräten.

Analoge Messgeräte sind Zeigerinstrumente und bei diesen erfolgt die Anzeige auf einer Skala durch einen Zeiger. Digitale Messgeräte geben das Messergebnis über eine mehrstellige 7-Segment-Anzeige aus. Die digitalen Messgeräte werden im zweiten Kapitel behandelt. Abb. 1.1 zeigt den Unterschied zwischen analogen und digitalen Messgeräten.

Das analoge Messgerät zeigt Messwerte zwischen 0 V und 300 V an. Bei dem digitalen Messgerät handelt es sich um eine 3 1/2-stellige Anzeige und zeigt einen Messwert von +1,353 an. Während für ein analoges Messgerät kaum eine Elektronik erforderlich ist, benötigt ein digitales Messgerät eine aufwendige Zusatzelektronik.

Bei elektrischen Größen wird stets eine Wirkung gemessen, da man die Elektrizität nicht unmittelbar mit unseren Sinnesorganen wahrnehmen kann, wie etwa die Länge beim Messen eines Werkstückes. Die Wirkungen der Elektrizität sind vielfältig und dementsprechend auch die elektrischen Messverfahren. Am häufigsten wird die Wechselwirkung zwischen Elektrizität und Magnetismus ausgewertet. Über 90 % aller praktisch eingesetzten Messgeräte beruhen auf der magnetischen Wirkung.

In der Praxis kann elektrische Energie in jede andere Energieform umgewandelt werden und mit ihrer Wirkung zur Ausführung von Messungen dienen:

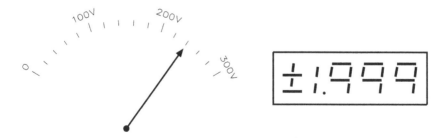

Abb. 1.1 Unterschied zwischen analogen und digitalen Messgeräten

- Magnetische Wirkung: Jeder Stromfluss ruft ein Magnetfeld hervor und somit wird dieses Verfahren in 90 % der elektrischen Messtechnik verwendet.
- Mechanische Wirkung: Beim elektrostatischen Prinzip stoßen sich gleichnamig elektrisch geladene Körper ab. Das Piezo-Kristall biegt sich, wenn eine Spannung angelegt wird.
- Wärmewirkung: Bei der direkten Wirkung erwärmt der Strom einen Hitzdraht und damit verändert sich die Längenausdehnung. Verwendet man die indirekte Wirkung, wird der erwärmte Draht mittels eines Thermoelements gemessen.
- Lichtwirkung: Man unterscheidet zwischen Gasentladung und Glühlampe. Die Art und Länge des Glimmlichts hängt von der Spannung ab und die Helligkeit des Glühfadens ist von der elektrischen Leistung abhängig.
- Chemische Wirkung: Die Menge der Gasentwicklung ist von der elektrischen Arbeit abhängig.

Alle Messgeräte dieser Art gehen auf die physikalische Tatsache zurück, dass ein elektrischer Strom ein Magnetfeld hervorruft, welches von der Stromstärke abhängig ist. Schickt man den zu messenden Strom durch eine Spule, dann wird ein Weicheisenstück in Abhängigkeit von der Stromstärke mehr oder weniger tief in die Spule hineingezogen (Abb. 1.2a).

Ist die stromdurchflossene Spule drehbar zwischen den Polen eines Dauermagneten gelagert, dann dreht sie sich gegen eine Spannfeder, je nach der Stromstärke (Abb. 1.2b). Die Abhängigkeit von zwei Strömen kann gemessen werden, wenn die Drehspule sich im Feld eines Elektromagneten bewegt (Abb. 1.2c). Spannungsmessungen werden ebenfalls meistens auf derartige Strommessungen zurückgeführt.

Reine Spannungsmessung ist mit elektrostatischen Verfahren möglich, bei denen zwei gleichnamig aufgeladene Platten sich abstoßen (Abb. 1.3a). Hierbei fließt, im Gegensatz zu den magnetischen Verfahren, kein Strom, die Messung wird also leistungslos durchgeführt. Ebenso kann eine mechanische Wirkung unmittelbar durch eine elektrische Spannung hervorgerufen werden, wenn man die Messspannung an ein besonderes Kristallplättchen, einem Piezo-Kristall, anlegt, der sich dann unter Einfluss der Spannung mechanisch verbiegt (Abb. 1.3b).

Durch den Stromfluss in einem elektrischen Leiter entsteht Wärme, die wiederum als ein Maß für die Stärke des Stromes verwendet werden kann. Entweder misst man die Längenausdehnung eines Drahtes bei der Erwärmung infolge des durchfließenden Stromes (Abb. 1.4a), oder man misst die Durchbiegung eines Bimetallstreifens. Weiterhin kann die Erwärmung durch ein Thermoelement bestimmt werden (Abb. 1.4b). Der Messstrom wird durch einen Widerstandsdraht geleitet. Ein Thermoelement berührt den Draht oder sitzt ganz dicht daran. Die Thermospannung ist ein Maß für die Temperatur und damit für die Stromstärke.

Lichtwirkung (Abb. 1.5) benützt man bei manchen Messverfahren durch Feststellung der Länge einer Glimmentladung oder durch Messung der Helligkeit einer Glühlampe, beides als Maß für die angelegte Spannung oder den durchfließenden Strom.

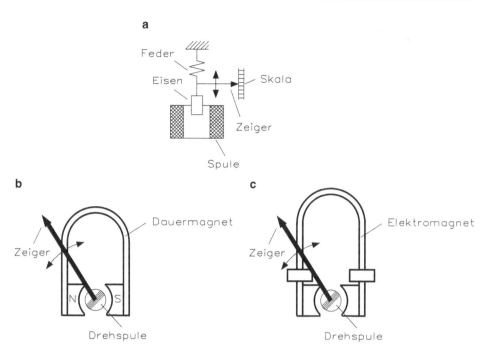

Abb. 1.2 Prinzip der magnetischen Wirkung. **a** Beim Dreheisen-Messwerk wird das Weicheisen-stück in eine stromdurchflossene Spule hineingezogen. **b** Beim Drehspul-Messwerk dreht sich die stromdurchflossene Spule im Feld eines Dauermagneten. **c** Beim elektrodynamischen Messwerk dreht sich die stromdurchflossene Spule im Feld eines Elektromagneten

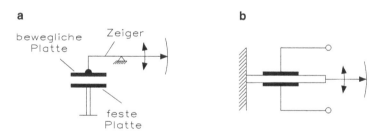

Abb. 1.3 Prinzip der mechanischen Wirkung. **a** Beim elektrostatischen Messwerk stoßen sich gleichnamig elektrisch geladene Körper ab. **b** Ein Piezo-Kristall verformt sich, wenn Spannung angelegt wird

Chemische Wirkungen werden benützt durch Messung der Ausscheidung von Gasen oder Abscheidung von Metallen oder Salzen bei der Elektrolyse (Abb. 1.6).

In manchen Fällen erscheint das Messverfahren grundsätzlich umständlich und kompliziert, ist aber in der Praxis oft das einfachste Prinzip. Es ist vergleichbar mit der

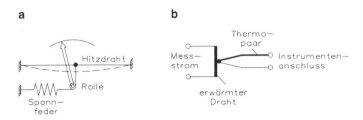

Abb. 1.4 Prinzip der Wärmewirkung. **a** Beim Hitzdraht-Messwerk erwärmt der Strom den Hitzdraht und die Längenausdehnung bewirkt einen Zeigerausschlag. **b** Beim Bimetall-Messwerk
erwärmt der Strom den Draht und dieser wird mittels Thermoelement gemessen

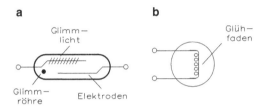

Abb. 1.5 Prinzip der Lichtwirkung. **a** Bei der Gasentladung ist Art und Länge des Glimmlichts
spannungsabhängig. **b** Die Helligkeit des Glühfadens ist von der elektrischen Leistung abhängig

Abb. 1.6 Bei der
Elektrolyse ist die Menge
der Gasentwicklung von der
elektrischen Arbeit abhängig

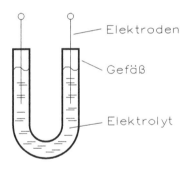

Energieumwandlung. So wird beispielsweise die chemische Energie der Kohle erst zur
Verdampfung von Wasser verwendet, so wird die Dampfturbine betrieben, dann in einem
Generator mithilfe von magnetischen Feldern ein elektrischer Strom erzeugt. Trotzdem ist dies das wirtschaftlichere Verfahren gegenüber der unmittelbaren Umwandlung
chemischer Energie in elektrischen Strom in einer Taschenlampenbatterie. Ähnlich
verhält sich die Messtechnik. Das anscheinend einfachste Verfahren der unmittelbaren
Umwandlung elektrischer Energie in mechanische Bewegung im Piezo-Kristall wird
nur äußerst selten angewendet, dagegen der Umweg über die magnetischen Verfahren
am häufigsten. Welche Methode am besten geeignet ist, kann nur von Fall zu Fall entschieden werden. Hohe Forderungen an die Genauigkeit oder geringe zur Verfügung

stehende Energie können besondere, außergewöhnliche Messverfahren erforderlich machen.

Ein Messwert muss erkennbar werden, entweder angezeigt auf einer Skala oder aufgezeichnet auf einem Registrierstreifen oder auch unmittelbar in Ziffern ablesbar. Den größten Anteil aller elektrischen Messgeräte nehmen immer noch die Zeigergeräte ein, obwohl die elektronischen Messinstrumente zahlreiche Vorteile aufweisen.

Im Laufe der Zeit haben sich unterschiedliche Formen entwickelt, die den verschiedensten Bedürfnissen angepasst wurden. Diese Formen waren zum Teil bedingt durch das physikalische Verfahren, zum Teil durch den Aufstellungsort der Messgeräte, ob fest montiert in einer Schalttafel oder als transportables Tischgerät ausgeführt. Sie sind zum Teil auch bedingt durch den Preis des Gerätes, da eine Verbesserung der Anzeige oft eine erhebliche Verteuerung bedeutet.

Bei den Messgeräten mit mechanischem Zeiger herrscht der Kreisbogenzeiger vor. In erster Linie ist das bedingt durch die Bauart des Messgeräts, da zum Beispiel bei den viel verwendeten Drehspulgeräten dies die einfachste Konstruktion ist. Die drehbare Spule ist unmittelbar mit dem mechanischen Zeiger zu einer Einheit verbunden. Fordert man in Sonderfällen eine gerade und ebene Skala, dann kann man durch Umlenkung oder Seilführung diese Forderung erfüllen. Wenn die Stirnfläche möglichst geringen Raum einnehmen soll, kann sich der Zeiger in einem Zylinderausschnitt drehen und das Gerät flach hinter der Schalttafel angeordnet werden.

Zur Bewegung eines mechanischen Zeigers benötigt man eine bestimmte Energie, die nicht in allen messtechnischen Fällen zur Verfügung steht.

Eine fast trägheitslose Anzeige erhält man bei einem Oszilloskop oder bei den elektronischen Messgeräten. In der Elektronenstrahlröhre wird der Strahl magnetisch oder elektrisch abgelenkt. Mechanisch bewegte Teile existieren überhaupt nicht. Hier kann man sehr rasche Bewegungen ausführen lassen und das Messgerät als Schreiber für sehr schnell ablaufende Vorgänge oder Schwingungen benützen. Für einfache Messungen ist das Verfahren zu teuer, für Laborzwecke dagegen heute allgemein in Benutzung.

Bei Registriergeräten ist die mechanische Aufzeichnung die einfachste. Der Energiebedarf (Eigenverbrauch) ist noch höher als bei dem mechanischen Zeigergerät. Der Schreibstift muss den Reibungswiderstand auf dem ablaufenden Papierstreifen überwinden können. Geringer Energiebedarf und die Möglichkeit zur Aufzeichnung rascher ablaufender Vorgänge ist kennzeichnend für die fotografisch registrierenden Lichtschreiber-Geräte.

Um Verwechslungen und Irrtümer zu vermeiden, sollten nur genormte Bezeichnungen verwendet werden. Die Normen unterscheiden die drei wichtigen Begriffe Messwerk, Messinstrument und Messgerät. Zum Messwerk gehört nur das bewegliche Organ mit dem Zeiger, die Skala und weitere Teile, die für die Funktion ausschlaggebend sind, wie z. B. eine feste Spule oder der Dauermagnet. Durch eingebaute Vorwiderstände, Umschalter, Gleichrichter und das Gehäuse wird das Messwerk zum Messinstrument ergänzt. Das Messwerk allein ist also zwar funktionsfähig aber nicht unmittelbar verwendbar, das Messinstrument dagegen kann in dieser Form schon endgültig benützt werden, z. B. bei Tischgeräten. Kommen noch äußere Zubehörteile hinzu, wie etwa Messleitungen oder getrennte Vor- und Nebenwiderstände, getrennte Gleichrichter und andere, dann ist ein vollständiges Messgerät zusammengestellt. Abb. 1.7 zeigt Teile und Zubehör elektrischer Messgeräte. Tab. 1.3 beinhaltet die Benennung der Messgeräte.

Auch die Benennung der Messgerätearten ist in den Normen festgelegt und soll der Beschreibung entsprechend verwendet werden. In erster Linie unterscheidet man sie nach dem physikalischen Vorgang der Messung (Tab. 1.3). Die Messwerke sind danach in zehn Gruppen eingeteilt. Die Reihenfolge und Einteilung ist kein Werturteil und gibt keine Auskunft über die Zweckmäßigkeit des Einsatzes. Sie besagt lediglich etwas über die grundsätzlichen Eigenschaften und damit über die Verwendungsmöglichkeit. So kann beispielsweise ein Drehspulinstrument mit einem feststehenden Dauermagnet und einer beweglichen Spule nur für Messungen von Gleichströmen geeignet sein. Das Gleiche gilt bei der Umkehrung, dem Drehmagnetinstrument, bei der die stromdurchflossene Spule fest steht und ein Dauermagnet beweglich angeordnet ist. Dreheiseninstrumente wurden früher oft als Weicheiseninstrumente bezeichnet. Das ist heute überholt, da heute das bewegliche Eisenteil stets drehbar gelagert ist. Die Eisennadelinstrumente unterscheiden sich von den Dreheiseninstrumenten durch den zusätzlich vorhandenen Dauermagneten, dessen Wirkung durch den Stromfluss in der Spule verstärkt oder geschwächt

Teile und Zubehör elektrischer Zeigermessgeräte (nach VDE 0410):

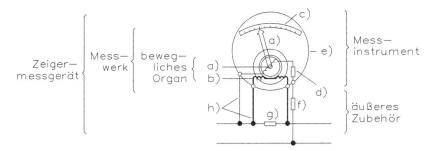

a) bewegliches Organ mit Zeiger (z.B. mit Drehspule im Spannungspfad)

b) feste Spule (im Strompfad)

c) Skala = a + b + c = Messwerk

d) eingebautes Zubehör; z.B. Vorwiderstand im Spannungspfad

e) Gehäuse = a + b + c + d + e = Messinstrument

f) getrennter Vorwiderstand

g) getrennter Nebenwiderstand (Shunt)

h) Messleitungen = f + g + h = äußeres Zubehör

Messinstrument + äußeres Zubehör = a … h = Zeigermessgerät

Abb. 1.7   Teile und Zubehör elektrischer Messgeräte

Tab. 1.3 Benennung der Messgeräte

a) Nach Art des Messwerks	Kennzeichnung
1. Drehspulinstrumente	Feststehender Dauermagnet, bewegliche Spule(n)
2. Drehmagnetinstrumente	Bewegliche(r) Dauermagnet(e), feststehende Spule(n)
3. Dreheiseninstrumente	Bewegliche(s) Eisenteil(e), feststehende Spule(n)
4. Eisennadelinstrumente	Bewegliche(s) Eisenteil(e), fester Dauermagnet; feste Spule
5. Elektrodynamische Instrumente	Feststehende Stromspule(n), bewegliche Messspule(n)
6. Elektrostatische Instrumente	Feststehende Platte(n), bewegliche Platte(n)
7. Induktionsinstrumente	Feststehende Stromspule(n), bewegliche Leiter (Scheiben)
8. Hitzdrahtinstrumente	Vom Stromdurchgang erwärmter Draht
9. Bimetallinstrumente	Vom Stromdurchgang erwärmter Draht
10. Vibrationsinstrumente	Schwingfähige bewegliche Organe
b) Nach Art der Messumformer	Kennzeichnung
1. Thermoumformer-Messgeräte	Thermopaar liefert Messspannung
2. Gleichrichter-Messgeräte	Gleichrichter formt Wechselstrom in Gleichstrom um
c) Nach Art von Sondermaßnahmen	Kennzeichnung
1. Quotientenmesser	Das Verhältnis elektrischer Größen wird gemessen
2. Summen- oder Differenzmesser	Mit zwei Wicklungen werden Ströme summiert
3. Astatische Instrumente	Paarweise gekoppelte Messwerke mit entgegengerichteten Feldern
4. Eisengeschirmte Instrumente	Eisenabschirmung gegen Fremdfelder

wird. Elektrodynamische Instrumente haben eine feststehende und eine bewegliche Spule und können damit das Produkt zweier Ströme anzeigen. Auch Instrumente mit mehreren Spulen im beweglichen Organ oder festen Teil tragen die gleiche Bezeichnung. Elektrostatische Instrumente bestehen aus festen und beweglichen Platten. Induktionsinstrumente arbeiten mit Strömen, die in beweglichen Leitern oder Metallscheiben induziert werden. Hitzdrahtinstrumente messen die Längenausdehnung eines vom Stromfluss erwärmten Drahtes und Bimetallinstrumente die Bewegung des erwärmten Bimetallorgans. Die Vibrationsinstrumente schließlich besitzen mechanisch schwingfähige Teile, Zungen oder Platten, die in Resonanz kommen können.

Eine weitere Unterteilung wird nach Art der Zusatzgeräte zur Messwertumformung vorgenommen. Die Umformung ist häufig dann erforderlich, wenn Wechselströme mit Messwerken gemessen werden sollen, die ihrer Eigenschaft nach nur für Gleichströme geeignet sind. Schließlich kann man noch nach Sondermaßnahmen unterteilen. Durch Anbringung mehrerer Spulen im beweglichen Organ oder festen Teil ist die Bildung von Quotientenwerten möglich. Ebenso kann man eine Summen- oder Differenzbildung aus zwei Messwerten erreichen.

Bei Messverfahren der magnetischen Gruppe haben magnetische Fremdfelder einen starken verfälschenden Einfluss. Als Gegenmaßnahme kann man im astatischen Instrument zwei Messwerke paarweise koppeln, sodass die Fremdeinflüsse sich aufheben. Auch durch magnetische Abschirmung kann ein Fremdfeldeinfluss ausgeschaltet werden.

Zur schnellen Orientierung über die Daten und Eigenschaften eines vorhandenen Messinstrumentes werden Kurzzeichen und Sinnbilder auf den Skalen eingetragen. Diese Sinnbilder dürfen nicht als Schaltbilder in Schaltungen und Stromlaufplänen verwendet werden. Die Sinnbilder sind meistens in einer Gruppe auf der Skala zusammengefasst und müssen beim Umgang mit Messgeräten vertraut und geläufig sein.

Die erste Gruppe gibt die Stromart an, für die das Messgerät verwendbar ist (Abb. 1.8). Unterschieden wird für reinen Gleichstrombetrieb (DC = direct current), für reinen Wechselstrombetrieb (AC = Alternating current) und verwendbar für Gleich- und Wechselstrom (AC/DC). Bei Drehstrom wird durch Fettdruck gekennzeichnet, ob ein, zwei oder drei Messwerke in dem Messgerät eingebaut sind, die dann auf einen einzigen Zeiger mit einer Skala arbeiten.

Die Prüfspannung gibt an, wie der Aufbau, der Klemmenabstand und die Isolation geprüft sind. Meistens beträgt die Prüfspannung 2 kV, bei einfacheren Messgeräten, vor allem auch in der Nachrichtentechnik 500 V. In diesem Falle enthält der Prüfspannungsstern keine Zahlenangabe.

Die vorgeschriebene Gebrauchslage muss unbedingt eingehalten werden, da andernfalls die Anzeigegenauigkeit leidet. Gewöhnlich wird nur angegeben, ob für senkrechten Einbau (in einer Schalttafel) oder waagerechten Gebrauch, bei Tischgeräten, geeignet. In Sonderfällen kann bei Präzisionsinstrumenten auch noch eine Einschränkung über die zulässige Abweichung gegeben werden.

Die Genauigkeitsklasse besteht aus einer Zahlenangabe, die zwischen 0,1 und 5 liegt. In der Regel wird auf den Skalenendwert bezogen. Tab. 1.4 zeigt die Messgeräteklassen.

Die größte Gruppe der Sinnbilder gibt Daten über die Messgeräte-Arbeitsweise und das Zubehör. Die Sinnbilder sind leicht zu merken, da sie den Aufbau vereinfacht kennzeichnen. Die Hauptgruppen sind weiter unterteilt, als in der Tabelle der Benennung. So gibt es getrennte Sinnbilder für einfache Drehspulmesswerke mit einer Drehspule und Drehspulmesswerke mit gekreuzten Spulen zur Messung von Verhältniswerten (Quotienten).

Die Angaben über Zubehör umfassen die Messumformer und die getrennten, zum Messgerät gehörenden Vor- und Nebenwiderstände. Elektrostatische oder magnetische Abschirmung wird angegeben, damit man den Einsatz richtig beurteilen kann. In manchen Fällen ist ein Schutzleiteranschluss vorgesehen und besonders gekennzeichnet. Ebenso ist die Nullstellung für die mechanische Einstellung des Zeigers auf die Nullmarke der Skala gekennzeichnet.

In besonderen Fällen wird auf die Gebrauchsanweisung verwiesen. Bei besonderen Einbauvorschriften werden diese angegeben, zum Beispiel durch die Vorschrift, das

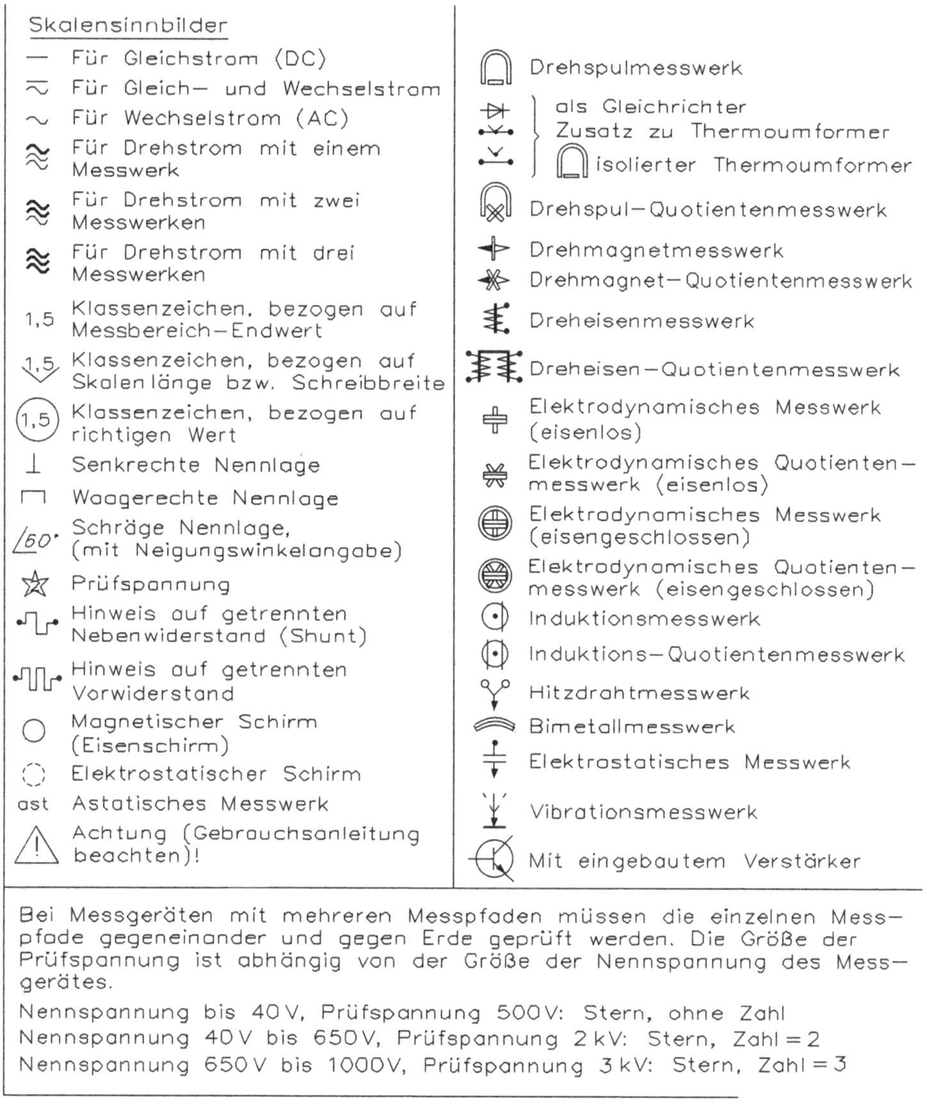

Skalensinnbilder

—	Für Gleichstrom (DC)
⌀	Für Gleich- und Wechselstrom
∼	Für Wechselstrom (AC)
≋	Für Drehstrom mit einem Messwerk
≋	Für Drehstrom mit zwei Messwerken
≋	Für Drehstrom mit drei Messwerken
1,5	Klassenzeichen, bezogen auf Messbereich-Endwert
1,5	Klassenzeichen, bezogen auf Skalenlänge bzw. Schreibbreite
(1,5)	Klassenzeichen, bezogen auf richtigen Wert
⊥	Senkrechte Nennlage
⊓	Waagerechte Nennlage
/60°	Schräge Nennlage, (mit Neigungswinkelangabe)
☆	Prüfspannung
⊥⎍⊥	Hinweis auf getrennten Nebenwiderstand (Shunt)
⊥⎍⎍⊥	Hinweis auf getrennten Vorwiderstand
◯	Magnetischer Schirm (Eisenschirm)
◌	Elektrostatischer Schirm
ast	Astatisches Messwerk
⚠	Achtung (Gebrauchsanleitung beachten)!

⍟	Drehspulmesswerk
⊳⊢	als Gleichrichter
⋈	Zusatz zu Thermoumformer
⌣	
⍟	isolierter Thermoumformer
⍟	Drehspul-Quotientenmesswerk
✛	Drehmagnetmesswerk
✳	Drehmagnet-Quotientenmesswerk
☲	Dreheisenmesswerk
☲☲	Dreheisen-Quotientenmesswerk
⊹	Elektrodynamisches Messwerk (eisenlos)
⋇	Elektrodynamisches Quotienten-messwerk (eisenlos)
⊕	Elektrodynamisches Messwerk (eisengeschlossen)
⊛	Elektrodynamisches Quotienten-messwerk (eisengeschlossen)
⊙	Induktionsmesswerk
⊙	Induktions-Quotientenmesswerk
⋎⚬	Hitzdrahtmesswerk
⌒	Bimetallmesswerk
⊥	Elektrostatisches Messwerk
⌄	Vibrationsmesswerk
⊗	Mit eingebautem Verstärker

Bei Messgeräten mit mehreren Messpfaden müssen die einzelnen Mess-pfade gegeneinander und gegen Erde geprüft werden. Die Größe der Prüfspannung ist abhängig von der Größe der Nennspannung des Mess-gerätes.
Nennspannung bis 40 V, Prüfspannung 500 V: Stern, ohne Zahl
Nennspannung 40 V bis 650 V, Prüfspannung 2 kV: Stern, Zahl = 2
Nennspannung 650 V bis 1000 V, Prüfspannung 3 kV: Stern, Zahl = 3

Abb. 1.8 Sinnbilder für elektrische Messgeräte

Tab. 1.4 Messgeräteklassen

	Feinmessgeräte			Betriebsmessgeräte			
Klasse	0,1	0,2	0,5	1	1,5	2,5	5
Anzeigefehler ± %	0,1	0,2	0,5	1	1,5	2,5	5

Messgerät in eine Eisentafel bestimmter oder beliebiger Dicke einzubauen. Messgeräte, die Erschütterungen ausgesetzt werden, sind einer Schüttelprüfung unterzogen worden.

1.1.4   Strom und Spannung

Die Basiseinheit 1 A bildet zwar die Grundlage für die Definitionen aller anderen elektrischen Einheiten; der Strom ist aber eine nicht aufbewahrbare Größe und daher als direkte Maßverkörperung in einem Messgerät kaum geeignet. Die Einheit 1 V dagegen lässt sich trotz ihrer komplizierten Definition dauerhaft durch eine Spannungsquelle verkörpern und als Referenz bei der Messung elektrischer Größen einsetzen. Auch Strommessungen oder konstante Referenzströme sind daher meist auf Spannungsreferenzen bezogen.

Durch den Wechselstrom-Josephson-Effekt ist in den sechziger Jahren ein Verfahren verfügbar geworden, das es erlaubt, kleine Gleichspannungen völlig unabhängig von Materialeigenschaften und Störeinflüssen und ohne jede zeitliche Drift zu erzeugen. Abb. 1.9 zeigt ein Josephson-Element, das aus zwei schwach gekoppelten Supraleitern besteht, die sich nahezu punktförmig berühren. Wird die Kontaktfläche mit einer

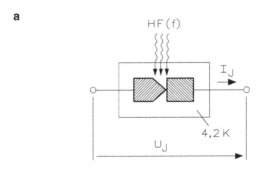

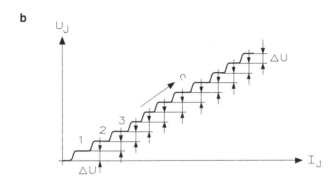

Abb. 1.9 Wirkungsweise des Josephson-Elementes mit Kennlinie

Mikrowelle der Frequenz f bestrahlt, weist sie eine treppenförmige Gleichstrom-Gleich-spannungs-Kennlinie mit Stufen jeweils konstanter Spannungen auf, wie sie qualitativ dargestellt ist. Die Stufenhöhen ΔU sind untereinander exakt gleich und betragen jeweils

$$\Delta U = \frac{h}{2 \cdot q_e} \cdot f \qquad (1.1)$$

Der gesamte Spannungsfall U_J bei der n-ten Stufe beträgt demnach

$$U_J = n \cdot \frac{h}{2 \cdot q_e} \cdot f \qquad (1.2)$$

Darin sind h das Plancksche Wirkungsquantum und q_e die Elementarladung. Der Proportionalitätsfaktor zwischen der Frequenz f und der Spannung U_J ist ein ganz-zahliges Vielfaches der Naturkonstante $h/2\,q_e = 2{,}06785\ \mu V/GHz$. Mit einem Strom von $I_J \approx 4{,}5$ mA, der nicht konstant sein muss, erreicht man zum Beispiel die oberste Stufe der Kennlinie. Bei einer Mikrowellenfrequenz von 70 GHz beträgt dann der Spannungs-fall $U_J = 3{,}18449$ mV.

Da die Frequenz f mit außerordentlich hoher Genauigkeit gemessen oder geregelt werden kann und sich die Naturkonstante $h/2\,q_e$ nicht ändert, ist es mit diesem Verfahren möglich, Gleichspannungen im mV-Bereich zu erzeugen, die auf bis zu zehn Dezimal-stellen konstant und auch über lange Zeiträume reproduzierbar sind. Durch Serien-schaltung von einigen hundert Elementen sind Referenzspannungen im Voltbereich erzielbar. Allerdings ist der Absolutwert der Josephson-Spannung nicht genauer bekannt, als man die Konstante $h/2\,q_e$ kennt. Diese ist eine elektrische Größe, deren Einheit sich auf die Basiseinheit 1 A bezieht und derzeit bestenfalls auf sechs Dezimalstellen genau messbar ist, da das Ampere nicht genauer realisiert werden kann.

Für den Gebrauch in individuellen Messeinrichtungen ist das Josephson-Element wegen des hohen Aufwands nicht geeignet. Als Gebrauchsnormal ist stattdessen seit vielen Jahrzehnten das internationale Weston-Element (Abb. 1.10) im Einsatz, das auf chemischem Wege eine Gleichspannung von 1,01865 V (bei 20 °C) erzeugt. Es zeichnet sich durch eine sehr geringe und gleichmäßige zeitliche Drift aus, bei über 50 % aller

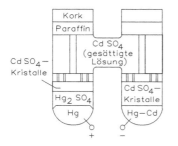

Kork
Paraffin
Cd SO₄ (gesättigte Lösung)
Cd SO₄− Kristalle
Cd SO₄− Kristalle
Hg₂ SO₄
Hg
Hg−Cd
+ −

$CdSO_4$ = Kadmiumsulfat
Hg_2SO_4 = Merkurosulfat
Hg−Cd = Kadmiumamalgam
Hg = Quecksilber

Spannung bei 20°C
1,01830 V_{int} = 1,01865 V
Praktisch konstant, wenn Strom-entnahme unter 100 μA liegt.

Abb. 1.10 Aufbau des internationalen Weston-Elements für eine Gleichspannung von 1,01865 V (bei 20 °C)

versandfertigen Gebrauchsnormale liegt sie unter 10^{-6}/Jahr. Bei thermostatisierten Normalelement-Gruppen, die in größeren Staatsinstituten, wie zum Beispiel der PTB, zur Bewahrung der Spannungseinheit dienen, liegt die mittlere Zeitdrift unter $2 \cdot 10^{-7}$/Jahr. Sie kann mithilfe des Josephson-Effekts gemessen werden.

Nachteilige Eigenschaften der Normalelemente sind ihre mechanische Empfindlichkeit, ihr relativ großer Temperaturkoeffizient, der bei 20 °C etwa $-40 \cdot 10^{-6}$/K beträgt, sowie die Tatsache, dass sie praktisch nicht belastet werden dürfen.

Alle diese Nachteile lassen sich durch den Einsatz von Referenzdioden, die in handelsüblichen Messgeräten heute fast ausschließlich als Maßverkörperungen der Spannungseinheit verwendet werden. Sie haben wie alle Halbleiterbauelemente den Nachteil, dass spontane, nicht vorhersehbare Schwankungen der Bauelementeparameter die Langzeitkonstanz beeinträchtigen. Diese ist selbst bei den genauesten Referenzdioden mindestens um eine Größenordnung schlechter als bei Normalelementen. Abb. 1.11 zeigt das unregelmäßige Schwanken der Referenzspannung einer ultrastabilen Referenzdiode, verglichen mit der geringen gleichförmigen Drift eines typischen Gebrauchs-Normalelements.

Referenzdioden sind im Hinblick auf ein optimales Zeitverhalten selektierte und spezifizierte, sowie zusätzlich temperaturkompensierte Z-Dioden. Z-Dioden lassen sich nur in Silizium herstellen. Abb. 1.12 zeigt für unkompensierte Z-Dioden die Abhängigkeit des Temperaturkoeffizienten von der Durchbruchspannung. Der Temperaturkoeffizient ist oberhalb von etwa $U_Z = 7$ V positiv und kann hier durch die Reihenschaltung von einer oder mehreren Si-Dioden ausgeglichen werden, da deren Durchlassspannungen jeweils negative Temperaturkoeffizienten von etwa $-1{,}8$ mV/K aufweisen. Auf diese Weise lässt sich die Temperaturabhängigkeit um mindestens eine Größenordnung reduzieren. Im günstigsten Fall erreichen Referenzdioden relative Temperaturabhängigkeiten von wenigen 10^{-6}/K und sind damit in dieser Hinsicht den Normalelementen überlegen. Allerdings ist für höchste Genauigkeitsansprüche ein vorgeschriebener Strom einzuhalten, da der Temperaturkoeffizient stromabhängig ist.

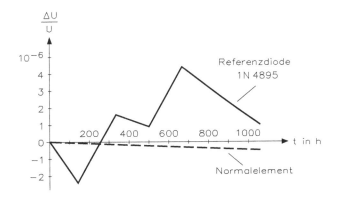

Abb. 1.11 Zeitverhalten von Referenzspannungsquellen

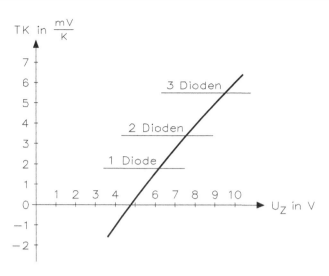

Abb. 1.12 Temperaturkoeffizient von Z-Dioden als Funktion der Durchbruchspannung U_Z und seine Kompensation durch 1, 2 oder 3 in Serie geschaltete Dioden

Als passives Bauelement kann eine Referenzdiode selbst keine Spannung erzeugen. Sie liefert in einer aus externen Quellen gespeisten Schaltung einen vom jeweiligen Betriebszustand weitgehend unabhängigen Spannungsfall.

Abb. 1.13 zeigt eine einfache Stabilisierungsschaltung mit einer Z-Diode mit zugehöriger Kennlinie. Zunächst sei angenommen, dass der Arbeitsteil der Kennlinie unendlich steil ist. Dann liegt, wie die Betriebsbeispiele quantitativ zeigen, am Lastwiderstand R_L die konstante Referenzspannung von 7 V und zwar unabhängig von der Eingangsspannung U_e und unabhängig vom Lastwiderstand R_L, wenn man eine Schaltung für eine Rückwärtsstabilisierung hat. Außerdem ist zu sehen, dass sich bei einer Änderung des Betriebszustandes der Arbeitspunkt auf der Kennlinie verschiebt. Dies ist nur innerhalb gewisser Grenzen zulässig. Werden die Eingangsspannung und/ oder der Lastwiderstand zu klein, läuft der Arbeitspunkt in den unteren Kennlinienknick hinein, und eine Stabilisierung ist nicht mehr möglich. Die obere Grenze ist durch die maximal zulässige Verlustleistung der Referenzdiode gegeben.

Tatsächlich hat der Arbeitsbereich der Kennlinie eine endliche Steigung. Der Kehrwert, der differentielle Widerstand

$$r_Z = \frac{dU}{dI} \tag{1.3}$$

ist der Ausgangswiderstand der Stabilisierungsschaltung und ein Maß für den Effekt der Rückwärtsstabilisierung. Werte bis etwa $1\,\Omega$ werden bei Durchbruchspannungen von ca. 5 V erreicht.

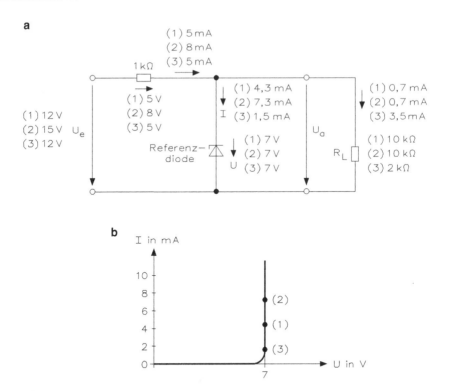

Abb. 1.13 Stabilisierungsschaltung mit einer Referenzdiode und einem Betriebsbeispiel, und erhöhte Eingangsspannung gegenüber vermindertem Lastwiderstand R_L (1). Kennlinie der Referenzdiode mit der Lage der Arbeitspunkte für die Beispiele

Ein differentieller Innenwiderstand von $1\,\Omega$ hat im gezeigten Beispiel zur Folge, dass sich die Ausgangsspannung um $1\,\Omega \cdot (7{,}3\,\text{mA} - 4{,}3\,\text{mA}) = 3\,\text{mV}$ erhöht, wenn die Eingangsspannung der Schaltung von $12\,\text{V}$ auf $15\,\text{V}$ steigt. Ein Maß für die Vorwärtsstabilisierung ist der Stabilisierungsfaktor σ. Er ist das Verhältnis der relativen Änderungen der Eingangsspannung U_e und der Ausgangsspannung U_a

$$\sigma = \frac{\frac{\Delta U_e}{U_e}}{\frac{\Delta U_a}{U_a}} \tag{1.4}$$

Der Stabilisierungsfaktor beträgt im Beispiel

$$\sigma = \frac{3\,\text{V}}{12\,\text{V}} : \frac{3\,\text{mV}}{7\,\text{V}} = 583$$

Im Beispiel ist der Diodenstrom abhängig vom Betriebszustand der Schaltung. Später wird noch gezeigt, wie es möglich ist, die Referenzdiode unabhängig vom Betriebszustand in einem vorgeschriebenen Arbeitspunkt zu halten. Mit solchen Schaltungen sind außerdem erheblich kleinere Ausgangswiderstände bis in die Größenordnung einiger $\mu\Omega$ und erheblich größere Stabilisierungsfaktoren bis zu einigen 10^5 erreichbar. Schließlich ist es mit elektronischen Mitteln auch möglich, die zu stabilisierende Ausgangsspannung unabhängig vom Wert der Referenzspannung einstellbar zu realisieren.

1.1.5 Widerstände

Widerstände eignen sich fast ohne Einschränkungen für Gleich- und Wechselstrom. Widerstände sind als passive Bauelemente besonders gut aufbewahrbar und daher hervorragend als Maßverkörperungen geeignet. Sie werden zum Beispiel benötigt für die Messung von Wirk- und Blindwiderständen sowie, in Verbindung mit Referenzspannungen, zur Strommessung.

Die genaueste Möglichkeit, einen kalkulierbaren und von jeglichen Störeinflüssen unabhängigen Widerstand zu realisieren, bietet der 1980 entdeckte Quantenhalleffekt (v. Klitzing-Effekt). Dieser stellt eine Besonderheit zum klassischen Halleffekt dar. Nach der Gleichung ist das Verhältnis der Hallspannung U_H zum Steuerstrom i_S, das die Dimension eines Widerstandes besitzt und auch als Hallwiderstand R_H bezeichnet wird, der magnetischen Flussdichte B proportional. Diese Proportionalität ist gestört, wenn die folgenden drei Besonderheiten erfüllt sind:

1. Die den Steuerstrom darstellenden Ladungsträger bewegen sich in einer Ebene als zweidimensionales Elektronengas.
2. die magnetische Flussdichte B ist größer als ca. 2 T.
3. die Betriebstemperatur liegt in der Nähe des absoluten Nullpunktes unter 1 K.

Wie Abb. 1.14 zeigt, weist die $R_H(B)$-Kennlinie dann Stufen auf, deren Niveaus R_{H_i} bei ganzzahligen Bruchteilen der Konstante $h/q_e^2 \approx 25{,}813\,\Omega$ liegen

$$R_{H_i} = \frac{1}{i} \cdot \frac{h}{q_e^2} \quad (\text{mit } i = 1, 2, \ldots) \tag{1.5}$$

Diese Widerstandswerte R_{H_i} sind, da sie nur von Naturkonstanten abhängen, absolut konstant und daher geeignet, auch minimale Änderungen anderer Messwiderstände durch Vergleich festzustellen.

Zur praktischen Verkörperung der Maßeinheit 1 Ω und von dezimalen Vielfachen oder Teilen der Einheit dienen Normalwiderstände oder Gruppen von Normalwiderständen, die meist aus Manganin bestehen und sehr geringe Zeit- und Temperaturabhängigkeiten aufweisen. Die zeitlichen Driften liegen je nach Aufwand zwischen einigen 10^{-5}/Jahr und weniger als 10^{-7}/Jahr. Der Temperaturkoeffizient beträgt bei der angegebenen Nenntemperatur (meist 20 °C) einige 10^{-6}/K. Normalwiderstände sind darüber hinaus so aufgebaut, dass sie möglichst geringe Blindwiderstandsanteile enthalten und möglichst hoch belastbar sind. Sie sind, wie Abb. 1.15 zeigt, immer mit getrennten Strom- und

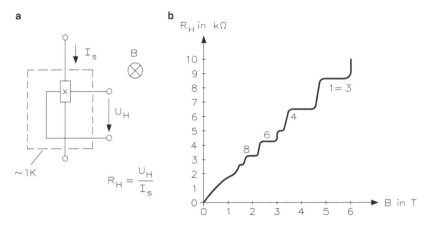

Abb. 1.14 Quantenhalleffekt. **a** Hallprobe. **b** Hallwiderstand R_H als Funktion der magnetischen Flussdichte B

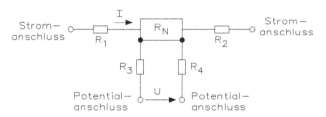

Abb. 1.15 Anschlüsse eines Normalwiderstandes mit R_N als Normalwiderstand, $R_1, ..., R_4$ als undefinierte Leitungs- und Übergangswiderstände

Potentialanschlüssen versehen, damit Messfehler durch parasitäre Spannungsfälle an den Zuleitungs- und Übergangswiderständen R_1 bis R_4 vermieden werden.

Zur Verkörperung der Maßeinheiten von Wechselstromwiderständen stehen überdies Normalkondensatoren, Normalinduktivitäten und Normal-Gegeninduktivitäten zur Verfügung, die in der Messelektronik keine wesentliche Rolle spielen und auf die deswegen nicht näher eingegangen werden soll.

Normalwiderstände sind selbstständige geräteähnliche Einheiten und eignen sich nicht zum festen Einbau als Referenzwiderstände in Messgeräte. Für diesen Zweck stehen sehr genaue Metallschichtwiderstände zur Verfügung, die ebenfalls Temperaturkoeffizienten von wenigen 10^{-6}/K erreichen. Metallschichtwiderstände sind aber zeitlich weniger stabil als Normalwiderstände. Für höchste Ansprüche können kleinere Widerstandswerte bis etwa $10\,\Omega$ aus Manganin selbst hergestellt werden. Dieses Material hat den Vorteil, dass es gegen Kupfer besonders kleine Thermospannungen in der Größenordnung $1\,\mu$V/K aufweist. Dies spielt überall dort eine wichtige Rolle, wo kleine Gleichspannungen zu messen oder zu verarbeiten sind.

Die in der Elektronik meistverwendeten Kohleschichtwiderstände und besonders Halbleiterwiderstände sind als Referenzwiderstände ungeeignet, da ihre Temperaturabhängigkeiten in der Größenordnung 0,1 %/K und ihre zeitlichen Driften für Referenzzwecke zu groß sind.

In der Praxis kommt es in der Messtechnik nur auf konstante Widerstandsverhältnisse an. Zum Beispiel bleibt eine Messbrücke abgeglichen, wenn sich die Widerstände ihrer Brückenzweige in gleichen Verhältnissen ändern. Auch beim Vergleich unterschiedlich großer Spannungen, zum Beispiel einer Messspannung mit einer Normalspannung, spielen präzise Widerstandsverhältnisse eine wichtige Rolle.

Die Forderung nach einem konstanten Widerstandsverhältnis ist erheblich weniger kritisch als die nach konstanten Widerstands-Absolutwerten. Sie kann meist in ausreichendem Maße dadurch erfüllt werden, dass man gleichartige Widerstände unter möglichst gleichen Umgebungsbedingungen einsetzt. Oft sind dann sogar Halbleiterwiderstände geeignet, die sich auf einem gemeinsamen Substrat befinden.

Extrem genaue Widerstandsverhältnisse mit Unsicherheiten von wenigen 10^{-9} sind mit induktiven Spannungsteilern erreichbar, deren Teilerverhältnisse nur von Windungszahlverhältnissen bestimmt und damit unabhängig von Materialeigenschaften sind.

1.2 Kalibrieren von Mess- und Prüfmitteln

Immer häufiger wird die Frage gestellt, welche Vor- und Nachteile die oft wesentlich preisgünstigeren Werkskalibrierscheine gegenüber den Kalibrierscheinen des Deutschen Kalibrierdienstes (DKD) bieten. Werkskalibrierscheine werden mit Normalen erstellt, die ihrerseits durch DKD-Stellen oder Eichämter kalibriert wurden. Entsprechend der Abb. 1.16 können die Werkskalibrierscheine von externen Kalibrierstellen (wie z. B. durch den Hersteller), aber auch von werksinternen Kalibrierlabors erstellt werden.

Höchste Messsicherheit gewährleisten die Kalibrierzertifikate eines der im Deutschen Kalibrierdienst (DKD) vertretenen Kalibrierlabors. Normale dieser Kalibrierstellen, wie z. B. der DKD 2101, werden direkt bei der Physikalisch-Technischen Bundesanstalt (PTB) rekalibriert. Die PTB akkreditiert die DKD-Stellen und erst die regelmäßige Auditierung durch die PTB berechtigt zum Führen des DKD-Siegels. Hochwertige Messmittel, die genau festgelegten klimatischen Umgebungsbedingungen sowie die strengen Kalibrieranforderungen der PTB stehen für die Qualität und die Verlässlichkeit der hier erstellten Kalibrierzertifikate. Hierzu gehört z. B. die vorgeschriebene Wiederholmessung eines jeden Messpunktes in größeren Zeitabständen zur Erhöhung der Sicherheit, die durch die Mittelung zweier Messwerte erfolgt.

Die Erstellung von Werkskalibrierscheinen vor Ort durch eigene Werksnormale ist sicherlich sinnvoll, und auch bei von der Kalibriergenauigkeit her unkritischen Mess- und Prüfmitteln kann der Werkskalibrierschein oft eine kostensparende Lösung darstellen.

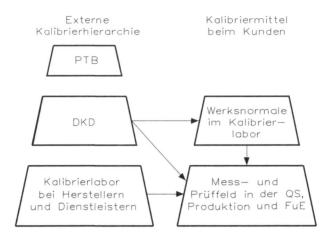

Abb. 1.16   Aufbau der Kalibrierdienste

Hingegen kann bei der Rekalibration von Werksnormalen, mit denen ja weitere Mess- und Prüfmittel kalibriert werden sollen, aufgrund der benötigten großen Messsicherheit nur zu einem DKD-Kalibrierschein geraten werden. Und auch Mess- und Prüfmittel, von deren Ergebnissen sehr viel abhängt, sollten unbedingt mit DKD-Kalibrierschein rekalibriert werden, wenn hausinterne Werksnormale nicht vorhanden sind.

1.3   Analoge und digitale Messwerterfassung

Ein Messwert kann dem Anwender auf verschiedene Weise mitgeteilt werden: auf einer Skala, in Ziffern auf einem Display, als Kurvenform im Oszilloskop oder durch eine Ausgabe über den Monitor bzw. Drucker eines PC-Systems. Den größten Anteil hatten bis etwa Mitte der 80er Jahre die Zeigermessgeräte, die dann von den preiswerter gewordenen digitalen Messgeräten zum Teil abgelöst wurden. Während ein Zeiger- instrument ein höheres Maß an technischem Verständnis erfordert – denn man muss eine Skala richtig ablesen können – arbeiten Digital-Messgeräte weitgehend „idioten- sicher". Bei digitaler Messwerterfassung mit einem PC-System kann man nicht nur einen oder mehrere Messwerte auf dem Monitor oder Drucker wiedergeben, sondern auch abspeichern und bei Bedarf numerisch weiterverarbeiten, um sie z. B. nach individueller Gestaltung grafisch auszugeben.

1.3.1   Aufbau einer analogen Messkette

Bei den analogen Messgeräten mit mechanischem Zeiger herrscht der Kreisbogenzeiger vor. In erster Linie ist das bedingt durch die Bauart; die einfachste Konstruktion ist das

Abb. 1.17 Prinzipieller
Aufbau einer vollständigen
analogen Messwerterfassung

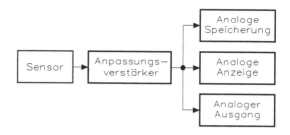

viel verwendete Drehspulmessgerät. Der mechanische Zeiger ist unmittelbar an der dreh-
baren Spule befestigt. Ist in Sonderfällen eine gerade Skala gefordert, dann lenkt man die
Drehbewegung mittels einer Seilführung um. Die Bewegung eines mechanischen Zeigers
erfordert eine bestimmte Leistung; falls diese nicht zur Verfügung steht, benötigt man
einen Verstärker. Abb. 1.17 zeigt den prinzipiellen Aufbau einer vollständigen analogen
Messwerterfassung.

Am Anfang der analogen Messkette steht der Sensor, der die physikalische,
chemische oder geometrische Größe in eine elektrische Größe umsetzt. Es folgt der
Anpassungsverstärker (der meist mit Operationsverstärkern arbeitet), den Abschluss
bilden die analoge Anzeige, der analoge Ausgang oder die analoge Speicherung. Die
Speicherung von analogen Signalen ist schwierig. Früher setzte man teure magnetische
Bandgeräte ein, aber diese Aufzeichnungstechnik ist heute überholt.

Bei einem analogen Ausgang wird das Eingangssignal auf z. B. 1-V-Ausgangs-
spannung verstärkt. Diese Verstärker wirken meist auch als Impedanzwandler mit hohem
Eingangs- und niedrigem Ausgangswiderstand. Mit MOSFET-Operationsverstärkern,
die bis zu $10^{25}\,\Omega$ Eingangsimpedanz haben können, während ihre Ausgangsimpedanz
(Standard-Impedanz meistens $60\,\Omega$) sehr niedrig ist, lassen sich auch sehr hochohmige
Sensoren an nahezu jede nachfolgende Schaltung anpassen.

Eine sehr häufig verwendete Sensorschnittstelle ist die Stromschnittstelle mit einem
konstanten Strom von 4 mA bis 20 mA. Ein Stromwert von 4 mA entspricht hier u. a.
einem Messwert von Null; stellt die auswertende Schaltung einen geringeren Strom fest,
dann interpretiert sie dies als Defekt (z. B. Leitungsunterbrechung). Ein höherer Strom
als 20 mA deutet auf eine Messbereichsüberschreitung oder auf einen Kurzschluss hin.

1.3.2 Aufbau einer digitalen Messkette

Der einfachste Fall einer digitalen Auswertung liegt dann vor, wenn das Sensorsignal auf
einen Komparator geleitet wird, der bei Überschreitung des Schwellwerts den Wert „1", bei
Unterschreiten „0" ausgibt. Um ein allzu häufiges Schalten des Ausgangs zu verhindern,
legt man in der Praxis Ein- und Ausschaltpunkt auf etwas verschiedene Werte (die z. B.
mit einem Potentiometer einstellbar sein können); der Abstand zwischen beiden wird als
Hysterese bezeichnet. Eine solche Schaltung ist sozusagen ein „1-Bit"-AD-Wandler.

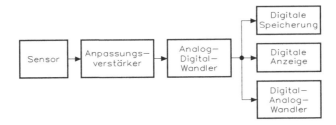

Abb. 1.18 Prinzipieller Aufbau einer vollständigen digitalen Messwerterfassung

Das prinzipielle Schema einer digitalen Signalverarbeitung zeigt Abb. 1.18. Der Sensor erzeugt einen Messwert, der im Allgemeinen von einem auf den jeweiligen Anwendungsfall optimierten Anpassungsverstärker auf einen Spannungspegel im Volt-Bereich gebracht wird. Dieser wird dann von einem Analog–Digital-Wandler in einen digitalen Wert umgesetzt. Ab hier ist nun zwischen digitaler Messtechnik und PC-Mess-technik zu unterscheiden. Wird der Messwert direkt über 7-Segmemt-Anzeige aus-gegeben, hat man ein digitales Messinstrument. Eine digitale Speicherung ist nur in Verbindung mit einem PC-System möglich. Seit Anfang der 90er Jahre gibt es auch Digitalmultimeter, die sich über eine serielle Schnittstelle mit einem PC verbinden lassen. Neben der digitalen Anzeige hat man nun für die Registrierung auch den Monitor oder Drucker zur Verfügung.

Es sind viele Verfahren zur Digitalisierung einer analogen Eingangsspannung bekannt. Da für jedes Umsetzverfahren jeweils ein spezieller A/D-Baustein ent-wickelt wurde, lässt sich jedes einzelne A/D-Verfahren unter bestimmten Anwendungs-bedingungen vorteilhaft einsetzen. Neben den bei der Umsetzung entstehenden grundlegenden Fehlern bringt jedes Umsetzverfahren auch systembedingte Fehler mit sich. Für den Anwender ist deshalb eine Grundkenntnis der verschiedenen Umsetzver-fahren vorteilhaft. Zur besseren Übersicht unterteilt man die verschiedenen Verfahren in drei Gruppen:

- Zur ersten Gruppe gehören alle Wandler mit indirekter Arbeitsweise, d. h. die bei der Umsetzung aus dem analogen Eingangssignal zuerst ein Zwischensignal erzeugen, das in einem zweiten Schritt in das endgültige Ergebnis umgesetzt wird.
- Zur zweiten Gruppe zählen sämtliche AD-Wandler, die das Eingangssignal unmittel-bar digitalisieren, dazu aber pro Quantisierungsschritt (Auflösung) je ein Ent-scheidungselement (Komparator) benötigen.
- Zur dritten Gruppe ordnet man alle direkt umsetzenden AD-Wandler zu, die dazu aber nur noch ein Entscheidungselement benötigen.

1.3.3 Erfassung und Verarbeitung von Messdaten

Erfassung und Weiterverarbeitung von Messdaten sind heute kaum noch ohne Verbindung zu einem PC-System üblich. Dies hat dazu geführt, dass Teilprozesse, die in der Vergangenheit von unterschiedlichen Abteilungen mit verschiedenen Hilfsmitteln bearbeitet wurden, heute mit ein und demselben Medium, möglicherweise unter Nutzung ein und derselben Software in einem einzigen, integrierten Prozess zusammengefasst werden. Die Planung von Messaufgaben, die Realisierung von Ablaufsteuerungen, die Überwachung von Prozessen, die Steuerung von Prüfständen oder die statistische Analyse von Rohdaten sind damit nicht mehr getrennte Aufgaben, sondern werden ganzheitlich gelöst. Dies erhöht die Transparenz des Systems, verbessert die Kommunikation zwischen den Abteilungen, lässt Hierarchieebenen zusammenschrumpfen und spart enorme Kosten.

Angestrebt werden also integrierte Lösungen; sie machen bisher benötigte spezielle Erfassungsgeräte, Schreiber, Auswertegeräte und anschließende Dokumentationseinrichtungen überflüssig und übertreffen diese in ihrer Leistungsfähigkeit fast immer bei weitem. Dafür sind lediglich ein Standard-PC, eine Erfassungshardware (AD-Karte oder ein Front-End-System) und eine entsprechende Software zur Messdatenverarbeitung nötig.

Die folgenden Anwendungsfälle zeigen Beispiele, wie flexibel eine erweiterte PC-Hardware und die entsprechende Software zusammenarbeiten können: Langsame veränderliche Prozessdaten wie Temperatur, Gasmengen, Licht, Torision (mechanische Verdrehung) oder Druckänderungen wurden früher noch häufig von Endlosschreibern gespeichert und aufgezeichnet. Hierfür kann man mittels einer Software in vielen Fällen einen wirtschaftlicheren Ersatz finden. Mit einem Programmteil der Messverarbeitungs-Software lässt sich „online" ein Endlos-Schreiber simulieren, wobei jeder normale Drucker, der Endlospapier verarbeiten kann, als Ausgabegerät nutzbar ist. Die erfassten Daten werden nicht nur am Drucker ausgegeben, sondern auf der internen Festplatte zwischengespeichert. Auf diese Weise lassen sich bereits gespeicherte Messdaten als Kopie wieder ausgeben. Sehr schnelle Vorgänge kann man über ein Programmteil in einem speziellen „Scope"-Modus betrachten. Ebenso wie am herkömmlichen Oszilloskop lassen sich im „Scopedisplay", das im Monitor direkt abgebildet ist, die einzelnen Triggersignale „online" setzen, die Triggerschwelle stufenlos einstellen, ein Amplitudenvergleich vornehmen oder die Zeitbasis verändern.

Die heutigen Softwareprodukte für die Messdatenverarbeitung bieten für nahezu alle Messaufgaben die verschiedensten Lösungen an, etwa Regeln, Prüfen und Überwachen von Prozessen oder das Vergleichen und Beurteilen von Abläufen. Dabei werden Signale (Messgrößen) über Sensoren aufgenommen und in Spannungen oder Ströme umgewandelt, verstärkt und mit einem AD-Wandler für den Rechner konditioniert. Abb. 1.19 zeigt eine Lösung vom Wandler bis zur Ausgabe auf dem Bildschirm.

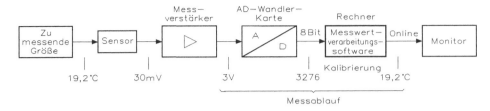

Abb. 1.19 Lösungen unterschiedlicher Messaufgaben über eine Standardhardware eines PC-Systems, einer speziellen Karte zur Erfassung der Messgeräte mit Umwandlung, einer Software für die Messwertverarbeitung und einem Monitor für die Ausgabe der Informationen

Die digitalisierten Signale werden durch die Messwertverarbeitungs-Software weiterverarbeitet. Dazu zählt beispielsweise die Kalibrierung, um wieder die physikalischen Größen (z. B. Temperatur) zu erhalten, die Online-Verrechnung und -Darstellung der gemessenen Werte, schließlich auch die mathematische Offline-Analyse und die Dokumentation.

Bei einem Online-Betrieb sind die peripheren Geräte mit dem Rechner verbunden; damit ergeben sich die Grundvoraussetzungen für einen Dialogbetrieb und eine Echtzeitverarbeitung. Hier werden die Daten direkt eingegeben und sofort verarbeitet, es findet ein ständiger Wechsel zwischen Eingabe, Verarbeitung und Ausgabe statt. Eine Echtzeitverarbeitung garantiert eine hohe Daten- und Informationsaktualität der realen Vorgänge, benötigt aber höhere Aufwendungen im Bereich von Hard- und Software.

Das Gegenteil der Echtzeitverarbeitung ist der Offline-Betrieb oder die Stapelverarbeitung. Hier werden die Daten zeitversetzt zu den in der Realität stattfindenden Vorgängen verarbeitet. Sie werden zuerst gesammelt (gestapelt) und erst anschließend in einem Programmablauf verarbeitet, der aber mit einem PC-System der oberen Preisklasse sehr schnell gehen kann. Dabei kann der Anwender nicht mehr in den eigentlichen Prozess eingreifen, wie es bei der Dialogverarbeitung möglich ist. Die Offline-Datenverarbeitung ist preiswerter als die Online-Verarbeitung, kann aber dafür nicht die hohe Datenaktualität bieten.

Neben den von außen kommenden Aufgaben und den geforderten Lösungen muss sich die Software für die Messwertverarbeitung nach einem weiteren Bereich des Umfeldes richten. Hierzu zählen sowohl die PC-Hardware als auch insbesondere die Funktion in Verbindung mit der üblicherweise in der Messtechnik eingesetzten Messhardware.

Im Bereich der PC-Hardware bedeutet dies für die meisten Messwerterfassungsprogramme, dass sie auf PCs unter dem Betriebssystem Windows laufen. Diese PC-Hardware lässt sich problemlos miteinander vernetzen, sie kann somit auch für eine flexible Messdatenverarbeitung genutzt werden. Beispielsweise lassen sich die Programme für die Messdatenerfassung sehr mobil in Verbindung mit einem Laptop für „Vor Ort"-Messungen verwenden. Über ein Netzwerk werden dann die gemessenen Daten direkt an einen zentralen Rechner weitergegeben. Hier kann man die Daten noch während der laufenden Messung mit einem Programm der Messwerterfassung mit speziellen Programmen analysieren. Die Rechner dient in diesem Fall als Leitstelle mit dezentraler und autarker Messdatenerfassung im Prüffeld.

Im Bereich der Messhardware haben sich am Markt seit langem sowohl die seit einigen Jahren stark genutzten PC-Einsteckkarten wie aber auch Messgeräte mit zahlreichen digitalen Schnittstellen etabliert. Die Kommunikation dieser Messhardware mit der Messsoftware läuft dabei über Treiber. Bei diesen hat der Anwender heute reiche Auswahl. Ein Treiberprogramm ist eine spezielle Software zur Anpassung eines generellen Problems an eine Anwendersoftware. Sollte ein Treiber für eine spezielle Messhardware nicht vorhanden sein, lässt sich dieser über eine komfortable Treiberschnittstelle selbst erstellen.

Die PC-gestützte Erfassung, Überwachung, Steuerung und Regelung von Prozessoren läuft in Echtzeit ab, d. h. zwischen der Erfassungshardware und der Messsoftware herrscht ein ständiger Datenfluss, und die Verarbeitung der Daten mit dieser Software geht so schnell, dass diese den realen Veränderungen im Prozess ständig folgen kann. Damit werden an die Software bezüglich Leistungsfähigkeit und Funktionsumfang hohe Anforderungen gestellt, die nur mit einem flexiblen Programmaufbau zu erfüllen sind.

Vereinfacht ist das gesamte Programmkonzept für eine Datenerfassungs-Software mithilfe der Begriffe „Daten", „Kern" und „Treiber" wie in Abb. 1.20 beschrieben ist. Im Bereich der Daten werden die gemessenen Werte so in der Datenmatrix oder in einer Datei abgelegt, dass dieser Programmteil zur Ausgabe bzw. zur Offline-Analyse direkt darauf zugreifen kann. Das Prinzip beim Abspeichern der Messdaten in Dateien ist dabei so ausgelegt, dass es auch bei einem Rechnerausfall während des Schreibens in eine Datei zu keinem Verlust der bisher gemessenen Daten kommt.

Der Kern beschreibt den hardwareunabhängigen Teil der messtechnischen Aufgabe. Er enthält neben den Ein- und Ausgängen auch die zentralen Steuerungselemente, die das Zusammenspiel von Daten und Treibern ermöglichen. Die hardwareunabhängigen Treiber stellen die Verbindung zwischen Datenquellen bzw. -zielen und dem Kern her. Dies können neben AD-Wandlerkarten und Front-End-Geräten auch z. B. Datenkanäle, die Tastatur oder der PC-Lautsprecher sein.

Bei den Steuerungselementen des Kerns handelt es sich um Abläufe, Bedingungen und Kalibrierungen. Die Abläufe steuern gemeinsam mit definierten Bedingungen den zeitlichen Verlauf der ein- und ausgehenden Datenströme. Zudem können diese skaliert werden. Der Ablauf kann im einfachsten Fall in „Start", „Durchführung" und „Stop" der Messung bestehen. In speziellen Messwerterfassungsprogrammen lassen sich allerdings auch fast beliebig komplexe und verschachtelte Abläufe über Bedingungen definieren, die u. a. zum Starten und Stoppen einer Messung, zum Umschalten von Abtastraten, zum Ein-/Abschalten von Ein- und Ausgängen oder zum Verändern der Online-Anzeige verwendbar sind. Diese Programme enthalten dazu neben herkömmlichen Bedingungen wie Triggerung auf Fenster und Flanken auch Anstiegs-, Zeit-, und Sample-Bedingungen sowie freie mathematische und Boolesche Bedingungen. Unter mathematischen Funktionen versteht man alle rechnerischen Bedingungen, während es sich bei Booleschen Funktionen um logische Verknüpfungen handelt.

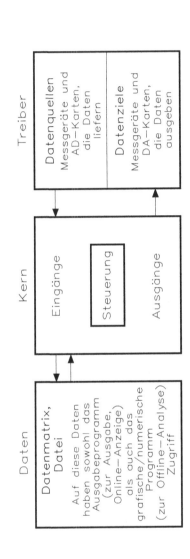

Abb. 1.20 Vereinfachtes Programmkonzept für eine Datenerfassungs-Software zum Messen, Steuern und Regeln mit den einzelnen Elementen „Daten", „Kern" und „Treiber"

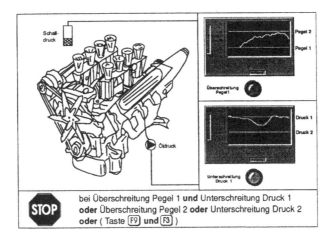

Abb. 1.21 Beispiel für eine Online-Überwachung eines Motorprüfstands. Bei Erreichen vor-gegebener Schwellwerte bzw. Drücken von Tasten wird der Prüfstand abgeschaltet

Zur Kalibrierung stehen lineare, nicht lineare (für Thermoelemente nach DIN IEC 584) und frei definierbare Verfahren zur Verfügung. Extern verstärkte Signale lassen sich linear vorkalibrieren. Zudem lässt sich eine Kalibriermessung zur Tarierung von Mess-kanälen durchführen.

Abb. 1.21 gibt hierzu ein Beispiel aus der praktischen PC-Messtechnik. Ein Prüf-stand soll bezüglich Schalldruckpegel und Öldruck überwacht werden. Er wird immer dann automatisch abgeschaltet, wenn die Bedingung „wahr" wird, dass eine Schwelle mit Namen „Pegel 1" überschritten und gleichzeitig eine Schwelle mit Namen „Druck 1" unterschritten oder die Schwelle mit Namen „Pegel 2" überschritten oder die Schwelle mit Namen „Druck 2" unterschritten wird. Zudem kann man den Prüfstand durch gleich-zeitiges Betätigen der Funktionstasten F2 und F3 an der Tastatur von Hand abschalten.

Der Programmkern unterscheidet zwischen software- und hardwaregesteuerten Messungen. Die ersteren unterliegen der vollständigen Kontrolle vom Kern, sodass äußerst komplexe Messabläufe (z. B. Prüfstandssteuerungen) möglich sind. Soft-waregesteuerte Messungen erlauben Summenabtastungen bis ca. 1 MHz (hardware-abhängig!), wobei sich bis zu zwei Milliarden Messwerte aufnehmen lassen. Mit der hardwaregesteuerten Messung kann man demgegenüber Daten sehr schnell erfassen (bis in den GHz-Bereich). Hierzu sind spezielle Treiberroutinen nötig, die die spezifischen Möglichkeiten der Einsteckkarten und Geräte ausnutzen und Disk-, High-Speed- und/oder DMA-Messungen erlauben.

1.3.4   Steuern, Regeln und Visualisieren

In vielen Gebieten der Prozessüberwachung gibt es Regelvorgänge, die im nieder-frequenten Bereich liegen und damit softwaremäßig lösbar sind. Der im Programmpaket integrierte PID-Regler hat sich bei der Lösung von Regelung- und Prozessüberwachungs-aufgaben bestens bewährt, u. a. in den Bereichen der Temperatur-, Drehzahl- und Drehmomentenüberwachung, der Klimatechnik, der Motorprüfstände und der Druck-regelungen.

Allgemein ist das Ziel einer Regelung, bestimmte Größen auf vorgegebenen Soll-werten zu halten. Störungen, die auf den Prozess einwirken, sollen die zu regelnden Größen möglichst wenig beeinflussen. Hierzu dienen in den Softwarepaketen allgemeine Regelalgorithmen, die aus den gemessenen Istwerten (beliebige Eingänge) und den vor-gegebenen Sollwerten (Konstanten, Datenkanäle, Messkanäle) die Stellgrößen (Differenz zwischen Ist- und Sollwert) ermitteln. Diese werden entsprechend rückskaliert und auf die Ausgänge gegeben.

Autosequenzen ermöglichen zudem umfangreiche Optimierungsstrategien (etwa nach Ziegler-Nichols, Hrones und Reswick), die die Auswahl der optimalen Regelparameter erleichtern. Abb. 1.22 zeigt als Beispiel eine Wippe, die im Gleichgewicht gehalten werden soll. Der rechte Zug, die Störgröße, wird vom Anwender über einen Trans-formator bewegt, während der linke Zug vom PID-Regler des PC-Systems so bewegt wird, dass die Wippe wieder ins Gleichgewicht kommt.

Besonders wichtig für alle Gruppen von Anwendern sind die Visualisierungsmöglich-keiten von Messprozessen am Bildschirm. Wer eine Messaufgabe vorbereitet, muss hier Funktionen vorfinden, die er auf einfachste Weise zur optimalen Präsentation seines Messprozesses nutzen kann. Für den möglichen Endnutzer müssen die Visualisierungen klar und übersichtlich sein und den gewohnten Darstellungsweisen entsprechen. Das Spektrum der Visualisierung reicht von Darstellungen im Zeitbereich über numerische Anzeigen, Zeigerdarstellungen, Polarkoordinaten bis hin zu binären Darstellungsformen. Eine besondere Fähigkeit der Online-Grafik besteht in dem Einbinden von statischen Hintergrundgrafiken.

Mit den Möglichkeiten, Messungen durchzuführen, die Online-Darstellung aufgrund von Bedingungen zu ändern sowie Warn- und Überschreitungsgrenzen einzuzeichnen, gestattet die Software vollständige Simulationen von Prozessoren. Auch kann parallel

Abb. 1.22 Beispiel für eine Regelung: über einen Transformator wird die rechte Lok vom Bediener bewegt, sodass die Wippe ihr Gleichgewicht verliert. Die Software regelt die linke Lok so, dass die Wippe wieder das Gleichgewicht erreicht

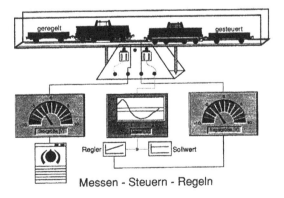

zur Online-Darstellung mit hohen Erfassungsraten in Form einer Datei in den Arbeits-
speicher oder direkt auf die Festplatte geschrieben werden. Dabei hat die eigentliche
Erfassung der Daten höhere Prioritäten als die Online-Darstellung, sodass auf jeden Fall
alle Daten erfasst werden, auch wenn sich nicht alle unmittelbar anzeigen lassen.

Schnell veränderliche Signale lassen sich auf dem Monitor eines Computers
betrachten. Dazu benötigt man neben der Hardware auch eine Software mit einem
speziellen Programmteil, wie Abb. 1.23 zeigt. Ebenso wie am herkömmlichen
Oszilloskop lassen sich im Scope-Modus online die verschiedenen Triggerbedingungen
setzen, die Triggerschwellen kontinuierlich verändern, ein Amplitudenvergleich vornehmen und die Zeitbasis ändern. Die maximal mögliche Abtastrate wird nur von der
eingesetzten Hardware begrenzt.

Alle eingehenden Messdaten können bereits während der laufenden Messung mit verschiedenen Algorithmen ausgewertet werden. Die einfachste Form ist dabei die direkte
Verrechnung (z. B. Grundrechenfunktionen, trigonometrische Funktionen, Boole'sche
Operationen) von verschiedenen Messkanälen. Die Software verknüpft dann während
der Messung die in der Formel angegebenen Eingänge, Konstanten oder bereits vorliegenden Daten entsprechend der Berechnungsvorschrift zu neuen Daten und stellt diese
gegebenenfalls in der Online-Grafik dar.

Alle Informationen zur Definition eines Messausbaus werden in einer Setup-
Datei zusammengefasst, die unter einem frei definierbaren Namen im ASCII-Format
gespeichert ist und sich dann auch wieder laden lässt. Damit stehen selbst komplexe
Messablaufdefinitionen wortwörtlich auf Tastendruck für weitere Messungen oder zur
Modifikation für ähnliche Messaufgaben wieder zur Verfügung.

Aus dem Vorteil, dass man mittels einer digitalen Datenerfassung und -verarbeitung
schnell große Datenmengen umsetzen, speichern und analysieren kann, hat sich
inzwischen das Problem ergeben, dass Benutzer vor einer schier unübersehbaren Flut

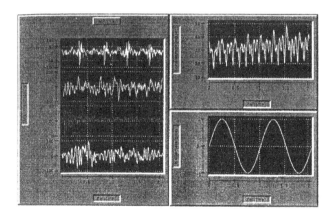

Abb. 1.23 PC-System als Oszilloskop. Die Darstellung ist von der Anzahl der analogen Eingangskanäle der PC-Einsteckplatine und von den möglichen Abtastraten abhängig

von Messdaten stehen. Mithilfe von PC und Standard-Software-Programmen lässt sich diese wieder übersichtlich gestalten; dabei wird die konventionelle Analyse und Dokumentation von Messdaten weit übertroffen.

Abb. 1.24 gibt ein stark vereinfachtes Programmkonzept zum Analysieren, Dokumentieren und Archivieren mit den Elementen „Daten", „Analyse", „Grafik" und „Ausgabe" wieder. Die Daten, die in der Software in Form einer Datenmatrix verwaltet werden, können aus direkten PC-Messungen, aus Fremddateien oder aus manuellen Eingaben stammen. Wie in der Messtechnik üblich, startet das Programm zur Messdaten-erfassung kanalorientiert, wobei sich über 1000 Kanäle mehr als zwei Milliarden Werte gleichzeitig bearbeiten lassen, wenn die entsprechende Hard- und Software vorhanden ist.

Die Daten bilden gleichermaßen die Grundlage für die mathematische Offline-Analyse und die Grafik. Im Bereich der Analyse steht neben zahlreichen mathematischen Funktionen und Verfahren auch die grafisch interaktive Analyse zur Verfügung. Das zentrale Element der Grafik ist die Bilddefinition, die alle Informationen über den Aufbau des Diagramms enthält. Die Ausgabe kann anschließend in höchster Qualität direkt auf Drucker oder Plotter bzw. zu Archivierungszwecken auf Datei im entsprechenden Grafikformat erfolgen. Zudem besteht die Möglichkeit, Endlosaufzeichnungen anzufertigen oder die Daten als alphanumerische Liste auszugeben.

Ein wesentlicher und sehr umfangreicher Programmteil sind die mathematische Erzeugung von Datenkanälen und die Analyse von Rohdaten. Neben allgemeinen Rechenfunktionen – z. B. Formelinterpreter, Integration, Effektivwert – stehen umfangreiche Hilfsmittel zur Signalanalyse, z. B. FFT (Fast Fourier Transformation), digitale Filter, Spektrumanalyse, Kohärenz usw., zur Verfügung. Zum Bereich der Statistik gehören sowohl die deskriptiven Funktionen zur Ermittlung von Kennwerten wie auch die induktiven Funktionen als Hilfsmittel zur Qualitätssicherung (z. B. Regelkarten) und zur statistischen Prozesskontrolle (SPC). Zur Klassifizierung von Daten gibt es neben den üblichen eindimensionalen Klassifizierungsverfahren nach DIN 45667 auch komplexere Verfahren, wie etwa Verbundklassifizierung und das zweidimensionale Rainflow-Verfahren. Im Bereich der Kurvenauswertung kann man z. B. mit

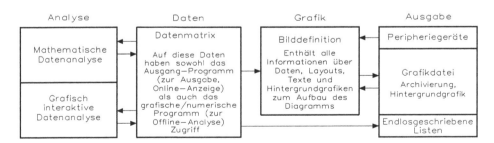

Abb. 1.24 Vereinfachtes Programmkonzept zum Analysieren, Dokumentieren und Archivieren mit den Elementen „Daten", „Analyse", „Grafik" und „Ausgabe"

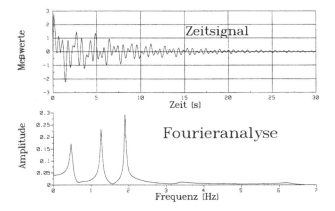

Abb. 1.25 Erstellung des Zeitsignals und Fourieranalyse

Approximations- und Spline-Funktionen aus Rohdaten die erforderlichen Ausgleichs-
kurven berechnen. Abb. 1.25 zeigt ein Zeitsignal mit der entsprechenden Fourieranalyse.

Zusätzlich zur 2D-Analyse sind in den Programmpaketen auch 3D-Analyse-
funktionen verfügbar. Hierzu zählen neben den mehrdimensionalen Grundfunktionen
zur Organisation der Datenstruktur, z. B. Sortieren, Transponieren, Konversionen, Tripel-
Matrix und Operationen zur Matrixverknüpfung auch 3D-Auswertefunktionen wie
3D-Interpolationen und 3D-Approximationen, die Berechnung von 3D-Isolinien (Höhen-
linien) und die Bestimmung des Integrals unter einer Fläche.

Der Praktiker weiß, dass in der Messtechnik immer wieder Situationen vorkommen,
in denen Messdaten durch äußere Ereignisse verfälscht werden. Sind die Einflüsse
bekannt, so kann man nach Abschluss einer Messung korrigierend eingreifen. In den
Programmen besteht beispielsweise die Möglichkeit mit nicht vorhandenen Werten, den
sogenannten „NoValues" im Grafik- und Analyseteil zu arbeiten.

Wurde beispielsweise ein Sensor aufgrund äußerer Einflüsse für eine bestimmte
Zeit übersteuert, so ergibt sich bei der mathematischen Analyse ein völlig verfälschtes
Histogramm. Hat man übersteuerte Signale vor der Histogrammberechnung, sind
entsprechend einer vorgebbaren Bedingung automatisch mit dem Wert „NoValue"
belegt. Diese Werte werden bei grafischen Darstellungen und mathematischen Analysen ignoriert, sodass die statische Auswertung die richtige Verteilung der Messdaten anzeigt. Zusätzlich zur mathematischen Auswertung erlauben diese Programme
auch die grafische interaktive Analyse von Daten in der Cursorgrafik. Hinter diesem
Begriff verbirgt sich ein umfangreicher Funktionsbereich, der die gleichzeitige Untersuchung insbesondere langer Datensätze direkt am Bildschirm erlaubt. Zur komfortablen
Anwendung stehen verschiedene Cursortypen (lokale/globale Rahmen-/Bandcursor,
Fadenkreuz) zur Verfügung, mit denen sich dann der interessante Bereich der Kurve
bearbeiten lässt.

Zum genauen Ausmessen von Kurven dienen die verschiedenen Messbetriebsarten. Selbst Editiermöglichkeiten zur grafischen Bearbeitung von Datensätzen (z. B. Entfernen von Ausreißern) sind in den Programmpaketen vorhanden. Die Cursorgrafik lässt sich beispielsweise auch zur Untersuchung von Daten auf bestimmte Ereignisse einsetzen. Dazu lassen sich Teilbereiche zur genaueren grafischen Analyse herauszoomen und als neue Datensätze anlegen. Diese Ausschnitte kann man dann, genauso wie die ursprünglichen Daten, diversen mathematischen Auswertungen unterziehen.

Nach der mathematischen Analyse bzw. der allgemeinen Aufbereitung der Daten sollen diese zumeist grafisch interpretiert werden. Die Ausgabe als Zahlenreihen oder als einfache Kurven gehört heute aus Gründen der Übersichtlichkeit der Vergangenheit an. Gefragt ist dagegen eine ansprechende und aussagekräftige Dokumentation der Messdaten. Abb. 1.26 zeigt die Darstellung von drei Eingangskanälen.

Mit der Software lassen sich auch einfach und schnell perfekte Diagramme mit beliebigen Kombinationen aus Achsensystemen, Tabellen und Texten anfertigen. Integrierte Hintergrundgrafiken veranschaulichen die Herkunft der Daten oder eines Messaufbaus. Bibliotheken mit vordefinierten Elementen (Layouts) ermöglichen bereits nach dem ersten Start des Programmes das Erstellen hochwertiger Dokumente. Für die grafische und numerische Dokumentation von XYZ-Abhängigkeiten der Messdaten stehen in den Programmen die 3D-Achsensysteme mit und ohne Sichtbarkeitsklärung und 3D-Tabellen zur Verfügung. Mit der Berechnung und Darstellung von ISO-Linien und der Farbpalettendarstellung sind an dieser Stelle nur zwei interessante Fähigkeiten einer 3D-Dokumentation genannt.

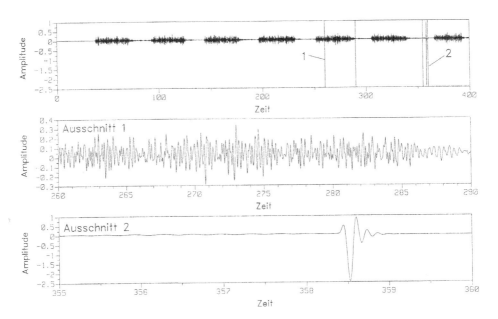

Abb. 1.26 Darstellung von drei Eingangskanälen

1.4 Messfehler

Das Ausgangssignal x_a eines Messglieds hängt im Allgemeinen ab von den Eingangs-signalen $x_{e1}, \ldots, x_{en}$, die nach einer gegebenen Vorschrift zu verknüpfen sind, von den inneren Zuständen $x_{i1}, \ldots, x_{in}$ (z. B. gespeicherten Werten oder Schalterstellungen) sowie von den zeitlichen Ableitungen der gesamten Informationen. Damit kann vom jeweiligen Wert des Ausgangssignals auf das Verhalten des Eingangssignals quantitativ geschlossen werden, wobei eindeutige und reproduzierbare Nennfunktionen für diese Abhängigkeiten festgelegt sein müssen. Diese können in Form von Differentialgleichungen, Diagrammen oder Tabellen vorliegen.

In den meisten Fällen handelt es sich um verhältnismäßig einfache Funktionen. Oft ist ein Ausgangssignal nur von einem Eingangssignal abhängig. Außerdem sind die Zusammenhänge häufig zeit- und frequenzunabhängig. In diesen Fällen lässt sich das theoretische Verhalten eines Messglieds durch eine Nennkennlinie beschreiben.

Die Form einer Nennkennlinie richtet sich nach der Aufgabenstellung und den technischen Möglichkeiten. Oft sind lineare oder proportionale Kennlinien optimal, und es kann Aufgabe der Elektronik sein, eine empirisch gegebene nicht lineare Kenn-linie zu linearisieren. Für einige Aufgaben sind aber auch definierte nicht lineare (z. B. quadratische oder logarithmische) Kennlinien erforderlich.

Anhand der gegebenen Nennkennlinie eines Messglieds oder seiner Nennfunktion lässt sich für jeden Betriebszustand und Zeitpunkt der theoretisch richtige (wahre) Wert x_w (Sollwert) eines Messsignals ermitteln. Messtechnisch lässt sich unter den gleichen Verhältnissen der tatsächlich ausgegebene Wert x_a (Istwert) desselben Signals ermitteln. Stimmen beide Werte überein, ist das Messglied im betrachteten Zustand fehlerfrei. In der Praxis hat man keine fehlerfreien Messungen. Selbst mit hohem Aufwand verbleibt bei jeder Messung eine Unsicherheit, da z. B. ein Messwert immer nur mit endlich vielen Dezimalstellen angegeben werden kann. Ein vollständiges Messergebnis besteht aus zwei Informationen, d. h. die eine betrifft den Wert des Ergebnisses, die andere dessen Fehler oder Unsicherheit.

Als Messfehler (Abweichung) A wird die Differenz zwischen dem ausgegebenen (oder angezeigten) Wert x_a eines Messsignals und dem wahren Wert x_w desselben Signals bezeichnet:

$$A = x_a - x_w \tag{1.6}$$

Der relative Fehler A_r ist das Verhältnis des Messfehlers zu einem Bezugswert X:

$$A_r = \frac{A}{X} \tag{1.7}$$

In diesem Fall muss die Fehlerangabe einen Hinweis enthalten, welcher der Bezugswert ist. Üblich in der Praxis sind folgende Zusätze zu den Fehlerangaben: v. M. (vom Mess-wert), v. R. (vom richtigen Wert), R. (reading = vom angezeigten Wert), v. E. (vom Mess-bereichsendwert) oder F. S. (full scale = vom Messbereichsendwert).

Die Fehler eines Messglieds oder einer Messeinrichtung können unterschiedlicher Natur sein und sich in ihrer Herkunft unterscheiden. Es sollen einige wichtige Einflüsse auf das Fehlerverhalten elektronischer Messeinrichtungen untersucht werden, die von äußeren Parametern oder Gegebenheiten abhängen. Auf die Fehlerfortpflanzung bei der Signalverarbeitung durch mehrere Messglieder und beim Zusammentreffen mehrerer Einzelfehler soll ebenfalls eingegangen werden.

1.4.1   Fehlerarten

Bei der Betrachtung der Messfehler muss zwischen drei Fehlerarten unterschieden werden:

- Grobe Fehler entstehen durch vermeidbare Unachtsamkeiten bei einer Messung oder bei der Entwicklung einer Messeinrichtung und das Messergebnis ist in dem Versuch unbrauchbar. Bei elektronischen Messeinrichtungen können grobe Fehler zum Beispiel durch einen defekten Operationsverstärker, durch einen Programmierfehler in der Software eines Mikrocomputers oder falsches Ablesen einer Ziffernanzeige entstehen. Grobe Fehler müssen unter allen Umständen durch geeignete Kontrollen oder Mehrfachmessungen vermieden werden.

Als Beispiel für zufällige Fehler soll ein Zeigermessinstrument dienen und hierzu zählen

- Schwankende Eigenschaften von Messinstrumenten (Wackelkontakt, kalte Lötstellen, schwankende Übergangswiderstände in den Messzuleitungen) und nicht oder nur schwer erfassbare Einflussgrößen wie z. B. Luftfeuchtigkeit.
- Ablesefehler: durch Parallaxe beim Beobachter. Wie man in Abb. 1.27 erkennen kann, wird nur dann der richtige Messwert abgelesen, wenn das Auge des Beobachters genau senkrecht über dem Zeiger steht. Bei seitlicher Blickrichtung treten zufällige Ablesefehler auf. Der Fehler wird umso geringer, je näher der Zeiger über der Skala angebracht ist und je weniger die Blickrichtung von der Senkrechten abweicht.

Bei Feinmessgeräten wird unter der Skala häufig ein Spiegel angebracht, um die senkrechte Blickrichtung zu kontrollieren, indem sich der Zeiger mit seinem Spiegelbild deckt.

Zufällige Fehler verursacht durch nicht erfassbare oder nur schwer beeinflussbare Änderungen des Messobjekts, dessen Umgebung (Umwelt, Beobachter) oder des Messgerätes selbst haben eine nicht vorhersehbare Größe (Betrag) und Vorzeichen. Durch mehrfaches Messen gleicher physikalischer Größen erhält man somit aufgrund der zufälligen Fehler unterschiedliche Messergebnisse. Durch die statistische Auswertung dieser Ergebnisse kann man Rückschlüsse auf den wahren Messwert (Sollwert) und die Messunsicherheit erhalten.

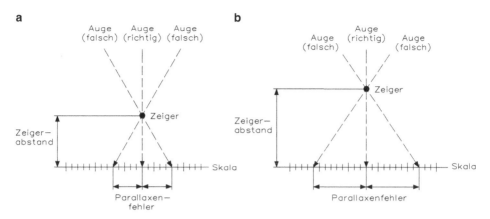

Abb. 1.27 Parallaxenfehler beim Ablesen des Messwerts. **a** geringer Abstand des Zeigers von der Skala = kleiner Parallaxenfehler. **b** großer Abstand des Zeigers von der Skala = großer Parallaxenfehler

Als den wahrscheinlichsten Wert mehrerer abweichender Messungen kann man den Durchschnitt (arithmetischer Mittelwert) der einzelnen Werte ansehen. Werden von einem Beobachter unter gleichen Bedingungen einer Messreihe n unabhängige Einzelwerte $x_1, x_2, \ldots, x_{n-1}, x_n$ ermittelt, lässt sich der arithmetische Mittelwert x errechnen. Dieser wahrscheinliche Wert ist nicht unbedingt der richtige Wert. Je enger die Einzelwerte der Messreihe zusammenliegen, je mehr Messwerte ermittelt wurden, desto größer wird die Wahrscheinlichkeit, dass der arithmetische Mittelwert x der richtige Wert ist. Anmerkung: Einzelwerte sind voneinander unabhängig, wenn nachfolgende Messungen nicht durch die vorausgegangene beeinflusst werden. $\bar{x}$ ist ein Schätzwert für den Erwartungswert.

- Systematische Fehler sind Messfehler, die sich unter wiederholbaren Betriebsbedingungen der Messeinrichtung wiederholen lassen. Sie haben im jeweiligen Betriebszustand einen bestimmten Wert und ein bestimmtes Vorzeichen und diese entstehen durch Unvollkommenheiten der Messeinrichtung. Je größer die systematischen Fehler einer Messeinrichtung sind, desto geringer ist die Genauigkeit. Der Begriff „Genauigkeit" ist nicht quantifizierbar und sollte nur für qualitative Aussagen verwendet werden.

Mit systematischen Fehlern kann man sich auf unterschiedliche Weise auseinandersetzen. Man kann sie durch geeignete Maßnahmen reduzieren, man kann bei Kenntnis des Fehlers das Messergebnis korrigieren oder man kann Fehlergrenzen für den ungünstigsten Fall (worst case) abschätzen.

- Fehlerreduktion: Typische Maßnahmen zur Verminderung von Fehlern in elektronischen Messeinrichtungen sind:
  - Linearisieren der Kennlinie durch elektronische Mittel.
  - Justieren (abgleichen) des Nullpunktes und der Kennliniensteigung. Die meisten Messgeräte besitzen Einrichtungen zur Einstellung des Nullpunktes, da sich die Messgröße „Null" meist einfach, z. B. durch einen Kurzschluss, realisieren lässt. Elektronische Messgeräte besitzen oft Vorrichtungen zur regelmäßigen automatischen Justierung des Nullpunktes. Fälschlicherweise wird für „Justierung" oft die Bezeichnung „Kalibrierung" verwendet (siehe Fehlererfassung).
  - Beseitigen von Einflüssen, die von außen auf die Messeinrichtung wirken, oder deren Kompensation durch entgegengesetzt wirkende Abhängigkeiten von denselben Einflussgrößen.
  - Entkopplung von Messgliedern und Messeinrichtungen untereinander und vom Messobjekt zur Verminderung der Rückwirkungen.
- Fehlererfassung: Da systematische Fehler wiederholbar sind, sind sie in den meisten Fällen mit vertretbarem Aufwand messbar. Sie lassen sich durch eine Kalibrierung erfassen, bei der mithilfe einer hinreichend genauen Vergleichs-Messeinrichtung die tatsächliche Abhängigkeit der interessierenden Größe x_a von einer Eingangsgröße x_e oder einer Einflussgröße untersucht wird. Diese Abhängigkeit kann als gemessene Kennlinie dargestellt und mit der Nennkennlinie verglichen werden.

Oft sind die systematischen Fehler so klein, dass beide Kennlinien praktisch zusammenfallen. In diesen Fällen ist es günstiger, in einer Fehlerkurve den systematischen Fehler als Funktion der zugehörigen Eingangs- oder Störgröße darzustellen. Mithilfe der so erfassten Fehler ist es möglich, eine Korrektur des gewonnenen Messwertes oder eines Signalwertes vorzunehmen, indem man nach der Gleichung vom ausgegebenen Wert x_a den Fehler A subtrahiert, um den wahren Wert x_w, zu erhalten. Auch dies kann mithilfe einer elektronischen Recheneinrichtung automatisiert werden.

Abb. 1.28 zeigt im oberen Diagramm die proportionale Nennkennlinie eines Messglieds sowie die gemessene Kennlinie, die progressiv und nicht durch den Nullpunkt verläuft. Im unteren Diagramm ist die zugehörige Fehlerkurve dargestellt, die in diesem Fall auch als Linearitätsfehlerkurve bezeichnet wird. Wichtiger Parameter ist der Linearitätsfehler dieser Kurve und das ist der (in diesem Fall: negative) maximale Linearitätsfehler A_L sowie der (in diesem Fall: positive) Nullpunktfehler A_0.

- Fehlerabschätzung: Ist es technisch nicht möglich oder zu aufwendig, den systematischen Fehler eines Messgerätes oder einer Messeinrichtung für jeden Betriebsfall zu bestimmen, begnügt man sich mit der Angabe der absoluten oder der relativen Messunsicherheit (u_s und ε_s sind systematische Komponenten), die auch im ungünstigsten Fall nicht überschritten werden. Die tatsächlichen Fehler A und A_r sind dann dem Betrage nach immer kleiner als diese Grenzen:

$$|A| \leq u_s \qquad\qquad (1.8)$$

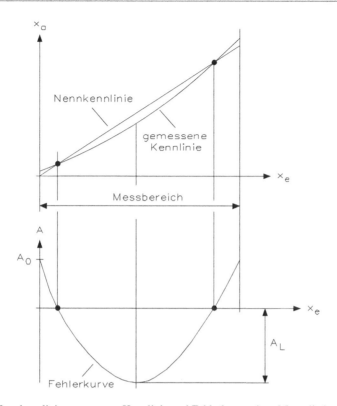

Abb. 1.28 Nennkennlinie, gemessene Kennlinie und Fehlerkurve eines Messglieds mit A_0: Nullpunktfehler A_L: maximaler Linearitätsfehler

$$|A_r| \leq \varepsilon_s \qquad\qquad (1.9)$$

Für die maximalen Fehler elektronischer Messgeräte werden vom Hersteller Fehlergrenzen angegeben, die eine Garantie darstellen. Beispielsweise steht im Handbuch eines digitalen Voltmeters:

Fehler kleiner als $\pm$ 0,03 % v.E. $\pm$ 0,06 % v.M. (vom Messwert)

Das heißt, bei einem Messbereich von $-2\,$V bis $+2\,$V hat man folgende Werte

Nullpunktfehler: $|A| \leq u_{s0} = 0{,}03\,\% \cdot 2\,\text{V} = 0{,}6\,\text{mV}$

Fehler insgesamt: $|A| \leq 0{,}04\,\text{mV} + 0{,}06\,\% \cdot U$

Die Fehlerkurve darf also nur außerhalb der schraffierten Bereiche des Diagramms in Abb. 1.29 verlaufen.

Ein typischer Linearitätsfehler entsteht bei der Quantisierung eines analogen Messsignals. Hierauf wird später eingegangen.

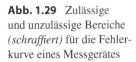

Abb. 1.29 Zulässige
und unzulässige Bereiche
(schraffiert) für die Fehlerkurve eines Messgerätes

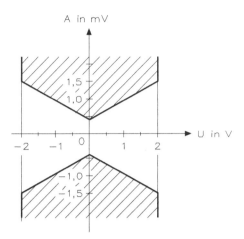

- Zufällige Fehler sind Messfehler, deren Ursachen nicht im Einzelnen erfassbar sind, und die auch bei gleichbleibenden Betriebsbedingungen nicht wiederholbar oder vorhersagbar sind. Zufällige Fehler führen innerhalb einer Messreihe zu Streuungen, und sie bewirken, dass vergleichbare Signalwerte unregelmäßig (stochastisch) voneinander abweichen. Bei der Messreihe kann es sich um eine endliche Zahl gleichartiger Messwerte verschiedener Messobjekte handeln, sie kann auch aus zeitlich aufeinanderfolgenden Augenblickswerten desselben Messsignals bestehen. Je stärker zufällige Fehler bei einer Messung in Erscheinung treten, desto geringer ist die Präzision der Messung. Zufällige Fehler lassen sich mit den Methoden der Statistik umso zuverlässiger erfassen, je mehr Einzelwerte zur Verfügung stehen.

Abb. 1.30 zeigt zwei Möglichkeiten, das Streuverhalten einer Messreihe bildlich darzustellen. In der oberen Abbildung sind die einzelnen Messwerte einer Spannungsmessreihe als Punkte auf einem Maßstabsstrahl aufgetragen. In der unteren Abbildung wird ein Histogramm gezeigt, bei dem der gesamte Variationsbereich in sechs gleich breite Intervalle unterteilt und in jedem Intervall ist ein senkrechter Balken dargestellt, dessen Höhe der jeweiligen Häufigkeitsdichte h' entspricht. Die Häufigkeitsdichte ergibt sich für jedes Intervall als Verhältnis der relativen Häufigkeit h zur Intervallbreite ΔU. Die relative Häufigkeit gibt jeweils an, wie viel Prozent aller Messwerte innerhalb des betrachteten Intervalls liegen. Sie ist ein Maß für die Wahrscheinlichkeit, dass ein einzelner Signalwert in das jeweilige Intervall fällt. Die Häufigkeitsdichte h' ist ein Maß für die Dichte der Messpunkte in der oberen Abbildung. Abb. 1.30 zeigt das Streuverhalten einer Messreihe.

Je größer die Gesamtzahl n der verfügbaren Signal- oder Messwerte ist, desto feiner kann der Variationsbereich unterteilt werden, und desto feiner wird die Stufung des Histogramms. Für $n \to \infty$ ergibt sich als Grenzfall eine kontinuierliche Kurve, die in der unteren Abbildung gestrichelt dargestellt ist. In den meisten Fällen kann diese Kurve oder das Histogramm mit hinreichender Genauigkeit durch eine symmetrische Glockenkurve beschrieben werden, deren Gleichung dann lautet:

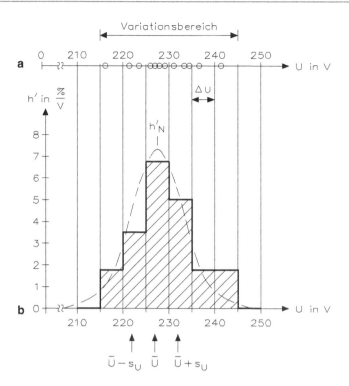

Abb. 1.30 Streuverhalten einer Messreihe. **a** Darstellung der einzelnen Messpunkte auf einem Maßstabsstrahl. **b** Histogramm

$$h'_N = h'_{max} \cdot e^{-\frac{(U-\overline{U})^2}{2s_U^2}} \tag{1.10}$$

Man spricht dann von einer Normalverteilung der Signalwerte.

Will man auf eine detaillierte bildliche Darstellung des Streuverhaltens verzichten, kann man sich auf die Angabe des Mittelwertes $\overline{U}$ und der Standardabweichung s_U beschränken, die die statistischen Kennwerte (statistische Signalparameter) darstellt:

- Der arithmetische Mittelwert $\overline{U}$ einer Messreihe ist der wahrscheinlichste Wert innerhalb des Variationsbereichs. Bei $U = \overline{U}$ hat die Glockenkurve ihr Maximum.
- Die Standardabweichung s_U ist ein Maß für die typische Abweichung der Einzelwerte vom arithmetischen Mittelwert. Bei Normalverteilung liegen die Wendepunkte der Glockenkurve an den Stellen „$\overline{U} - s_U$" und „$\overline{U} + s_U$". In diesem Bereich befinden sich im Durchschnitt 68,3 % aller Messwerte. Jeweils 15,9 % aller Einzelwerte einer normalverteilten Messreihe sind kleiner als „$\overline{U} - s_U$" beziehungsweise größer als „$\overline{U} + s_U$". Zwischen den Grenzen „$\overline{U} - 1{,}96 s_U$" und „$\overline{U} + 1{,}96 s_U$" liegen 95 % aller Einzelwerte.

Allgemein lassen sich der Mittelwert $\bar{x}$ und die Standardabweichung s_x, aus n Signalwerten $x_1, \ldots, x_n$ wie folgt rechnerisch ermitteln:

$$\bar{x} = \frac{1}{n} \cdot \sum_{i=1}^{n} x_i \tag{1.11}$$

$$s_x = \sqrt{\frac{1}{n-1} \cdot \sum_{i=1}^{n} (x_i - \bar{x})^2} \tag{1.12}$$

Für die statistischen Parameter eines kontinuierlichen zeitlichen Signalverlaufs $x(t)$ folgt mit $n \to \infty$ und der Beobachtungszeit T aus (1.11)

$$\bar{x} = \frac{1}{T} \cdot \int_{0}^{T} x(t)\, dt \tag{1.13}$$

und das der Gleichung

$$s_x = \sqrt{\frac{1}{T} \cdot \int_{0}^{T} (x(t) - \bar{x})^2\, dt} = +\sqrt{X_{\text{eff}}^2 - \bar{x}^2} = X_{\sim\text{eff}} \tag{1.14}$$

Der Mittelwert einer Wechselgröße ist also ihr Gleichanteil, und die Standardabweichung der Effektivwert des Wechselanteils. Die statistischen Parameter eines stochastischen Signals ergeben sich umso zuverlässiger, je weniger die inneren Abhängigkeiten des Signals ins Gewicht fallen, d. h. je länger die Beobachtungszeit T ist.

Auch bei zufälligen Fehlern ist es sinnvoll, relative Angaben zu machen. So ist der Variationskoeffizient v_x das Verhältnis der Standardabweichung s_x zum Betrag $|\bar{x}|$ des Mittelwertes:

$$v_x = \frac{s_x}{|\bar{x}|} \tag{1.15}$$

Für ein Wechselsignal $x(t)$ gilt (1.16)

$$v_x = \frac{s_x}{|\bar{x}|} = \frac{X_{\sim\text{eff}}}{|\bar{x}|} = W \tag{1.16}$$

Der Variationskoeffizient v ist identisch mit der Welligkeit W des Signals.

Mit (1.11), (1.12) und (1.15) ergibt sich rechnerisch für das Beispiel aus Abb. 1.30:

$$\overline{U} = 219\,\text{V}, \quad s_U = 7{,}0\,\text{V}, \quad v_U = 3{,}2\,\%$$

Auch wenn keine systematischen Fehler zu berücksichtigen sind, ist der Mittelwert nur der wahrscheinlichste, nicht aber der wahre Wert x_w. Dieser liegt mit der Aussagewahrscheinlichkeit P (Vertrauensniveau) innerhalb eines Unsicherheitsbereichs „$\bar{x} - u_\mathrm{z}$" bis „$\bar{x} - u_\mathrm{z}$", der sich um den Mittelwert herum abgrenzen lässt. Die zufällige Komponente u_z der Messunsicherheit ist umso größer, je größer das gewählte Vertrauensniveau P und die Standardabweichung s sind und je geringer die Anzahl n der einzelnen Messwerte ist:

$$u_\mathrm{z} = \frac{t_{(P,n)} \cdot s}{\sqrt{n}} \tag{1.17}$$

Entsprechend gilt für den relativen Wert:

$$\varepsilon_\mathrm{z} = \frac{t_{(P,n)} \cdot v}{\sqrt{n}} \tag{1.18}$$

Der Vertrauensfaktor t in dieser Gleichung ist in Abb. 1.31 in Abhängigkeit von P und n dargestellt. Für $n \to \infty$ geht $u_\mathrm{z} \to \infty$ aus der wahrscheinlichen Aussage über den wahren Wert wird sicher, dass dieser mit dem Mittelwert übereinstimmt.

Im Beispiel (Abb. 1.31) ist $n = 10$. Mit einem gewählten Vertrauensniveau von $P = 99,7\,\%$ ergeben sich: $t = 4,2$ und $u_{\mathrm{z}\,U} = 6,5$ V.

Die systematischen Komponenten u_s, ε_s ((1.8) und (1.9)) und die zufälligen Komponenten u_z, ε_z ((1.17) und (1.18)) der absoluten bzw. relativen Messunsicherheit lassen sich durch lineare Additionen zu resultierenden Gesamtwerten u und ε zusammenfassen:

$$u = u_\mathrm{s} + u_\mathrm{z} \tag{1.19}$$

$$\varepsilon = \varepsilon_\mathrm{s} + \varepsilon_\mathrm{z} \tag{1.20}$$

Abb. 1.31 Vertrauensfaktor t bei Normalverteilung

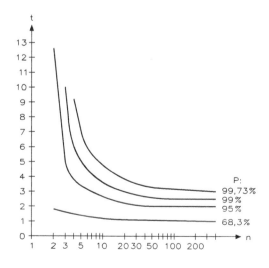

Ein vollständiges Messergebnis enthält immer eine Information über die Unsicherheit, die eventuell auch in der angegebenen Stellenzahl liegen kann. Bezieht sich dabei die zufällige Komponente auf ein Vertrauensniveau $P \neq 95\,\%$, so muss auch dieses angegeben sein.

Ist im Beispiel (Abb. 1.30) etwa aufgrund der Messgeräteeigenschaften für die systematische Komponente der Wert $u_{sU} = 3{,}5$ V abgeschätzt worden, so ergibt sich für die gesamte Unsicherheit der Messung

$$u_U = 6{,}5\,\text{V} + 3{,}5\,\text{V} = 10\,\text{V}$$

Das vollständige Messergebnis lautet

$$\left.\begin{array}{l} U = 219\,\text{V} \quad \pm 10\,\text{V} \\[1ex] \text{oder} \\[1ex] U = 219\,\text{V}(1 \pm 4{,}6\,\%) \end{array}\right\} \text{mit } P = 99\,\%$$

$$\qquad \uparrow \qquad\qquad \uparrow \qquad\qquad\qquad \uparrow$$

Messwert   Unsicherheit   Vertrauensniveau

1.4.2 Fehlerquellen

Um Messfehler vermeiden, reduzieren oder erfassen zu können, müssen ihre Ursachen ergründet und die Fehlerquellen lokalisiert werden. Es soll im Folgenden unterschieden werden zwischen Messobjektfehlern, inneren und äußeren Fehlern, sowie Beobachtungsfehlern.

- Messobjektfehler sind Fehler, die der Messgröße selbst anhaften, z. B. ist einer zu messenden Gleichspannung eine Rauschspannung überlagert und die Messgröße wird unsicher.
- Messfehler, die ausschließlich von den Eigenschaften einer isoliert betrachteten Messeinheit (z. B. eines einzelnen Messglieds) abhängen, sollen als innere Fehler oder bei einem vollständigen Messgerät als Gerätefehler bezeichnet werden. Herstellerangaben, wie z. B. die Fehlerklasse eines anzeigenden Messgerätes oder dem Gerät beigefügte Kalibrier- oder Fehlerkurven, beziehen sich immer auf die inneren Fehler der Messeinheit.

Ein anderes Beispiel für einen inneren Fehler ist der Rundungsfehler eines PC. Ein digitaler Rechner, der eine vierziffrige Dezimalzahl quadriert und das Ergebnis wiederum auf vier Ziffern rundet, liefert bei einem Eingangssignal von 1,666 ein Ausgangssignal 1,789. Der auf den richtigen Wert 1,789123 bezogene systematische Fehler des Ausgangssignals ist demnach:

$$A_r = \frac{1{,}789 - 1{,}789123}{1{,}789123} = -6{,}87 \cdot 10^{-5} \text{ (v. M.) (vom Messwert)}$$

- Beim Zusammenschalten mehrerer Messglieder zu einer Messkette oder mehrerer Messgeräte zu einem Messsystem genügt es meist nicht, die inneren Fehler aller Einheiten nach den Regeln der Fehlerrechnung zu überlagern, sondern es muss zusätzlich berücksichtigt werden, dass es Wechselwirkungen zwischen den Elementen einer Messschaltung gibt. Hierdurch entstehen zusätzliche äußere Fehler der einzelnen Elemente. Äußere Fehler sind nicht ausschließlich von den Eigenschaften des betrachteten Messglieds selbst abhängig, sondern sie werden von den Eigenschaften der umgebenden Messschaltung mitbestimmt. Diese Fehler werden deshalb auch als Schaltungsfehler oder Verfahrensfehler bezeichnet. Solche Fehler können nicht von einem Hersteller in einem Messgeräte-Handbuch angegeben werden, da dieser den individuellen Messaufbau nicht kennen kann.

Abb. 1.32 zeigt ein einfaches Beispiel, in dem der Ausgang eines Messglieds 1 und der Eingang eines Messglieds 2 als Ersatzschaltungen dargestellt sind. Das Messglied 1 erzeugt als Messsignal eine Spannung U_0, die im Leerlauf seiner Ausgangsspannung U_0 entspricht. Wird das Messglied 2 angeschlossen, so gibt es eine Rückwirkung auf das Messglied 1. Die Spannung U_1 ändert sich unter dem Einfluss der Belastung durch das Messglied 2, und die weiterverarbeitete Spannung U_2 ist nicht gleich U_0, sondern sie beträgt:

$$U_2 = U_0 \cdot \frac{R_2}{R_1 + R_2} + I_2 \cdot \frac{R_1 \cdot R_2}{R_1 + R_2} \tag{1.21}$$

Es entsteht ein systematischer Fehler:

$$A = I_2 \cdot \frac{R_1 \cdot R_2}{R_1 + R_2} - U_0 \cdot \frac{R_1}{R_1 + R_2} \tag{1.22}$$

Dieser Fehler enthält zwei Anteile. Der erste ist positiv und konstant. Dieser wirkt sich als Nullpunktfehler aus. Der zweite Anteil ist bei positiver Signalspannung U_0 negativ und von der Signalspannung abhängig. Ist einer der Widerstände R_1 oder R_2 vom Messsignal abhängig, was bei elektronischen Schaltungen häufig der Fall ist, entsteht durch

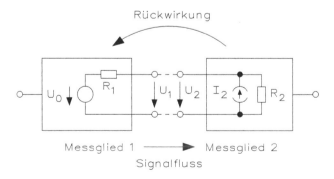

Abb. 1.32 Rückwirkung als Ursache für äußere Fehler

die Rückwirkung außerdem ein Linearitätsfehler. Aus (1.21) lässt sich auch erkennen, dass sich Teilfehler je nach der jeweiligen Vorzeichensituation entweder summieren oder aber ganz oder teilweise kompensieren können.

Bei jeder Messung muss berücksichtigt werden, dass eine Rückwirkung von der Messeinrichtung auf das Messobjekt stattfindet. Ob die dadurch entstehenden Fehler zu berücksichtigen oder vernachlässigbar sind, hängt vom Einzelfall ab. Es ist kaum vorstellbar, dass sich die Oberflächentemperatur der Sonne ändert, wenn man sie von der Erde aus mit einem Strahlungsthermometer misst. Dagegen ist es nur mit großem Aufwand möglich, die Temperatur eines einzelnen Widerstands in einer integrierten Halbleiterschaltung einigermaßen rückwirkungsfrei zu messen. Eine Aufgabe des Messtechnikers ist es, Messeinrichtungen so zu entwerfen, dass ihre Rückwirkungen auf das Messobjekt möglichst gering sind.

Ein Vorteil der Digitaltechnik gegenüber der Analogtechnik liegt darin, dass äußere Fehler bei Digitalschaltungen immer vermeidbar sind, wenn gewisse Vorschriften und Empfehlungen für den Schaltungsaufbau beachtet werden. Dadurch sind auch komplexe digitale Systeme immer einfacher quantitativ zu verstehen als vergleichbare Analogschaltungen.

- Auch die einen Versuch durchführende Person kann Messfehler verursachen, die man als Beobachtungsfehler bezeichnet. Durch die Parallaxe beim Ablesen eines Zeiger-Messgeräts kann je nach den Gegebenheiten ein systematischer oder zufälliger Fehler entstehen. Ein weiteres Beispiel ist das Betätigen einer Stoppuhr. Durch die individuelle Unsicherheit des Betätigungszeitpunktes entsteht eine Messunsicherheit, da der innere Fehler der Uhr fast immer vernachlässigbar klein ist.

1.4.3   Einflussfehler

Messfehler werden häufig von Einflussgrößen mitbestimmt, von denen das jeweilige Messsignal theoretisch unabhängig sein sollte. Solche Einflüsse sind immer unerwünscht, aber nur selten vermeidbar. Die wichtigsten Einflussgrößen in elektronischen Messeinrichtungen sind die Temperatur, die Frequenz der Messgröße, magnetische oder elektrische Fremdfelder und die Zeit.

- Temperatureinflüsse: Die meisten der in der Elektronik genutzten physikalischen Effekte sind temperaturabhängig und verursachen Temperaturdriften bei fast allen Bauelemente-Parametern. Diese Abhängigkeiten lassen sich meist nur empirisch ermitteln und werden als Temperaturkoeffizienten oder Fehlergrenzen von den Herstellern angegeben. Im Folgenden sind einige der für die Messelektronik wichtigsten Temperatureffekte aufgeführt:
  - Die Ladungsträgerbeweglichkeit in leitenden Stoffen nimmt mit wachsender Temperatur ab und die Ladungsträgerkonzentrationen in Halbleitern steigt mit der

Temperatur. Hierauf ist es zurückzuführen, dass metallische Widerstände meist positive Temperaturkoeffizienten (einige ‰/K bei reinen Metallen) und Halbleiterwiderstände in der Regel negative Temperaturkoeffizienten (in der Größenordnung %/K) aufweisen. Für besonders temperaturkonstante Messwiderstände steht das Material Manganin zur Verfügung, dessen Temperaturkoeffizient maximal einige 10^{-5}/K beträgt.

- Diffusionsspannungen an Grenzschichten zwischen verschiedenen Materialien wachsen mit der Temperatur. Hierauf beruht der Seebeck-Effekt, wie Abb. 1.33 zeigt. Bei unterschiedlichen Temperaturen ϑ_1 und ϑ_2 sind die Kontaktstellen zwischen den beiden Materialien A und B (sind die Diffusionsspannungen ΔU_1 und ΔU_2) verschieden. Jedoch die Spannungen U_1 und U_2 vor und hinter der Kontaktstelle unterscheiden sich. Dieser Effekt ist bei Halbleitermaterialien besonders ausgeprägt. Um Messfehler weitgehend zu vermeiden, ist man bestrebt, Temperaturgradienten an kritischen Stellen klein zu halten und geeignete Materialkombinationen zu wählen. Besonders günstig ist die Kombination Kupfer-Manganin, die zu Thermospannungen von weniger als 1 μV je K Temperaturdifferenz führt.
- Die Durchlassspannungen von Halbleiterdioden und Basis-Emitterstrecken von Transistoren weisen negative Temperaturkoeffizienten in der Größenordnung 1 ‰/K auf. Dioden mit positiven Temperaturkoeffizienten lassen sich zur Temperaturkompensation verwenden.
- Sperrströme von Dioden oder in Sperrrichtung betriebenen Transistorstrecken sind erheblich temperaturabhängig. Ihre Temperaturkoeffizienten liegen in der Größenordnung 10 %/K.
- Der Z-Effekt hat einen negativen und der Lawineneffekt einen positiven Temperaturkoeffizienten. Beide Effekte sind in einer Z-Diode gleichzeitig wirksam. Die Temperaturkoeffizienten kompensieren sich bei Z-Spannungen von etwa 5 V nahezu. Referenzdioden, die mit Halbleiterdioden temperaturkompensiert sind, können Temperaturkoeffizienten von wenigen 10^{-6}/K aufweisen und werden als temperaturkonstante Referenzspannungsquellen eingesetzt.

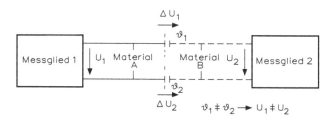

Abb. 1.33 Thermospannungen als Ursache für einen Gleichspannungsfehler auf einer Messleitung

Wirksame Maßnahmen zur Verminderung von Temperatureinflüssen sind die bereits erwähnte Temperaturkompensation mithilfe von Dioden oder Halbleiterwiderständen oder eine Thermostabilisierung der temperaturempfindlichen Teile der Messeinrichtung.

In elektronischen Messschaltungen ist mit unvermeidlichen Frequenzabhängigkeiten zu rechnen:

- Leitungen besitzen induktive Blindwiderstände, weisen parasitäre Kapazitäten gegeneinander und gegenüber der Bezugsmasse auf.
- Messwiderstände besitzen Blindanteile, die durch Leitungskapazitäten und Wicklungsinduktivitäten hervorgerufen werden.
- Kondensatoren und Spulen weisen frequenzabhängige Verlust- und Gütefaktoren auf.
- Dioden und gesperrte Transistorstrecken besitzen Sperrschichtkapazitäten, die sich wie parallel geschaltete Kondensatoren auswirken.
- Basis-Emitterstrecken bipolarer Transistoren wirken infolge der in den Basiszonen gespeicherten Minoritätsträger kapazitiv.

Diese und ähnliche Effekte können sowohl in analogen als auch in digitalen Messschaltungen zu frequenzabhängigen Messfehlern führen. Analoge Messglieder verhalten sich häufig wie lineare Tiefpässe erster Ordnung. Der Zusammenhang zwischen einer Eingangswechselgröße $\underline{X}_e$ und einer Ausgangwechselgröße $\underline{X}_a$ ist dann gegeben durch die Beziehung:

$$\underline{X}_a = \underline{X}_e \cdot \frac{v_0}{1 + \mathrm{j}(f/f_0)^2} = \underline{X}_e \cdot \underline{v} \tag{1.23}$$

worin f_0 die obere Grenzfrequenz bedeutet. Der komplexe Faktor v ist für $f = 0$ gleich der Steigung v_0 der statischen Kennlinie. Für $f \neq 0$ entsteht ein Betragsfehler von

$$A_{rv} = \frac{1}{\sqrt{1 + \mathrm{j}(f/f_0)^2}} - 1 \tag{1.24}$$

Der Winkelfehler, der auf den Winkel 2π einer Periode bezogen werden kann, errechnet sich aus

$$A_{r\varphi} = -\frac{1}{2\pi} \cdot \arctan(f/f_0) \tag{1.25}$$

Diese Fehler sind in Abb. 1.34 als Funktion der normierten Frequenz f/f_0 aufgetragen. Es zeigt sich, dass für $f/f_0 = 1$ der Betragsfehler bereits etwa $-30\,\%$ beträgt und der Winkelfehler über $10\,\%$ einer Periode beträgt. Die häufig geübte Praxis, z. B. für einen Messverstärker oder ein Oszilloskop die Grenzfrequenz anzugeben, ist messtechnisch wenig sinnvoll, da Fehler dieser Größenordnung nicht tolerierbar sind und deswegen bei der Grenzfrequenz nicht mehr gemessen werden darf.

Abb. 1.34 zeigt, dass die zulässige Frequenzgrenze bei einem Präzisionsmessgerät nur einige Prozent der Grenzfrequenz betragen darf.

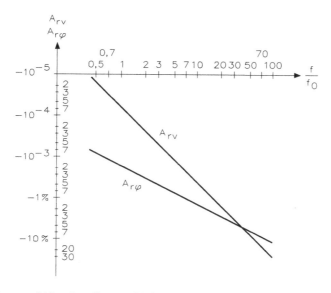

Abb. 1.34 Frequenzfehler eines linearen Tiefpasses 1. Ordnung. A_{rv}: relativer Betragsfehler. $A_{r\varphi}$: relativer Winkelfehler, bezogen auf eine Periode

In der Praxis muss das Frequenzverhalten einer Messeinrichtung meist empirisch untersucht und bei Bedarf durch geeignete Schaltungsmaßnahmen optimiert werden.

In digitalen Messgliedern entstehen durch die beschriebenen Ursachen endliche Signallaufzeiten. Abb. 1.35 zeigt dies am Beispiel eines NICHT-Gatters. Ein positiver Signalsprung vom L-Potential zum H-Potential am Eingang wird um die Zeit t_{PLH} verzögert am Ausgang wirksam. Ein negativer Signalsprung vom H-Potential zum L-Potential am Eingang ergibt die Laufzeit t_{PHL}. Im Allgemeinen sind diese Laufzeiten in beiden Schaltrichtungen nicht gleich, sodass die wirksame Dauer des Ausgangsimpulses um die Zeit verlängert wird mit

$$\Delta t = t_{PLH} - t_{PHL}$$

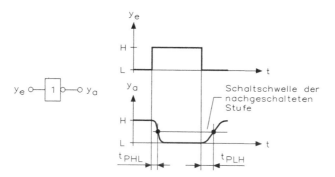

Abb. 1.35 Fehler durch die Signallaufzeiten eines NICHT-Gatters

Dies kann bei der Verarbeitung eines Zeitsignals ein systematischer Messfehler bedeuten.

- Fremdfeldeinflüsse: Elektrische und magnetische Fremdfelder können, wenn sie zeitlich veränderlich sind, durch Influenz- bzw. Induktionswirkungen in elektronischen Messschaltungen Fehler hervorrufen.Äußerst unangenehm wirken sich oftmals die fast überall vorhandenen Störfelder des technischen Wechselstroms (50 Hz) aus, da deren Wirkungen frequenzmäßig kaum von Nutzsignalen unterschieden werden können. Abhilfe lässt sich meist durch eine magnetische bzw. elektrische Schirmung der störempfindlichen Schaltungsteile erreichen. Es muss aber bedacht werden, dass dadurch zusätzliche Schaltungsinduktivitäten und -kapazitäten entstehen können, die unter Umständen zu einer Verschlechterung des Frequenzverhaltens führen.
- Zeiteinflüsse: Daten von elektrischen, insbesondere von elektronischen Bauelementen unterliegen zeitlichen Schwankungen und diese driften mit der Zeit mehr oder weniger auseinander. Dies ist darauf zurückzuführen, dass sich der Aufbau einer Kristallstruktur, die für den Leitungsmechanismus oder einen Halbleitereffekt verantwortlich ist, z. B. durch thermische Gitterschwingungen oder durch Strahlungseinflüsse sporadisch verändern kann. Diese Zeiteinflüsse sind stärker ausgeprägt in den ersten Wochen und Monaten nach der Herstellung eines Bauelementes und klingen dann ab. Dieser Abklingvorgang kann durch Lagern bei erhöhter Temperatur (künstliches Altern) beschleunigt werden. Da sich Zeiteinflüsse bei Halbleiterbauelementen niemals ganz beseitigen lassen, ist man überall dort, wo es auf hohe Präzision ankommt, bestrebt, Messgeräteeigenschaften von Halbleiterdaten möglichst unabhängig zu machen.

Ein wichtiges Kriterium für die Qualität eines Messgerätes oder einer Messschaltung ist die Langzeitdrift, die z. B. in 10^4/Tag oder in ‰/Jahr angegeben werden kann. Statt dessen lassen sich auch unterschiedliche Fehlergrenzen für verschieden lange Betriebszeiträume (z. B. 24 h, 1 Jahr) definieren.

Neben den Drifterscheinungen, die als extrem niederfrequente, quasistatische Änderungsvorgänge anzusehen sind, lassen sich in elektronischen Schaltungen auch schnellere regellos erscheinende Schwankungen von Strömen und Spannungen beobachten, die als Rauschen bezeichnet werden. Diese in einer Schaltung erzeugten Rauschsignale überlagern sich den Messsignalen und verfälschen deren Augenblicks- und Scheitelwerte.

Ein Maß für Rauscheffekte ist die Rauschleistung P_r, die mit der betrachteten Bandbreite Δf zunimmt. Niederfrequentes Rauschen ist bei Halbleitern überwiegend auf das sogenannte Funkelrauschen zurückzuführen, bei dem die spektrale Rauschleistungsdichte dP_r/df bis etwa 1 kHz reziprok zur Frequenz abnimmt. Bei höheren Frequenzen dominieren das Widerstandsrauschen und bei bipolaren Transistoren das Stromverteilungsrauschen, die beide nahezu frequenzunabhängig sind.

Ein weiterer Zeiteinfluss ist der Anwärmfehler, der auf das Temperaturverhalten der Messeinrichtung zurückzuführen ist. Nach dem Einschalten bedarf es einer gewissen

Anwärmzeit, in der sich ein von den Eigenerwärmungen der Bauelemente abhängender stationärer Temperaturzustand einstellt. Erst nach Erreichen dieses Endzustandes sind auch die inneren Fehler der Messeinrichtung konstant. Die Anwärmzeit kann bei Präzisions-Messgeräten bis zu einer Stunde betragen.

1.4.4 Fehlerfortpflanzung

Im Allgemeinen hängt ein Messergebnis X nach Maßgabe einer gegebenen Funktion g von mehreren voneinander unabhängigen Messsignalen oder Schaltungsparametern $x_1, x_2, \ldots$ ab.

$$X = g(x_1, x_2, \ldots).$$

Dann wirken sich auch die systematischen Fehler $A_1, A_2, \ldots$ auf die unabhängigen Größen $x_1, x_2, \ldots$ und auf den Fehler A des Messergebnisses X aus. Dieser Effekt wird als Fehlerfortpflanzung bezeichnet. Es gilt für die absoluten Fehler

$$A = \frac{\partial X}{\partial x_1} \cdot A_1 + \frac{\partial X}{\partial x_2} \cdot A_2 + \ldots \qquad (1.26)$$

Für die relativen Fehler gilt

$$A_\mathrm{r} = \frac{x_1}{X} \cdot \frac{\partial X}{\partial x_1} \cdot A_{\mathrm{r}1} + \frac{x_2}{X} \cdot \frac{\partial X}{\partial x_2} \cdot A_{\mathrm{r}2} + \ldots \qquad (1.27)$$

Abb. 1.36 zeigt einen unbelasteten Spannungsteiler, der aus den Teilwiderständen R_1 und R_2 besteht und soll berechnet werden. Für die Ausgangsspannung U_2 des zunächst unbelasteten Spannungsteilers ($R_\mathrm{L} = \infty$) gilt mit der Eingangsspannung U_1:

$$U_2 = U_1 \cdot \frac{R_2}{R_1 + R_2} \qquad (1.28)$$

Nach der Gleichung ist

$$A_{\mathrm{r}U_2} = \frac{U_1}{U_2} \cdot \frac{\partial U_2}{\partial U_1} \cdot A_{\mathrm{r}U_1} + \frac{R_1}{U_2} \cdot \frac{\partial U_2}{\partial R_1} \cdot A_{\mathrm{r}R_1} + \frac{R_2}{U_2} \cdot \frac{\partial U_2}{\partial R_2} \cdot A_{\mathrm{r}R_2} \qquad (1.29)$$

Für die drei Gewichtungsfaktoren in (1.29), mit denen die Einzelfehler vor dem Addieren zu multiplizieren sind, gilt

Abb. 1.36 Unbelasteter
Spannungsteiler

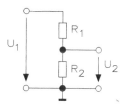

$$\frac{U_1}{U_2} \cdot \frac{\partial U_2}{\partial U_1} = 1 \qquad (1.30)$$

$$\frac{R_1}{U_2} \cdot \frac{\partial U_2}{\partial R_1} = -\frac{R_1}{R_1 + R_2} \qquad (1.31)$$

$$\frac{R_2}{U_2} \cdot \frac{\partial U_2}{\partial R_2} = -\frac{R_1}{R_1 + R_2} \qquad (1.32)$$

Es zeigt sich:

- Ein relativer Fehler A_{rU_1} der Eingangsspannung U_1 bewirkt einen ebenso großen Fehleranteil der Ausgangsspannung U_2.
- Gleich große relative Fehler der Teilerwiderstände wirken sich gleich stark, aber mit entgegengesetztem Vorzeichen aus. Sind also zum Beispiel beide Widerstände um 1 % zu groß, bleibt das Teilerverhältnis unverändert.
- Ein relativer Widerstandsfehler von zum Beispiel 1 % trägt zum Gesamtfehler der Ausgangsspannung mit weniger als 1 % bei; der Beitrag ist um so größer, je kleiner die Teilspannung ist.
- Eine Belastung des Spannungsteilers durch einen Lastwiderstand R_L parallel zu R_2' wirkt sich so aus, als würde der Teilerwiderstand R_2 verringert. Der Fehler von R_2 ist dann für $R_L \gg R_2 / A_{rR_2} = -R_2/R_L$. Durch (1.28) und (1.31) ergibt sich

$$A_{rU_2} = -\frac{R_1 \cdot R_2}{(R_1 + R_2)R_L} \qquad (1.33)$$

Für $R_1 = 900\,\Omega$, $R_2 = 100\,\Omega$ und $R_L = 10\,k\Omega$ wird $A_{rU2} = -0,9\,\%$. Die Ausgangsspannung verringert sich durch die Belastung um 0,9 %. Soll der Einfluss weniger als 1‰ betragen, muss der Lastwiderstand gemäß (1.29) den 900-fachen Wert von R_2 aufweisen, also größer als 90 kΩ sein.

Die Gewichtungsfaktoren $\frac{x_1}{X} \cdot \frac{\partial X}{\partial x_1}$ aus (1.28) können ohne Berechnung aus der gegebenen Funktion g entnommen werden, wenn es sich um eine Produktfunktion der Form

$$X = x_1^a \cdot x_2^b \cdot x_3^c \cdot \ldots$$

handelt. Dann gilt

$$\frac{x_1}{X} \cdot \frac{\partial X}{\partial x_1} = a \quad \frac{x_2}{X} \cdot \frac{\partial X}{\partial x_2} = b \quad \frac{x_3}{X} \cdot \frac{\partial X}{\partial x_3} = c \qquad (1.34)$$

Sind die systematischen Fehler der Messgrößen $x_1, x_2, \ldots$ nur abgeschätzt und als Messunsicherheiten $u_1, u_2, \ldots$ (systematische Komponenten) bekannt, so kann auch für das Ergebnis X nur eine den ungünstigsten Fall betreffende Unsicherheit u abgeschätzt werden. Dieser Fall ist dadurch gekennzeichnet, dass sich alle Fehleranteile mit gleichen Vorzeichen addieren. Aus (1.29) und (1.30) folgt dann:

$$u = \left| \frac{\partial X}{\partial x_1} \right| \cdot u_1 + \left| \frac{\partial X}{\partial x_2} \right| \cdot u_2 + \dots \tag{1.35}$$

und

$$\varepsilon = \left| \frac{x_1}{X} \cdot \frac{\partial X}{\partial x_1} \right| \cdot \varepsilon_1 + \left| \frac{x_2}{X} \cdot \frac{\partial X}{\partial x_2} \right| \cdot \varepsilon_2 + \dots \tag{1.36}$$

Nach diesen Gleichungen ergibt sich mit (1.30), (1.31) und (1.32) für die relative Unsicherheit ε_{U_2} der Ausgangsspannung U_2 des Spannungsteilers:

$$\varepsilon_{U_2} = \varepsilon_{U_1} + \frac{R_1}{(R_1 + R_2)}(\varepsilon_{R_1} + \varepsilon_{R_2}) \tag{1.37}$$

Sind die Fehler der unabhängigen Größen zufällig und voneinander unabhängig, so werden sich ihre Wirkungen auf das Messergebnis teilweise addieren und teilweise kompensieren. Die Standardabweichung des Ergebnisses erhält man dann dadurch, dass man die einzelnen Beiträge geometrisch addiert:

$$s = \sqrt{\left(\frac{\partial X}{\partial x_1} \right)^2 \cdot s_1^2 + \left(\frac{\partial X}{\partial x_2} \right)^2 \cdot s_2^2 + \dots} \tag{1.38}$$

$$\varepsilon = \sqrt{\left(\frac{x_1}{X} \cdot \frac{\partial X}{\partial x_1} \right)^2 \cdot \varepsilon_1^2 + \left(\frac{x_2}{X} \cdot \frac{\partial X}{\partial x_1} \right)^2 \cdot \varepsilon_2^2 + \dots} \tag{1.39}$$

Dies soll an einem Beispiel verdeutlicht werden, das zugleich zeigt, dass der Zusammenhang zwischen den unabhängigen Größen und dem Messergebnis nicht immer als Gleichung, sondern auch als Kennlinienfeld gegeben sein kann:

Der Transistor BC107/BC237, dessen Kennlinienfeld in Abb. 1.37 dargestellt ist, liegt an $U_{CE} = 18$ V, die eine Restwelligkeit (50 Hz) von 1 ‰ enthält. Der Basisstrom I_B ist ein Gleichstrom von 150 μA, dem ein Rauschanteil überlagert ist, dessen Effektivwert 750 nA beträgt. Nach (1.16) sind die Welligkeiten identisch mit den Variationskoeffizienten ν der Größen. Es gilt demnach entsprechend (1.38)

$$W_{I_C} = \sqrt{\left(\frac{U_{CE}}{I_C} \cdot \frac{\partial I_C}{\partial U_{CE}} \right)^2 \cdot W_{U_{CE}}^2 + \left(\frac{I_B}{I_C} \cdot \frac{\partial I_C}{\partial I_B} \right)^2 \cdot W_{I_B}^2} \tag{1.40}$$

Es sind $W_{U_{CE}} = 1$ ‰ und $W_{I_B} = \dfrac{750\,\text{nA}}{150\,\mu\text{A}} = 0{,}5‰.$

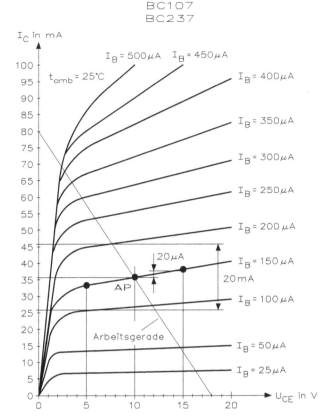

Abb. 1.37　Ausgangskennlinienfeld des Transistors BC107/BC237 mit Arbeitspunkt AP

Die partiellen Ableitungen lassen sich aus dem Kennlinienfeld entnehmen:

$$\frac{\partial I_C}{\partial U_{CE}} \approx \frac{\Delta I_C}{\Delta U_{CE(I_B=-150\,\mu A)}} = \frac{20\,\text{mA}}{5\,\text{V}}$$

und

$$\frac{\partial I_C}{\partial I_B} \approx \frac{\Delta I_C}{\Delta I_{B(U_{CE}=5\,V)}} = \frac{20\,\text{mA}}{100\,\mu\text{A}}$$

Für die Gewichtungsfaktoren, mit denen die Welligkeiten $W_{U_{CE}}$ und W_{I_B} zu multiplizieren sind, gilt:

$$\frac{U_{CE}}{I_C} \cdot \frac{\partial I_C}{\partial U_{CE}} = \frac{10\,\text{V} \cdot 20\,\text{mA}}{36\,\text{mA} \cdot 5\,\text{V}} = 1{,}11$$

und

$$\frac{I_{\mathrm{B}}}{I_{\mathrm{C}}} \cdot \frac{\partial I_{\mathrm{C}}}{\partial I_{\mathrm{B}}} = \frac{150\,\mu\mathrm{A} \cdot 20\,\mathrm{mA}}{36\,\mathrm{mA} \cdot 150\,\mu\mathrm{A}} = 0{,}55$$

Schließlich ergibt sich:

$$W_{I_{\mathrm{C}}} = \sqrt{(1{,}11 \cdot 1\,‰)^2 + (0{,}55 \cdot 0{,}5\,‰)^2} = 1{,}17\,‰$$

Hier fällt auf, dass die Welligkeit des resultierenden Kollektorstroms trotz zweier sich überlagernder Effekte geringer ist als die jeder Ausgangsgröße allein.

1.4.5 Auswahlkriterien für Messeinrichtungen

Um eine Messaufgabe optimal lösen zu können, ist es notwendig, die Elemente der Messeinrichtung oder die Messgeräte sorgfältig nach technischen und ökonomischen Gesichtspunkten auszuwählen und zusammenzustellen.

- Messgenauigkeit: Der zulässige systematische Messfehler ist von der Aufgaben-stellung vorgegeben, und es muss dafür gesorgt werden, dass der aus sämtlichen Fehlerquellen resultierende Gesamtfehler der Messeinrichtung diese Grenze nicht übersteigt. Andererseits ist es unwirtschaftlich, die Messgenauigkeit wesentlich über das erforderliche Maß hinaus zu steigern. Daher gilt die allgemeine Regel in der Praxis
So genau wie möglich messen, aber nicht genauer als nötig!
Zufällige Fehler beeinträchtigen die Messgenauigkeit nicht, wenn genügend häufig oder genügend lange gemessen wird, sodass sich die zufälligen Einflüsse heraus-mitteln.
- Empfindlichkeit: Die Empfindlichkeit S eines analogen Messgerätes oder der Über-tragungsbeiwert eines analogen Messglieds ist das Verhältnis von Wirkung und Ursache, d. h. also das Verhältnis einer Änderung der Ausgangsgröße x_{a} zu der sie verursachenden Änderung der Eingangsgröße x_{e}

$$S = \frac{\partial x_{\mathrm{a}}}{\partial x_{\mathrm{e}}} \approx \frac{\Delta x_{\mathrm{a}}}{\Delta x_{\mathrm{e}}} \tag{1.41}$$

Die Empfindlichkeit eines analog anzeigenden Spannungsmessers wird zum Beispiel in mm/μV gemessen. Die Einheit der Empfindlichkeit eines Widerstandsthermo-meters ist Ω/K. Die Empfindlichkeit kann auch relativ angegeben werden, indem man die relativen Änderungen der Ausgangsgröße und der Eingangsgröße aufeinander bezieht

$$S_{\tau} = \frac{\Delta x_{\mathrm{a}}/x_{\mathrm{a}}}{\Delta x_{\mathrm{e}}/x_{\mathrm{e}}} \tag{1.42}$$

Eine hohe Empfindlichkeit ist nicht gleichbedeutend mit hoher Genauigkeit. Oft ist es umgekehrt, denn je empfindlicher eine Messeinrichtung, desto größer werden die Messfehler, die sich durch Störeinflüsse ergeben.

- Auflösungsvermögen: Wie der Begriff „Genauigkeit" kann auch das Auflösungsvermögen nur qualitativ beurteilt werden. Das Auflösungsvermögen ist umso größer, je kleiner die kleinste noch erfassbare Messgrößen- oder Messsignaländerung ist. Bei analogen Messgliedern lässt sich ein kleinstes Messquantum nur selten exakt festlegen, sodass die Angabe der Empfindlichkeit vorzuziehen ist. Umgekehrt gibt bei digitalen Messgliedern die Empfindlichkeit keinen rechten Sinn, da wenigstens eine der ins Verhältnis zu setzenden Größen ein dimensionsloses Codewort ist. Andererseits lässt sich hier eine Messung eindeutig angeben d. h. es entspricht dem Quantisierungsbereich ΔX und wird als digitaler Messschritt bezeichnet. Noch aussagekräftiger ist die mögliche Zahl der Messschritte. Sie ist bei digitalen Einrichtungen immer endlich, aber oft viel größer als die Zahl der tatsächlich unterscheidbaren Messschritte einer vergleichbaren analogen Einrichtung.

Beträgt zum Beispiel bei einem fünfziffrigen Widerstandsmessgerät der digitale Messschritt $10\ m\Omega$ und sind in jeder Dezimalstelle alle zehn Ziffern erlaubt, so ist der größte anzeigbare Wert: $999{,}99\ \Omega$, und die Zahl der Messschritte beträgt 100.000. Bei vielen Messgeräten kann allerdings in der höchstwertigen Dezimalstelle nur entweder eine „0" oder eine „1" angezeigt werden (1 Bit). In diesem Falle ist die größtmögliche Anzeige $199{,}99\ \Omega$ und die Zahl der Messschritte beträgt 20.000. Man spricht von einer 4 1/2-stelligen Anzeige.

Das Auflösungsvermögen oder die Zahl der Messschritte einer Messeinrichtung hat nur indirekt etwas mit ihrer Messgenauigkeit zu tun. Beispielsweise kann der Kilometerzähler in einem Kraftfahrzeug eine Fahrstrecke von $100\ m$ auflösen. Das bedeutet aber nicht, dass eine Gesamtfahrstrecke von zum Beispiel $100.000\ km$ auf $+100\ m$ genau, also mit einer Unsicherheit von $10^{-6} = 1\ ppm$ gemessen wird! Andererseits hat es keinen Sinn, ein Digitalvoltmeter nur mit einer dreistelligen Anzeigeeinrichtung auszurüsten, wenn seine relative Messunsicherheit kleiner als 10^{-5} v. E. (vom Messbereichsendwert) ist.

- Messrate: Es wurde bereits erläutert, dass sich viele analoge und alle digitalen Signale nur diskontinuierlich, z. B. in einem vorgegebenen Takt ändern können. Dieser Takt wird oft dadurch bestimmt, dass in jedem Messzyklus die Messgröße über eine ausreichend lange Messzeit gemittelt werden muss, um den Einfluss zufälliger Fehler auszuschalten. Aber auch ein kontinuierlich veränderliches Analogsignal am Ausgang eines Messglieds benötigt eine endliche Einstellzeit, um sich nach einem Sprung des Eingangssignals innerhalb vorgegebener Fehlergrenzen auf den neuen Signalwert einzustellen.

Jede Messeinrichtung besitzt daher eine endliche Messrate. Sie gibt an, wie viele voneinander unabhängige Einzelmessungen innerhalb eines Bezugszeitintervalls nacheinander möglich sind. Für manuelle Auswertungen sind meist niedrige Messraten bis höchstens 1 Messung/s optimal, während für die automatische Messdatenverarbeitung in einem PC möglichst hohe Messraten bis in die Größenordnung 10^6 Messungen/s angestrebt werden.

- Frequenzbereich: Es wurde bereits auf die wichtigsten Frequenzabhängigkeiten elektronischer Messeinrichtungen eingegangen. Die obere und untere Frequenzgrenze kennzeichnen den Frequenzbereich, in dem die jeweilige Messeinrichtung innerhalb der angegebenen Fehlergrenzen arbeitet.

Es ist technisch nicht möglich und wäre auch wirtschaftlich nicht sinnvoll, alle angegebenen Kriterien gleichzeitig in einem einzigen Gerät zu optimieren. Eine Verbesserung eines der Merkmale bedeutet in der Regel eine gleichzeitige Reduzierung mindestens eines der übrigen Merkmale oder eine Erhöhung der Gerätekosten. In der Praxis muss deshalb immer ein Kompromiss gefunden werden zwischen dem erwünschten Nutzen der Messeinrichtung und dem vertretbaren Aufwand.

Bauelemente der elektronischen Messwerterfassung

2

Zusammenfassung

Seit 1982 dominiert in der Elektronik für viele Anwendungen der Personalcomputer mit den Komponenten Mikroprozessor, RAM- und ROM-Einheiten, Cache-Speicher, Festplatten, Backup-Systeme zur Datensicherung und der Systemperipherie. Beschäftigen sich Techniker, Ingenieure und Wissenschaftler jedoch mit elektronischer Messtechnik, Prozessleitsystemen, digitaler Steuerungstechnik, analogen Regelungen mit Mikrocontrollern, Wandlersystemen und anderen technisch-wissenschaftlichen Problemstellungen, kommen Operationsverstärker zum Einsatz. Abb. 2.1 zeigt den Aufbau eines PC-Systems zur Erfassung von analogen Messwerten, der digitalen Verarbeitung und der Ausgabe von analogen Größen. In diesem Aufbau ist der Operationsverstärker das wichtigste Bauteil.

Seit 1982 dominiert in der Elektronik für viele Anwendungen der Personalcomputer mit den Komponenten Mikroprozessor, RAM- und ROM-Einheiten, Cache-Speicher, Festplatten, Backup-Systemen zur Datensicherung und der Systemperipherie. Beschäftigen sich Techniker, Ingenieure und Wissenschaftler jedoch mit elektronischer Messtechnik, Prozessleitsystemen, digitaler Steuerungstechnik, analogen Regelungen mit Mikrocontrollern, Wandlersystemen und anderen technisch-wissenschaftlichen Problemstellungen, kommen Operationsverstärker zum Einsatz. Abb. 2.1 zeigt den Aufbau eines PC-Systems zur Erfassung von analogen Messwerten, der digitalen Verarbeitung und der Ausgabe von analogen Größen. In diesem Aufbau ist der Operationsverstärker das wichtigste Bauteil.

Am Eingang eines Messsystems befindet sich der Sensor, der eine physikalische Größe in einen analogen Spannungs- oder Stromwert umwandelt. Damit ein Sensor arbeiten kann, wird in der Praxis bereits im Sensor ein Operationsverstärker benötigt, der beispielsweise als Impedanzwandler arbeitet. Die Aufgabe eines Impedanzwandlers

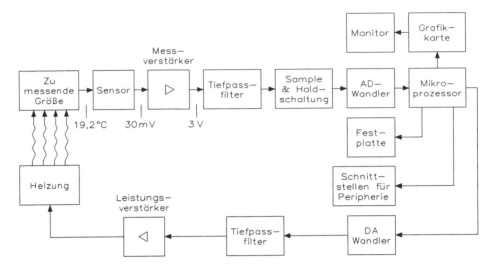

Abb. 2.1 Aufbau eines kompletten PC-Messsystems mit AD-Wandlung am Eingang, digitaler Informationsverarbeitung und abschließender DA-Wandlung für die Ansteuerung externer Bauelemente

ist die Anpassung zwischen einer sehr hochohmigen Eingangsimpedanz an eine niederohmige Ausgangsimpedanz. Der nachfolgende Messverstärker muss das geringe Spannungssignal, z. B. im Spannungsbereich, in ein vernünftiges Spannungssignal, z. B. im Volt-Bereich, verstärken. In der Praxis werden hierzu einstellbare Verstärkungsfaktoren benötigt, die über eine Messverarbeitungssoftware des PC-Systems direkt wählbar sind. Oft kann man in der Praxis bei der Messwerterfassung zwischen unipolaren Spannungen von 0 V bis ±10 V oder bipolaren Spannungen von ±5 V wählen. Während in der elektronischen Messtechnik der Einkanalbetrieb (Messsignal auf Masse bezogen) dominiert, setzt man in der Sensortechnik die differentielle Messung ein.

Um einen optimalen Messbetrieb im rauen Alltag gewährleisten zu können, setzt man beispielsweise passive oder aktive Tiefpassfilter zur Bandbegrenzung des Eingangssignals ein. Während passive Filterschaltungen nur mit einem ohmschen Widerstand und einem Kondensator auskommen, besitzen aktive Filterschaltungen einen Operationsverstärker mit externer Beschaltung. Aktive Filterschaltungen lassen sich auch mit entsprechenden IC-Filterbausteinen realisieren, die sich in weiten Bereichen (Grenzfrequenz und Güte) digital über ein PC-System programmieren lassen. Mit einschlägigen Programmen reduziert sich die Berechnung von aktiven und passiven Filterschaltungen auf ein Minimum. Nach dem Tiefpass folgt die sog. Abtast- und Halteschaltung (sample and hold oder S&H), die das Eingangssignal kurzzeitig zwischenspeichert. Damit liegt für den nachfolgenden Analog–Digital-Wandler ein konstantes Signal für die Umsetzung vor.

Bei den meisten AD-Wandlern (über 90 %) spielt der Operationsverstärker eine wichtige Rolle, da über diesen die Steuerung der Umsetzung erfolgt. Der AD-Wandler erzeugt aus einem analogen Eingangssignal einen digitalen Ausgangswert mit einem Datenformat zwischen 8- und 22-Bit. Das umgesetzte Datenformat liegt parallel, mehrere schaltungstechnische Varianten sind möglich, oder seriell vor. Über ein PC-System kann nun die digitale Verarbeitung erfolgen oder die Speicherung der Daten (Messdaten oder bereits vorverarbeitete Informationen) und die Ausgabe der Informationen auf dem Monitor oder Drucker. Damit auf einen externen Prozess zugegriffen werden kann, sind DA-Wandler notwendig, die das digitale Format in eine entsprechende analoge Ausgangsspannung umsetzen. Auch hier werden für die Umwandlung diverse Operationsverstärker benötigt. Das analoge Signal wird danach mit einer Abtast- und Halteschaltung am Ausgang zwischengespeichert und über passive oder aktive Tiefpassfilter mit nachgeschaltetem Leistungsverstärker auf die Regelstrecke gegeben. Damit ist der Regelkreis geschlossen.

In vielen Gebieten der Prozessüberwachung gibt es niederfrequente Regelvorgänge, die softwaremäßig lösbar sind. Während man früher in der analogen Schaltungstechnik die PID-Regler mit Transistoren bestückte, gibt es heute spezielle PC-Programme, die den Algorithmus für einen integrierten PID-Regler beinhalten. Prozessüberwachungs- und Regelungsaufgaben in den Bereichen der Temperatur-, Drehzahl-, Momentüberwachung, der Klimatechnik, der Motorprüfstände und der Druckregelungen können damit einfacher durchgeführt werden. Die Einstellungen erfolgen nicht mehr analog durch Verstellen von Potentiometern, sondern digital über die Tastatur eines Rechners.

Allgemein ist das Ziel einer Regelung, bestimmte Größen auf vorgegebenen Sollwerten zu halten. Störungen, die auf den Prozess einwirken, sollen die zu regelnden Größen möglichst wenig beeinflussen. Hier wird nun zwischen der analogen und digitalen Regelung unterschieden. Bei den analogen Regelungen wird mit Potentiometern und Einstellern für die Eingabe des Sollwertes gearbeitet. Bei digitalen Regelungen kann die Einstellung, der Sollwerte z. B. über die PC-Tastatur erfolgen.

Während bei den analogen Regelalgorithmen der gesamte Vorgang auf der Basis von Verstärkern und Verzögerungsgliedern abläuft, müssen bei der digitalen Regelung zuerst alle analogen Größen in ein digitales Format umgesetzt werden, damit man eine digitale Verarbeitung durchführen kann. Über spezielle Autosequenzen lassen sich danach umfangreiche Optimierungsstrategien (z. B. nach Ziegler-Nichols, Hrones und Reswick) realisieren, die die Auswahl der optimalen Regelparameter erleichtern. Nach der Berechnung der Ausgangsgröße erfolgt über den DA-Wandler oder digitaler Pulswandler PWM (Pulsweiten-Modulator) die Ausgabe auf den Regelkreis.

Der Vorteil einer Steuerung ist der geringe Aufwand an Hard- und Software, denn es ist nur eine Messung erforderlich, wenn eine Störgröße erfasst und beseitigt werden soll. Der Nachteil ist, dass auftretende Störungen sich nicht automatisch erfassen lassen, d. h. es ist für jede Störgröße eine Messung erforderlich. Weiterhin müssen alle Faktoren der zu steuernden Strecke bekannt sein, um die Steuerung entsprechend nachzubilden.

Bei einer Regelung werden die Störgrößen sofort durch Sensoren erfasst und ausgeregelt. Ebenfalls von Vorteil ist, dass ein vorgegebener Wert genauer eingehalten wird. Der Aufwand einer Regelung ist um ein Vielfaches höher, und es ist immer eine Messung notwendig. Eine grundlegende Voraussetzung, um einen Regler an eine Regelstrecke anzupassen oder einzustellen, ist, dass genaue Angaben über die Regelstrecke vorliegen, d. h., ohne genaue Angaben über die zu regelnde Strecke ist es nicht möglich, einen Regler für diese Strecke auszuwählen oder einzustellen.

Besonders wenn in Verbindung mit einem PC oder speicherprogrammierbaren Steuerungen gearbeitet wird, verwendet man heute die digitale Regelungstechnik. Die Arbeitsweise ist sehr ähnlich dem analogen Regelkreis. Der digitale Regelkreis wird ebenso wie der analoge Regelkreis in Regler und Regelstrecke eingeteilt. Bei der digitalen Regelungstechnik ist lediglich die Form der Signale, die übertragen werden, anders.

Nun stellt sich die Frage, wie ein digitaler Regler aufgebaut ist und wie er funktioniert. Ein digitaler Regler, auch als DDC-Regler (direct digital control) bezeichnet, hat zunächst einen Analog–Digital-Wandler (ADW) für die Eingangsgröße, einen digitalen Vergleicher (DV) und einen digitalen Führungsgrößeneinsteller (WD). Die Bildung des Regelverhaltens (PID) erfolgt mittels eines digitalen Rechners mit Mikroprozessor oder Mikrocontroller, seine digitale Ausgangsgröße (YD) wird mit einem Digital-Analog-Wandler (DAW) in ein stetiges Signal Y umgewandelt, wenn ein Regler für stetige Stellantriebe realisiert werden soll. Wird ein schaltender Regler benötigt, ist die Wandlung des Ausgangssignals YD einfacher und nur ein digitaler Pulswandler PWM (Pulsweiten-Modulator) erforderlich, der vielfach im Rechner enthalten ist und durch entsprechende Gestaltung des Rechnerprogramms realisiert wird. Die analoge Eingangsgröße X wird im AD-Wandler in ein binär codiertes Signal umgewandelt, das entsprechend im Rechner verarbeitet wird.

2.1   Analoge Verstärkerfamilien

Die Qualität einer Anwendung in der analogen Elektronik wird von den Spezifikationen der verschiedenen verwendeten Verstärkertypen bestimmt. In der Praxis unterscheidet man zwischen den einzelnen Verstärkertypen, die in der Tab. 2.1 zusammengefasst sind.

Es gibt auch noch andere Arten von Verstärkern, die in der Signalaufbereitung für ein Datenerfassung eine wesentliche Rolle spielen.

Ein Trennverstärker hat die Aufgabe, ein kleines Differenz-Messsignal aufzubereiten, welches einem Hochspannungspegel von einigen hundert oder tausend Volt überlagert sein kann. Ein Isolationsverstärker besitzt prinzipiell die Eigenschaften eines Instrumentenverstärkers, nur dass die Gleichtaktspannung sehr viel höher liegen darf. Ein Instrumentenverstärker ist ein spezieller Operationsverstärker mit umfangreichen Eigenschaften, wie programmierbare Verstärkung, hoher Eingangswiderstand und interne Bandbegrenzung (Tief- oder Bandpass).

Tab. 2.1 Bezeichnungen für die einzelnen Betriebsarten von diskreten, hybriden und integrierten Verstärkerschaltungen

Verstärkerbezeichnungen nach	
Einsatzzweck	Differenzverstärker
	Operationsverstärker
	Rechenverstärker
	Universalverstärker
	Leistungsverstärker
	Trennverstärker
Leistung	Vorverstärker
	Zwischenverstärker
	Klangregelverstärker
	Endverstärker
	Leistungsverstärker
	Schaltverstärker
Frequenz	Gleichspannungsverstärker
	Wechselspannungsverstärker
	Impulsverstärker
	NF-Verstärker
	HF-Verstärker
	UKW-Verstärker
Bandbreite	Breitbandverstärker
	Selektive Verstärker
	Frequenzabhängige Verstärker
Kopplung	Gleichstromgekoppelt
	Wechselstromgekoppelt
	RC-gekoppelt
	Übertragergekoppelt
	Trennverstärker
Arbeitsweise	Eintaktverstärker
	Gegentaktverstärker
	Komplementäre Verstärker
Betriebsart	A-Betrieb
	B-Betrieb
	AB-Betrieb
	Komplementäre Betriebsarten

Für Signalverstärkungen im Mikrovolt-Bereich bietet sich der Zerhacker- oder Chopper-Verstärker an. Dieser Verstärkertyp verursacht nur eine extrem kleine Eingangs-Offsetspannung. Generell kann man Chopper-Verstärker in den gleichen Anwendungen wie jeden Standard-Operationsverstärker einsetzen, aber hinsichtlich Offsetspannung, Offsetdrift und Eingangsstrom lassen sich durch den gechoppten Betrieb wesentliche Verbesserungen erzielen.

Ein Elektrometerverstärker weist nur einen minimalen Eingangsruhestrom von üblicherweise $< 1\,\mathrm{pA}$ auf. Dieser Verstärker setzt einen sehr kleinen Messstrom in einen hohen und damit leicht zu verarbeitenden Spannungspegel um. In der Praxis ist jeder Impedanzwandler mit einem FET- oder MOSFET am Eingang ein Elektrometerverstärker. Mit einer Verstärkung von $v = 1$ liegt ein sehr hoher Eingangswiderstand vor, der Ausgang weist einen standardisierten Wert von $R_\mathrm{a} = 75\,\Omega$ auf.

2.1.1 Interner Schaltungsaufbau von Operationsverstärkern

Der integrierte Standard-Operationsverstärker ist seit Jahren ein wesentlicher Bestandteil in vielen elektronischen Systemen. Bis etwa 1970 war es üblich, für jede Anwendung einen individuellen Verstärker zu entwickeln. Seit 1970 ist man immer mehr dazu übergegangen, die Teile des Verstärkers, die die eigentliche Verstärkung bewirken, in einem integrierten Schaltkreis zu konzentrieren und die speziell gewünschten Eigenschaften durch eine äußere Beschaltung zu erreichen. Solche aktiven Schaltkreise, die alle für die Signalverstärkung notwendigen Bauelemente enthalten, bezeichnet man als Operationsverstärker. Diese Bezeichnung kommt aus der analogen Rechentechnik, in der diese Verstärker in größerem Stil eingesetzt wurden (operational amplifier = Rechenverstärker oder kurz OP). Seit über 30 Jahren gehen aber die Anwendungen weit über den Rahmen von Rechenoperationen hinaus.

Durch geeignete äußere Beschaltungen eines Operationsverstärkers lassen sich speziell gewünschte Übertragungseigenschaften erzielen, wodurch erst eine universelle Einsatzfähigkeit von Operationsverstärkern möglich ist. Damit die Eigenschaften des beschalteten Verstärkers möglichst nur von der äußeren Beschaltung abhängen, müssen an den OP-Schaltkreis diverse Forderungen gestellt werden. Deshalb hat ein OP-Schaltkreis einen recht komplizierten inneren Aufbau und besteht aus einer Vielzahl von Transistoren, Dioden, Kondensatoren und Widerständen.

Eine detaillierte Kenntnis des internen Aufbaus eines OP-Schaltkreises und der internen Funktionen ist für den Praktiker nicht unbedingt erforderlich. Der Techniker oder Ingenieur sollte aber die internen Funktionen kennen, damit er die externe Beschaltung optimal an das Innenleben anpassen kann. Es reicht deshalb nicht unbedingt aus, den OP-Schaltkreis als „schwarzen Kasten" zu betrachten. Neben dem Schaltsymbol sollte ein technisches Hintergrundwissen für die einzelnen Typenbezeichnungen vorhanden sein. Um die Funktionsweise einer mit Standard-Operationsverstärkern aufgebauten Schaltung zu verstehen, muss man die wichtigsten Eigenschaften kennen.

Das interne Blockdiagramm von Abb. 2.2 zeigt, dass ein hochwertiger Operationsverstärker im Prinzip aus vier Funktionsgruppen besteht:

- Eingangsstufe
- Spannungsverstärkerstufe
- Leistungsendstufe
- Konstantstromquellen

Die Zahl der integrierten Transistorendstufen, Dioden und Widerstände ist bei den einzelnen Operationsverstärkern teilweise sehr unterschiedlich. In der Eingangsstufe befinden sich zur Erhöhung des Eingangswiderstandes je nach Typ des Operationsverstärkers entweder Transistoren oder Darlingtonstufen, FET- oder MOSFET-Transistoren bei denen Widerstandswerte bis zu $10^{25}\,\Omega$ erzielt werden. Jeder OP-Typ hat eine andere Spannungsverstärkerstufe mit recht unterschiedlichen und aufwendigen Schaltungsvarianten. Bei den Leistungsendstufen wird im Wesentlichen zwischen zwei Ausführungen unterschieden, der Schaltung mit Gegentaktendstufe oder mit offenem Kollektor.

Das Schaltzeichen für einen Operationsverstärker ist in Abb. 2.3 dargestellt. Wie bereits aus Abb. 2.2 ersichtlich, verfügt der OP-Schaltkreis über zwei Eingänge, von

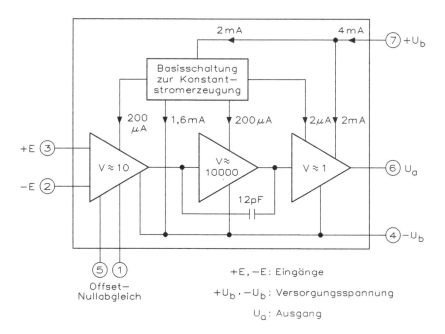

Abb. 2.2 Blockdiagramm für den internen Aufbau eines hochwertigen Operationsverstärkers mit einzelnen Funktionseinheiten

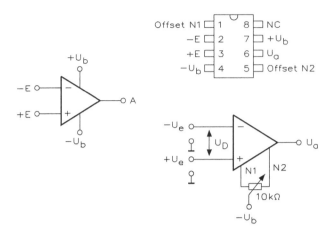

Abb. 2.3 Schaltzeichen, Anschlussbelegung und Pinanschlüsse für den Operationsverstärker 741

denen einer invertierende und der andere nicht invertierende Wirkung auf den Ausgang hat. Wird an den invertierenden Eingang (−E) eine positive Spannung angelegt, hat der Ausgang einen negativen Spannungswert, da die Spannung um 180° phasenverschoben wird. Zwischen dem nicht invertierenden Eingang (+E) und dem Ausgang resultiert keine Phasenverschiebung. Wird also an den nicht invertierenden Eingang (+E) eine positive Spannung angelegt, hat der Ausgang einen positiven Spannungswert.

Operationsverstärker werden entweder mit zwei symmetrischen Betriebsspannungen von $+U_b$ und $-U_b$ betrieben, wenn der Ausgang mit einer Gegentaktendstufe ausgerüstet ist, oder mit nur einer Betriebsspannung und Masse, wenn der Baustein mit einem Eintakt-Ausgang arbeitet, also einen Ausgang mit offenem Kollektor hat. In diesem Fall ist ein externer Arbeitswiderstand erforderlich.

Wie Abb. 2.3 zeigt, werden die an den Eingängen +E und −E liegenden Spannungen $+U_e$ bzw. $-U_e$ sowie die Ausgangsspannung U_a auf einen gemeinsamen Bezugspunkt (Masse) bezogen. Mit dem Einsteller kann man die Symmetrie des Operationsverstärkers 741 beeinflussen.

2.1.2 Betriebsarten eines Operationsverstärkers

Der ideale OP verstärkt nun, da eingangsseitig gemäß Blockschaltbild ein Differenzverstärker vorliegt, lediglich die Differenzspannung

$$U_D = +U_e - (-U_e)$$

mit einem Verstärkungsfaktor, der mit V_0 bezeichnet wird. Der Wert V_0 wird als Leerlaufverstärkung, Differenzverstärkung oder offene Schleifenverstärkung definiert. Der Begriff „Leerlaufverstärkung" bedeutet nicht, dass der Ausgang unbelastet ist. Der Wert

V_0 wird vom Hersteller angegeben und liegt je nach Typ etwa in der Größenordnung von $2 \cdot 10^4$ bis 10^5.

Sind die Eingangsspannungen $+U_e$ und $-U_e$ sowie die Leerlaufspannungsverstärkung V_0 bekannt, so lässt sich die Ausgangsspannung U_a berechnen:

$$U_a = V_0 \cdot U_D = V_0[+U_e - (-U_e)]$$

Zur Festlegung der Bezeichnung der Eingänge werden nun zwei vereinfachende Annahmen getroffen:

Wird der Eingang $-E$ auf Masse gelegt, d. h. $-U_e = 0$ V, so ergibt sich für die Ausgangsspannung

$$U_a = V_0 \cdot U_D = V_0[+U_e - (-U_e)] = V_0 \cdot (+U_e)$$

Die Ausgangsspannung U_a ist also gleichphasig zur Eingangsspannung $+U_e$. Der Eingang $+E$ wird deshalb als nicht invertierend bezeichnet und durch ein Pluszeichen im Schaltsymbol gekennzeichnet. Wird der Eingang $+E$ auf Masse gelegt, d. h. $+U_e = 0$ V, so ergibt sich für die Ausgangsspannung

$$U_a = V_0 \cdot U_D = V_0[+U_e - (-U_e)] = V_0 \cdot (-U_e)$$

Die Ausgangsspannung U_a ist nun gegenphasig zur Eingangsspannung $-U_e$ an dem invertierenden Eingang. Der Eingang -E wird daher als invertierender Eingang bezeichnet und hat ein Minuszeichen im Schaltsymbol.

Wird an den $+E$- und $-E$-Eingang die gleiche Spannung $+U_e = -U_e = U_{gl}$ angelegt, ist $U_D = 0$ V. Diese Betriebsart bezeichnet man als Gleichtaktaussteuerung. Gemäß $U_a = V_0 \cdot (-U_D)$ müsste dabei $U_a = 0$ bleiben. Dies ist beim realen Operationsverstärker jedoch nicht der Fall und man spricht in diesem Zusammenhang von einer Gleichtaktverstärkung

$$V_{gl} = \frac{U_a}{U_{gl}}$$

Der Wert V_{gl} sollte zumindest sehr klein sein. Die Hersteller geben in den Datenblättern die sogenannte Gleichtaktunterdrückung G an:

$$G = \frac{V_0}{V_{gl}}$$

Typische Werte für G sind 10^3 bis 10^5.

Aus der Gleichung $U_a = V_0 \cdot U_D$ ist ersichtlich, dass die Ausgangsspannung U_a (bei konstantem V_0) linear mit der Differenzeingangsspannung ansteigt bzw. abfällt. Allerdings nur so lange, bis ausgangsseitig der Wert der Betriebsspannung erreicht ist. Eine weitere Vergrößerung von U_D bewirkt dann keine Veränderung von U_a mehr. Der Operationsverstärker ist übersteuert, d. h. der Ausgang befindet sich in der positiven oder negativen Sättigung. Die Höhe der Sättigung ist von der Betriebsspannung abhängig.

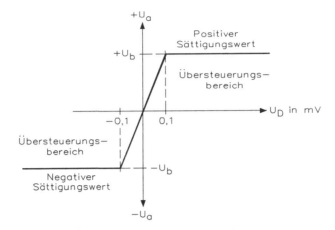

Abb. 2.4 Typische Übertragungskennlinie eines Operationsverstärkers

In Abb. 2.4 sind diese Zusammenhänge für die Übertragungskennlinie am Ausgang eines Operationsverstärkers gezeigt.

Wegen der hohen Leerlaufverstärkung eines Operationsverstärkers reicht eine geringe Spannungsdifferenz an den beiden Eingängen aus, da sich der Verstärker im positiven bzw. negativen Sättigungsbereich befindet. Durch eine externe Rückkopplung lässt sich die interne Leerlaufverstärkung entsprechend den Schaltungsanforderungen reduzieren. Hierzu kann der Anwender zwischen einem frequenzabhängigen Wechselstrombetrieb oder einem frequenzunabhängigen Gleichstrombetrieb wählen.

2.1.3   Übertragungscharakteristik bei Operationsverstärkern

Die Anwendungsmöglichkeiten eines Operationsverstärkers lassen sich in folgende vier allgemeine Betriebsarten unterteilen:

- Spannungsverstärker (voltage amplifier)
- Stromverstärker (current amplifier)
- Spannungs-Strom-Verstärker (transconductance amplifier)
- Strom-Spannungs-Verstärker (transimpedance amplifier)

Als Kriterium für die Betriebsart dient die jeweilige Übertragungscharakteristik zwischen Ein- und Ausgang. In Abb. 2.5 sind die typischen Merkmale für die unterschiedlichen Kriterien dargestellt.

Fast 99 % aller analogen Anwendungen werden in der Praxis mit dem Spannungsverstärker durchgeführt. Die Eingangsspannung wird um einen bestimmten Faktor verstärkt, den man durch die externe Beschaltung des OP-Bausteines bestimmt. Der Stromverstärker

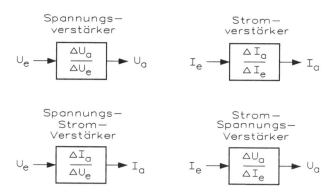

Abb. 2.5 Übertragungscharakteristik bei Operationsverstärkern

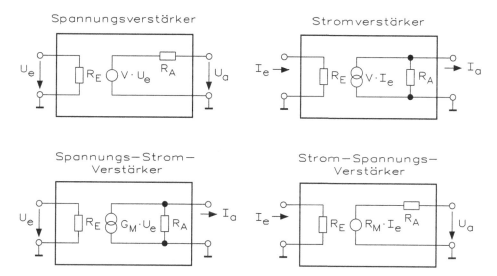

Abb. 2.6 Ersatzschaltbilder der einzelnen Verstärkerarten

kommt nur in speziellen Anwendungen der Messtechnik vor, während der Spannungs-Strom-Verstärker und der Strom-Spannungs-Verstärker eine Sonderstellung in der analogen Schaltungstechnik einnehmen. Die idealen Eigenschaften und deren Ersatzschaltbilder sind in Abb. 2.6 dargestellt.

Bei den einzelnen Ersatzschaltbildern muss man zwischen den Eingangs- bzw. Ausgangskennlinien, den Innenwiderständen und den Verstärkungsfaktoren unterscheiden. Entsprechend verhalten sich dann die einzelnen Verstärkerarten.

2.1.4 Invertierende Betriebsart

Unbeschaltete Operationsverstärker weisen eine hohe Leerlaufverstärkung V_0 auf. Diese hohe Verstärkung wird nur in einer Grundschaltung, dem Komparator voll ausgenutzt. Bei allen anderen Einsatzbereichen des Operationsverstärkers bereitet die hohe Leerlaufverstärkung erhebliche Schwierigkeiten. So könnte z. B. eine kleine Störspannung von nur 0,1 mV bei $V_0 = 5 \cdot 10^4$ bereits eine Änderung der Ausgangsspannung von 5 V bewirken. Die hohe Verstärkung von Operationsverstärkern wird außer bei den Komparatoren in der Praxis nicht benötigt. Der große Vorteil des Operationsverstärkers liegt darin, dass man den Verstärkungsfaktor durch eine einfache äußere Beschaltung auf jeden gewünschten Wert herabsetzen kann. Bei der externen Beschaltung muss zwischen linearen und nicht linearen Bauelementen unterschieden werden. Die Ausgangsfunktion von Operationsverstärkern ist weitgehend von diesen Bauelementen mit ihren spezifischen Kennlinien abhängig.

Die äußere Beschaltung wird in der Praxis fast immer als Gegenkopplung ausgeführt. Um nur von der äußeren Beschaltung abhängig zu sein, muss der Operationsverstärker ideale Eigenschaften aufweisen. Dadurch wird die Betrachtungsweise erheblich vereinfacht.

Der Operationsverstärker hat zwei Eingänge, den invertierenden und den nicht invertierenden. Die Betriebsart in Mit- und Gegenkopplung lässt sich sehr einfach realisieren. Führt man das Ausgangssignal oder einen Teil des Ausgangssignals auf den nicht invertierenden Eingang zurück, so sind Eingangssignal und rückgeführtes Signal gleichphasig, und man erhält die Mitkopplung. Wird das Ausgangssignal oder ein Teil auf den invertierenden Eingang zurückgeführt, so sind Eingangssignal und rückgekoppeltes Signal gegenphasig, und man hat eine Gegenkopplung.

In Abb. 2.7 wird ein virtueller Operationsverstärker verwendet. Multisim kennt zwei Typen von Operationsverstärkern, virtuelle und reale. Bei den virtuellen Operationsverstärkern unterscheidet man zwischen den drei- und fünfpoligen Bausteinen. Der dreipolige hat bereits zwei Betriebsspannungen und bei dem fünfpoligen muss die Betriebsspannung angeschlossen werden. Die realen Operationsverstärker entsprechen z. B. dem 741.

Über den Funktionsgenerator wird eine Spannung von $1\,V_s$ auf den Widerstand R_1 gegeben. Beim Funktionsgenerator handelt es sich um einen idealen Generator, also mit $R_i = 0\,\Omega$. Alle Einstellwerte lassen sich ändern. Gemessen wird mit einem 2-Kanal-Oszilloskop und die beiden Spannungskurven zeigen $1\,V_s/100$ Hz. Ein- und Ausgangsspannung sind um 180° phasenverschoben.

In der Praxis wird fast nur die Gegenkopplung eingesetzt. Abb. 2.7 zeigt einen invertierenden Operationsverstärker mit Gegenkopplung. Die Arbeitsweise lässt sich am einfachsten verstehen, wenn der Ablauf eines Einschwingvorganges betrachtet wird. Wird zu einem bestimmten Zeitpunkt eine positive Gleichspannung an den Eingang E gelegt, so ändert sich, wie bei allen herkömmlichen Verstärkerschaltungen auch, die Ausgangsspannung nicht sprunghaft, also zeitverzugslos, sondern mit einer, dem jeweiligen

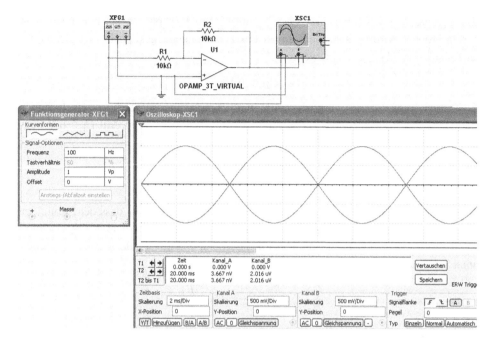

Abb. 2.7 Operationsverstärker im invertierenden Betrieb

Typ des Operationsverstärkers typischen Abfallgeschwindigkeit. Zu bestimmten Zeitpunkten werden also bestimmte negative Ausgangsspannungswerte auftreten, die sich durch die Gegenkopplung auf die Größe von U_D auswirken. Für jeden Spannungswert U_a ergibt sich also ein daraus resultierender Wert für U_D. Dabei wird U_D umso kleiner, je negativer U_a wird.

Die jeweilige Spannung U_D wird bekanntlich durch den Operationsverstärker mit dem Leerlaufverstärkungsfaktor V_0 verstärkt. Solange nun der Betrag $U_D \cdot V_0$ größer als der Betrag der zeitlich zugehörigen Ausgangsspannung U_a (z. B. $U_{D2} \cdot V_0 > U_{a2}$) ist, läuft der Verstärkungsvorgang weiter ab. Erst wenn U_a einen genügend großen negativen Wert erreicht hat und damit U_D genügend klein geworden ist, sodass der Betrag aus $U_D \cdot V_0$ genau der zugehörigen Ausgangsspannung U_a entspricht, ist der Ruhezustand erreicht. Wird im Ruhezustand die Ausgangsspannung U_a gemessen, so kann mit bekanntem V_0 die Differenzspannung U_D berechnet werden. Es gilt:

$$U_a = V_0 \cdot (+U_e - (-U_e))$$

Da $+U_e = 0$ V ist, gilt für die Schaltung die Bedingung $U_D = -U_e$. Somit ergibt sich

$$U_a = -V_0 \cdot U_D \text{ oder } U_D = -\frac{U_a}{V_0}$$

Das negative Vorzeichen bedeutet, dass U_a und U_D um $180°$ phasenverschoben sind. Da V_0 sehr groß ist, wird U_D sehr klein. In der Praxis ist bei gegengekoppelter OP-Schaltung der Ruhezustand dann erreicht, wenn

$$U_D \approx 0 \text{ V}$$

ist. Dieser Ruhezustand wird als „virtueller" Kurzschluss bezeichnet. Nach dieser Erkenntnis lässt sich der invertierende Verstärker einfach berechnen. Mit $U_D \approx 0$ V liegt der invertierende Eingang auf Masse oder 0 V, woraus

$$U_{R1} = U_e \text{ und } U_{R2} = -U_a$$

folgt.

Betrachtet man die Reihenschaltung von R_1 und R_2 erkennt man, dass der Strom, der über R_1 fließt, auch über R_2 fließen muss, denn der Eingangswiderstand des Operationsverstärkers ist theoretisch unendlich hoch. Die beiden Widerstände R_1 und R_2 stellen einen Spannungsteiler dar:

$$\frac{U_{R2}}{U_{R1}} = \frac{R_2}{R_1} \quad U_{R2} = U_{R1} \cdot \frac{R_2}{R_1}$$

Mit den Beziehungen $U_{R1} = U_e$ und $U_{R2} = -U_a$ folgt

$$-U_a = U_e \cdot \frac{R_2}{R_1} \quad U_a = -U_e \cdot \frac{R_2}{R_1}$$

Diese Gleichung bedeutet:

- Die Eingangsspannung wird mit dem Faktor $v = R_2/R_1$ verstärkt.
- Das negative Vorzeichen deutet darauf hin, dass zwischen Eingangs- und Ausgangsspannung eine Phasenverschiebung von $180°$ vorliegt. Diese Gleichung kann auch geschrieben werden als

$$-U_a = U_e \cdot v \text{ oder } U_a = -U_e \cdot v$$

wobei $v = R_2/R_1$ die Verstärkung im invertierenden OP-Betrieb darstellt. Die Verstärkung des invertierenden OP-Betriebs ist also nur von der äußeren Beschaltung abhängig. Die Wahl des Widerstandsverhältnisses lässt sich daher in weiten Grenzen unabhängig von der Leerlaufspannungsverstärkung frei festlegen bzw. einstellen.

2.1.5 Nicht invertierender Betrieb

Wenn in der Praxis mit dem nicht invertierenden OP-Betrieb gearbeitet wird, kommt man von den Standardtypen, wie z. B. dem 741, schnell zu den Spezial-Operationsverstärkern mit sehr hohem Eingangswiderstand. Aus Gründen der Kompatibilität sind alle elektrischen Spezifikationen, bis auf den Eingangswiderstand, identisch.

Den nicht invertierenden Betrieb eines Operationsverstärkers bezeichnet man als spannungsabhängige Spannungsgegenkopplung.

Die Schaltung von Abb. 2.8 zeigt einen nicht invertierenden Verstärkerbetrieb. Die Eingangsspannung liegt direkt an dem nicht invertierenden Eingang, womit der hohe Eingangswiderstand des Operationsverstärkers voll zur Wirkung kommt. Setzt man den Standard-Operationsverstärker 741 ein, erreicht man einen Eingangswiderstand in der Größenordnung von $500\,\mathrm{k\Omega}$. Bei dem Typ ICL8007 mit FET-Eingängen kommt man auf $10^{12}\,\Omega$, und verwendet man den ICL8500 mit MOSFET-Eingängen, erreicht man bis zu $10^{25}\,\Omega$. Wichtig bei diesen Operationsverstärkern sind nicht nur die Anschlussbelegung und die Gehäuseform, sondern auch die elektrischen Spezifikationen. Diese sind heute bei den Standardtypen identisch, wobei nur der Eingangswiderstand je nach Eingangsstufe einen anderen Wert hat.

Abb. 2.8 zeigt einen Operationsverstärker im nicht invertierenden Betrieb. Der Funktionsgenerator erzeugt eine Spannung von $1\,\mathrm{V_s}$ und diese Spannung liegt am + E-Eingang an. Gleichzeitig wird diese Spannung mit Kanal A des Oszilloskops angezeigt. Am Ausgangssignal des Operationsverstärkers erkennt man keine Phasenverschiebung und daher wurde die Y-Position um 0,2 V nach oben verschoben. Vergleicht man die beiden Kurven im Oszilloskop, lässt sich die Verstärkung von $v = 2$ bestimmen.

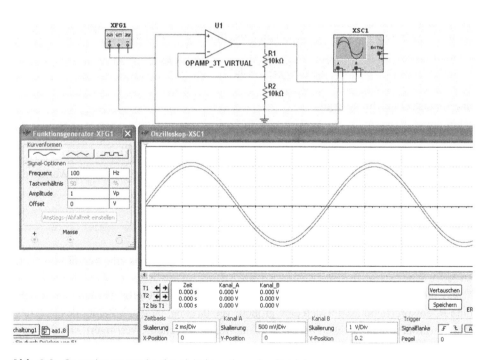

Abb. 2.8 Operationsverstärker im nicht invertierenden Betrieb

Für die Schaltung von Abb. 2.8 bedeutet dies, dass in der Praxis je nach Anwendungs-fall einfach nur der Operationsverstärker ausgetauscht werden muss. Die Gegenkopplung erreicht man durch den Spannungsteiler am Ausgang des Operationsverstärkers. Durch diesen Spannungsteiler wird ein bestimmter Spannungswert gegengekoppelt, wodurch die Schaltung ihren Verstärkungsfaktor erhält.

Die Ausgangsspannung des Spannungsteilers in der nicht invertierenden Betriebsart bezeichnet man einfachheitshalber mit U_x, und als Eingangsspannung verwendet man die eigentliche Ausgangsspannung. Die Spannung U_x lässt sich dann berechnen aus

$$U_x = U_a \cdot \frac{R_2}{R_1 + R_2}$$

Die Spannung U_x stellt die Eingangsspannung am invertierenden OP-Eingang dar. Die Spannungsdifferenz zwischen den beiden Eingängen ist $U_D = 0$ V. Da $U_x = U_e$ ist, folgt

$$U_e = U_a \cdot \frac{R_2}{R_1 + R_2}$$

Stellt man diese Formel um, kommt man auf

$$\frac{U_e}{U_a} = \frac{R_2}{R_1 + R_2}$$

Das Verhältnis U_e/U_a ist nicht die Verstärkung einer Schaltung, sondern die Dämpfung. Um die Verstärkung $v = U_a/U_e$ zu erhalten, muss man die Formel nach U_a/U_e umstellen:

$$\frac{U_a}{U_e} = \frac{R_1 + R_2}{R_2} \text{ oder } v = \frac{R_1 + R_2}{R_2}$$

Eine weitere Umformung ergibt

$$v = \frac{R_1}{R_2} + \frac{R_2}{R_2} \text{ oder } v = \frac{R_1}{R_2} + 1 \text{ bzw. } v = 1 + \frac{R_1}{R_2}$$

Beispiel: Für die beiden Widerstände in der Schaltung wählt man identische Werte von $R_1 = R_2 = 10\,\text{k}\Omega$ aus. Die Verstärkung ergibt sich zu

$$v = 1 + \frac{R_1}{R_2} = 1 + \frac{10\ \text{k}\Omega}{10\ \text{k}\Omega} = 1 + 1 = 2$$

Sind beide Widerstände gleich groß, ergibt sich somit in der Praxis eine Verstärkung von $v = 2$.

Aus diesem Beispiel kann man nun folgendes erkennen: Vergrößert man den Wider-stand R_1 entsprechend, ergibt sich eine größere Verstärkung, da R_1 im Zähler des Bruches steht. Vergrößert man dagegen den Widerstand R_2 entsprechend, verringert sich die Ver-stärkung, da R_2 im Nenner des Bruches steht.

In der Messpraxis benötigt man oft Impedanzwandler. Impedanzwandler sind Verstärker mit $v = 1$, die das Eingangssignal nicht invertieren, einen extrem hohen

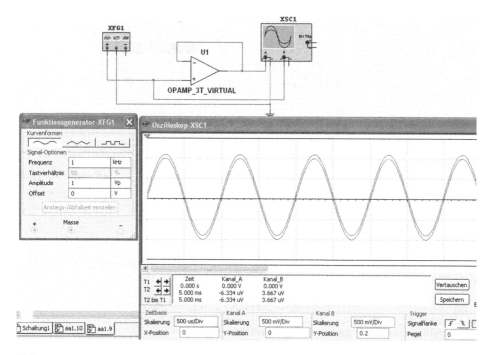

Abb. 2.9 Schaltung eines Elektrometerverstärkers

Eingangswiderstand aufweisen und einen Ausgangswiderstand mit dem Standardwert von $R_a = 75\,\Omega$ besitzen. Diese Impedanzwandler bezeichnet man auch als Elektrometerverstärker. Dieser Begriff wurde aus der Röhrentechnik übernommen

Abb. 2.9 zeigt den Aufbau eines Elektrometerverstärkers, wobei der Widerstand R_1 einen Wert von $0\,\Omega$ hat und R, unendlich groß ist. Aus diesem Grunde ergibt sich eine Verstärkung von $v = 1$. Es kommt der volle Eingangswiderstand zur Wirkung, während der Ausgangswiderstand bei $75\,\Omega$ liegt.

Abb. 2.9 zeigt einen Operationsverstärker im nicht invertierenden Betrieb, als sogenannter Elektrometerverstärker. Der Funktionsgenerator erzeugt eine Spannung von $1\,V_s$ und diese Spannung liegt am $+$ E-Eingang an. Gleichzeitig wird diese Spannung mit Kanal A des Oszilloskops angezeigt. Am Ausgangssignal des Operationsverstärkers erkennt man keine Phasenverschiebung und daher wurde die Y-Position um $0{,}2\,V$ nach oben verschoben. Vergleicht man die beiden Kurven im Oszilloskop, lässt sich die Verstärkung von $v = 1$ bestimmen. Merkmal des Elektrometerverstärkers ist $v = 1$.

2.1.6 Spannungsabhängige Stromgegenkopplung

Ein Operationsverstärker kann als invertierender Strom-Spannungs-Wandler arbeiten, wenn man die Schaltung von Abb. 2.10 realisiert.

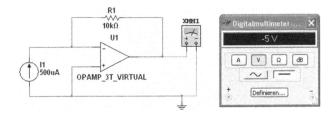

Abb. 2.10 Schaltung eines invertierenden Strom-Spannungs-Wandlers

Bei dem Operationsverstärker liegt an $-E$ eine Stromquelle an und diese erzeugt einen Strom von 500 μA. Das Messgerät hat einen Wert von -5 V und die Ausgangsspannung berechnet sich aus

$$-U_a = I_e \cdot R_1$$

Der Widerstand R_1 hat einen Wert von 10 kΩ und der Eingangsstrom beträgt 500 μA. Die Ausgangsspannung ist dann

$$-U_a = I_e \cdot R_1 = 500\ \mu A \cdot 10\ k\Omega = -5\ V$$

Messergebnis und Berechnung stimmen überein.

2.1.7 Stromabhängige Spannungsgegenkopplung

Die Schaltung für eine stromabhängige Spannungsgegenkopplung ist ein Spannungs-Strom-Wandler. Der Lastwiderstand R_L ist weder direkt mit Masse noch mit der Betriebsspannung verbunden. Abb. 2.11 zeigt die Simulation eines Spannungs-Strom-Wandlers.

Die Eingangsspannung beträgt $U_e = 1$ V und der Widerstand R_1 hat einen Wert von 1 kΩ. Der Ausgangsstrom I_a des Operationsverstärkers errechnet sich aus

$$I_a = \left(\frac{1}{R_1}\right) \cdot U_e$$

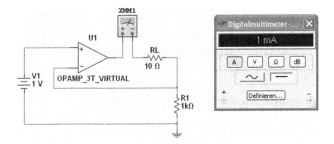

Abb. 2.11 Simulation eines Spannungs-Strom-Wandlers

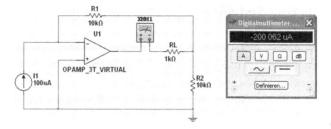

Abb. 2.12 Simulation eines invertierenden Stromverstärkers

Die Schaltung mit den Werten berechnet sich aus

$$I_a = \left(\frac{1}{1 \text{ k}\Omega} \right) \cdot 1 \text{ V} = 1 \text{ mA}$$

Messergebnis und Berechnung stimmen überein.

2.1.8 Stromabhängige Stromgegenkopplung

Die Schaltung für eine stromabhängige Stromgegenkopplung ist ein invertierender Stromverstärker. Der Lastwiderstand R_L ist weder direkt mit Masse noch mit der Betriebsspannung verbunden. Abb. 2.12 zeigt die Simulation eines Spannungs-Strom-Wandlers.

Der Eingangsstrom I_e beträgt 100μA und die beiden Widerstände R_1 und R_2 betragen je 10 kΩ. Der Ausgangsstrom berechnet sich nach

$$I_a = -\left(1 + \frac{R_1}{R_2} \right) \cdot I_e$$

Dies ergibt für die Schaltung von Abb. 2.12 folgenden Wert

$$I_a = -\left(1 + \frac{R_1}{R_2} \right) \cdot I_e = -\left(1 + \frac{10 \text{ k}\Omega}{10 \text{ k}\Omega} \right) \cdot 100 \text{ }\mu\text{A} = -200 \text{ }\mu\text{A}$$

Messergebnis und Berechnung stimmen überein.

2.2 Lineare und nicht lineare Verstärkerschaltungen

Unter linearen Verstärkerschaltungen werden Schaltungen verstanden, bei denen die verstärkte Ausgangsspannung in der Amplitudenform weitgehend mit der Eingangs-spannung identisch ist. Bei nicht linearen Verstärkerschaltungen treten dagegen Verzerrungen auf, die der Anwender durch die externe Beschaltung bewusst erzielen kann.

2.2.1 Addierer bzw. Summierer

Sind am Eingang eines Operationsverstärkers mehrere Widerstände und Spannungsquellen vorhanden, ergibt sich die Funktion eines Addierers bzw. Summierers. Abb. 2.13
zeigt die Schaltung eines Addierers bzw. Summierers.

Infolge der kirchhoffschen Regel gilt im virtuellen Nullpunkt der Schaltung:

$$I_{11} + I_{12} + I_2 = 0$$

Wird die Gleichung umgestellt, ergibt sich

$$I_{11} + I_{12} = -I_2$$

Die Ströme errechnen sich aus den Spannungen und Widerständen:

$$\frac{U_{e1}}{R_{11}} + \frac{U_{e2}}{R_{12}} = \frac{-U_a}{R_2}$$

Setzt man gleiche Widerstandswerte ein, gilt

$$U_{e1} + U_{e2} = -U_a$$

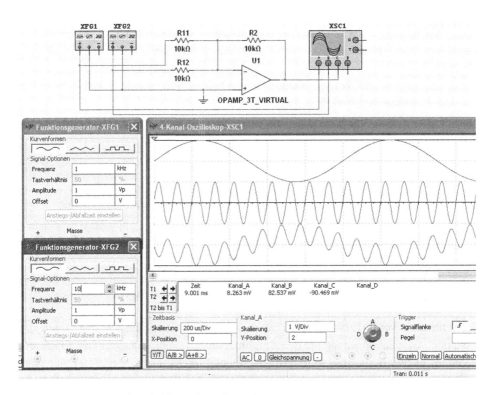

Abb. 2.13 Schaltung eines Addierers bzw. Summierers

Die zwei Eingangsspannungen werden addiert und bilden am Ausgang eine entsprechende Summe. Dabei können die Eingangsspannungen positive und negative Amplituden aufweisen.

Beispiel: Die Widerstände in Abb. 2.13 sollen einen Wert von je $10\,k\Omega$ aufweisen. Die Spannungen haben folgende Werte: $U_{e1} = +3\,V$ und $U_{e2} = -4\,V$. Wie groß ist die Ausgangsspannung?

$$U_{e1} + U_{e2} = -U_a$$
$$+3\,V + (-4\,V) = -1\,V$$

Wenn man die Vorzeichen der einzelnen Eingangsspannungen beachtet, lassen sich mit einem Summierer Additionen und Subtraktionen durchführen.

2.2.2 Operationsverstärker als Integrator

Wie die Schaltung von Abb. 2.14 zeigt, lassen sich Integratoren in Verbindung mit Operationsverstärkern einfach realisieren. Die Eingangsspannung liegt am Widerstand R an, und über den Kondensator C wird die Ausgangsspannung gegengekoppelt.

Nach der kirchhoffschen Regel gilt für den virtuellen Nullpunkt der Schaltung:

$$I_1 + I_2 = 0 \text{ oder } I_1 = -I_2$$

Diese Gleichung kann mit den Beziehungen für I_1 und I_2 umgeschrieben werden:

$$I_1 = \frac{U_e}{R} \text{ und } I_2 = \frac{dU_a}{dt} \cdot C$$

Daraus folgt

$$\frac{U_e}{R} = \frac{dU_a}{dt} \cdot C$$

Wird diese Gleichung nach der Ausgangsspannung U_a umgestellt, ergibt sich

$$-U_a = \frac{1}{R \cdot C} \int_0^t U_e dt$$

Diese Gleichung für die Ausgangsspannung ist dann richtig, wenn zum Zeitpunkt $t=0$ die Ausgangsspannung den Wert 0 V hat.

Beispiel: Wie groß ist die Änderungsgeschwindigkeit, wenn man einen Integrator mit $R = 1\,M\Omega$ und $C = 1\,\mu F$ hat und die Eingangsspannung beträgt $U_e = 1\,V$?

$$-U_a = \frac{1}{R \cdot C} \cdot U_e = \frac{1}{10^6\,\Omega \cdot 10^{-6}\,F} \cdot 1\,V = -1\,V/s$$

Am Ausgang des Integrators hat man eine Änderungsgeschwindigkeit von 1 V/s. Bei dieser Berechnung geht man davon aus, dass die Ausgangsspannung $U_a = 0\,V$ hat.

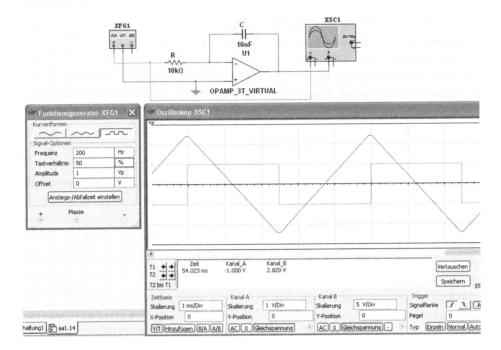

Abb. 2.14 Schaltung eines Integrators

Hat die Ausgangsspannung zum Zeitpunkt $t = 0$ einen Wert U_0 hat die Gleichung des Integrators folgende Form:

$$-U_a = \frac{1}{R \cdot C} \int_0^t U_e \, dt + U_0$$

Die Spannung U_0 kann ein positives oder negatives Vorzeichen aufweisen.

Normalerweise arbeitet ein Integrator ohne Verzögerungszeit. Ist aber die Anstiegs-geschwindigkeit am Eingang sehr groß, kann es eine gewisse kurze Zeit dauern, bis am Ausgang ein Signal erscheint.

Diese Verzögerungszeit ist in Abb. 2.15 gezeigt. Ebenfalls wird der Unterschied zwischen dem Arbeitsbereich der idealen und der tatsächlichen Kennlinie gezeigt. Die ideale Kennlinie verläuft in den unendlichen Bereich, die tatsächliche wird aber von der Betriebsspannung begrenzt.

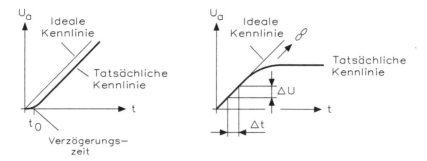

Abb. 2.15 Reale und ideale Bedingungen einer Integration mit zeitlicher Verzögerung am Ausgang

2.2.3   Differenzierer mit Operationsverstärker

Während Integrierer in der analogen Rechentechnik eingesetzt werden können, ist dies bei einem Differenzierer nicht der Fall, da die realen Bedingungen nicht erfüllt sind. Die Schaltung von Abb. 2.16 zeigt einen Differenzierer mit Spannungsdiagramm.

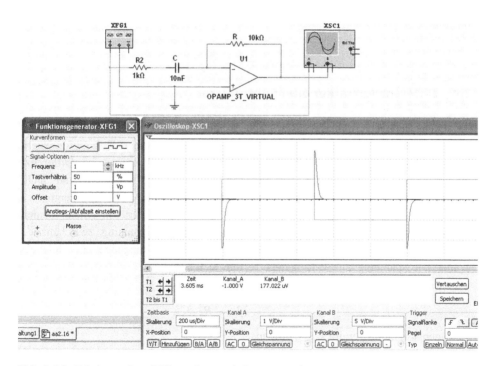

Abb. 2.16 Schaltung eines Differenzierers mit Spannungsdiagramm

Befindet sich die Eingangsspannung U_e auf 0 V, ist der Kondensator C entladen und hat einen sehr niedrigen Innenwiderstand. Ändert man nun sprunghaft die Eingangsspannung, geht der Ausgang des Operationsverstärkers sofort in seine positive oder negative Sättigung. In dem vorliegenden Beispiel tritt ein positiver Spannungssprung auf, und der Ausgang des Operationsverstärkers geht in die negative Sättigung.

Durch die negative Ausgangsspannung kann sich der Kondensator C über den Widerstand R nach einer e-Funktion aufladen. Durch diese Aufladung ändert sich die Spannung an dem Kondensator, und die Ausgangsspannung am Operationsverstärker geht auf 0 V zurück. Es entsteht am Ausgang des Operationsverstärkers ein negativer Spannungsimpuls, den man auch als „Spike" bezeichnet. Die Ausgangsspannung lässt sich berechnen nach

$$-U_a = R \cdot C \cdot \frac{dU_e}{dt}$$

Bei der Schaltung von Abb. 2.16 handelt es sich nicht um die Grundschaltung, sondern um eine modifizierte Schaltung. Normalerweise hat die ideale Schaltung eines Differenzierers nur einen Kondensator und einen Widerstand. Die Zeitkonstante für einen realen Differenzierer hat wie Abb. 2.14 einen Widerstand in Reihe mit dem Kondensator. Eine Verbesserung bringt noch die Reihenschaltung eines Kondensators zum Widerstand R. Es erfolgt die Berechnung $\tau = R_2 \cdot C = R \cdot C_1$ und wenn $\omega \cdot \tau \ll 1$ ist, dann ergibt sich $U_0 \approx -j\omega \cdot R \cdot C \cdot U_e$

$$u_0(t) = -R \cdot C \cdot \frac{du_e}{dt}$$

2.2.4 Differenzverstärker oder Subtrahierer

Über einen analogen Addierer lassen sich Eingangsspannungen mit positiven und negativen Vorzeichen addieren. In der Praxis hat dieses Verfahren jedoch einige Nachteile, weshalb man Differenzverstärker oder analoge Subtrahierer einsetzt. Ein Differenzverstärker oder Subtrahierer ist eine Kombination aus invertierendem und nicht invertierendem Verstärkerbetrieb. Die zugehörige Schaltung ist in Abb. 2.17 gezeigt.

Zur Berechnung der Ausgangsspannung geht man wie immer von einem idealen Operationsverstärker aus, d. h. $U_D = 0$ V, denn die Differenzspannung zwischen den beiden Eingängen soll 0 V betragen, und damit liegen die Eingänge auf gleichem Potential. Die Spannung am +E-Eingang errechnet sich aus:

$$U_{+E} = +U_e \frac{R_4}{R_3 + R_4}$$

Die Ausgangsspannung ergibt sich damit aus

$$U_a = \left(1 + \frac{R_2}{R_1}\right) \cdot \frac{R_4}{R_3 + R_4} \cdot (+U_e) - \frac{R_2}{R_1} \cdot (-U_e)$$

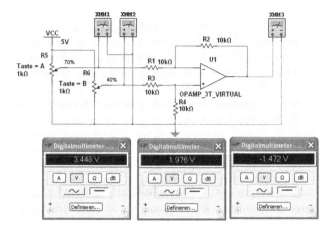

Abb. 2.17 Schaltung eines Differenzverstärkers oder Subtrahierers

Die Berechnung der Ausgangsspannung kann vereinfacht werden, wenn die Bedingung $R_1 = R_3$ und $R_2 = R_4$ gilt:

$$U_a = \frac{R_2}{R_1} \cdot (-U_e)$$

Zwei in Reihe liegende Widerstände R_1 und R_2 bilden einen Spannungsteiler. Im unbelasteten Zustand verhalten sich die Teilspannungen wie Widerstände:

$$\frac{U_1}{U_2} = \frac{R_1}{R_2}$$

Die abgegriffene Ausgangsspannung verhält sich zur Eingangs- oder Gesamtspannung U_e wie

$$\frac{U_a}{U_e} = \frac{R_2}{R_1 + R_2} \qquad U_a = U_e \cdot \frac{R_2}{R_1 + R_2}$$

Wie hoch ist die Ausgangsspannung U_a, wenn der Widerstand $R_1 = 10\,\mathrm{k\Omega}$ und $R_2 = 15\,\mathrm{k\Omega}$ an einer Eingangsspannung von $U_e = 5\,\mathrm{V}$ liegt?

$$U_a = U_e \cdot \frac{R_2}{R_1 + R_2} = 5\,\mathrm{V} \cdot \frac{15\,\mathrm{k\Omega}}{10\,\mathrm{k\Omega} + 15\,\mathrm{k\Omega}} = 3\,\mathrm{V}$$

Hierbei handelt es sich um einen unbelasteten Spannungsteiler. In der Praxis wird zu dem Widerstand R_2 ein Lastwiderstand R_L geschaltet. Der Widerstand R_2 liegt parallel zu R_L. Der Widerstand R_L hat einen Wert von $100\,\mathrm{k\Omega}$. Welchen Wert hat die Ausgangsspannung U_a?

$$R_2' = \frac{R_2 \cdot R_L}{R_2 + R_L} = \frac{15\ \text{k}\Omega \cdot 100\ \text{k}\Omega}{15\ \text{k}\Omega + 100\ \text{k}\Omega} = 13{,}04\ \text{k}\Omega$$

$$U_a = U_e \cdot \frac{R_2'}{R_1 + R_2'} = 5\ \text{V} \cdot \frac{13{,}04\ \text{k}\Omega}{10\ \text{k}\Omega + 13{,}04\ \text{k}\Omega} = 2{,}83\ \text{V}$$

Zwei parallel geschaltete Spannungsteiler ergeben eine Widerstandsbrücke und die Widerstandswerte verhalten sich wie

$$\frac{R_1}{R_2} = \frac{R_3}{R_4}$$

Am linken und rechten Zweig der Brückenschaltung liegen die gleichen Spannungen d. h. zwischen diesen Punkten tritt keine Spannung auf, die Brücke ist stromlos und damit abgeglichen. In elektronischen Messschaltungen wird oft eine im Ruhezustand abgeglichene Brücke durch einen sich ändernden Brückenwiderstandswert während der Messung verstimmt. Aus der Spannungsänderung in der Brückendiagonale kann man dann Rückschlüsse auf die Widerstandsänderung ziehen und es gilt:

$$\Delta U = U_1 - U_2$$

Wählt man die vier Widerstände gleich groß, sind auch die Spannungen U_1 und U_2 gleich groß und die Differenzspannung ist $\Delta U = 0$ V.

Wichtig ist auch:

- Eine Brücke aus linearen Widerständen wird nicht verstimmt, wenn sich die Betriebsspannung ändert, denn dann ändern sich die Teilspannungen proportional, und die Diagonale bleibt weiterhin stromlos.
- Eine Brücke wird nicht verstimmt, wenn man zwei benachbarte Brückenzweige um den gleichen Faktor vergrößert oder verkleinert. Wählt man z. B. 1,1 als Faktor, dann ergeben sich die Gleichungen

$$\frac{1{,}1 \cdot R_1}{1{,}1 \cdot R_2} = \frac{R_3}{R_4} \text{ oder } \frac{1{,}1 \cdot R_1}{R_2} = \frac{1{,}1 \cdot R_3}{R_4}$$

falls man die benachbarten Widerstände R_1 und R_2 oder R_1 und R_3 im gleichen Sinn ändert. Man ersieht aus den Gleichungen ganz klar, dass sich die Zahlenfaktoren herausheben und das Gleichgewicht erhalten bleibt.

Wie Abb. 2.18 zeigt, lässt sich ein Subtrahierer als Brückenspannungsverstärker einsetzen. Die Messbrücke besteht aus zwei Spannungsteilern, die die Brückenschaltung bilden. Der linke Spannungsteiler beinhaltet beispielsweise einen Photowiderstand oder einen NTC-Widerstand, und die Ausgangsspannung für diesen Brückenzweig ergibt die Spannung am invertierenden Eingang. Über den rechten Spannungsteiler lässt sich die Messbrücke abgleichen.

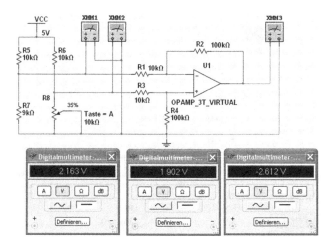

Abb. 2.18 Brückenspannungsverstärker

Die Spannungsverstärkung des Operationsverstärkers beträgt $v = 10$. Bei einer bestimmten Helligkeit an dem Photowiderstand gleicht man über den Einsteller R_8 die Schaltung so ab, dass $U_a = 0$ V ist. Erhöht sich die Helligkeit am Photowiderstand, wird dessen Innenwiderstand geringer, und die Spannung am invertierenden Eingang sinkt. Es tritt zwischen den beiden Eingangsspannungen eine Differenz auf, die mit $v = 10$ verstärkt wird, und die Ausgangsspannung ändert sich entsprechend in die positive Richtung.

Diese Brückenschaltung findet man in der gesamten Messtechnik. In dem einen Zweig der Brückenschaltung setzt man den Sensor ein, in dem anderen Zweig hat man die Abgleichmöglichkeit in der Messschaltung.

2.2.5 Instrumentenverstärker

Die Schaltung eines Subtrahierers bzw. Differenzverstärkers lässt sich erheblich verbessern, wenn diese Schaltung durch zwei zusätzliche Operationsverstärker erweitert wird. In der Schaltung von Abb. 2.19 bildet ein Subtrahierer die Grundschaltung, die durch die beiden Operationsverstärker ergänzt wird.

Wichtig bei der Realisierung eines Instrumentenverstärkers ist der Einsatz von hochwertigen Operationsverstärkern. Das sind Bausteine mit einer extrem niedrigen Drift $(0,1\ \mu V\ /^{\circ}C)$, geringem Rauschen ($< 0,35\ \mu V_{ss}$) einer extrem hohen Gleichtaktunterdrückung (140 dB bei $v = 1000$) und sehr kleinen Eingangsströmen (1 pA).

Die Eingangsstufe des Instrumentenverstärkers benötigt hochwertige Verstärker, da Offset, Drift und Rauschen mit der eingestellten Verstärkung multipliziert werden. Die Gleichtaktverstärkung der zweiten Stufe wird mithilfe des Widerstandes R_{CM} bestimmt,

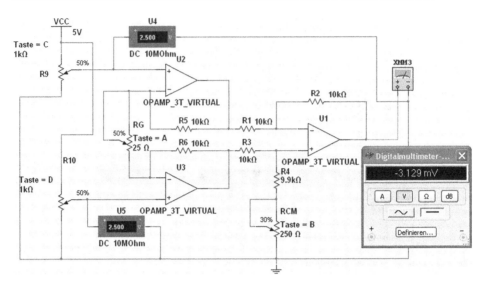

Abb. 2.19 Aufbau eines Instrumentenverstärkers

indem eine Wechselspannung mit niedriger Frequenz auf die Eingänge U_{e1} und U_{e2}
gelegt und die Ausgangsspannung zu Null abgeglichen wird. Die Widerstände müssen
kleine Toleranzen aufweisen, um ein Abgleicheinsteller mit kleinem Widerstandswert verwenden zu können (Drift!). Ferner sollten diese eine geringe Drift aufweisen
(R_1/R_2 und R_3/R_4), um eine hohe Gleichtaktunterdrückung über dem Temperaturbereich zu ermöglichen. Die Ausgangsspannung errechnet sich für die Bedingung
$R_1 = R_2 = R_3 = R_4 = R$ aus

$$U_a = (U_{e1} - U_{e2}) \cdot \left(1 + \frac{2 \cdot R}{R_G} \right)$$

Ist die Bedingung $R_1 = R_2 = R_3 = R_4 = R$ nicht erfüllt, kommt es im Subtrahierer zu einer
weiteren, unerwünschten Verstärkung.

Zur Unterdrückung kapazitiver Einwirkungen sollten die Eingangsleitungen aktiv
abgeschirmt werden. Die Signalleitungen und die Abschirmungen liegen bei dieser
Maßnahme auf gleichem Potential. Auf einen Strompfad für die Eingangsströme (bias-
current) der Operationsverstärker ist zu achten, da sonst ein unzulässiger Betriebszustand für die Eingangsstufe eintritt. Für hohe Verstärkungen wird der Widerstand R_G
sehr niederohmig.Übergangswiderstände nehmen direkten Einfluss auf die Verstärkung
und Drift. Die Abgriffe zu den invertierenden Eingängen sind daher möglichst nahe an
den verstärkerbestimmenden Widerstand anzulegen. Bei umschaltbaren Verstärkern sind
gegebenenfalls besondere Schaltungsmaßnahmen durchzuführen. Eine niederohmige,
sternförmige Masseverbindung ist für die Verarbeitung kleiner Signale für Auflösungen
mit hoher Dynamik erforderlich. Bei großen Verstärkungen ist ein Abgleich der Eingangs-Offsetspannung notwendig.

2.2.6 Spannungs- und Strommessung

Durch den Einsatz von Operationsverstärkern lässt sich das Verhalten von analogen Messgeräten erheblich verbessern. Abb. 2.20 zeigt eine Verstärkerschaltung für ein Spannungsmessgerät. Der Operationsverstärker ist als Elektrometer geschaltet, d. h., man hat eine Verstärkung von $v = 1$, und der hohe Eingangswiderstand des Operationsverstärkers kommt voll zur Wirkung.

Normalerweise hat ein analoges Messinstrument einen Kennwiderstand von $10\,k\Omega/V$. Mit der in Abb. 2.20 gezeigten Zusatzschaltung lässt sich der Wert auf $10\,M\Omega/V$ erhöhen. Befindet sich der Schalter in Stellung 1, liegt die Spannung direkt an dem nicht invertierenden Eingang. Da bei den Operationsverstärkern nur sehr kleine Eingangsströme fließen, ist der Spannungsfall an dem Widerstand von $10\,k\Omega$ sehr klein, und entsprechend niedrig fällt der Messfehler aus. Durch die Umschaltung auf Stellung 2 und 3 wird der Spannungsteiler an bestimmten Punkten abgegriffen, wodurch die Eingangsspannung entsprechend heruntergeteilt wird.

Wichtig bei der Zusatzschaltung sind die beiden Dioden 1N4001 (nicht in der Simulation) zwischen dem invertierenden und nicht invertierenden Eingang. Tritt eine Spannung auf, die größer als $0,6\,V$ ist, ist eine der beiden Dioden leitend, wodurch die Differenzspannung nicht größer als $\pm0,6\,V$ werden kann.

Die Schaltung des Amperemeters von Abb. 2.21 besteht aus zwei Teilen: dem Stromteiler am Eingang und dem Operationsverstärker, der mit einer Verstärkung von

$$v = 1 + \frac{9\,k\Omega}{1\,k\Omega + 9\,k\Omega} = 1,9$$

arbeitet. Befindet sich der Schalter in der Stellung 1, hat der Spannungsteiler einen Wert von $100\,\Omega$, und es fließt ein Strom von $2\,mA$, wenn die maximale Eingangsspannung $2\,V$ beträgt. Da die Eingangsspannung direkt am nicht invertierenden Eingang des

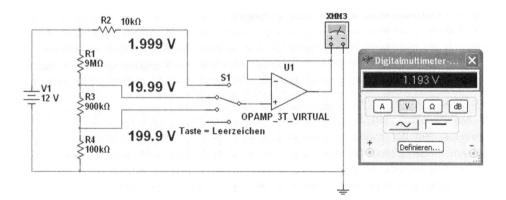

Abb. 2.20 Zusatzschaltung für ein Voltmeter mit drei Eingangsbereichen

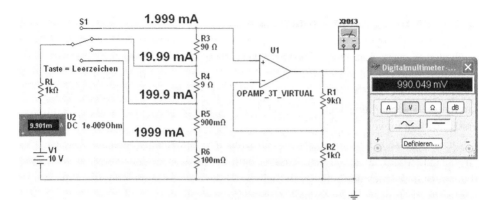

Abb. 2.21 Zusatzschaltung für ein Amperemeter mit vier Messbereichen

Operationsverstärkers anliegt, ergibt sich am Ausgang des Operationsverstärkers eine Spannung von 3,8 V.

Schaltet man den Schalter auf Stellung 2 um, ergibt sich zwischen dem Schalter und Masse ein Widerstand von 10 Ω, und bei einer Eingangsspannung von 2 V fließt ein Strom von 20 mA. Es stellt sich am Ausgang des Operationsverstärkers eine Spannung von 3,8 V ein. Wenn der Schalter auf Stellung 3 weitergeschaltet wird hat man einen Widerstand von 1 Ω gegen Masse, und es fließt ein Strom von 200 mA, der am Ausgang des Operationsverstärkers die maximale Spannung von 3,8 V erzeugt. Der größte Strom fließt, wenn sich die Schaltung in Stellung 4 befindet. Bei einer Eingangsspannung von 2 V fließt ein Strom von 2 A nach Masse ab, und am Ausgang des Operationsverstärkers misst man 3,8 V. Die Ausgangsspannung des Operationsverstärkers ist immer abhängig von der Eingangsspannung und damit indirekt vom Strom, der über den Schalter nach Masse abfließt.

2.3   Komparator und Schmitt-Trigger

Wenn man einen Operationsverstärker als Komparator oder Schmitt-Trigger verwendet, hat man am Ausgang entweder eine positive oder negative Sättigungsspannung. Durch eine Gegenkopplung erhält man die Funktion eines Komparators, bei einer Mitkopplung die Funktion eines Schmitt-Triggers.

Komparatoren und Schmitt-Trigger vergleichen im Wesentlichen eine Eingangs-spannung mit der externen Referenzspannung oder mit der Ausgangsspannung des Operationsverstärkers. Lineare Bauelemente, z. B. Widerstände, sorgen dafür, dass sich die Ausgangsspannung des Operationsverstärkers in der positiven oder negativen Sättigung befindet, deren Höhe durch die Betriebsspannung bestimmt wird. Es tritt ein gesättigter Verstärkerbetrieb auf. Setzt man nicht lineare Bauelemente, wie Si-Dioden oder Z-Dioden, ein, lässt sich die Ausgangsspannung auf bestimmte Werte begrenzen, die nicht mehr direkt von der Betriebsspannung abhängig sind. In diesem Fall spricht man von einem ungesättigten Verstärkerbetrieb.

2.3.1 Einfacher Spannungsvergleicher

Bei einem einfachen Spannungsvergleicher arbeitet man im Wesentlichen mit dem gesättigten Verstärkerbetrieb, d. h., die Ausgangsspannung befindet sich in der positiven bzw. negativen Sättigung. Die Höhe der Sättigung ist nur von der Betriebsspannung abhängig.

Der Operationsverstärker in der Schaltung von Abb. 2.22 hat keine externen Bauelemente zur Begrenzung der Leerlaufverstärkung, die daher voll zur Wirkung kommt. Sind die beiden Eingangsspannungen unterschiedlich, befindet sich der Ausgang des Operationsverstärkers entweder in der positiven oder negativen Sättigung.

Die Schaltung von Abb. 2.22 arbeitet als Differenzverstärker, wobei die Leerlaufverstärkung des Operationsverstärkers das Schaltverhalten bestimmt. Mit der Referenzspannung U_{ref} wird der Umschaltpunkt des Operationsverstärkers festgelegt. Es gilt:

$$U_{\text{e}} > U_{\text{ref}} \rightarrow U_{\text{a}} = +U_{\text{sätt}} \approx +U_{\text{b}}$$
$$U_{\text{e}} < U_{\text{ref}} \rightarrow U_{\text{a}} = -U_{\text{sätt}} \approx -U_{\text{b}}$$

Ist die Eingangsspannung größer als die Referenzspannung, befindet sich der Ausgang in der positiven Sättigung, denn die Eingangsspannung liegt am nicht invertierenden Eingang. Ändert man dieses Anschlussschema, verändert sich das Verhalten der Schaltung.

Ein Problem dieser Schaltungen ist die Differenzspannung zwischen den beiden Eingängen. Wird die Differenzspannung zu groß, kann eine Zerstörung der OP-Eingangsstufe die Folge sein. In der Praxis hat man zwei Eingangswiderstände, und danach folgen zwei Dioden in einer Antiparallelschaltung. Ist die Spannungsdifferenz zwischen den beiden Eingängen größer +0,6 V wird eine der beiden Dioden leitend und begrenzt die Differenzspannung entsprechend. Damit ergibt sich ein Überspannungsschutz für den Operationsverstärker.

Die einfachste Komparatorschaltung ist in Abb. 2.23 gezeigt. An dem invertierenden Eingang liegt die Spannung U_{e}, die mit der Referenzspannung U_{ref} verglichen wird. Da diese Schaltung ohne Gegenkopplung arbeitet, kommt die volle Leerlaufverstärkung zur Wirkung. Für die Ausgangsspannung gilt:

$$U_{\text{e}} < U_{\text{ref}} \rightarrow U_{\text{a}} = U_{\text{a}_{\text{max}}}$$
$$U_{\text{e}} > U_{\text{ref}} \rightarrow U_{\text{a}} = U_{\text{a}_{\text{min}}}$$

Ist die Eingangsspannung U_{e} kleiner als die Referenzspannung U_{ref}, befindet sich der Ausgang des Operationsverstärkers in der positiven Sättigung, d. h. der Ausgang hat $U_{\text{a}_{\text{max}}}$. Ist die Eingangsspannung U_{e} größer als U_{ref}, befindet sich die Ausgangsspannung in der negativen Sättigung, also auf $U_{\text{a}_{\text{min}}}$. Durch das Potentiometer am nicht invertierenden

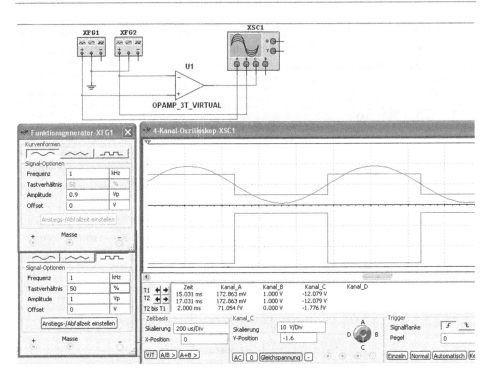

Abb. 2.22 Operationsverstärker zum Vergleich der Eingangsspannung U_e (Funktionsgenerator 1) mit der Referenzspannung U_{ref} (Funktionsgenerator 2)

Eingang lässt sich die Referenzspannung stufenlos einstellen, womit der Anwender die Referenzspannung entsprechend seinen Anforderungen bestimmen kann.

Durch die Leerlaufverstärkung wird der Umschaltpunkt festgelegt, wenn die Referenzspannung genau auf Masse (0 V) liegt:

$$U_e = \frac{U_a}{v} = \frac{\pm 15\ \text{V}}{50.000} = \pm 0,3\ \text{mV}$$

Ändert sich die Eingangsspannung um $U_e < \pm 0,3$ mV, arbeitet der Operationsverstärker im analogen Verstärkerbetrieb. Überschreitet die Eingangsspannung diesen Wert, wird die Ausgangsspannung digitalisiert, d. h., es gibt nur noch zwei Spannungszustände, die positive und die negative Sättigungsspannung.

2.3.2 Spannungsvergleicher im gesättigten Verstärkerbetrieb

Die Schaltung von Abb. 2.23 hat einen Nachteil: Ändert man die Eingangsspannung, kippt der Ausgang des Operationsverstärkers entweder auf $+U_b$ oder $-U_b$. Damit ist diese Schaltung nicht zur Ansteuerung von digitalen Schaltkreisen geeignet.

a

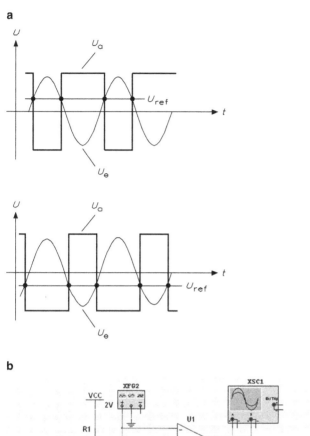

b

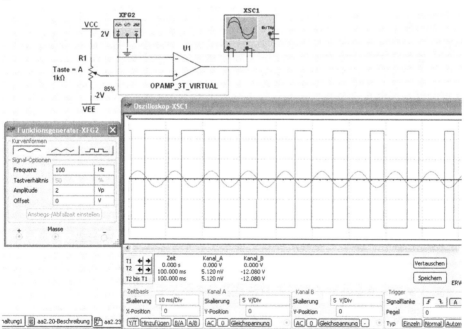

Abb. 2.23 Einfache Komparatorschaltung

Bei der Schaltung von Abb. 2.24 befindet sich in der Gegenkopplung eine Z-Diode. Ist die Ausgangsspannung größer als $U_Z = 4,7\,\text{V}$, leitet die Z-Diode, und es fließt ein Strom über die Gegenkopplung zum invertierenden Eingang. Dadurch kann die Ausgangsspannung nicht größer werden als $U_a = +4,7\,\text{V}$. Hat man dagegen eine negative

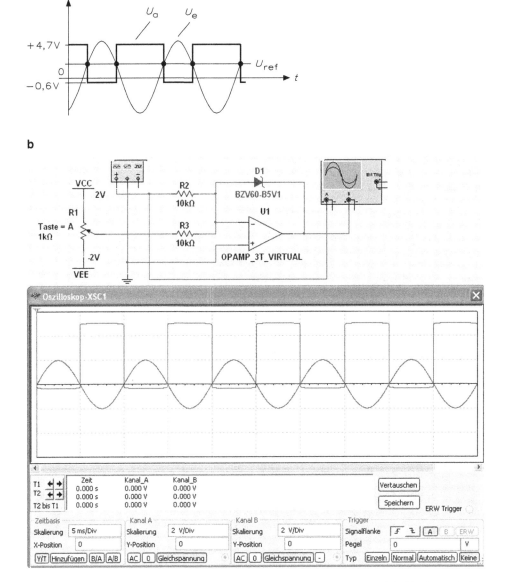

Abb. 2.24 Schaltung eines Komparators für die Ansteuerung von digitalen Schaltkreisen mit dem Spannungsdiagramm

Sättigungsspannung, kann diese nicht größer als $U_a = -0,6\,\text{V}$ werden, da dann die Z-Diode ebenfalls leitet. In diesem Fall arbeitet die Z-Diode als normale Siliziumdiode.

Die Schaltung von Abb. 2.24 ist als Summierer aufgebaut. An dem einen Eingang befindet sich die Spannung U_e und an dem anderen die Referenzspannung U_{ref}. Stellt man das Potentiometer so ein, dass der Eingang $U_{ref} = 0\,\text{V}$ ist, wird die positive Eingangsspannung invertiert, und die Ausgangsspannung hat einen negativen Wert, der jedoch durch die Z-Diode auf $U_{a_{min}} = -0,6\,\text{V}$ begrenzt wird. Ist die Eingangsspannung dagegen kleiner als $0\,\text{V}$, erfolgt eine Invertierung, und die Ausgangsspannung hat einen positiven Wert, der durch die Z-Diode auf $U_{a_{max}} = +4,7\,\text{V}$ begrenzt wird. Es gilt für die Ausgangsspannung:

$$U_e < U_{ref} \rightarrow U_a = U_{a_{max}}$$
$$U_e > U_{ref} \rightarrow U_a = U_{a_{min}}$$

Mit dem Potentiometer lässt sich die Referenzspannung U_{ref} zwischen $+12\,\text{V}$ und $-12\,\text{V}$ beliebig ändern, d. h., die Umschaltschwelle zwischen der positiven ($+4,7\,\text{V}$) und der negativen ($-0,6\,\text{V}$) Ausgangsspannung wird nur von der Referenzspannung bestimmt.

Für viele Anwendungsfälle in der Elektronik benötigt man einen Nullspannungskomparator, wie Abb. 2.25 zeigt. Diese einfache Schaltung arbeitet jedoch sehr wirksam. Bedingt durch die nicht lineare Kennlinie der Z-Diode geht der Ausgang des Operationsverstärkers sofort in die positive und negative Sättigungsspannung, die dann von der Z-Diode auf $+4,7\,\text{V}$ und $-0,6\,\text{V}$ begrenzt wird. Die Eingangsspannung U_e wirkt auf den invertierenden OP-Eingang, während der nicht invertierende OP-Eingang mit Masse verbunden ist. Jede Spannungsdifferenz zwischen diesen beiden Eingängen bringt die Ausgangsspannung auf $+4,7\,\text{V}$ oder $-0,6\,\text{V}$. Es gilt

$$U_e < 0\,\text{V} \rightarrow U_a = -0,6\,\text{V}$$
$$U_e > 0\,\text{V} \rightarrow U_a = +4,7\,\text{V}$$

Durch die Wahl der Z-Diode lässt sich die Höhe der Ausgangsspannung in positiver und negativer Richtung bestimmen. Schaltet man zwei Z-Dioden oder eine Z-Diode mit einer normalen Diode in Reihe ergeben sich entsprechende Ausgangsspannungen.

Bei der Schaltung von Abb. 2.26 sind in der Gegenkopplung zwei Z-Dioden vorhanden, die in Reihe geschaltet sind. Ist beispielsweise die Diode D_1 leitend, so muss die Diffusionsspannung der Diode D_2 zur Z-Diodenspannung von D_1 addiert werden. Es gilt:

$$U_e > 0 \rightarrow U_a = (U_{Z1} + U_{D2})$$
$$U_e < 0 \rightarrow U_a = (U_{Z2} + U_{D1})$$

Der ohmsche Wert des Widerstandes R_1 spielt keine Rolle, soll aber in der Praxis mit $R_1 = 10\,\text{k}\Omega$ gewählt werden.

Die Eingangsspannung dieser Schaltung ist direkt mit dem nicht invertierenden Eingang des Operationsverstärkers verbunden, wodurch man einen sehr hohen Eingangswiderstand der Schaltung erreicht.

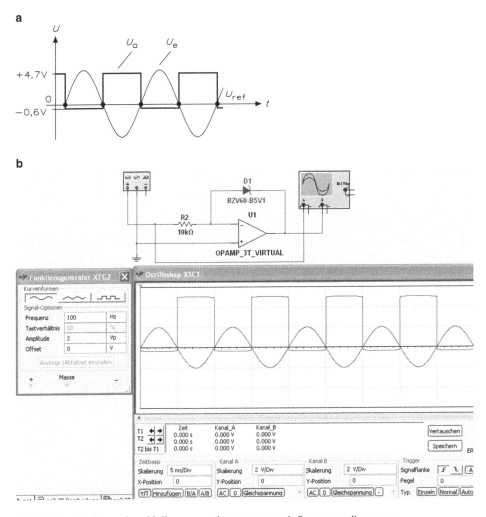

Abb. 2.25 Schaltung eines Nullspannungskomparators mit Spannungsdiagramm

2.3.3 Window-Komparator

Durch die Parallelschaltung von zwei Komparatoren ergibt sich ein Fenster- bzw. Window-Komparator, dessen Schaltung in Abb. 2.27 gezeigt ist.

Die Eingangsspannung U_e wird über die beiden Operationsverstärker mit der unteren und der oberen Referenzspannung verglichen. Die Bedingungen für die Referenzspannungen müssen eingehalten werden, damit die Umschaltpunkte für das Spannungsdiagramm gelten. Es gilt:

$$U_{ref1} \leq U_e \leq U_{ref2}$$

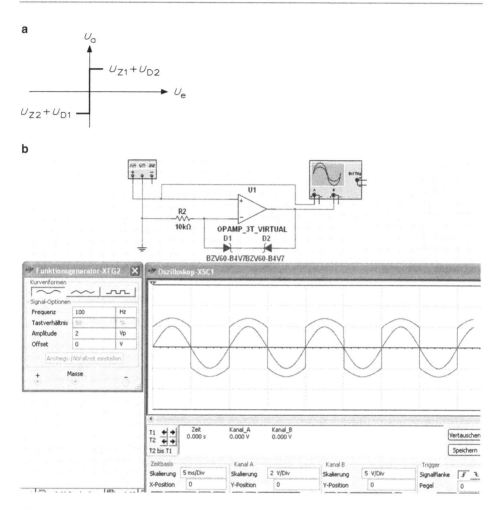

Abb. 2.26 Schaltung und Spannungsdiagramm für einen Nullspannungsdetektor

Die Eingangsspannung U_e ist mit dem nicht invertierenden Eingang des oberen und mit dem invertierenden Eingang des unteren Operationsverstärkers verbunden. Entsprechend hierzu sind die Vergleichsspannungen U_1 und U_2 an den beiden Operationsverstärkern angeschlossen. Die beiden OP-Ausgänge steuern ein UND-Gatter an, und hier erfolgt die digitale Verknüpfung zur Erzeugung eines Ausgangssignals. Die Schaltung hat am Ausgang ein 1-Signal, wenn die Eingangsbedingungen der beiden Referenzspannungen eingehalten werden.

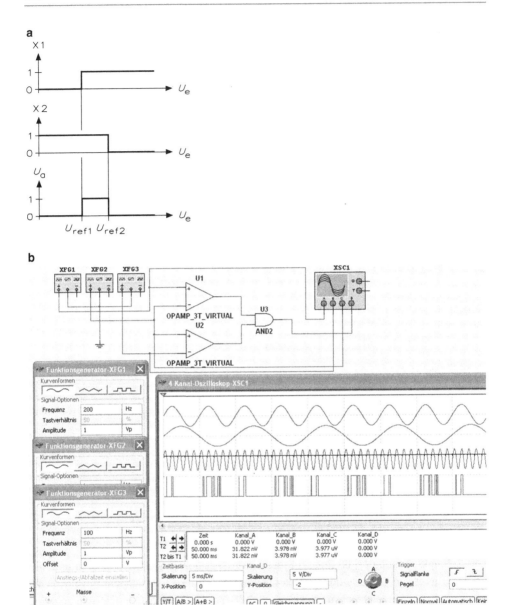

Abb. 2.27 Schaltung und Spannungsdiagramm für einen Window-Komparator

2.3.4 Dreipunktkomparator

Normalerweise benötigt man in der Praxis nur einen Komparator mit zwei Ausgangs-
werten, den Zweipunktkomparator. Für einige Anwendungen aus der Steuerungs- und
Regelungstechnik sind jedoch drei Ausgangswerte notwendig. Diese Schaltung eines

Dreipunktkomparators erreicht man, wenn in die Gegenkopplungsleitung eine Dioden-
brücke eingeschaltet wird, wie Abb. 2.28 zeigt.

Mit den beiden Referenzspannungsanschlüssen $\pm U_{\text{ref}}$ lassen sich die Schwellwerte S
des Komparators bestimmen. Diese Werte errechnen sich aus

$$S_1 = \frac{R_1}{R_2} \cdot (-U_{\text{ref}} + U_{\text{D}}) - U_{\text{ref1}}$$

$$S_2 = \frac{R_1}{R_2} \cdot (+U_{\text{ref}} + U_{\text{D}}) - U_{\text{ref1}}$$

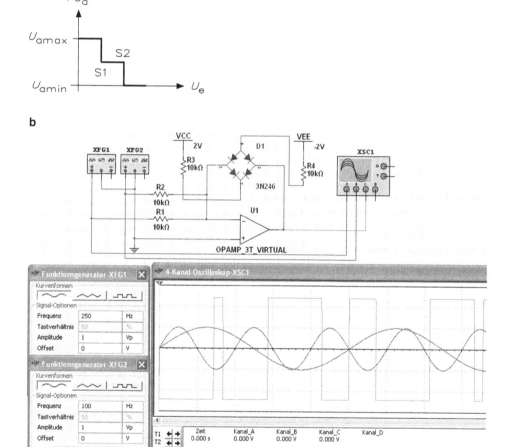

Abb. 2.28   Realisierung eines Dreipunktkomparators mit Kennlinie

Die beiden Schwellwerte sind von den anliegenden Referenzspannungen $+U_{\text{ref}}$ und $-U_{\text{ref}}$ abhängig. Zu diesen Werten kommen noch die Durchlassspannung U_{D} der Dioden mit 0,6 V und die Referenzspannung $U_{\text{ref}1}$, die parallel zur Eingangsspannung liegt. Wichtig bei dieser Schaltung sind die gleichen Werte der gemeinsam bezeichneten Widerstände.

2.3.5 Schmitt-Trigger

Während man beim Komparator ohne Schalthysterese auskommt, wird beim Schmitt-Trigger durch schaltungstechnische Maßnahmen eine Hysterese erzeugt, die in der Praxis zahlreiche Vorteile hat. Bei den Grundschaltungen des Schmitt-Triggers unterscheidet man zwischen der invertierenden bzw. der nicht invertierenden Betriebsart und einem gesättigten bzw. nicht gesättigten Verhalten.

In der Schaltung von Abb. 2.29 liegt die Eingangsspannung U_{e} direkt am invertierenden Eingang des Operationsverstärkers, während über den Spannungsteiler ein Teil der Ausgangsspannung U_{a} auf den nicht invertierenden Eingang mitgekoppelt wird. Hat die Eingangsspannung U_{e} einen negativen Wert, befindet sich die Ausgangsspannung U_{a} in der positiven Sättigungsspannung. Ein Teil der positiven Ausgangsspannung $U_{\text{a}_{\text{sätt}}}$ liegt über den Spannungsteiler an dem nicht invertierenden Eingang. Die Spannung am nicht invertierenden Eingang des Operationsverstärkers errechnet sich aus

$$U_{\text{x}} = \frac{R_1}{R_1 + R_2} \cdot +U_{\text{a}_{\text{sätt}}}$$

Die Bedingung am Ausgang ändert sich erst, wenn die Eingangsspannung einen bestimmten positiven Wert überschreitet. Befindet sich die Eingangsspannung auf negativem Wert und wird diese erhöht, bleibt die positive Ausgangsspannung stabil in ihrer Sättigung. Erst wenn die Eingangsspannung U_{e} positiver als die Vergleichsspannung am anderen Eingang U_{e} wird, schaltet der Ausgang U_{a} um und befindet sich in der negativen Sättigung. Durch den Spannungsteiler hat der nicht invertierende Eingang jetzt einen negative Spannung, die sich aus

$$U_{\text{x}} = \frac{R_1}{R_1 + R_2} \cdot -U_{\text{a}_{\text{sätt}}}$$

errechnet. Die Ausgangsspannung bleibt so lange in der negativen Sättigung, bis die Eingangsspannung wieder negativer als die Spannung U_{x} ist. Die beiden Umschaltpunkte bestimmen die Hysterese, die sich folgendermaßen errechnen lässt:

$$U_{\text{H}} = \frac{R_1}{R_1 + R_2} \cdot [+U_{\text{a}_{\text{sätt}}} - (-U_{\text{a}_{\text{sätt}}})]$$

Bei der Schaltung von Abb. 2.30 wird die Spannung am nicht invertierenden Eingang mit Masse (0 V) verglichen. Man hat im Prinzip einen Nullpunkt-Schmitt-Trigger.

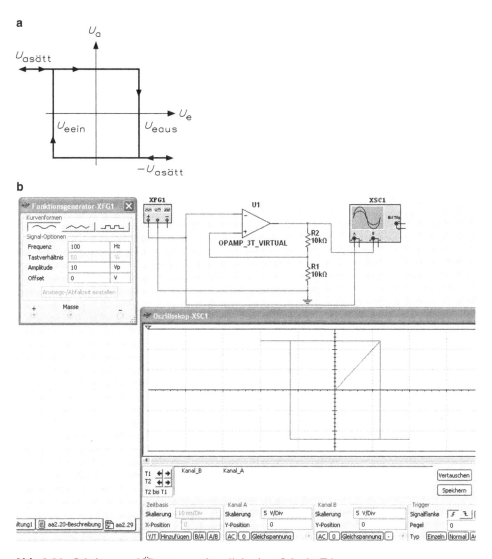

Abb. 2.29 Schaltung und Übertragungskennlinie eines Schmitt-Triggers

Liegt die Eingangsspannung U_e des Schmitt-Triggers auf negativem Potential, befindet sich der Ausgang des Operationsverstärkers in seiner negativen Sättigung, und über den Spannungsteiler liegt ein Teil der Ausgangsspannung an dem nicht invertierenden Eingang des Operationsverstärkers. Diese Spannung errechnet sich aus

$$U_x = \frac{R_1}{R_2} \cdot -U_{a_{sätt}}$$

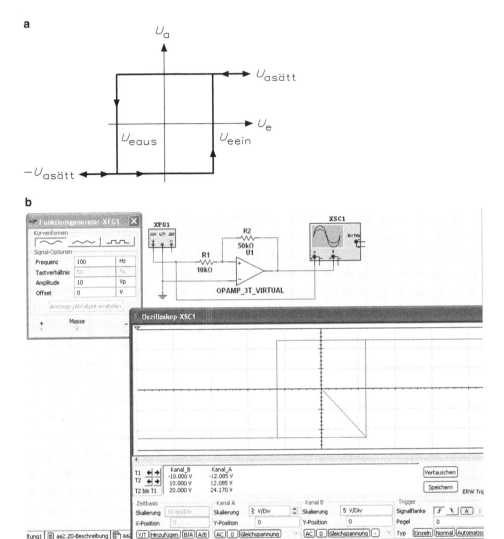

Abb. 2.30 Schaltung und Übertragungskennlinie eines Schmitt-Triggers mit nicht invertierendem Ausgang

Erhöht sich die Eingangsspannung, wird auch die Spannung U_x positiver.Überschreitet diese Spannung die 0-V-Grenze, kippt der Ausgang des Operationsverstärkers in die positive Sättigung. Damit ändert sich auch das Vorzeichen für die Spannung U_x. Verringert sich die Eingangsspannung, bleibt der Ausgang stabil in seiner Sättigung, und die Spannung U_x errechnet sich aus

$$U_\mathrm{x} = \frac{R_1}{R_2} \cdot +U_{a_\text{sätt}}$$

Durch die Verringerung der Eingangsspannung wird die Spannung U_x negativ. Unterschreitet diese die 0-V-Grenze des invertierenden Einganges, schaltet der Operationsverstärker um, und die Ausgangsspannung befindet sich wieder in der negativen Sättigung. Durch diese Art der Mitkopplung entsteht eine Schalthysterese, die sich berechnen lässt aus

$$U_H = \frac{R_1}{R_2} \cdot [+U_{a_{s\ddot{a}tt}} - (-U_{a_{s\ddot{a}tt}})]$$

Bei der Schaltung von Abb. 2.31 liegt die Eingangsspannung U_e an dem invertierenden Eingang. Die Referenzspannung U_{ref} steuert dagegen den Spannungsteiler an, der aus den beiden Widerständen R_1 und R_2 besteht. Der Mittelpunkt des Spannungsteilers ist mit dem nicht invertierenden Eingang des Operationsverstärkers verbunden. Die Größe dieser Spannung ist von der Referenzspannung und von der Ausgangsspannung abhängig.

Die beiden Schwellwerte errechnen sich aus:

$$S_1 = U_{ref} - U_{a_{s\ddot{a}tt}} \cdot \left(\frac{R_1}{R_1 + R_2} \right)$$

$$S_2 = U_{ref} + U_{a_{s\ddot{a}tt}} \cdot \left(\frac{R_1}{R_1 + R_2} \right)$$

In die beiden Gleichungen muss man bei dem Schwellwert S_1 die negative bzw. bei S_2 die positive Sättigungsspannung einsetzen. In diesem Fall verwendet man bei einer Betriebsspannung von ± 12 V einen Wert von ± 11 V, da keine entsprechende Begrenzung in der Gegenkopplung vorhanden ist. Die Berechnung der Hysterese ergibt

$$U_H = U_{ref} + (U_{a_{s\ddot{a}tt}} - U_{ref}) \cdot \left(\frac{R_1}{R_1 + R_2} \right)$$

2.3.6 Schmitt-Trigger in nicht gesättigter Betriebsart

Mit linearen Bauelementen lässt sich ein Schmitt-Trigger in der gesättigten Betriebsart betreiben. Setzt man nicht lineare Bauelemente, wie Dioden oder Z-Dioden ein, ergibt sich eine nicht gesättigte Betriebsart.

Eine Schmitt-Trigger-Schaltung, die in nicht gesättigter Betriebsart arbeitet, ist in Abb. 2.32 gezeigt. In der Gegenkopplung sind zwei Z-Dioden vorhanden, die gegeneinander betrieben werden. Der Bereich der beiden Z-Dioden liegt bei $\pm 5,3$ V, denn zu jeder Z-Spannung muss man noch die Schleusenspannung von 0,6 V der normalen Siliziumdioden addieren.

Die Vergleichsspannung oder die Referenzspannung der Schaltung wird durch den Spannungsteiler am Ausgang erzeugt. Ein Teil der Ausgangsspannung wird auf den nicht invertierenden Eingang gekoppelt. Die beiden Schwellwerte für den Ein- und Ausschaltbereich errechnen sich folgendermaßen

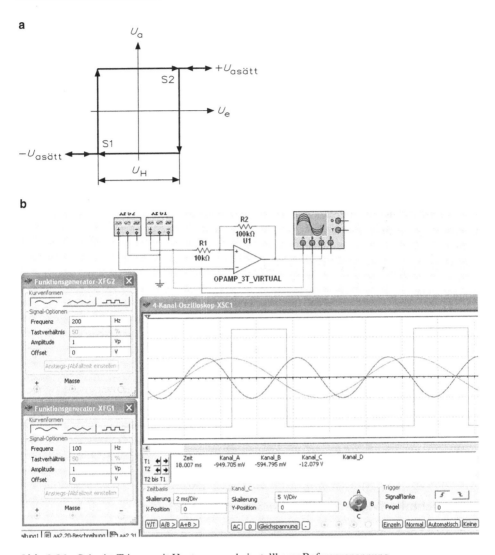

Abb. 2.31 Schmitt-Trigger mit Hysterese und einstellbarer Referenzspannung

$$\text{Einschaltpegel: } U_{\text{ein}} = \left(\frac{R_3}{R_2 + R_3}\right) \cdot (+U_{a_{\text{sätt}}})$$

$$\text{Ausschaltpegel: } U_{\text{aus}} = \left(\frac{R_3}{R_2 + R_3}\right) \cdot (-U_{a_{\text{sätt}}})$$

Als $-U_{a_{\text{sätt}}}$ und $+U_{a_{\text{sätt}}}$ muss man die Spannung an den beiden Z-Dioden mit $U_g = 5{,}3$ V einsetzen. Die Schalthysterese U_H errechnet sich dann aus

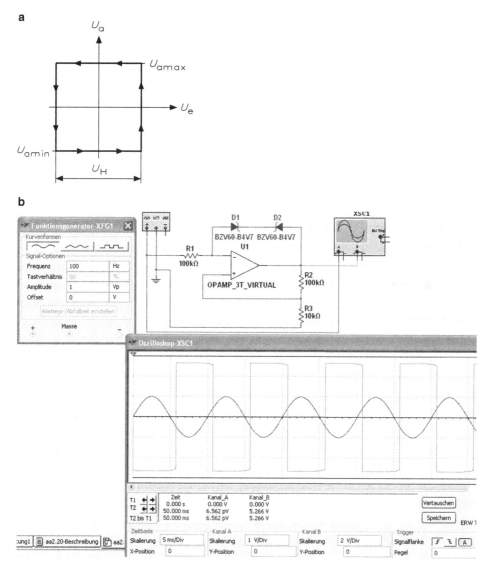

Abb. 2.32 Nullspannungs-Schmitt-Trigger mit Übertragungskennlinie

$$U_{\mathrm{H}} = U_{\mathrm{g}} \cdot \frac{R_3}{R_2}$$

Die Ausgangsspannung der Schaltung ist

$$U_{\mathrm{a}} = U_{\mathrm{g}} \cdot \left(\frac{R_3}{R_2 + R_3} \right)$$

Bei der Schaltung von Abb. 2.33 arbeitet man mit einer linearen Mitkopplung über die beiden Widerstände R_1 und R_2, während die beiden Dioden und der Widerstand R_3 einen nicht linearen Spannungsteiler bilden. Der Widerstand R_3 lässt sich errechnen aus

$$R_3 = \frac{R_1 \cdot R_2}{R_1 + R_2}$$

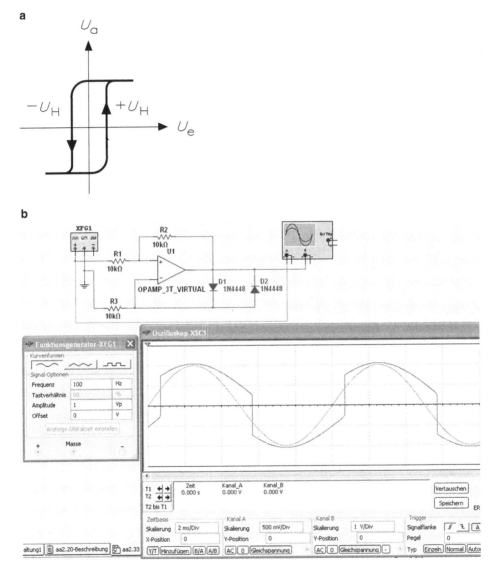

Abb. 2.33 Schmitt-Trigger in der nicht gesättigten Betriebsart

Da bei einem Operationsverstärker die Differenzspannung zwischen den beiden Eingängen $U_D = 0$ V beträgt, lassen sich die beiden Umschaltpunkte berechnen:

$$U_e > +U_H \rightarrow +U_a = +U_e + U_S \cdot \frac{R_1 + R_2}{R_2}$$

$$U_e < +U_H \rightarrow -U_a = -U_e + U_S \cdot \frac{R_1 + R_2}{R_2}$$

Den Spannungsfall U_S an den Dioden gibt man mit $U_D \approx 0{,}7$ V an. Bei einer positiven Ausgangsspannung ist die obere Diode leitend, bei einem negativen Wert die untere Diode.

2.3.7 Komparator mit Kippverhalten

Häufig sind dem Eingangssignal Rausch- oder andere Störsignale überlagert. Falls sich die Eingangsspannung in der Nähe des Umschaltpunktes zeitlich nur langsam ändert, bewirken diese verstärkten Störsignale unter Umständen ein mehrfaches undefiniertes Hin- und Herkippen. Diese Unbestimmtheit des Komparatorausgangssignals lässt sich durch Rückkoppeln des Komparators vermeiden.

Falls die Rückkopplung positiv (Mitkopplung) und die Schleifenverstärkung größer ist als Eins, entsteht eine Schaltung mit Kippverhalten. Wegen der Gleichspannungskopplung kippt die Schaltung auch bei beliebig langsamem Anstieg bzw. Abfall der Eingangsspannung.

In der Praxis hat man zwei Grundschaltungen. Analog zu den beiden Grundschaltungen mit Operationsverstärker lassen sich auch bei einem mitgekoppelten Operationsverstärker bzw. Komparatorschaltkreis in Abhängigkeit davon, ob das Eingangssignal dem invertierenden oder dem nicht invertierenden Eingang zugeführt wird, zwei Grundschaltungen unterscheiden: die invertierende und die nicht invertierende Grundschaltung. Die statische Übertragungskennlinie hat Ähnlichkeit mit einer Hysteresekurve. Als Folge der Mitkopplung treten ein oberer und ein unterer Schwellwert auf und die Differenz ist die Schalthysterese. Eingangsspannungen, die kleiner sind als diese Hysterese können den Schmitt-Trigger nicht hin- und herkippen, sondern ihn höchstens in eine Lage kippen, in der er verharrt. Wie noch festgestellt wird, lässt sich die Hysterese nicht beliebig klein wählen da sonst die Kippbedingung der Schaltung nicht mehr erfüllt ist. Zweckmäßig ist es, die Hysterese etwas größer zu wählen als die Amplitude der der Eingangsspannung überlagerten Störspannung. Dann wird die Triggerschaltung durch die Störspannung nicht ungewollt hin- und hergeschaltet.

Wenn man die Struktur eines Schmitt-Triggers im nicht invertierenden Betrieb vergleicht, erkennt man, dass eine Spannungsmitkopplung vorliegt. Kombinieren dieser beiden Beziehungen liefert die Übertragungsfunktion der Schaltung

$$\frac{U_a}{U_e} = \frac{v}{1 - k \cdot v}$$

Wenn die Schleifenverstärkung $k \cdot v$ gleich oder größer als Eins ist, tritt Selbsterregung ein, d. h., die Schaltung wirkt als Oszillator (Kippschaltung). Selbst das Eigenrauschen der Schaltung bewirkt dass sich die Ausgangsspannung infolge der sehr hohen Schleifenverstärkung nahezu sprungartig oszilliert, falls sich der Komparator in seinem aktiven Arbeitsbereich befindet. Nachdem der Kippvorgang eingeleitet wurde, läuft der Komparator in die positive bzw. negative Sättigung und verbleibt dort.

Damit der beschriebene Rückkopplungsvorgang mit großer Sicherheit und zeitlich möglichst schnell abläuft, dimensioniert man in der Praxis die Schmitt-Trigger-Schaltung so, dass $k \cdot v \gg 1$ gilt. Eine gewisse Vergrößerung der Schleifenverstärkung während des Umkippvorgangs lässt sich durch Anschalten einer kleinen Kapazität C' erreichen. Sie wirkt wie eine dynamische Verkleinerung von Widerstand R_2 und vergrößert dadurch während des Umkippvorgangs den Rückkopplungsfaktor k. Die Zeitkonstante C' ($R_2 \| R_1$) wählt man zweckmäßigerweise in der Größenordnung der Anstiegs- bzw. Abfallzeit der Ausgangsspannung $u_a(t)$. Es ist ungünstig, sie wesentlich größer zu wählen, da unerwünschte Einschwingvorgänge die Folge sein können.

Eine weitere Verbesserung des dynamischen Verhaltens lässt sich erreichen, die Übersteuerung des Komparators bzw. Operationsverstärkers kann durch eine nicht lineare Gegenkopplung vermieden werden. Es wirkt sich auf die Schaltung nachteilig aus.

Wenn die Schleifenverstärkung $k \cdot v$ auf den Wert Eins abgefallen ist, wird die Schalthysterese Null. Sie tritt also nur auf, wenn die Schaltung Kippverhalten zeigt. Bei genügend großer Schleifenverstärkung ist sie von der Verstärkung v unabhängig. Die Praxis zeigt deutlich, dass beliebig kleine Hysteresewerte nicht erzielt werden können, denn der Rückkopplungsfaktor k darf nur so weit verkleinert werden, dass immer noch $k \cdot v > 1$ gilt, um einen genügend sicheren und schnellen Kippvorgang zu gewährleisten.

Der Präzisions-Schmitt-Trigger mit RS-Flipflop von Abb. 2.34 zeigt eine sehr präzis arbeitende Komparatorschaltung mit in weiten Grenzen einstellbarer Hysterese, die sich z. B. unter Verwendung eines Doppel-Operationsverstärkers realisieren lässt. Wenn die Eingangsspannung U_e die obere Schwelle U_2 überschreitet, kippt das aus den NAND-Gattern G_1 und G_2 bestehende Flipflop in die Lage $U_e = H$. Die Schaltung kippt erst wieder zurück, wenn U_e den unteren Schwellwert U_1 unterschreitet.

2.4 Messbrücken

Bei den Messbrücken unterscheidet man zwischen den Gleich- und Wechselstrommessbrücken. Bei Gleichstrommessbrücken unterscheidet man zwischen unbelasteten und belasteten Spannungsteilern, und Brückenschaltungen. Diese Messbrücken verwenden nur ohmsche Widerstände. Im Gegensatz zu den Wechselstrommessbrücken werden ohmsche Widerstände, Kondensatoren und Spulen in einer Brückenschaltung mit Wechselspannung betrieben.

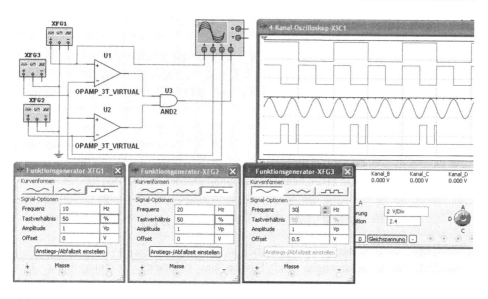

Abb. 2.34 Präzisions-Schmitt-Trigger mit RS-Flipflop

2.4.1 Unbelasteter Spannungsteiler

Der unbelastete Spannungsteiler ist eine Reihenschaltung von Widerständen, wie die Schaltung von Abb. 2.35 zeigt.

Als Eingangsspannung ist in Abb. 2.35 eine Gleichspannungsquelle mit $U_e = 12$ V vorhanden. Die Ausgangsspannung U_a errechnet sich aus

$$U_a = U_e \cdot \frac{R_2}{R_1 + R_2} = 12 \text{ V} \cdot \frac{10 \text{ k}\Omega}{10 \text{ k}\Omega + 10 \text{ k}\Omega} = 6 \text{ V}$$

Durch das Verhältnis von R_1 zu R_2 wird die Ausgangsspannung bestimmt.

Messergebnis und Rechnung sind identisch.

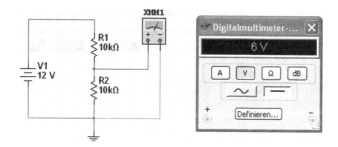

Abb. 2.35 Schaltung eines unbelasteten Spannungsteilers

2.4.2　Belasteter Spannungsteiler

Durch einen Lastwiderstand R_L wird der Spannungsteiler belastet und die Strom- und Spannungsverhältnisse ändern sich, wie die Schaltung von Abb. 2.36 zeigt.

Der Lastwiderstand R_L liegt parallel zu dem Widerstand R_2 und diese Parallelschaltung berechnet sich aus

$$R_2 \parallel R_L = \frac{R_2 \cdot R_L}{R_2 + R_L} = \frac{10 \text{ k}\Omega \cdot 100 \text{ k}\Omega}{10 \text{ k}\Omega + 100 \text{ k}\Omega} = 9{,}09 \text{ k}\Omega$$

Die Ausgangsspannung für einen belasteten Spannungsteiler erhält man aus

$$U_a = U_e \cdot \frac{R_2 \parallel R_L}{R_1 + R_2 \parallel R_L} = 12 \text{ V} \cdot \frac{9{,}09 \text{ k}\Omega}{10 \text{ k}\Omega + 9{,}09 \text{ k}\Omega} = 5{,}714 \text{ V}$$

Messergebnis und Rechnung sind identisch.

Abb. 2.37 zeigt Spannungen und Ströme am belasteten Spannungsteiler. Die Abweichung von der Linearität des unbelasteten Spannungsteilers vergrößert sich mit kleiner werdendem Belastungswiderstand R_L. Die Berechnung lautet

$$\frac{U_a}{U_e} = \frac{R_2 \parallel R_L}{R_1 + R_2 \parallel R_L} = \frac{a}{1 + (\frac{R}{R_L})(a - a^2)} = \frac{I_L}{I_{L_{max}}} \text{ mit } a = R_2/R$$

Der Wert vom Widerstand R ist der Gesamtwiderstand von R_1 und R_2.

2.4.3　Brückenschaltung

Die Brückenschaltung besteht aus der Parallelschaltung zweier Spannungsteiler. Teilt der Spannungsteiler R_1 und R_2 die zwischen den Punkten A und B angelegte Spannung im gleichen Verhältnis wie der Spannungsteiler aus R_3 und R_4, so besteht zwischen den Punkten C und D keine Spannung und die Brücke ist abgeglichen.

Die Widerstandsmessbrücke bezeichnet man auch als Wheatstone-Messbrücke und sie dient dem unmittelbaren Widerstandsvergleich. Die mit ihr erreichbare Genauig-

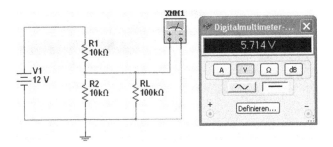

Abb. 2.36　Schaltung eines belasteten Spannungsteilers

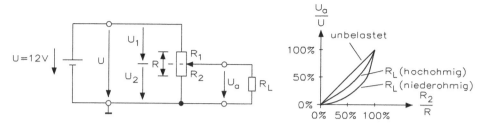

Abb. 2.37 Spannungen und Ströme am belasteten Spannungsteiler

keit wird von der Genauigkeit der Vergleichsnormale und der Empfindlichkeit des Null-indikators (Messgerät) im Diagonalzweig der Brücke bestimmt. Die Empfindlichkeit ist so zu wählen, dass die kleinste Veränderung des Normalwiderstandes eine noch erkenn-bare Veränderung der Anzeige des Nullindikators hervorruft. Die Empfindlichkeit des Nullindikators muss also mit zunehmender Genauigkeit der Messbrücke steigen. Die größte Genauigkeit technischer Messbrücken liegt bei 10^{-5}, ihr Messbereichsumfang zwischen $1\,\Omega$ und $1\,\mathrm{M}\Omega$, die Fehlergrenze beträgt $0{,}02\,\%$ und sie eignet sich für Gleich- und Wechselstrombetrieb.

Hat in der Abb. 2.38 der Widerstand R_3 einen Wert von $10\,\mathrm{k}\Omega$, ist die Bedingung

$$\frac{R_1}{R_2} = \frac{R_3}{R_4}$$

erfüllt und die Brücke ist abgeglichen.

Das Voltmeter zeigt eine Spannung von $U = 2\,\mathrm{V}$ an. Der rechte Spannungsteiler hat eine Ausgangsspannung von

$$U_\mathrm{C} = U_\mathrm{e} \cdot \frac{R_2}{R_1 + R_2} = 12\,\mathrm{V} \cdot \frac{5\,\mathrm{k}\Omega}{10\,\mathrm{k}\Omega + 5\,\mathrm{k}\Omega} = 4\,\mathrm{V}$$

Die Ausgangsspannung des linken Spannungsteilers hat $U_\mathrm{D} = 6\,\mathrm{V}$ und die Brücken- oder Differenzspannung ist

$$\Delta U = U_\mathrm{D} - U_\mathrm{C} = 6\,\mathrm{V} - 4\,\mathrm{V} = 2\,\mathrm{V}$$

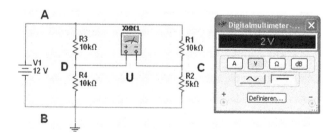

Abb. 2.38 Schaltung für eine Brückenschaltung (Wheatstone-Messbrücke)

Messergebnis und Rechnung sind identisch.

Für Widerstandsmessungen im Bereich von $1\,\mu\Omega$ bis $10\,\Omega$ verwendet man die Thomson-Messbrücke. Die Fehlergrenze liegt bei $0{,}1\,\%$. Der direkte Abgriff an den Widerständen verringert den Einfluss der Leitungswiderstände und die Übergangswiderstände werden kompensiert. Abb. 2.39 zeigt die Thomson-Messbrücke.

Für die Messung sehr kleiner Widerstandsbeträge verwendet man die Doppelbrücke nach Thomson. Die Widerstände vom R_3 und R_4, von denen der eine den Prüfling, der andere einen Normalwiderstand der gleichen Größenordnung darstellt, sind mit Potentialklemmen ausgerüstet. Ist in dieser Anordnung $R_1/R_2 = R_3/R_4 = R_x/R_N$, gilt die Abgleichbedingung

$$R_{x} = \frac{R_{N} \cdot R_{1}}{R_{2}} = \frac{R_{N} \cdot R_{3}}{R_{4}}$$

Die Messung ist damit unbeeinflusst von Zuleitungs- und Kontaktwiderständen. Die gleichzeitige Erfüllung der Abgleichbedingungen und der Zusatzbedingungen ist nur mithilfe von „Doppelwiderständen" möglich, weil eine Änderung von R_2 auch eine Änderung von R_4 erfordert.

2.4.4   Einfache Kapazitätsmessbrücke

Wechselstrombrücken können zur Bestimmung von Widerständen, Induktivitäten, Kapazitäten, Verlustwinkeln, Frequenzen, Klirrfaktoren u. a. m. verwendet werden. Bei Wechselspannung gilt die Abgleichbedingung sinngemäß für die komplexen Widerstände $\underline{Z}$ der Brücke. Mit $\underline{Z} = R + jX$ teilt sich die Gleichung in zwei Bedingungen auf

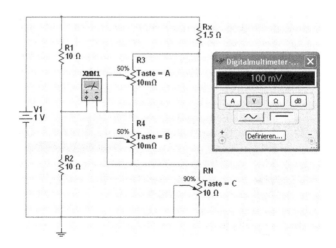

Abb. 2.39 Thomson-Messbrücke für niederohmige Widerstände von $1\,\mu\Omega$ bis $10\,\Omega$

$$R_2 \cdot R_3 - X_2 \cdot X_3 = R_1 \cdot R_4 - X_1 \cdot X_4$$
$$R_2 \cdot X_3 + R_3 \cdot X_2 = R_1 \cdot X_4 + R_4 \cdot X_1$$

Daraus ergeben sich drei Möglichkeiten für den Brückenabgleich:

- Veränderung von zwei Brückenelementen
- Veränderung eines Brückenelements
- Abgleich nicht möglich

Im Fall 1 kann der Brückenabgleich, je nach Wahl der Abgleichelemente konvergieren oder divergieren. Die Divergenz der Brücke und damit die praktische Undurchführbarkeit des Abgleichs tritt dann ein, wenn der Einfluss jedes Abgleichelements beide Komponenten der komplexen Diagonalspannung gleichermaßen erfasst. Hier müssen die Widerstandswerte beider Abgleichelemente in beiden Abgleichbedingungen enthalten sein.

Im Fall 2 ist immer eine der beiden Abgleichbedingungen erfüllt.

Der Fall 3 tritt dann auf, wenn kein Betriebsfall hergestellt werden kann, der die Diagonalspannung auf Null bringt. Damit ist ein Pseudoabgleich herstellbar, der dadurch gekennzeichnet ist, dass die Diagonalspannung als Messgröße und die Brückeneingangsspannung als Bezugsgröße senkrecht aufeinander stehen.

Bei den Wechselspannungsmessbrücken ist eine sinusförmige Wechselspannung erforderlich. Abb. 2.40 zeigt die Schaltung einer allgemeinen Messbrücke.

Es gelten die Abgleichbedingungen

$$\underline{Z}_1 \cdot \underline{Z}_3 = \underline{Z}_2 \cdot \underline{Z}_4$$

Für die Beträge gelten

$$\underline{Z}_1 \cdot \underline{Z}_3 = \underline{Z}_2 \cdot \underline{Z}_4$$

und für die Phasenwinkel

$$\varphi_1 + \varphi_3 = \varphi_2 + \varphi_4$$

Die Brücke ist abgeglichen, wenn das Produkt der gegenüberliegenden komplexen Widerstände gleich ist.

Abb. 2.40 Schaltung einer allgemeinen Messbrücke

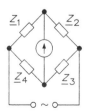

Die Verluste eines Kondensators werden vom Messgerät entweder als Serienwiderstand R_S oder als Parallelleitwert G erfasst, gleichgültig auf welche Weise sie tatsächlich entstehen. Dies ist nur eine Frage der Messschaltung. Will man die wirklichen Verlustkomponenten bestimmen, muss man die Messfrequenz dementsprechend wählen: Bei sehr niedrigen Frequenzen wird der Verlustfaktor allein durch Parallelverluste bestimmt, bei sehr hohen nur durch Serienwiderstände. Wenn der Verlustfaktor in die Größe von $100 \cdot 10^{-3}$ kommt, sind die in Serien- und in Parallelersatzschaltung gemessenen C-Werte nicht mehr gleich. Abb. 2.41 zeigt beide Ersatzschaltungen und ihre Umrechnungsformeln. Serienersatzschaltung C_S und Parallelersatzschaltung C_P unterscheiden sich bei einem Verlustfaktor von $100 \cdot 10^{-3}$ bereits um 1 %. Da bei Elektrolytkondensatoren Verlustfaktoren bis zu 1,0 und höher vorkommen, muss für die Angabe des Nennwertes auch die Ersatzschaltung definiert werden. Ein Gerät, das in der Parallelersatzschaltung misst, liefert beispielsweise bei $\tan \delta = 1{,}0$ nur den halben Wert der Serienkapazität, sodass man eventuell falsche Schlüsse über das Einhalten der Toleranz zieht, wenn man diese Messbedingung außer acht lässt.

Abb. 2.42 zeigt die Schaltung einer einfachen Kapazitätsmessbrücke. Die Schaltung dient für kleinere (100 pF bis 10 nF) und mittlere (1 nF bis 1 μF) Kapazitäten bei vernachlässigbaren Verlusten. Ebenso eignet sie sich für die kapazitive Füllstandsmessung. Es gilt

$$\frac{C_\mathrm{x}}{C_4} = \frac{R_3}{R_2}$$

Ist die Brücke abgeglichen, muss der einstellbare Kondensator einen Wert von $C_4 = 1\,\mathrm{nF}$ aufweisen. Der Kondensator C_4 hat einen Wert von 500 pF, da er auf 50 % steht. Dieser Wert mit 50 % wird in der Simulation angezeigt.

Da in Wirklichkeit kein Kondensator verlustfrei ist, genügt der alleinige Abgleich von C_N nicht, um mit der Brückenausgangsspannung ΔU den Wert Null zu erreichen, sondern es verbleibt eine Restspannung. Diese erschwert eine eindeutige Messung von C_x oder macht sie gar unmöglich. Deshalb muss jede Kapazitätsmessbrücke mit zusätzlichen Abgleichmitteln für die Verluste ausgestattet sein, damit die Spannungen U_x und U_N phasengleich sind. Die Abgleichwiderstände für die Verlustkomponente schaltet man entweder in Reihe mit C_N oder parallel dazu. Das Messergebnis wird dann jeweils in

Abb. 2.41 Kondensator in Serien- und Parallelersatzschaltung

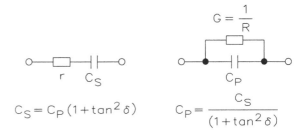

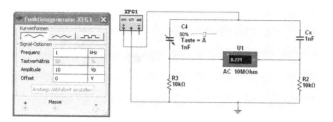

Abb. 2.42 Einfache Kapazitätsmessbrücke

Serien- oder Parallelersatzschaltung ausgewiesen. Erst wenn die Brückenspannung zu Null wird, lässt sich die volle Genauigkeit der justierten (geeichten) Brückenelemente ausnutzen. Hierzu gehört auch ein empfindliches Nullinstrument, das noch wenige Mikrovolt zur Anzeige bringt. Für diesen Zweck sind nur abstimmbare Geräte mit hoher Verstärkung geeignet, d. h. Breitbandvoltmeter würden die unvermeidlichen Oberwellen des Messgenerators mit anzeigen, welche wegen der Frequenzabhängigkeit der Messobjekte die Brückenschaltung ungedämpft durchlaufen. Sie beeinflussen das echte Minimum und damit ist eine genaue Messung unmöglich.

Mit Brückenschaltungen, in denen Widerstände als bereichsbestimmende Elemente wirken, lässt sich günstigstenfalls bis zu einigen hundert Kilohertz arbeiten, weil unvermeidliche Streukomponenten das Ergebnis verfälschen. Die praktisch angewendeten Messschaltungen weichen von der in Abb. 2.42 gezeichneten insofern ab, als man die aufwendigen Kapazitätsdekaden durch einen einzigen festen Kondensator ersetzt und den Abgleich mit weniger kostspieligen Widerstandsdekaden vornimmt. Bemerkenswert ist, dass das Abgleichelement für Kondensatorverluste unmittelbar den Verlustfaktor liefert, bezogen auf eine Frequenz, meist 1 kHz. Diese Qualitätsaussage ist für den Benutzer praktischer als ein Widerstands- oder Leitwert.

Der Abgleich einer Kapazitätsmessbrücke erfolgt durch abwechselndes Verstellen der Potentiometer für den C-Wert und den Verlustabgleich, bis die Brückenspannung zu Null wird. Dieser Vorgang geht sehr rasch vor sich, wenn es sich um eine Brückenschaltung nach Abb. 2.42 handelt.

Bei der praktischen Schaltung mit Serien- oder Parallelersatzschaltung kann der Abgleich langwierig werden, wenn tan δ in die Größenordnung von $100 \cdot 10^{-3}$ und höher kommt. Dieser Fall ist vor allem bei der Messung von Elektrolytkondensatoren gegeben. Der Techniker findet eine langwierige Messung vor, bei dem das Minimum ungenau und in seiner Lage undefiniert erscheint. Erst wenn er nach systematischer Suche auf das wahre Minimum gestoßen ist, gibt es für eine genaue Messung den genauen Abgleich. In einem ausgeführten Gerät wird dieser Nachteil durch einen automatischen Abgleich beseitigt, die den Verlustfaktorabgleich übernimmt, sodass der Techniker nur den C-Einsteller zu betätigen hat und dadurch ohne viel Aufwand sofort das richtige Minimum findet.

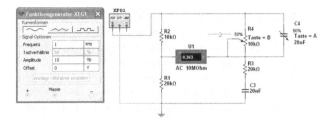

Abb. 2.43 Schaltung für eine Wien-Brücke

2.4.5 Wien- und Wien-Robinson-Brücke

Die Wien-Brücke ist in Abb. 2.43 gezeigt und dient zur Kapazitätsmessung durch Vergleich mit einem Präzisionskondensator C_4 mit Parallelwiderstand R_4.

Die Wien-Brücke ist für Kapazitätsmessungen von 1 pF bis 1000 µF geeignet und die Fehlergrenze liegt bei 0,1 %. Mit dieser Messbrücke kann auch der Verlustfaktor tan δ gemessen werden und dabei beträgt die Fehlergrenze nur 1 %.

Zur Frequenzmessung können grundsätzlich alle Brückenschaltungen mit frequenzabhängigem Abgleich benutzt werden. Die Wien-Brücke berechnet sich nach

$$\frac{C_4}{C_3} = \frac{R_1}{R_2} - \frac{R_3}{R_4} \text{ und } \omega^2 = \frac{1}{R_2 \cdot R_3 \cdot C_3 \cdot C_4}$$

Die Wien-Robinson-Brücke ist genauso aufgebaut wie die Wien-Brücke und eignet sich auch zur Frequenzmessung. Diese Brücke wurde von Robinson durch die Zusatzbedingungen $R_1 = 2 \cdot R_2$, $C_3 = C_4 = C$ und $R_3 = R_4 = R$ modifiziert und ist in dieser Form als Wien-Robinson-Brücke in der Praxis zu finden. Die Abgleichbedingungen sind

$$\omega = \frac{1}{R \cdot C} \text{ bzw.} f = \frac{1}{2 \cdot \pi \cdot R \cdot C}$$

Brücken dieser Art werden mit Messbereichen von 30 Hz bis 100 kHz ausgeführt. Sie können auch zur Klirrfaktormessung verwendet werden. Für die Klirrfaktormessung wird die Brücke auf die Grundwelle abgeglichen und die Größe der aus den Oberwellen gebildeten Diagonalspannung gemessen. Benutzt man hierfür einen Effektivwertbildner und bezieht man den Messwert auf den Effektivwert der Brückeneingangsspannung, dann lässt sich der Klirrfaktor direkt in Prozent angeben.

2.4.6 Maxwell-Brücke

Die Maxwell-Brücke dient zur Messung von Spulen und Kondensatoren. Die Induktionsmessungen reichen von 1 µH bis 10 H und die Kapazitätsmessungen gehen von 10 pF bis 10.000 µF. Abb. 2.44 zeigt die Schaltung für Spulen und Kondensatoren, wobei in diesem Fall nur die Induktivität gemessen wird.

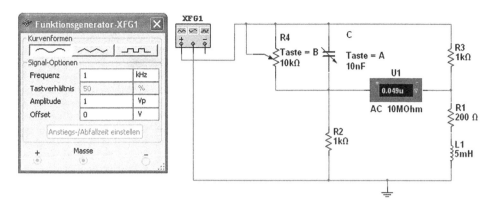

Abb. 2.44 Maxwell-Brücke für Spulen

Die Messung von Induktivitäten erfolgt meist mithilfe der Maxwell-Wien-Brücke. In der Messtechnik verwendete Modifikationen zeigt Abb. 2.44. Die Abgleichbedingungen lauten

$$R_1 = \frac{R_2 \cdot R_3}{R_4} \text{ und } L = R_2 \cdot R_3 \cdot C$$

Es empfiehlt sich, als Abgleichelemente R_4 und C zu benutzen, da diese in beiden Bedingungen unabhängig voneinander sind, und damit die Konvergenz und Schnelligkeit des Abgleichs begünstigen.

Es ergibt sich folgende Rechnung für Abb. 2.44

$$R_1 = \frac{R_2 \cdot R_3}{R_4} = \frac{1 \text{ k}\Omega \cdot 1 \text{ k}\Omega}{5 \text{ k}\Omega} = 200 \text{ }\Omega$$

$$L = R_2 \cdot R_3 \cdot C = 1 \text{ k}\Omega \cdot 1 \text{ k}\Omega \cdot 5 \text{ nF} = 5 \text{ mH}$$

Rechnung und Simulation sind identisch.

Modifiziert man die Maxwell-Brücke kommt man zur Messbrücke nach Anderson, wie Abb. 2.45 zeigt.

Für die modifizierte Maxwell-Brücke nach Anderson lauten die Abgleichbedingungen

$$R_1 = \frac{R_2 \cdot R_3}{R_4} \text{ und } L = C \cdot [R_5 \cdot (R_1 + R_2) + R_1 \cdot R_4]$$

Verwendet man den Widerstand R_5 für den Abgleich, dann muss L/C immer größer als $R_1 \cdot R_4$ sein, weil der Ausdruck $R_5(R_1 + R_2)$ keine negativen Beträge annehmen kann.

Es ergibt sich folgende Rechnung für Abb. 2.45

$$R_1 = \frac{R_2 \cdot R_3}{R_4} = \frac{1 \text{ k}\Omega \cdot 1 \text{ k}\Omega}{5 \text{ k}\Omega} = 200 \text{ }\Omega$$

$$L = C \cdot [R_5 \cdot (R_1 + R_2) + R_1 \cdot R_4] = 5 \text{ nF} \cdot [1 \text{ k}\Omega \cdot (200 \text{ }\Omega + 1 \text{ k}\Omega) + 200 \text{ }\Omega \cdot 1 \text{ k}\Omega] = 11 \text{ mH}$$

$$+ 200 \text{ }\Omega * 5 \text{ k}\Omega = 11 \text{ mH}$$

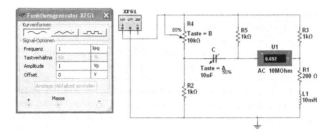

Abb. 2.45 Modifizierte Maxwell-Brücke nach Anderson

Rechnung und Simulation sind identisch.

2.4.7 Schering-Brücke

Die Schering-Brücke dient zur Bestimmung des Verlustwinkels bei Kondensatoren. Abb. 2.46 zeigt die Schaltung.

Die Abgleichbedingungen lauten

$$R_x = R_1 \cdot \frac{C_4}{C_N}, \quad C_x = C_N \cdot \frac{R_4}{R_1} \quad \text{und} \quad \tan\delta_x = \omega \cdot R_4 \cdot C_4$$

Es ergibt sich folgende Rechnung für Abb. 2.46

$$R_x = R_1 \cdot \frac{C_4}{C_N} = 10\,\text{k}\Omega \cdot \frac{5\,\text{nF}}{10\,\text{nF}} = 5\,\text{k}\Omega$$

$$C_x = C_N \cdot \frac{R_4}{R_1} = 10\,\text{nF} \cdot \frac{1\,\text{k}\Omega}{10\,\text{k}\Omega} = 1\,\text{nF}$$

$$\tan\delta_x = \omega \cdot R_4 \cdot C_4 \quad = 2 \cdot 3{,}14 \cdot 1\,\text{kHz} \cdot 1\,\text{k}\Omega \cdot 5\,\text{nF} = 5{,}5 \cdot 10^{-4}$$

$$= 3.14 * 10^{-3}$$

Rechnung und Simulation sind identisch.

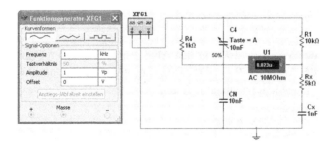

Abb. 2.46 Aufbau der Schering-Brücke

Unter dem Verlustfaktor $\tan \delta$ versteht man bekanntlich das Verhältnis von Wirk- zu Blindanteil des Scheinwiderstandes oder Scheinleitwertes. Außer bei Elektrolyt- kondensatoren entstehen die Verluste hauptsächlich im Dielektrikum. Im Ersatzschaltbild stellt man sie als einen Widerstand R parallel zu der verlustlos gedachten Kapazität C dar. Zu dem Widerstand R muss man parallel noch den Isolationswiderstand R_{isol} berück- sichtigen, der nur bei sehr niedrigen Frequenzen Einfluss auf den Verlustfaktor nehmen kann.

Durch die endliche Leitfähigkeit der Kondensatorbeläge und vor allem durch eine mangelhafte Kontaktgabe zwischen den Belägen und den Anschlussdrähten entstehen weitere Verluste, die im Ersatzbild durch einen Reihenwiderstand r wiedergegeben werden. Ihr Einfluss sollte jedoch gering im Vergleich zu den Dielektrikumsverlusten sein, weil sie proportional mit der Frequenz anwachsen. Eine Ausnahme von dieser Regel stellen Elektrolytkondensatoren dar, deren Verluste vornehmlich durch den Wider- stand des Elektrolyten bedingt sind, der gleichfalls wie ein Serienwiderstand wirkt.

Der Verlustfaktor von Kondensatoren für Schwingkreise und messtechnische Zwecke soll nicht höher als etwa 10^{-3} sein. In Siebschaltungen, in denen es auf einen möglichst geringen Scheinwiderstand für die kurzzuschließende Frequenz ankommt, spielen die Verluste des Dielektrikums eine untergeordnete Rolle. Deshalb ist in diesen Anwendungsfällen ein Verlustfaktor von einigen 10^{-2} zulässig. Weit wichtiger ist hin- gegen ein geringer Serienwiderstand, möglichst im Milliohmbereich, Eine Ausnahme hiervon sind wieder die Elektrolytkondensatoren, deren Verlustfaktor auf 1,0 und darüber ansteigen kann. Allerdings sind so hohe Werte nur bei hochkapazitiven Typen zu erwarten und im Mittel liegt $\tan \delta$ bei 10^{-3}.

Bei Wechselstromkondensatoren, die mit starken Strömen belastet werden, kann ein zu großer Verlustfaktor durch die aufgenommene Wirkleistung zu übermäßiger Erwärmung und damit zu verkürzter Lebensdauer führen.

2.4.8 Maxwell-Wien-Brücke

Die Maxwell-Wien-Brücke dient zur Bestimmung von kleinen und mittleren Induktivi- täten und der Abgleich ist frequenzunabhängig. Abb. 2.47 zeigt die Schaltung.

Die Abgleichbedingungen lauten

$$R_{\mathrm{x}} = \frac{R_2 \cdot R_4}{R_3} \text{ und } L_{\mathrm{x}} = R_2 \cdot R_4 \cdot C_3$$

Es ergibt sich folgende Rechnung für Abb. 2.47

$$R_{\mathrm{x}} = \frac{R_2 \cdot R_4}{R_3} = \frac{1 \text{ k}\Omega \cdot 1 \text{ k}\Omega}{500 \text{ }\Omega} = 2 \text{ k}\Omega$$

$$L_{\mathrm{x}} = R_2 \cdot R_4 \cdot C_3 = 1 \text{ k}\Omega \cdot 1 \text{ k}\Omega \cdot 5 \text{ nF} = 5 \text{ mH}$$

Rechnung und Simulation sind identisch.

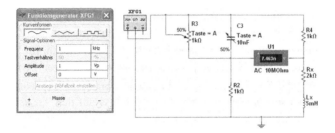

Abb. 2.47 Schaltung der Maxwell-Wien-Brücke

Auch bei Spulenmessungen liefert eine Brückenschaltung stets die genaueren Ergebnisse. Wegen ihrer niedrigen Eigenresonanzfrequenz und der Frequenzabhängigkeit der Verluste sind Spulen als Brückenelemente ungeeignet. Sie lassen sich jedoch in einer von Maxwell angegebenen Schaltung durch einen dem Messobjekt diagonal gegenüberliegenden Kondensator ersetzen. Zwei Beispiele für Maxwell-Brückenschaltungen sind in Abb. 2.48 gezeichnet. Die Gleichungen lauten

$$\text{für große } Q \text{ - Werte :} \qquad \text{für geringe } Q \text{ - Werte :}$$
$$L_x = R_2 \cdot R_4 \cdot C_3 \qquad L_x = R_2 \cdot R_4 \cdot C_3$$
$$Q_x = \frac{1}{\omega \cdot R_3 \cdot C_3} \qquad Q_x = \omega \cdot R_3 \cdot C_3$$

Wie die Gleichungen erkennen lassen kann zum Abgleich des Induktivitätswertes sowohl der Kondensator C als auch einer der beiden diagonal gegenüberliegenden Widerstände herangezogen werden; letzteres wird wegen des geringeren Aufwandes häufig vorgezogen. In Abb. 2.48 ist der Widerstand für den L-Abgleich mit R_2 bezeichnet. Den Verlustanteil gleicht der veränderbare Widerstand R_3 aus. Seine Skala darf in Gütefaktorwerten aufgezeichnet werden, weil der eingestellte Widerstandswert einmal direkt und einmal umgekehrt proportional zu Q ist. Durch Abwandeln der Schaltungen könnten die

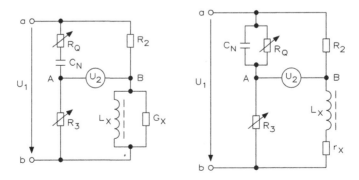

Abb. 2.48 Maxwell-Brücke mit Güte-Anzeige. *Links* für große Q-Werte, *rechts* für niedrige Q-Werte

Verluste auch als Widerstandswerte ausgewiesen werden, doch ist der Gütefaktor aussagekräftiger und wird in der Praxis bevorzugt.

Verluste in Spulen entstehen sowohl in der Wicklung als auch im Kern und werden im Ersatzbild durch Widerstände in Reihe zu der verlustlos gedachten Induktivität L dargestellt. Einzelne Anteile, wie etwa der Wirbelstromverlust, werden mitunter auch durch einen Parallelwiderstand ersetzt, doch soll im Folgenden nur mit Serienwiderständen gerechnet werden. Folgende Verlustanteile sind zu erwarten:

R_{Cu-}	Wicklungswiderstand bei niedrigen Frequenzen
$R_{Cu\sim}$	Wicklungswiderstandszunahme durch Wirbelströme
R_C	Verlustwiderstand durch dielektrische Verluste in der Spulenkapazität C_w
R_h	Kernverlustwiderstand durch Ummagnetisierung (Hysterese)
R_w	Kernverlustwiderstand durch Wirbelströme
R_r	Kernverlustwiderstand durch Rest- oder Nachwirkungsverluste

Jeder dieser Verluste ist verantwortlich für einen Anteil am Gesamtverlustwinkel

$$\delta_{ges} = \delta_{Cu-} + \delta_{Cu\sim} + \delta_C + \delta_h + \delta_w + \delta_r$$

Der Gütefaktor der Spule ergibt den Kehrwert dieses Gesamtverlustfaktors

$$Q = \frac{1}{\tan \delta_{ges}}$$

2.4.9 Frequenzunabhängige Maxwell-Brücke

Für einige Anwendungen verwendet man auch die frequenzunabhängige Maxwell-Brücke und die Schaltung von Abb. 2.49 zeigt den Aufbau.

Die Abgleichbedingungen lauten

$$R_x = \frac{R_1 \cdot R_3}{R_4} \text{ und } L_x = \frac{R_3 \cdot L_1}{R_4}$$

Zu beachten ist, dass das Potentiometer in die Widerstände R_3 und R_4 aufgeteilt ist. Rechts befindet sich R_3 und links R_4.

Es ergibt sich folgende Rechnung für Abb. 2.49

$$R_x = \frac{R_1 \cdot R_3}{R_4} = \frac{1 \text{ k}\Omega \cdot 500 \text{ }\Omega}{500 \text{ }\Omega} = 1 \text{ k}\Omega$$

$$L_x = \frac{R_3 \cdot L_1}{R_4} = \frac{500 \text{ }\Omega \cdot 5 \text{ mH}}{500 \text{ }\Omega} = 5 \text{ mH}$$

Rechnung und Simulation sind identisch.

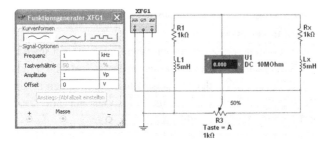

Abb. 2.49 Aufbau der frequenzunabhängigen Maxwell-Brücke

2.5   Analogschalter

In der gesamten Elektronik werden nach Möglichkeit keine mechanischen Schalter, sondern elektronische Analogschalter in monolithischer Halbleitertechnik verwendet. Trotzdem finden sich an den Ausgängen einer Steuerschaltung immer noch Relais, wenn es gilt, hohe Spannungen und große Ströme sicher zu schalten.

Der wesentliche Unterschied zwischen Relais und Analogschaltern ist die Isolation zwischen der Signalansteuerung (Relaisspule zum Gate-Anschluss) und dem zu steuernden Signal (Kontakt zum Kanalwiderstand). Bei den Halbleiterschaltern hängt das maximale Analogsignal von der Charakteristik der FET- bzw. MOSFET-Transistoren, und von der Betriebsspannung ab. Wird ein Analogschalter mit einem N-Kanal-J-FET verwendet und es liegt keine Ansteuerung des Gates vor, ist der Schalter offen. Dies gilt auch, wenn man das Gate mit einer negativen Spannung ansteuert. Die Spannung zwischen Gate und Drain bzw. Source ist die „pinch-off"-Spannung. Dieses Verhalten gilt auch für die MOSFET-Technik. Das analoge Signal wird vom Gate angesteuert und so ein Kanal aufgebaut (Schalter geschlossen) oder der Kanal abgeschnürt (Schalter offen).

Die Übergangswiderstände sind bei Relais wesentlich geringer als bei typischen Analogschaltern. Jedoch spielen die Übergangswiderstände bei den hohen Eingangsimpedanzen von Operationsverstärkern keine wesentliche Rolle, da das Verhältnis sehr groß ausfällt. Bei vielen Schaltungen mit Analogschaltern verursachen Übergangswiderstände von $10\,\Omega$ bis $1\,k\Omega$ keine gravierenden Fehler in einer elektronischen Schaltung, da diese Werte klein sind gegenüber den hohen Eingangsimpedanzen von Operationsverstärkern.

Mit der Vorstellung des Bausteins 4066 aus der CMOS-Standardserie hatte der Anwender einen bilateralen Schalter zum Schalten analoger und digitaler Signale bis zu $\pm 10\,V$ bei einer Betriebsspannung $\pm 12\,V$ zur Verfügung. Abb. 2.50 zeigt den Aufbau eines Analogschalters in CMOS-Technik.

In der Praxis bezeichnet man den Analogschalter von Abb. 2.50 als bilateralen Schalter, da nur einfache Schutzmaßnahmen intern vorhanden sind. Die in diesem

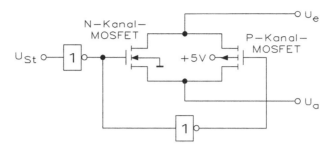

Abb. 2.50 Aufbau eines Analogschalters mit dem 4066

Analogschalter verwendete Technologie hat sich seit 1970 nicht geändert: Jeder Kanal besteht aus einem N- und einem P-Kanal-MOSFET, die auf einem Silizium-Substrat parallel angeordnet sind und von der Gate-Treiberspannung entgegengesetzter Polarität angesteuert werden. Die Schaltung des CMOS-Bausteins 4066 bietet einen symmetrischen Signalweg durch die beiden parallelen Widerstände von Source und Drain. Die Polarität jedes Schaltelements stellt sicher, dass mindestens einer der beiden MOSFETs bei jeder beliebigen Spannung innerhalb des Betriebsspannungsbereichs leitet. Somit kann der Schalter jede positive bzw. negative Signalamplitude verarbeiten, die innerhalb der Betriebsspannung liegt.

Bei hohen Frequenzen am Eingang kommt es zu einer Ladungsüberkopplung vom Steuereingang über den Gate-Kanal bzw. die Gate-Drain- und Gate-Source-Kapazität auf den Eingang und/oder Ausgang dieses Schalters. Die Überkopplung ist in zahlreichen Anwendungen unangenehm, z. B. wenn ein Kondensator in einer Sample&Hold- bzw. in einer Track&Hold-Anwendung auf- oder entladen werden muss. Dieses Verhalten führt zu störenden Offset-Spannungen. Beim 4066 liegt die überkoppelte Spannung im Bereich von 30 bis 50 pC, entsprechend 30 bis 50 mV an einem Kondensator von 1 nF. Dieser Offset lässt sich zwar durch ein Signal gleicher Größe, aber umgekehrter Polarität kompensieren, aber diese Schaltung ist recht aufwendig.

Wenn es in einer Anwendung dazu kommen kann, dass eine Signalspannung anliegt, ohne dass die Betriebsspannung des 4066 ordnungsgemäß vorhanden ist, werden die beiden internen MOSFET-Transistoren zerstört.

Die meisten heute verwendeten Analogschalter arbeiten nach dem Prinzip von Abb. 2.50. Ein CMOS-Treiber steuert die beiden MOSFET-Transistoren an, wobei für den P-Kanal-Typ ein zusätzliches CMOS-Gatter erforderlich ist. Beide MOSFET-Transistoren im CMOS-Baustein 4066 schalten gleichzeitig, wobei die Parallelschaltung für einen relativ gleichmäßigen Einschalt- oder Übergangswiderstand für den gewünschten Eingangsbereich sorgt. Der resultierende Widerstand zwischen U_e und U_a bewegt sich in der Größenordnung von 100 Ω im eingeschalteten Zustand bis zu 10 MΩ im ausgeschalteten Zustand. Der Widerstand zwischen dem Gateanschluss und dem Kanalwiderstand erreicht Werte bis zu $10^{12}\,\Omega$.

Aufgrund des Kanalwiderstandes ist es allgemein üblich, einen Analogschalter in Verbindung mit einem relativ hochohmigen Lastwiderstand zu betreiben. In der Praxis wird dem Analogschalter ein Impedanzwandler nachgeschaltet. Der Lastwiderstand kann im Vergleich zum Einschaltwiderstand und weiteren Serienwiderständen sehr hochohmig sein, um eine hohe Übertragungsgenauigkeit zu erreichen. Der Übertragungsfehler (transfer error) ist der Eingangs- und Ausgangsfehler des mit der Last und dem Innenwiderstand der Spannungsquelle beschalteten Analogschalters. Der Fehler wird in Prozent der Eingangsspannung definiert.

Setzt man Analogschalter in der Datenerfassung ein, benötigt man Übertragungsfehler von 0,1 % bis 0,01 % oder weniger. Dies lässt sich vergleichsweise einfach durch die Verwendung von Buffer-Verstärkern mit Eingangsimpedanzen von $10^{12}\,\Omega$ erreichen. Einige Schaltkreise, die unmittelbar an einem Analogschalter betrieben werden, sind bereits mit Buffer-Verstärkern ausgerüstet.

Wichtig in der Messtechnik ist das Übersprechen (cross talk). Hierbei handelt es sich um das Verhältnis von Ausgangs- zur Eingangsspannung, wobei alle Analogkanäle parallel und ausgeschaltet sein müssen. Der Wert des Übersprechens wird gewöhnlich als Ausgangs- zur Eingangsdämpfung in dB ausgedrückt.

Für den Betriebszustand von Analogschaltern müssen eine Anzahl von Leckströmen und Kapazitäten berücksichtigt werden. Diese Parameter sind aus den Datenblättern ersichtlich und müssen beim Betrieb von Analogschaltern in Betracht gezogen werden. Die Leckströme bei Raumtemperatur liegen im pA-Bereich und verursachen erst bei höheren Temperaturen diverse Probleme. Auch die internen Kapazitäten beeinflussen das Übersprechen und die Einschwingzeit des Analogschalters.

Wichtig in der Praxis ist es, dass fehlergeschützte Analogschalter in der Systemelektronik eingesetzt werden. Fällt beispielsweise die interne oder die externe Spannungsversorgung aus, schalten die beiden MOSFET-Transistoren im Analogschalter durch. Über die zwei Transistoren fließt ein Ausgangsstrom, wobei die beiden Transistoren zerstört werden können.

Überspannungen an den Eingängen der Analogschalter verursachen einen ähnlichen Effekt wie der Zusammenbruch der Spannungsversorgung. Die Überspannung kann einen gesperrten Analogschalter in den Ein-Zustand bringen, indem sie den Sourceanschluss des internen MOSFET auf ein höheres Potential als das an die Spannungsversorgung angeschlossene Gate legt. Als Resultat belastet die Überspannung nicht nur die angeschlossenen Sensoren am Eingang der Messdatenerfassung, sondern auch die Bausteine nach dem Analogschalter.

Deshalb sind Systemkonfigurationen, bei denen Sensoren in Steuerungsanlagen nicht an die gleiche Spannungsversorgung angeschlossen sind, besonders durch Stromausfall oder Überspannung gefährdet. Um eine solche Konfiguration zu schützen, konzentrierten sich die Entwickler auf den Analogschalter, also auf die Stelle, an der die Eingangssignale zum ersten Mal mit der Steuerlogik in Berührung kommen. Erste Fehlerschutzschaltungen enthielten noch diskret aufgebaute Widerstands- und Diodennetzwerke.

2.5.1 Schalterfunktionen der Analogschalter

Jeder Analogschalter kann wie ein mechanischer Schalter digitale und analoge Signale in zwei Richtungen verarbeiten, da diese keine Arbeitsrichtung aufweisen wie dies bei digitalen Gattern der Fall ist. Abhängig von der Ansteuerlogik sind diese Schalter im Ruhezustand geschlossen (normally closed = NC) oder geöffnet (normally open = NO). Allgemein wird noch nach Anzahl der umschaltbaren Kontakte (single pole = SP, double pole = DP) und Kontaktart (single throw ST) und Umschalter (double throw = DT) unterschieden. Ein Umschalter mit einem Kontakt wird demnach als „SPDT" bezeichnet.

In Abb. 2.51 sind die wichtigsten Analogschalter im Vergleich gezeigt, wobei zwischen den einfachen Ein-Aus-Schaltern, den Mehrfach-Ein-Aus-Schaltern und den Umschaltern unterschieden wird. Die Spannungen an den U-Eingängen entsprechen den TTL-Signalpegeln und diese arbeiten völlig unabhängig von den Amplituden der Analogsignale. Diese Analogsignale müssen innerhalb der Betriebsspannung des Analogschalters liegen, wobei man aus Gründen der Linearität versuchen sollte, diese Grenzen nicht zu erreichen.

Der Industrie-Standardtyp DG201 enthält z. B. vier SPST-Schalter, die zusammen mit einer TTL/CMOS-kompatiblen Ansteuerlogik in einem Gehäuse untergebracht sind. Auf der Basis dieses Bausteins entwickelten die Hersteller die Analogschalterserie MAX331/2/3/4 die um den Faktor 10 niedrigere Betriebsströme (< 10 μA) aufweist und alle gängigen Schalterkombinationen anbietet. Ein weiterer Vorteil liegt darin, dass im Gegenteil zum Originalbaustein keine separate Logik-Betriebsspannung erforderlich ist, da der Baustein diese intern erzeugt.

Wird der Analogschalter über die Logikeingänge ein-, aus- oder umgeschaltet, treten dynamische Werte sowie Umschalteffekte auf. Die Größenordnung, in der sich diese Vorgänge abspielen, liegt im Nano- bis in den Mikrosekundenbereich. Typisch hat man Werte zwischen 50 ns beim MAX334 und 500 ns beim DG201A für die Abschaltzeit bzw. 70 ns beim MAX334 und 1 μs beim DG201A für die Einschaltzeit. Handelt es sich um den Umschalter vom Typ MAX333, ist die Differenz zwischen Ausschalt- und Einschaltzeit von Bedeutung.

Um Kurzschlüsse der Eingänge untereinander zu vermeiden, muss der eine Schalter sicher geöffnet sein, bevor ein anderer schließt. Eine Logik muss für den „break-before-make"-Betrieb sorgen, damit das Umschalten gewährleistet wird. Beim MAX333 z. B. beträgt diese minimale Zeitdifferenz typisch 50 ns.

Mit der Schaltung von Abb. 2.52 kann man eine dynamische Untersuchung des 4066 durchführen. Die sinusförmige Eingangsspannung liegt an dem Eingang S. 1 an und der Ausgang D1 ist mit dem Oszilloskop verbunden. Die Umschaltung zwischen Durchlass- und Sperrrichtung des Analogschalters übernimmt der Rechteckgenerator, der den Eingang IN1 ansteuert. Mit einem 1-Signal ist der Analogschalter durchgeschaltet und mit einem 0-Signal gesperrt.

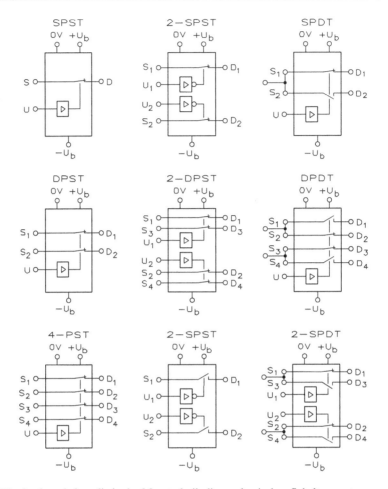

Abb. 2.51 Analogschalter, die in der Messtechnik die mechanischen Schalter ersetzen

Wichtig bei dieser Messung ist immer am Ein- und Ausgang ein Widerstand von $10\,k\Omega$ gegen Masse. Ohne diesen externen Widerstand treten unerwünschte Nebeneffekte auf, da sich diverse Ladungen in den MOSFET-Kanälen bilden können.

Wenn man die dynamischen Eigenschaften untersucht, legt man an den Eingang S. 1 eine Frequenz von $10\,MHz$ und schaltet eine sinusförmige Wechselspannung zwischen dem Eingang S. 1 und dem Ausgang D1. Wichtig ist, dass alle nicht benutzten Anschlüsse mit Masse zu verbinden sind. Bei der nächsten Messung verbindet man Eingang S. 1 mit einem Rechteckgenerator, der $10\,MHz$ erzeugt. Zwischen dem Eingang S. 1 und dem Ausgang D1 kann man die Signalverzögerungszeit messen. Mit einer weiteren Messung lässt sich die Signalverzögerungszeit beim Einschalten feststellen. Hierzu legt man auf den Eingang IN1 eine rechteckförmige Frequenz von $10\,MHz$ und am Eingang S. 2 eine sinusförmige Wechselspannung von $1\,MHz$. Man kann sich nun

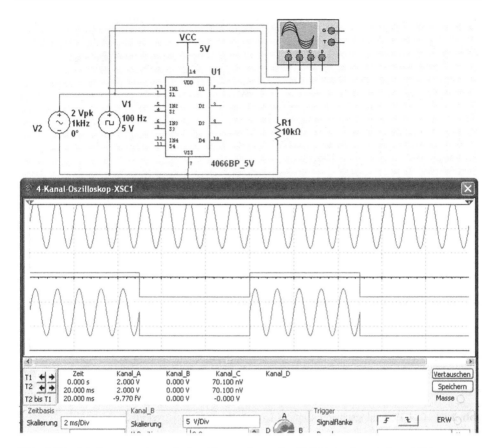

Abb. 2.52 Schaltung zur dynamischen Untersuchung des CMOS-Analogschalters 4066

die Signalverzögerungszeit beim Einschalten betrachten, wenn das Oszilloskop die Ein-
und die Ausgangsspannung darstellt.

Steuert man den Eingang IN1 mit 1-Signal an, ist der Schalter „ein", also der Kanalwiderstand relativ niederohmig. Verbindet man den Eingang IN1 mit 0-Signal, ist der
Schalter gesperrt und der Kanalwiderstand relativ hochohmig. Der Übergangs- bzw.
Kanalwiderstand zwischen dem Eingang S. 1 und dem Ausgang D1 beträgt $R_K = 60\,\Omega$,
während der Eingangswiderstand von IN1 zum Kanal in der Größenordnung von $10^{12}\,\Omega$
liegt.

Durch die vier separaten Analogschalter im 4066 sind mehrere Schaltermöglich-
keiten vorhanden, wie Abb. 2.53 zeigt. Wenn man einen einpoligen Schalter mit dem
4066 realisiert, lassen sich vier separate Schalter mit vier Steuereingängen aufbauen.
Bei den einpoligen Umschaltern hat man zwei Eingänge und zwei Ausgänge. Für die
Umschaltung zwischen den beiden Ausgängen ist ein NICHT-Gatter erforderlich, mit

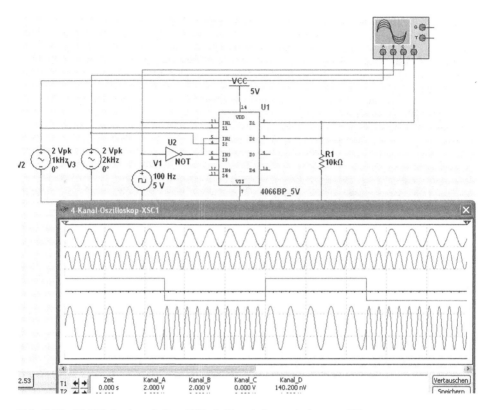

Abb. 2.53 CMOS-Analogschalter 4066 als Umschalter zwischen zwei Frequenzen

dem das Steuersignal am Eingang C entsprechend negiert wird. Mit einem einzigen 4066 lassen sich zwei einpolige Umschalter realisieren.

Bei dem zweipoligen Schalter werden zwei Analogschalter parallel geschaltet und mit einem gemeinsamen Steuereingang betrieben. Setzt man den 4066 ein, lassen sich zwei separate zweipolige Umschalter aufbauen. Benötigt man einen zweipoligen Umschalter, verwendet man jeweils zwei Analogschalter mit einem gemeinsamen Eingang und hat dann zwei Ausgänge. Durch das NICHT-Gatter ergibt sich die gewünschte Umschaltung zwischen den Schaltern.

Abb. 2.54 zeigt eine Schaltung mit verschiedenen Spannungsquellen. Zuerst ist links eine Wechselspannungsquelle mit $1\,V_s$ und 1 kHz. Dann folgt eine Rechteckspannung mit 1 V, 1 kHz und einem Tastverhältnis von 70 %. Die nächste Spannungsquelle AM erzeugt eine Amplitudenmodulation und die Spannungsquelle FM eine Frequenz-modulation. Diese vier Spannungsquellen liegen an den vier S-Eingängen an. Welche Spannungsquelle auf den Ausgang des Analogschalters gegeben wird, hängt von der Schalterstellung ab. Der S-Punkt des Schalters ist mit +5 V verbunden. Die einzelnen Schalterstellungen sind mit den IN-Eingängen verbunden und ein 1-Signal bedeutet, dass

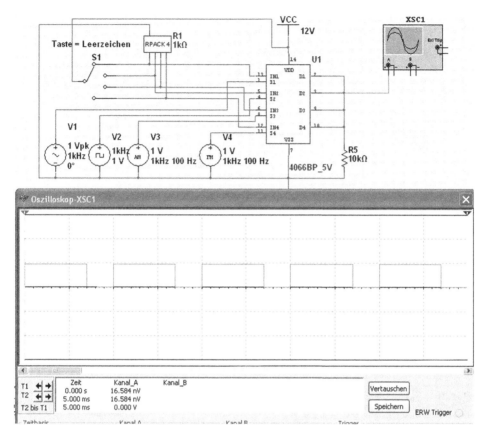

Abb. 2.54 Auswahl den Spannungsquellen durch Analogschalter

die Analogkanäle durchgeschaltet sind. Mit den vier Widerständen verhindert man dies, denn wenn der Schalter kein 1-Signal liefert, liegen die IN-Eingänge auf 0-Signal und sperren.

2.5.2 Operationsverstärker mit digitaler Ansteuerung

In der analogen Schaltungstechnik benötigt man häufig eine digitale Ansteuerung von Operationsverstärkern, um den Verstärkungsfaktor einstellen zu können. In der Praxis lassen sich zwei Schaltungsvarianten einsetzen.

In der Schaltung von Abb. 2.55 hat man einen Operationsverstärker mit einem konstanten Widerstandswert R_5 in der Rückkopplung, während die Eingangsspannung über ein Widerstandsnetzwerk mit vier verschiedenen Werten von R_1, R_2, R_3 und R_4 angesteuert wird. Die Verstärkung errechnet sich aus

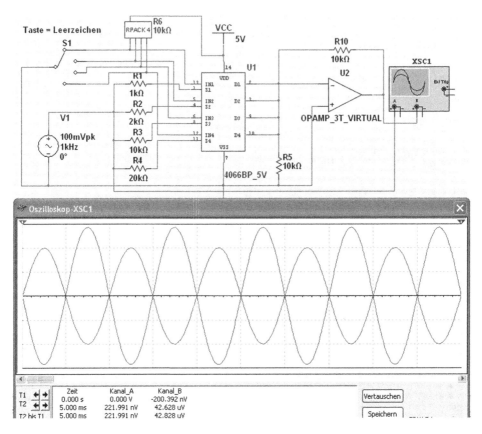

Abb. 2.55 Operationsverstärker mit digitaler Ansteuerung der Eingangswiderstände

$$-U_\mathrm{a} = U_\mathrm{e} \cdot \frac{R_5}{R_1}$$

Mit den vier Schaltern lässt sich der Eingangswiderstand steuern. Durch die Ansteuerung der Analogschalter kann man zwischen den Widerstandswerten umschalten und die entsprechende Verstärkung wählen. Wichtig bei dieser Schaltung sind die hochohmigen Widerstände an den Eingängen, denn man muss den Kanalwiderstand der Analogschalter berücksichtigen oder man schaltet mit dem Rückkopplungswiderstand R_5 einen Kompensationswiderstand von 100Ω in Reihe. Diese Kompensation ist aber nicht optimal, denn durch die Möglichkeiten der Parallelschaltung der vier Eingänge müsste auch eine Ansteuerung für den Kompensationswiderstand durchgeführt werden.

In der Schaltung von Abb. 2.56 befindet sich die digitale Ansteuerung in der Rückkopplung des Operationsverstärkers und damit lässt sich die Verstärkung steuern. Da die Rückkopplungswiderstände im Dualcode ausgeführt sind, ergibt sich eine entsprechende Verstärkung.

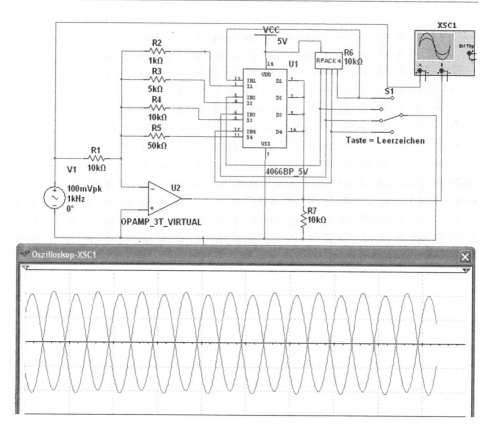

Abb. 2.56 Operationsverstärker mit digitaler Ansteuerung der Rückkopplungswiderstände

Durch die Ansteuerung der Analogschalter kann man zwischen den Widerstandswerten umschalten und die entsprechende Verstärkung wählen. Wenn der Schalter auf Stellung 1 steht und ein 1-Signal erzeugt, hat man eine Verstärkung von $v = 1$, da beide Widerstände gleich groß sind.

2.5.3 Sample & Hold-Schaltungen

Aufgrund der unterschiedlichen und sich widersprechenden Anforderungen, wie z. B. hohe Geschwindigkeit und große Genauigkeit, zählt der Abtast- und Halteverstärker (Sample & Hold) in der Praxis zu einem der am schwierigsten zu beherrschenden Analogschaltkreise. So stellt die S&H-Einheit beispielsweise in Datenerfassungssystemen meist die größte Fehlerquelle dar. Neben dem Einsatz als Zwischenspeicher vor Analog–Digital-Wandlern findet diese Schaltung vor allem bei der Puls-Amplituden-Demodulation, bei der automatischen Nullpunktkorrektur in hochgenauen Messsystemen und bei der Unterdrückung von Spannungsspitzen bei Umschaltvorgängen Verwendung.

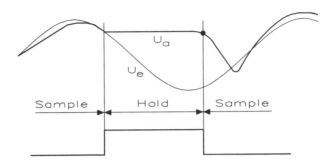

Abb. 2.57 Prinzipielle Arbeitsweise einer Sample & Hold-Schaltung und während des Hold-Betriebs wird die Ausgangsspannung konstant gehalten

Eine S&H-Einheit hat prinzipiell zwei Aufgaben. Im Abtastbetrieb (Sample) soll, wie in Abb. 2.57 dargestellt, die Ausgangsspannung der Eingangsspannung folgen, vergleichbar mit der Arbeitsweise eines Spannungsfolgers. Die Verzerrungen sollen in dieser Betriebsart minimal sein (<0,01 %), d. h. die Differenzspannung zwischen Ein- und Ausgangsspannung soll für jede Aussteuerung und Frequenz Null betragen.

Im Haltebetrieb (Hold) soll der augenblicklich anliegende Spannungswert für eine bestimmte Zeit gespeichert werden. Als Speicherelement dient normalerweise ein sogenannter Haltekondensator C_S. Gesteuert werden beide Betriebsarten durch ein digitales Befehlssignal oder über einen zeitsynchronen Taktimpuls bei der Puls-Amplituden-Demodulation.

Die komplette Abtast- und Halteschaltung von Abb. 2.58 besteht aus dem Eingangsverstärker mit einem hohen Eingangswiderstand, der den Strom für eine schnelle Umladung des Haltekondensators C_H liefern muss. Der Analogschalter koppelt den Haltekondensator C_H im „Sample Mode" an den Eingangsverstärker und im „Hold Mode" trennt der Analogschalter den Kondensator vom Ausgang des Eingangsverstärkers. Der Ausgangsverstärker hat einen extrem hohen Eingangswiderstand und damit findet nur eine sehr geringe Entladung des Kondensators statt.

Der Kapazitätswert des Haltekondensators beeinflusst die Leistungsfähigkeit der S&H-Einheit direkt. Ein Haltekondensator mit einer geringen Kapazität verbessert zwar die Schnelligkeit, verursacht aber gleichzeitig eine Einbuße an Genauigkeit (Hold Step, Drop Rate). Ein Kondensator C_H mit einer großen Kapazität verschlechtert die dynamischen Parameter wie Bandbreite, Anstiegsgeschwindigkeit und Erfassungszeit und führt bei Wechselspannungssignalen durch Umladeströme des Kondensators zu einer großen Leistungsaufnahme, was einen thermischen Fehler verursachen kann.

Die Wahl des Haltekondensators ist aus diesen Gründen problematisch. Hybrid aufgebaute Abtast- und Halteverstärker enthalten bereits diesen Kondensator. Hier entfällt jegliche Überlegung. Bei monolithischen Schaltkreisen sollten generell keine Mylar- oder keramische Kondensatoren verwendet werden, da diese hohe dielektrische und dynamische Verluste aufweisen. Zu empfehlen sind Polystyrene (bis +70 °C), Polypropylene (bis +85 °C) und Polycarbonat- oder Teflon-Kondensatoren (bis +125 °C).

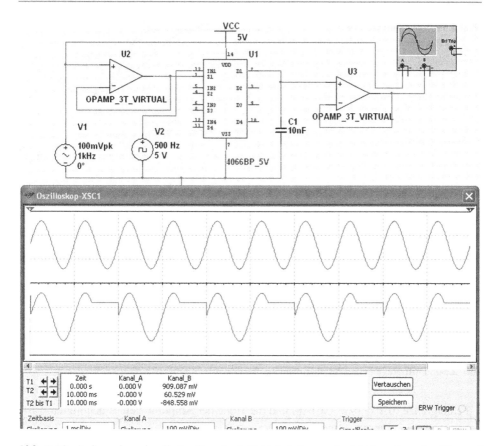

Abb. 2.58 Aufbau einer simulierten Sample & Hold-Schaltung mit nicht invertierenden Ein- und Ausgangsverstärkern

Um Leckströme über den Oberflächen- und Innenwiderstand der gedruckten Schaltung, in der das Bauteil eingelötet wird, zu minimieren, sollte der Anschluss eines Hold-Kondensators mit einem auf Ausgangspotential liegenden Schutzring (Guard Ring), abgeschirmt sein.

Da S&H-Bausteine mit der Genauigkeit von Präzisionsverstärkern und der Schnelligkeit von Hochfrequenzverstärkern arbeiten sollen, ist eine genaue Spezifikation besonders bei dynamischen Parametern wichtig. Dazu geben Hersteller folgende Definitionen an:

- „Acquisition Time" oder Erfassungszeit: Die Zeit t_{aq}, die die Ausgangsspannung benötigt, um sich nach dem Wechsel des Befehlssignals von „Hold" auf „Sample" einzustellen. Dieser Vorgang ist in Abb. 2.59 gezeigt. Diese Zeit ist in erster Linie von der Fähigkeit des Bausteins abhängig, Strom in den Haltekondensator zu liefern. Weiterhin gehört hierzu der Wert des externen Halteglieds (Umladung), die definierte

Abb. 2.59 Erfassungszeit bei einer S&H-Einheit

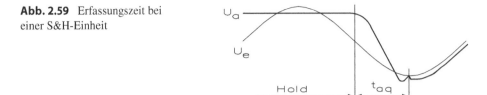

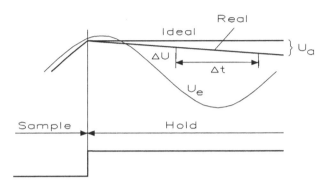

Abb. 2.60 Driftrate bei einer S&H-Einheit

Fehlergrenze (0,1 % bzw. 0,01 %) und die Höhe der Amplitude eines benötigten Ausgangsspannungssprungs (meistens 10 V).

- „Drop Rate" oder Driftrate: Die Driftrate von Abb. 2.60 ist die Änderungsgeschwindigkeit der Ausgangsspannung U_a im Haltebetrieb. Ideal ist eine Driftrate von 0 V/s, d. h. der gespeicherte Spannungswert bleibt beliebig lange fehlerfrei erhalten. Durch Leck- und Basisströme entlädt sich jedoch der Haltekondensator. Je größer die Leckströme werden, z. B. bei hoher Umgebungstemperatur, umso größer wird die Driftrate. Ein bestimmender Faktor dieses Parameters ist auch der Kapazitätswert des Haltekondensators, da ein größerer Kondensator bei einem gegebenen Strom längere Zeit zur Entladung benötigt. Wichtig ist dabei, die Driftrate über den gesamten Temperaturbereich zu betrachten, da sich bei einem mit Feldeffekt-Transistor aufgebauten Ausgangsverstärker bei einer Temperaturerhöhung von 10 °C die Driftrate etwa verdoppelt.
- Die Driftrate, ein weiterer Wert für den Haltekondensator C_H, der im Datenblatt spezifiziert ist, errechnet sich wie folgt:

$$D_{R1}/D_{R2} = C_{H2}/C_{H1}$$

- „Drop Current" oder Driftstrom: Mit dem angegebenen Driftstrom I_{drop} kann jeder Anwender für einen speziellen Haltekondensator C_H die „Drop Rate" D_R selbst ausrechnen mit der Formel:

$$D_R\ [\text{V/s}] = \frac{I_{drop}\ [\text{pF}]}{C_H\ [\text{nF}]}$$

- „Aperture Time" oder Öffnungszeit: Die Zeit, die benötigt wird, um beim Wechsel des Steuersignals von „Abtasten" auf „Halten" den Haltekondensator vom Eingang zu trennen, den Analogschalter zu öffnen und somit die Ausgangsspannung zu speichern, heißt „Aperture Time" t_A, wie Abb. 2.61 zeigt. Die dabei auftretende Einschwingzeit t_{set} geht nur auf die Schnelligkeit, nicht auf die Genauigkeit ein.
- „Aperture Jitter" oder Unsicherheit der Öffnungszeit: Diese Spezifikation ist die Abweichung der „Aperture Time" von Betriebsartwechsel zu Betriebsartwechsel. Zur Bedeutung dieses Parameters kann man sich vorstellen, dass sich ein 5-kHz-Signal in ungefähr 16 ns um 0,05 % ändert, was einer 10-Bit-Genauigkeit bei einem Analog–Digital-Wandler entspricht.
- „Offset Voltage" oder Eingangsfehlspannung: Die Offsetspannung ist die Differenzspannung zwischen Ein- und Ausgang im „Sample"-Betrieb. Sie ist vergleichbar mit der Definition bei Operationsverstärkern.
- „Hold Step": Spannungssprung am Ausgang beim Wechsel des Steuersignals von „Sample" auf „Hold". Abb. 2.62 zeigt diesen Vorgang. Ursache ist eine Kopplung des Steuersignals über Streukapazitäten und der internen Kapazitäten des Analogschalters auf den Haltekondensator. Der „Hold Step" lässt sich im Einzelfall auf Null abgleichen. Allerdings bleibt im Abtastbetrieb dieser Parameter als Offsetfehler bestehen.
- „Charge Transfer" oder Ladungsübertragung: Für verschiedene Werte des Haltekondensators können mithilfe des „Charge Transfer" die zugehörigen Werte für den Offsetfehler bzw. „Hold Step" nach folgender Formel berechnet werden:

$$\text{Hold Step [mV]} = \frac{\text{Charge Transfer [pF]}}{\text{Haltekondensator [nF]}}$$

Abb. 2.61 Öffnungszeit t_A
bei einer S&H-Einheit

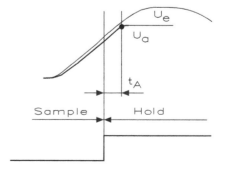

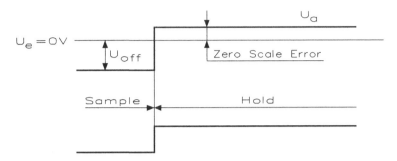

Abb. 2.62 Steuersignale bei einer S&H-Einheit mit „Hold Step", „Zero Scale Error" und Offset-spannung U_{off}

- „Zero Scale Error". Dieser Wert lässt sich messen, indem der Eingang des Bausteins auf 0 V gelegt und anschließend die Steuerleitung auf „Halten" geschaltet wird. Die Spannungsdifferenz am Ausgang gegen 0 V bezeichnet man als „Zero Scale Error". Dieser Wert schließt die Offsetspannung und den „Hold Step" mit ein
- „Voltage Gain" oder Spannungsverstärkung: Die Spannungsverstärkung ist das Verhältnis von Eingangs- und Ausgangsspannung im Abtastbetrieb, d. h. bei Aussteuerung über den Eingangsspannungsbereich. Dieses Verhältnis liegt für die Konfiguration des Spannungsfolgers knapp unter 1. Wie aus der nachfolgenden Formel ersichtlich, wird dies in erster Linie hervorgerufen durch die begrenzte offene Schleifenverstärkung des „Sample and Hold" und verursacht durch den Gleichtakt-fehler des Eingangsverstärkers (Verstärkung $v = 1$). Ideal ist die Bedingung:

$$v = 1 + \frac{R_1}{R_2}$$

Real ist jedoch

$$v = 1 + \frac{R_1}{R_2}\left(1 - \frac{1}{1 + v_0}\right)$$

Beispielsweise ergibt eine offene Schleifenverstärkung von $v_0 = 25\,\text{V/mV}$ eine Ver-stärkung von $v = 0{,}99996$ oder $0{,}4\,\text{mV}$ Abweichung am Ausgang bei einer Ein-gangsspannung von 10V. Ein weiterer Fehler kann durch die Reihenschaltung vom Ausgangswiderstand des „Sample and Hold" und dem Eingangswiderstand der Folge-schaltung hervorgerufen werden.

- „Gain Nonlinearity" oder Verstärkungsnichtlinearität: Dieser Parameter beschreibt nicht nur die Änderung der Verstärkung durch die Aussteuerung, der Umgebungs-temperatur des Gehäuses, der Polarität der Eingangsspannung, sondern auch den meist dominierenden Gleichtaktfehler der Eingangsstufe im Abtastbetrieb.

- „Feedthrough" oder Übersprechen: Dieser Parameter gibt für den Haltebetrieb an, wie groß eine am Eingang anliegende Wechselspannung am Ausgang erscheint. Hauptverantwortlich für diesen unerwünschten Effekt sind interne Streukapazitäten. Die Dämpfung ist umgekehrt proportional zum Wert des Haltekondensators. Durch eine spezielle Schaltungsauslegung und unterschiedliche Abgleichverfahren versuchen die Herstellerfirmen bei den IC-S&H-Bausteinen die auftretenden Probleme zu lösen. Die Offsetspannung und der „Hold Step" werden auf dem Chip durch „Zener Zapping" für einen definierten Haltekondensator C_H auf einen minimalen Wert abgeglichen. Für andere Einsatzbedingungen und andere Werte des Haltekondensators lässt sich der Baustein mit einem Einsteller „Nullen", d. h. auf 0 V justieren.

2.6   Analog–Digital- und Digital-Analog-Wandler

Bei der Auswahl von AD- und DA-Wandlern müssen eine Reihe von wichtigen Überlegungen vorgenommen werden, bevor ein Schaltkreis gewählt, gekauft und in einem System integriert werden kann. Um eine optimale Auswahl treffen zu können, empfiehlt es sich vorab eine Liste der erforderlichen Merkmale aufzustellen. Diese Liste sollte folgende Schlüsselpunkte umfassen:

- Typ des Umsetzers
- Auflösungsvermögen
- Umsetzgeschwindigkeit
- Temperaturverhalten

Nachdem durch diese Überlegungen die Auswahl bereits etwas eingeengt ist, müssen noch eine Reihe weiterer Parameter unbedingt beachtet werden. Zu diesen zählen der Analogsignalbereich am Ein- bzw. Ausgang des Wandlers, die Art der Codierung, die Eingangs- und die Ausgangsimpedanz, die Anforderungen an die Betriebsspannung, die erforderliche digitale Schnittstelle zum Mikroprozessor oder Mikrocontroller, der Linearitätsfehler, die Art der Start- und Statussignale für den AD-Wandler, die Beeinflussung der Betriebsspannungen auf die internen Referenzspannungsquellen, die Abmessungen des Gehäuses und das Gewicht. Um den Selektionsprozess erheblich zu erleichtern, empfiehlt es sich, alle diese Parameter in der Reihenfolge ihrer Wichtigkeit aufzulisten. Nicht zuletzt jedoch sollten auch Preis, Lieferzeit und guter Ruf eines Herstellers nicht vergessen werden.

2.6.1   Aufbau eines Datenerfassungssystems

Am Eingang eines Datenerfassungssystems befindet sich der Sensor zur Wandlung der physikalischen Größe in eine elektrische Größe. Durch einen nachgeschalteten analogen Messverstärker wird eine größere Ausgangsspannung erzeugt, die dann an einem

Abb. 2.63 Aufbau eines Datenerfassungssystems, bestehend aus einem AD-Wandler am Eingang, digitaler Informationsverarbeitung und abschließendem DA-Wandler

AD-Wandler anliegt. Durch den AD-Wandler wird die analoge Spannung, in einen entsprechenden Digitalwert umgesetzt, der dann von einem Mikroprozessor oder Mikrocontroller verarbeitet wird. In Abb. 2.63 arbeiten die beiden Wandler als Schnittstelle zur Außenwelt.

Der AD-Wandler setzt den augenblicklichen Amplitudenwert der Eingangsspannung in ein digitales Format um, danach erfolgt die Verarbeitung im Mikroprozessor bzw. Mikrocontroller. Da ein PC-System in einer Prozesskette nicht nur den Zustand eines Prozesses erfassen muss, sondern diesen auch steuern soll, müssen die berechneten Daten über einen DA-Wandler ausgegeben werden. Damit stehen für die Außenwelt wieder analoge Werte zur Weiterverarbeitung zur Verfügung, wodurch z. B. unterschiedliche Stellglieder angesteuert werden können. Es ergibt sich ein geschlossener Regelkreis.

Die Aufgabe eines Datenerfassungssystems besteht meistens in der Quantisierung und digitalen Aufbereitung sowie der Analyse und Speicherung der Messdaten. Im Bereich der praktischen Messtechnik finden sich üblicherweise 12-Bit-Systeme mit acht Eingangskanälen und einer der Messaufgabe angepassten Umsetzgeschwindigkeit. In Abb. 2.64 ist eine Messdatenerfassung ohne Abtast- und Halteeinheit gezeigt. Bei einer zu geringen Umsetzgeschwindigkeit können hierbei Messfehler auftreten.

Ein AD-Wandler benötigt für den Umsetzvorgang eine bestimmte kleine Zeitspanne. Diese für eine Umsetzung erforderliche Zeitspanne ist von mehreren Faktoren abhängig, wie z. B. der Auflösung des Wandlers, der Umsetztechnik und der Geschwindigkeit der im Wandler eingesetzten Bauteile. Die Umsetzgeschwindigkeit hängt im Wesentlichen vom Zeitrahmen des zu wandelnden Signals und von der benötigten Genauigkeit ab.

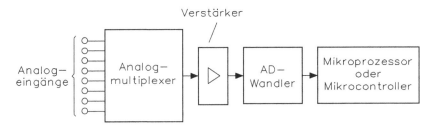

Abb. 2.64 Realisierung einer Messdatenerfassungseinrichtung ohne Abtast- und Halteeinheit

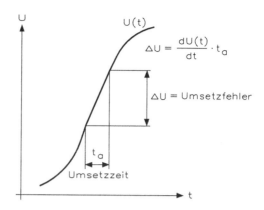

Abb. 2.65 Aperture-Zeit und Amplituden-Unsicherheit bei AD-Wandlern und Zeit t_a ist die Aperture-Zeit, ΔU stellt die Amplitudenunsicherheit dar

Die Umwandlungszeit des AD-Wandlers wird häufig auch als Aperture-Zeit (Öffnungszeit) bezeichnet. Generell bezieht sich die Aperture-Zeit auf die Unsicherheitsspanne oder auf das Zeitfenster während einer Messung. Hieraus resultiert eine Amplitudenunsicherheit und damit ein Fehler in der Messung, falls sich die Signalamplitude während dieser Zeit ändert.

Wie Abb. 2.65 zeigt, ändert sich das Eingangssignal des AD-Wandlers während der Aperture-Zeit t_a, in der die Umsetzung ausgeführt wird, um den Betrag ΔU. Der Fehler lässt sich sowohl als Amplituden- als auch Zeitfehler betrachten und beide sind miteinander verknüpft über folgende Beziehung:

$$\Delta U = t_a \cdot \frac{dU(t)}{dt}$$

wobei $dU(t)/dt$ die zeitliche Änderung des Eingangssignals darstellt. Es sollte bedacht werden, dass ΔU der maximale Fehler während der Signaländerung ist. Der tatsächliche Fehler ist davon abhängig, wie die Wandlung in der Praxis ausgeführt wird. An einem Punkt innerhalb des Zeitrahmens t_a korrespondiert die Signalamplitude exakt mit dem produzierten Ausgangscodewort.

Der tatsächlich auftretende Fehler ist allerdings abhängig von der Art des verwendeten Umsetzungsverfahrens. Zur Abschätzung des realen Fehlers geht man davon aus, dass ein Sinussignal digitalisiert werden soll. Die maximale Änderungsgeschwindigkeit erreicht ein Sinussignal beim Nulldurchgang. Der Amplitudenfehler berechnet sich nach folgender Gleichung

$$\Delta U = t_a \cdot \frac{d}{dt}(\hat{U} \cdot \sin \omega \cdot t)_{t=0}$$

Daraus folgt

$$\Delta U = t_a \cdot \hat{U} \cdot 2 \cdot \pi \cdot f$$

Definiert man den Faktor ε als das Verhältnis des Amplitudenfehlers zu dem 2-fachen des Spitzenwertes der Eingangsspannung in LSB, erhält man

$$\varepsilon = \frac{\Delta U}{2 \cdot \hat{U}} = t_a \cdot \pi \cdot f$$

wobei sich $\varepsilon = 1/2^n$ für einen 1-LSB-Fehler darstellen lässt zu

$$t_a = \frac{1}{\pi \cdot f \cdot 2^n}$$

Mit dieser Gleichung lässt sich die Umsetzzeit (Erfassungszeit) für einen definierten Amplitudenfehler von 1 LSB (least significant bit oder niederwertiges Bit) berechnen. Die Umformung dieser Gleichung gestattet auch die Berechnung der maximalen Frequenz des Eingangssignals f_{max} bei gegebener Umwandlungszeit t_a und einem Amplitudenfehler von 1 LSB:

$$f_{max} = \frac{1}{\pi \cdot t_a \cdot 2^n}$$

Für einen geforderten Amplitudenfehler von 1/2 LSB halbiert sich die zulässige Eingangsfrequenz.

Beispiel: Ein AD-Wandler mit einer Auflösung von 12 Bit und einer maximalen Umsetzzeit von 2 µs soll ein Sinussignal mit 0-dB-Studiopegel (das sind $4{,}36\,V_{ss}$) digitalisieren. Die zulässige Eingangsfrequenz beträgt nach dieser Gleichung

$$f_{max} = \frac{1}{\pi \cdot t_a \cdot 2^n} = \frac{1}{3{,}14 \cdot 2\,\mu s \cdot 2^{12}} = 38\ \text{Hz}$$

Bei einer geforderten Umsetzgenauigkeit von 1/2 LSB halbiert sich f_{max} auf den Wert von 19 Hz. Zur Digitalisierung einer Sinusspannung von 20 kHz darf die Öffnungszeit des Wandlers nicht mehr als 4 ns betragen.

Aus dieser Fehlerdiskussion lässt sich ableiten, dass man zur AD-Umsetzung von Signalen mit entsprechend hohen Frequenzanteilen spezielle Wandler mit sehr kleinen Öffnungszeiten einsetzen muss. Andererseits lässt sich durch zusätzliche Schaltungsmaßnahmen erreichen, dass der Momentanwert der zu digitalisierenden Analogspannung während der Umsetzung konstant ist. Dazu wird der Momentanwert bei der Auslösung der Abtastung in einem ersten Schritt gewissermaßen eingefroren, um ihn dann in einem zweiten Schritt zu digitalisieren. In den meisten Anwendungsfällen wird, auch aus Kostengründen, deshalb anstelle eines der Signalgeschwindigkeit angepassten AD-Wandlers ein Analogspeicher (Sample- and Hold-Einheit) dem Wandler vorgeschaltet. Durch die Vorschaltung eines Analogspeichers kann ein langsamerer und deshalb erheblich preiswerterer AD-Wandler zur Lösung der vorliegenden Aufgabe eingesetzt werden.

2.6.2   Messdatenerfassung ohne Abtast- und Halteeinheit

Eine häufig als selbstverständlich angesehene Forderung ist, dass sich das Signal innerhalb der maximalen AD-Umsetzzeit um nicht mehr als 1 LSB (least significant bit)
ändert. Im Fall eines 12-Bit-Wandlers, der eine maximale vertikale Auflösung von 4096
Stufen hat darf die Signaländerung während der Umsetzzeit nicht mehr als ± 1 auf 4096
betragen, was $\pm 0{,}024$ % entspricht. Andernfalls kann man einen AD-Wandler mit einer
niedrigeren Auflösung einsetzen. Damit sich das Messsignal während der AD-Umsetzzeit nicht mehr als 1 LSB ändert, muss es mithilfe einer Abtast- und Halteeinheit eingefroren werden. Eine Ausnahme bilden die direkt umsetzenden Verfahren, wie z. B. der
Flash-Wandler, die keine Abtast- und Halteeinheit benötigen. Diese Bausteine werden
bei schnellen Schaltungen (Abtastfrequenzen > 10 MHz mit 8-Bit-Auflösung) eingesetzt.

Anhand von drei mit unterschiedlichem Schaltungsaufwand realisierbaren Messdatenerfassungssystemen soll gezeigt werden, wo sich die Grenzen der verschiedenen
Schaltungsprinzipien befinden. Die in Abb. 2.64 dargestellte Schaltung ist zwar nicht
üblich, zeigt aber sehr anschaulich, warum in praktisch allen AD-Systemen eine
Abtast- und Halteeinheit vorhanden ist. Beispiel: An einem Wandlersystem liegt ein
sinusförmiges Signal mit ± 10 V an. Es soll die maximal anlegbare Signalfrequenz
errechnet werden, bei der der maximale Fehler bei 1 LSB liegt. Der verwendete AD-
Wandler besitzt eine maximale Wandlergeschwindigkeit von 1 MHz und eine Auflösung
im 12-Bit-Format. Um der generellen Forderung nach 1-LSB-Genauigkeit gerecht
zu werden, wird zunächst einmal der Wert von 1 LSB bestimmt. Das Signal, das von
Spitze zu Spitze $2 \cdot \hat{u}$ beträgt, wird in $2^n - 1$ Quantisierungsstufen unterteilt, wobei n die
Anzahl der Bits des AD-Wandlers angibt:

$$1\,\text{LSB} = 2 \cdot \hat{u}/(2^n - 1) = 20\ \text{V}/4095 = 4{,}9\ \text{mV}$$

Um auf eine Genauigkeit von 12 Bit zu kommen, darf sich das Signal also innerhalb
der maximalen Wandlerzeit um nicht mehr als 4,9 mV ändern. Damit mit den Randbedingungen für die höchste Abtastrate und einer 12-Bit-Genauigkeit die maximale
Signalfrequenz des vorliegenden Signals bestimmt werden kann, muss die maximale
Spannungssteilheit des Signals ermittelt werden. Für die maximale Spannungssteilheit
eines sinusförmigen Signals gilt allgemein

$$u(t) = \hat{u} \cdot \sin \omega t$$

$$\frac{\mathrm{d}u}{\mathrm{d}t} = \hat{u} \cdot \omega \cdot \cos \omega t$$

$$\frac{\mathrm{d}u}{\mathrm{d}t_{\max}} = \left(\frac{\mathrm{d}u}{\mathrm{d}t}\right)_{t=0} = \hat{u} \cdot \omega$$

Näherungsweise gilt auch

$$\mathrm{d}u = 1\,\text{LSB}$$

$$\mathrm{d}t = 1\ \mu\text{s} \quad \text{(maximale Wandler - oder Umsetzzeit)}.$$

Daraus ergibt sich für die maximale Wandlerzeit t_u eine Eingangsfrequenz von

$$\frac{1\text{LSB}}{t_u} = \hat{u} \cdot \omega$$

$$\frac{4{,}9 \text{ mV}}{1 \text{ µs}} = 10 \text{ V} \cdot 2 \cdot 3{,}14 \cdot f$$

$$f = 1/3{,}14 \cdot 1 \text{ µs} \cdot 4095 = 77 \text{ Hz}$$

Der Wert der maximalen Wandlerzeit ist mit 77 Hz sehr gering, wobei ein sehr schneller Wandler eingesetzt werden muss. Man sieht, dass bei direkter Wandlung ohne Abtast- und Halteeinheit die maximale Analogsignalfrequenz nicht höher als 77 Hz sein darf, obwohl mit einer hohen Abtastrate von 1 MHz gearbeitet wird. Wählt man die Analogsignalfrequenz höher, wird der Fehler entsprechend vergrößert, und aus der 12-Bit-Auflösung des Wandlers wird eine wesentlich geringere Messauflösung.

Erhöht man die Eingangsfrequenz von 77 Hz auf 144 Hz, ergibt sich während der Umsetzzeit t_u eine Spannungsänderung Δu von

$$\Delta u = \hat{u} \cdot \omega \cdot t_u$$

$$\Delta u = 9{,}67 \text{ mV}$$

d. h., bei Verdopplung der maximalen Eingangsfrequenz verdoppelt sich auch der Fehler, und die Auflösung des Systems geht auf ein 11-Bit-Format (2048 Punkte) zurück. Da dies ein linearer Zusammenhang für hinreichend kleine Änderungen Δu ist, reduziert sich die Auflösung analog zur Vervielfachung der 77 Hz um jeweils eine Bitstelle, was eine Halbierung der Auflösung bzw. eine Verdopplung des Messfehlers bedeutet. Als Folge dieser Überlegung ist es unbedingt erforderlich, Abtast- und- Halteeinheiten in Messdatenerfassungssystemen zu verwenden.

2.6.3   Zeitmultiplexe Messdatenerfassung mit Abtast- und Halteeinheit

Die Aufgabe einer Abtast- und Halteeinheit ist es, Spannungswerte für eine bestimmte Zeit einzufrieren. Während dieser Zeit kann ein nachgeschalteter AD-Wandler diese festgehaltene Spannung in einen digitalen Wert umsetzen. Zwischen dem Eintreffen des Haltebefehls und seiner Ausführung vergeht eine bestimmte Zeit t_{ap} (aperture time), die aber eine zeitliche Unsicherheit t_{au} mit sich bringt (aperture uncertainty). Die „aperture time" ist, falls sie bei allen Eingangskanälen gleich ist, unbedeutend. Es verbleibt nur noch die „aperture uncertainty", die üblicherweise im Bereich < 200 ps liegt.

Abb. 2.66 zeigt hinsichtlich der maximal zu verarbeitenden Signalfrequenz einen erheblichen Verbesserungsfaktor mit

$$F = \frac{t_u}{t_{au}}$$

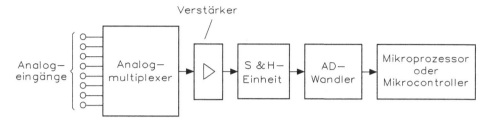

Abb. 2.66 Aufbau einer zeitmultiplexen Messdatenerfassung mit mehreren Eingangskanälen, einem gemeinsamen Verstärker, gemeinsamer Abtast- und Halteeinheit und AD-Wandler

Beispiel: Einem 12-Bit-AD-Wandler mit einer Umsetzrate von 1 MHz wird eine Abtast- und Halteeinheit mit ± 50 ps „aperture uncertainty" vorgeschaltet. Damit lässt sich die höchste zu verarbeitende Signalfrequenz $f_{\max}$ mit

$$f_{\max} = \frac{t_\mathrm{u}}{t_\mathrm{au}} \cdot f = \frac{10^{-6}}{100 \cdot 10^{-12}} \cdot 77\ \mathrm{Hz} = 770\ \mathrm{kHz}$$

berechnen. Dies bedeutet allerdings nicht, dass sich analoge Eingangssignale bis 770 kHz verarbeiten lassen, da nach Shannon der Frequenzbereich des Messsignals auf < 500 kHz beschränkt bleiben muss. Die Abtast- und Halteeinheit bringt eine deutliche Vergrößerung des zulässigen Frequenzbereiches für das analoge Eingangssignal. Es stellt aber auch den Teil in einer Datenerfassung dar, der die größten Fehlerquellen beinhaltet. Die Anforderungen an einen solchen Baustein sind extrem, da er einerseits die Geschwindigkeit eines HF-Verstärkers besitzt und andererseits die Genauigkeit eines Präzisionsverstärkers aufweisen soll.

Bei der Digitalisierung analoger Signale sind Abtast- und Halteeinheiten zwingend notwendig und gleichzeitig auch bestimmend für die Systemgenauigkeit. Praktisch alle auf dem Markt befindlichen PC-Messkarten verwenden eine Abtast- und Halteeinheit. Die anfangs aufgestellte generelle Forderung des Messfehlers von 1 auf 4096 bei einem 12-Bit-System wird damit, oberflächlich betrachtet, zumindest für einen Kanal erfüllt. Die im Abb. 2.66 dargestellte Lösung, wie sie bei einfachen PC-Messkarten aus Kostengründen eingesetzt wird, hat aber eine Reihe entscheidender Nachteile. Die Problematik liegt bei den analog gemultiplexten Signaleingängen, die eine zeitversetzte Abtastung der Eingangskanäle vornehmen. Da das Messsignal erst nach den Analogmultiplexern verstärkt wird, werden sämtliche Fehler des Multiplexers mitverstärkt und sind dem Messsignal überlagert. Hinzu kommt, dass die Messunsicherheit entscheidend vom Innenwiderstand der Signalquelle abhängig ist.

Beispiel: Ein Analogmultiplexer hat einen temperaturabhängigen Leckstrom von $I_{\mathrm{Don}} = 300$ nA pro Eingang, der bei geschlossenem Schalter in die Signalquelle fließt und dort je nach Größe des Quellenwiderstandes erhebliche Fehler verursachen kann. Der Innenwiderstand der Signalquelle hat beispielsweise einen Wert von $R_\mathrm{i} = 1\,\mathrm{k\Omega}$. Daraus folgt eine Spannung U von

$$U = I_{\text{Don}} \cdot R_i = 300 \text{ nA} \cdot 1 \text{ k}\Omega = 0,3 \text{ mV}$$

die einen erheblichen Fehler darstellt.

Wenn ein hoher Dynamikbereich gefordert wird oder wenn Sensoren mit mV-Signalen eingesetzt werden, kommen z. B. 16-Bit-AD-Wandler zum Einsatz. In diesem Falle müssen die Verstärker vor dem Analogmultiplexer angebracht sein. In Abb. 2.67 ist der Aufbau einer zeitmultiplexen Messdatenerfassung mit mehreren Eingangs-kanälen gezeigt, wobei jeder Eingang, einen eigenen Vorverstärker aufweist. Erzeugt ein Sensor eine Spannung im 100-mV-Bereich mit einem Fehler von 0,3 mV, entsteht ein Messfehler von 0,3 %. Die Unsicherheit aufgrund der Auflösung des AD-Wandlers ist im 16-Bit-Format aber nur 0,0015 %, d. h., ein Fehler von 0,3 % des Sensors entspricht etwa 200 LSB des 16-Bit-AD-Wandlers.

Sinnvoller ist hier, jeweils einen separaten Verstärker vor den Analogmultiplexer zu schalten und einen automatischen Offsetabgleich vorzusehen, wie Abb. 2.67 zeigt. Da die Vorverstärker das Originalsignal auf den Spannungspegel des Systems verstärken, ist der Einsatz eines 16-Bit-AD-Wandlers sinnvoll, da der 12-Bit-Bereich mit immerhin 4096 Punkten an Auflösung voll ausgenutzt wird. Setzt man dagegen kanalindividuelle Vorverstärker ein, ist außerdem eine separate Verstärkung pro Kanal möglich.

Diese Anordnung schafft allerdings nur für einen Kanal definierte Verhältnisse. Es lassen sich zwar mehrere Kanäle anschließen, jedoch ist die durch den Multiplexer bedingte Aufnahme nicht zeitgleich. Eine zeitliche Beziehung lässt sich nur unter Inkauf-nahme erheblicher Messfehler herstellen. Selbst einfache zeitliche Cursor-Messungen sind mit erheblichen Fehlern behaftet. Das Verrechnen von Kanälen, wie man sie bei-spielsweise bei der Leistungsbestimmung benötigt, führt zu großen Fehlern. Verwendet man für eine Überlegung nur sinusförmige Größen, so ist die Blindleistung Q bei einem Phasenwinkel φ mit $Q = U \cdot I \cdot \sin \varphi$ gegeben. Das zeitmultiplexe Abtasten von Strom und Spannung wirkt wie eine zusätzliche Phasenverschiebung von $\Delta\varphi$. Für kleine Winkel

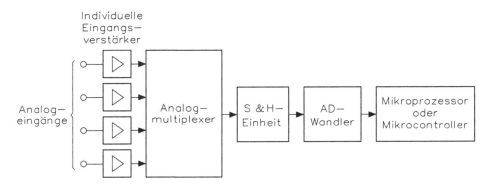

Abb. 2.67 Aufbau einer zeitmultiplexen Messdatenerfassung mit mehreren Eingangskanälen, wobei jeder Eingang einen separaten Vorverstärker verwendet

φ gilt näherungsweise sin $\varphi \approx \Delta\varphi$, sodass sich der relative Fehler F_r zu $F_r^* = \Delta\varphi/\varphi$ bestimmen lässt.

Beispiel: Werden ein sinusförmiger Strom und eine sinusförmige Spannung mit einer Frequenz von 50 Hz und einem Phasenwinkel von 5° zwischen Strom und Spannung mit einem System von Abb. 2.67 mit einer Abtastfrequenz von 5 kHz erfasst, so ist $\Delta\varphi$ aus

$$\Delta\varphi/360^\circ = 0,2\ \text{ms}/20\ \text{ms}$$

berechenbar. Es gilt

$$\Delta\varphi = 3,6^\circ$$

Dies verursacht einen relativen Fehler von $F_r^* = 72\,\%$. Damit wird sichtbar, dass Signale, die in zeitlichen Bezug zueinander gebracht oder miteinander verrechnet werden sollen, die zeitgleiche Abtastung durch kanalindividuelle Abtast- und Halteeinheiten zwingend erfordern. Dies gilt selbst bei vielen Anwendungen, bei denen lediglich sehr langsame Signale wie z. B. Temperaturen erfasst und in Beziehung zueinander gebracht werden müssen.

2.6.4 Simultane Messdatenerfassung mit Abtast- und Halteeinheit

Nur Messdatenerfassungssysteme mit separaten Abtast- und Halteeinheiten sind in der Lage, mehrere aufgenommene Signale in einen zeitlichen Bezug zueinander zu bringen bzw. die Signale miteinander zu verrechnen. Sowohl in Abb. 2.67 als auch in Abb. 2.68 werden zwar Abtast- und Halteeinheiten verwendet, jedoch besteht der gravierende Unterschied in Abb. 2.67 darin, dass die einzelnen Kanäle gleichzeitig abgetastet werden können. Solange mehrere Kanäle aufgenommen werden sollen und in der Analyse nie eine zeitliche Beziehung zwischen den Kanälen hergestellt werden muss, sind beide Verfahren identisch. In dem Moment, wo zeitlich korrelierte Messungen mehrerer Kanäle durchgeführt werden müssen, treten bei der Schaltung von Abb. 2.67 erhebliche Fehler auf. Zwar sind die Signale, isoliert betrachtet, alle mit dem gleichen Fehler behaftet, jedoch sind diese durch die serielle Abtastung des Analogmultiplexers, minimal um ein Abtastintervall phasenverschoben. Diese Phasenverschiebung kann sich jedoch in einer PC-Präzisions-Messkarte als sehr nachteilig auswirken.

Die Schaltung von Abb. 2.68 zeigt die Fähigkeit für eine simultane Abtastung der Eingangskanäle. Diese bezeichnet man als SS&H-Einheit (simultaneous S&H). Hierbei werden die Eingangssignale zunächst mit individuellen Vorverstärkern auf ein bestimmtes Spannungsniveau gebracht. Danach werden alle Eingangskanäle parallel von jeweils einer individuellen Abtast- und Halteeinheit abgetastet und in analoger Form auf den Analogmultiplexer geschaltet, der sie dann zeitlich nacheinander dem AD-Wandler zur Umsetzung übergibt. Der wesentliche Vorteil dieses Verfahrens ist, dass die einzelnen Kanäle simultan abgetastet werden. Nur in diesem Fall ist ein zeitlicher Bezug, also

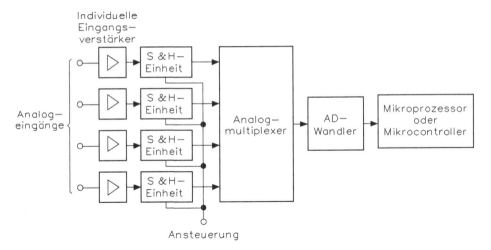

Abb. 2.68 Aufbau einer simultanen Messdatenerfassung mit mehreren Eingangskanälen, wobei jeder Eingang einen separaten Vorverstärker mit nachgeschalteter Abtast- und Halteeinheit hat

eine Cursor-Messung zwischen den Kanälen bzw. ein Verrechnen der Kanäle, problemlos möglich.

2.6.5 Antialiasing-Filter

Bei der Signalkonditionierung ist der Einsatz von Antialiasing-Filtern denkbar. Ob jedes Tiefpassfilter zur Vermeidung von Antialiasing-Effekten zu verwenden ist, hängt davon ab, ob das Messsignal noch Frequenzanteile oberhalb der halben Abtastfrequenz aufweist oder nicht. Eine häufig verwendete Lösung zur Umgehung von kanalindividuellen Antialiasing-Filtern ist eine Bandbegrenzung der Eingangsschaltung auf typisch 1/3 der maximalen Abtastfrequenz. Diese Lösung ist zwar auf den ersten Block optimal, es ist jedoch zu berücksichtigen, dass jedes analoge Filter nicht nur das Messrauschen, sondern auch das Messsignal dämpft. Beträgt die höchste Analogsignalfrequenz in einem solchen Fall z. B. 1/3 der maximalen Abtastfrequenz, so ist der Messfehler in diesem Fall −3 dB, d. h. −30 %.

Solche Fehler sind in einem hochauflösenden Messsystem keinesfalls zu tolerieren. Andererseits ist zu bedenken, dass eine solche Bandbegrenzung in ihrer Grenzfrequenz nicht veränderbar ist und damit für langsame Abtastraten keine Wirkung hat. Messtechnisch sauberer ist hier die Verwendung von Eingangsschaltungen, die ein Vielfaches der maximalen Abtastrate als Bandbreite aufweisen, um so bei Verwendung auch der maximalen Abtastrate nur geringe Signalverfälschungen zu erzeugen. Wenn Tiefpassfilter (Antialiasing-Filter) im Eingangskreis benötigt werden, so sollten diese programmierbar sein in der Ordnung, Steilheitsbegrenzung und Charakteristik. Damit wird sichergestellt, dass wirklich nur die hochfrequenten Anteile (Störungen) gefiltert werden, die physikalisch nicht vom Messobjekt stammen können.

Filter, die nur zur Bandbreitenbegrenzung dienen, werden als Antialiasing-Filter bezeichnet. Künstlich erzeugtes Rauschen ist immer periodisch, wobei als Beispiel die Netzbrummspannung zu beachten ist und diese lässt sich nur mit einer Bandsperre unterdrücken. Das allgemeine Rauschen ist dagegen willkürlich in Amplitude und Frequenz über das gesamte Frequenzspektrum verteilt. Rauschquellen sind vielfach Sensoren, Widerstände usw. und sogar Vorverstärker. Dieses Rauschen wird dadurch reduziert, dass die Bandbreite des Systems auf das notwendige Maß verringert wird.

Wie schon bei den Verstärkern bemerkt, gibt es keine perfekten und alle Probleme lösenden Filter. Bei der Auswahl des entsprechenden Filters müssen immer Kompromisse eingegangen werden. Ideale Filter, die häufig theoretischen Analysen zugrunde liegen, weisen einen horizontalen Linienverlauf bis zur Grenzfrequenz auf und fallen dann senkrecht mit unendlicher Dämpfung ab. Hierbei handelt es sich jedoch um mathematische Filter, die in der Praxis nicht realisierbar sind. Dem Entwickler ist gewöhnlich die Grenzfrequenz und die minimale Dämpfung vorgegeben. Dämpfung und Phasenlage hängen von der Filtercharakteristik und der Polzahl ab. Bekannte Filtercharakteristiken sind z. B. jene nach Butterworth, Tschebyscheff und Bessel. Vor jeder Entscheidung über den Filtertyp müssen vom Anwender das Überschwingverhalten und die Steilheit der Dämpfung genau beachtet werden.

Die prinzipielle Schaltungsstruktur nach Abb. 2.66 ist nur sehr bedingt für eine genaue und vielkanalige Messdatenerfassung einsetzbar. Wenn der Zeitbezug zwischen einzelnen Kanälen nicht interessiert, kann ein Schaltungsaufbau nach Abb. 2.67 verwendet werden. Ist für nachfolgende Analysen der zeitliche Bezug zwischen einzelnen Kanälen relevant und/oder sollen die Eingangskanäle miteinander verrechnet werden, setzt man die prinzipielle Schaltungsstruktur nach Abb. 2.68 ein.

2.6.6   Systeme zur Signalabtastung

In der Praxis werden analoge Eingangssignale auf periodischer Basis abgetastet. Das Impulsdiagramm von Abb. 2.69 zeigt die Signalabtastung zu einzelnen Zeitpunkten.

Das Diagramm (a) zeigt die Eingangsspannung. Die Folge von Abtastimpulsen (b) wird durch einen schnell arbeitenden Schalter realisiert, der sich für eine sehr kurze Zeitspanne das Analogsignal aufschaltet und für den Rest der Abtastperiode abgeschaltet bleibt. Das Resultat dieser schnellen Abtastung, ist mit der Multiplikation des Analogsignals mit einem Pulszug gleicher Amplitude identisch, wodurch sich eine modulierte Pulsfolge (c) ergibt. Die Amplitude des ursprünglichen Signals ist in der Hüllkurve des modulierten Pulszugs enthalten.

Abb. 2.69 Signalabtastung
mit dem analogen
Eingangssignal (**a**),
der kontinuierlichen
Abtastimpulsfolge (**b**), dem
abgetasteten Signal (**c**) und
dem gehaltenen Signal (**d**)

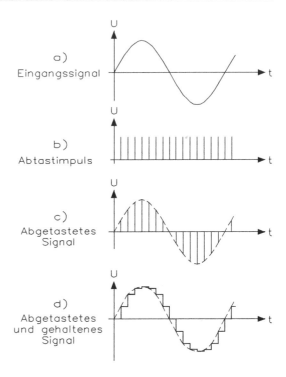

Wird nun dieser Abtastschalter durch einen Kondensator in einer Abtast- und Halteeinheit ergänzt, lässt sich die Amplitude jeder Abtastung kurzzeitig speichern. Die Folge ist eine brauchbare Rekonstruktion (d) des ursprünglichen analogen Eingangssignals.

Der Zweck der Abtastung über einen Analogmultiplexer ist der effiziente Einsatz von Informationsverarbeitungs- und Datenübertragungssystemen. Eine einzelne Datenübertragungsstrecke lässt sich für die Übertragung einer ganzen Reihe von analogen Kanälen benützen. Die Belegung einer kompletten Datenübertragungskette für die kontinuierliche Übertragung eines einzelnen Signals wäre sehr unökonomisch. Auf ähnliche Weise wird ein Datenerfassungs- und -verteilungssystem z. B. dazu eingesetzt, die vielen Parameter eines Prozesssteuerungssystems zu messen und zu überwachen. Auch dies geschieht mittels einer Abtastung der einzelnen Parameter durch die periodische Erfassung der Kontrolleingänge.

Bei Datenwandlungssystemen ist es üblich, einen einzelnen, aber teuren AD-Wandler mit hoher Geschwindigkeit und großer Genauigkeit einzusetzen und eine Reihe von analogen Eingangskanälen im Multiplexbetrieb von ihm abtasten zu lassen. Eine wichtige und fundamentale Frage bei den Überlegungen zu einem Abtastsystem ist folgende: Wie oft muss ein analoges Signal abgetastet werden, um bei der Rekonstruktion keine Informationen zu verlieren?

Es ist offensichtlich, dass man aus einem sich langsam ändernden Signal alle nütz-lichen Informationen erkennen kann, wenn die Abtastrate so hoch ist, dass zwischen den Abtastungen keine oder so gut wie keine Änderung des Signals erfolgt. Ebenso offen-sichtlich ist es, dass bei einer schnellen Signaländerung zwischen den Abtastungen wichtige Informationen verloren gehen können. Die Antwort auf diese gestellte Frage gibt das bekannte Abtasttheorem, das wie folgt lautet: Wenn ein kontinuierliches Signal begrenzter Bandbreite keine höheren Frequenzanteile als f_C (Corner- bzw. Eckfrequenz) enthält, so lässt sich das ursprüngliche Signal ohne Störverluste dann wieder herstellen, wenn die Abtastung mindestens mit einer Abtastrate von $2 \cdot f_C$ erfolgt.

Das Abtasttheorem lässt sich mit dem in Abb. 2.70 dargestellten Frequenzspektrum darstellen bzw. erklären. Das Diagramm (a) zeigt das Frequenzspektrum eines kontinuierlichen, in der Bandbreite begrenzten Analogsignals mit Frequenzanteilen bis zur Eckfrequenz f_C. Wenn dieses Signal mit der Rate f_S abgetastet wird, verschiebt der Modulationsprozess das ursprüngliche Spektrum an die Punkte f_S, $2 \cdot f_S$, $3 \cdot f_S$ usw. über das Originalspektrum hinaus. Ein Teil dieses resultierenden Spektrums ist im Diagramm (b) gezeigt.

Falls nun die Abtastfrequenz f_S nicht hoch genug gewählt wird, wird sich ein Teil des zu f_S gehörigen Spektrums mit dem ursprünglichen Spektrum überlappen. Dieser unerwünschte Effekt ist als Frequenzüberlappung (frequency folding) bekannt. Beim Wiederherstellungsprozess des Originalsignals ruft der überlappende Teil des Spektrums undefinierbare Störungen in dem neuen Signal hervor, die sich auch durch Filterung nicht mehr eliminieren lassen.

Aus Abb. 2.70 ist ersichtlich, dass das Originalsignal nur dann störungsfrei wiederher-gestellt werden kann, wenn die Abtastrate so hoch gewählt wird, dass $f_S - f_C > f_C$ ist. Nur für diesen Fall liegen die beiden Spektren eindeutig nebeneinander. Dies beweist noch-mals die Behauptung des Abtasttheorems, nach dem $f_S > 2 \cdot f_C$ sein muss.

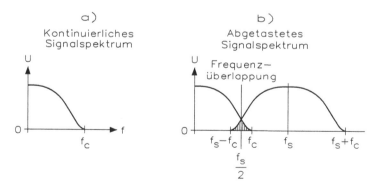

Abb. 2.70 Frequenzspektrum eines kontinuierlichen bandbegrenzten Signals (a) und das nach dem Abtasttheorem resultierende Frequenzspektrum (b)

Die Frequenzüberlappung lässt sich auf zwei Arten verhindern: erstens durch Benützung einer ausreichend hohen Abtastrate und zweitens durch Filterung des Signals vor der Abtastung, um dessen Bandbreite auf $f_s/2$ zu begrenzen.

In der Praxis kann immer davon ausgegangen werden, dass abhängig von hochfrequenten Signalanteilen, dem Rauschen und der nicht idealen Filterung immer eine geringe Frequenzüberlappung auftreten wird. Dieser Effekt muss auf einen für die spezielle Anwendung vernachlässigbar kleinen Betrag reduziert werden, indem die Abtastrate hoch genug angesetzt wird. Die notwendige Abtastrate kann in der wirklichen Anwendung unter Umständen weit höher liegen als das durch das Abtasttheorem geforderte Minimum.

Der Effekt einer unpassenden Abtastrate an einer sinusförmigen Eingangsspannung ist in Abb. 2.71 gezeigt. Eine Scheinfrequenz (alias frequency) ist hier das Resultat beim Versuch der Wiederherstellung des Originalsignals. In diesem Falle ergibt eine Abtastrate von geringfügig weniger als zweimal pro Kurvenzug die niederfrequente Sinusschwingung. Diese Scheinfrequenz lässt sich deutlich von der Originalfrequenz unterscheiden. Aus der Abbildung ist ferner zu erkennen, dass sich durch eine Abtastrate von mindestens zweimal pro Kurvenzug, wie nach dem Abtasttheorem erforderlich, die Originalkurve einfach wiederherstellen lässt.

2.6.7   Theorem zur Signalabtastung

Bei bewegten Bildern in Filmen scheinen sich die Speichenräder von fahrenden Kutschen oftmals eigenartig zu verhalten. Die Räder drehen sich entweder zu langsam, bleiben stehen oder drehen sich rückwärts. Dieser Effekt ist vergleichbar mit der Entstehung von Aliasing-Frequenzen in elektronischen Systemen und lässt sich auch ähnlich erklären. Wenn ein Film gedreht wird, nimmt die Videokamera die Szene beispielsweise mit 50 Halbbildern bzw. 25 Vollbildern in der Sekunde auf. Während dieser Zeit erzeugt der vorbeifahrende Wagen eine Eingangsfrequenz, die der Drehzahl des Rades in Umdrehungen pro Sekunde, multipliziert mit der Anzahl der Speichen, entspricht.

Abb. 2.71 Erzeugung einer Scheinfrequenz, wenn eine unpassende Abtastrate gewählt wurde

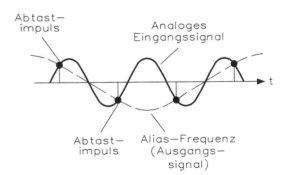

Wenn der Wagen die Geschwindigkeit ändert, variiert diese durch die Speichen ver-
ursachte Frequenz über bzw. unter den ganzzahligen Vielfachen der Bildrate. Später, bei
der Betrachtung des Filmes, scheint das Rad dann stillzustehen, wenn die „Speichen-
frequenz" einem ganzzahligen Vielfachen der Bildrate entspricht. Bei Speichen-
frequenzen knapp unter einem ganzzahligen Vielfachen der Bildrate scheint sich das
Rad langsam rückwärts zu drehen, während es sich bei geringfügig höheren Frequenzen
dagegen langsam vorwärts dreht.

Ein Analog–Digital-Wandler beispielsweise, der ein reines Sinussignal genau einmal
pro Periode in konstanten Zeitabständen abtastet, wird bei jeder Wandlung den gleichen
Wert messen und dadurch ein konstantes Gleichspannungssignal ausgeben, vergleichbar
mit dem stillstehenden Rad am fahrenden Wagen.

Bei der Aufgabe, ein kontinuierliches Signal zu digitalisieren, muss also die Abtastrate festgelegt werden. Abb. 2.72 zeigt unterschiedliche Abtastintervalle. Werden
diese Intervalle zu kurz gewählt, weisen die einzelnen Stichproben eine unnötig hohe
Redundanz zueinander auf und verteuern zudem den gesamten Messaufbau. Wählt
man aber die Abstände zu groß, gehen einige Signalinformationen verloren, und das
Ursprungssignal lässt sich nur noch ungenau rekonstruieren.

Aus Abb. 2.73 lässt sich erkennen, dass man das Ergebnis der Abtastung als eine
Multiplikation des Originalsignals mit dem Abtastsignal auffassen kann. Unter diesem
Gesichtspunkt ist eine Darstellung des Summensignals im Frequenzgang von besonderer
Bedeutung. Da die Reihe der Abtastimpulse eine periodische Funktion ist, lässt sie sich
als Fourierreihe beschreiben:

$$p(t) = \sum_{n=-\infty}^{n=+\infty} \vec{c}_n \cdot e^{j(n\omega_0 t)}$$

Abb. 2.72 Abtastung eines
sinusförmigen Signals durch
eine unterschiedliche Anzahl
von Stichproben

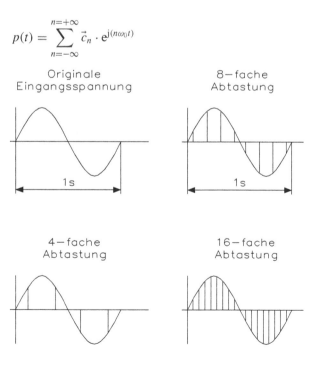

Originale
Eingangsspannung

8–fache
Abtastung

1 s

1 s

4–fache
Abtastung

16–fache
Abtastung

Abb. 2.73 Abtastung eines dynamischen Signals durch einen AD-Wandler mit $x(t)$ als Originalsignal, $p(t)$ als Abtastsignal und $x^*(t)$ als abgetastetes Signal

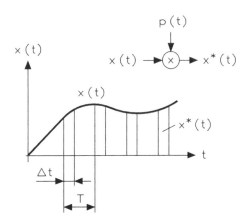

wobei $\omega_0 = 2 \cdot \pi / t$ die Kreisfrequenz des Abtastsignals bedeutet. Mit der Abtast-Kreisfrequenz ω_0 lässt sich das Summensignal des abgetasteten Signals mit

$$x^*(t) = x(t) \cdot p(t)$$

folgendermaßen beschreiben:

$$x^*(t) = \sum_{n=-\infty}^{n=+\infty} \vec{c}_n \cdot x(t) \cdot e^{j(n\omega_0 t)}$$

Mithilfe des Verschiebungssatzes kann man nun die Laplace-Transformierte $x^*(s)$ des Summensignals $x^*(t)$ bilden:

$$x^*(s) = \sum_{n=-\infty}^{n=+\infty} \vec{c}_n \cdot x(s - jn\omega_0)$$

Durch die Transformierte $x^*(s)$ wird eine unverfälschte Beschreibung des Originalsignals $x(t)$ wiedergegeben. Für den Sonderfall $n = 0$ lässt sich $x^*(s)$ durch die Multiplikation mit c_0 neu normieren. Da der Fourierkoeffizient c_0 der Abtastimpulsreihe bekannt ist, kann damit $x^*(s)$ in einfacher Weise rekonstruiert werden, sofern die Signalinformation nicht durch weitere Summanden $[c_0 x^*(s)]$ verfälscht worden ist. Diese Mischprodukte sind die eigentlichen auslösenden Momente des Aliasing-Effektes.

2.7   AD- und DA-Wandler

AD- und DA-Wandler kommunizieren mit digitalen Systemen mittels passender Digitalcodes. Obwohl eine ganze Reihe von möglichen Codes zur Auswahl stehen, werden in der Praxis nur einige wenige Standardcodes für den Betrieb mit Datenwandlern eingesetzt. Der gebräuchlichste Code ist der natürliche Binärcode (natural binary bzw.

straight binary code), der in seiner fraktionellen Form zur Darstellung einer Zahl verwendet wird

$$N = a_1 \cdot 2^{-1} + a_2 \cdot 2^{-2} + a_3 \cdot 2^{-3} + \ldots + a_i \cdot 2^{-n}$$

wobei die Koeffizienten $a_i = 0$ oder 1 sein können und n eine natürliche Zahl darstellt.

2.7.1   Natürlicher Binärcode

Eine binäre Zahl wird normalerweise als 0,110101 geschrieben. Bei den Codes der Datenwandler verzichtet man jedoch auf die Kommastelle, und das Codewort wird als 110101 dargestellt. Dieses Codewort repräsentiert einen Bereich des Endbereichswertes des Wandlers.

Das binäre Codewort 110101 dieses Beispiels repräsentiert demzufolge den dezimalen Zahlenwert von $(1 \cdot 0{,}5) + (1 \cdot 0{,}25) + (0 \cdot 0{,}25) + (1 \cdot 0{,}0625) + (0 \cdot 0{,}03125) + (1 \cdot 0{,}01562) = 0{,}828125$ und entspricht 82,8125 % des Bereichsendwertes am Ausgang des Wandlers. Legt man für diese Betrachtung einen maximalen Spannungsendwert von $+10$ V fest, so repräsentiert dieses Codewort eine Ausgangsspannung von $+8{,}2812$ V.

Der natürliche Binärcode gehört zu einer Klasse von Codes, die als positiv gewichtet bekannt sind. Jeder Koeffizient hat hier eine spezielle Gewichtung, negative Werte treten nicht auf. Das am weitesten links stehende Bit hat die höchste Gewichtung, nämlich 0,5 des Bereichsendwertes und wird als „most significant bit" oder MSB bezeichnet. Das am weitesten rechts stehende Bit hat dagegen die geringste Gewichtung, nämlich 2^{-n} des Endbereiches und trägt deshalb den Namen „least signifcant bit" oder LSB. Die Bits in einem Codewort werden von links nach rechts mit 1 bis n nummeriert. Tabelle 2.2 zeigt die Auflösung, die Anzahl der Zustände, die LSB-Gewichtung und den Dynamikbereich bei Datenwandlern (Tab. 2.2).

Der Analogwert eines LSB für den Binärcode beträgt

$$\mathrm{LSB(Analogwert)} = \frac{\mathrm{FSR}}{2^n}$$

wobei FSR (full scale range) der Messbereich zwischen der minimalen und maximalen Messspannung darstellt. Die maximale Spannung bezeichnet man als „full scale" (FS). Bei einem unipolaren Wandler gilt: FS = FSR.

Der Dynamikbereich (dynamic range) in dB eines Datenwandlers berechnet sich aus

$$\mathrm{DR[dB]} = 20 \cdot \lg 2^n$$
$$= 20\,n \cdot \lg 2$$
$$= 20\,n \cdot (0{,}301)$$
$$= 6{,}02 \cdot n$$

Tab. 2.2 Auflösung, Anzahl der Zustände, die LSB-Gewichtung und der Dynamikbereich bei AD/DA-Wandlern

Bit-Auflösung n	Anzahl der Zustände 2^n	LSB-Gewichtung 2^{-n}	Dynamikbereich in dB
0	1	1	0
1	2	0,5	6
2	4	0,25	12
3	8	0,125	18,1
4	16	0,062	24,1
5	32	0,03125	30,1
6	64	0,015625	36,1
7	128	0,0078125	42,1
8	256	0,00390625	48,2
9	512	0,001953125	54,2
10	1024	0,0009765625	60,2
11	2048	0,00048828125	66,2
12	4096	0,000244140625	72,2
13	8192	0,0,001220703125	78,3
14	16384	0,00006103515625	84,3
15	32768	0,000030517578125	90,3
16	65536	0,0000152587890625	96,3
17	131072	0,00000762939453125	102,3
18	262144	0,000003814697265625	108,4
19	524288	0,0000019073486328125	114,4
20	1048576	0,00000095367431640625	120,4

Dabei ist DR der Dynamikbereich, n die Anzahl der Bits und 2^n stellt die Anzahl der Ausgangszustände des Wandlers dar. Da 6,02 dB einem Faktor 2 entspricht, muss zur Ermittlung von DR einfach nur die Auflösung des Wandlers, also die Anzahl der Bitstellen, mit 6,02 multipliziert werden. Ein 12-Bit-Wandler hat also einen Dynamikbereich von 72,2 dB.

2.7.2   Komplementärer Binärcode

Ein wichtiger Punkt, der unbedingt beachtet werden muss, ist folgender: Der maximale Wert eines Digitalcodes, bestehend aus lauter 1-Signalen, stimmt nicht mit dem analogen Maximalwert überein. Der maximale Analogwert liegt um 1 LSB unter dem Endwert und errechnet sich aus der Beziehung entsprechend FS (full scale oder Endwert) multipliziert mit $1 - 2^{-n}$. Demzufolge hat ein 12-Bit-Wandler mit einem analogen Spannungsbereich von 0 bis + 10 V einen Maximalcode von 1111 1111 1111 für einen maximalen Analogwert von + 10 V $\cdot (1 - 2^{-12}) = +9,99.756$ V. Dies bedeutet mit anderen Worten, dass der maximale Analogwert eines Wandlers, entsprechend einem Codewort aus lauter 1-Signalen, nie ganz den Wert erreichen kann, der als eigentlicher Analog-Endwert definiert ist.

Tab. 2.3 zeigt den natürlichen und den komplementären Binärcode für einen unipolaren 8-Bit-Wandler mit einem analogen Spannungsbereich von 0 V bis + 10 V an seinem Ausgang. Der maximale Analogwert für diesen Wandler beträgt + 9,961 V oder + 10 V − 1 LSB. Wie aus der Tabelle ersichtlich, beträgt der Wert für 1 LSB 0,039 V.

2.7.3   Codes für AD- und DA-Wandler

Über den natürlichen Binärcode hinaus finden eine Reihe weiterer Codes bei AD- und DA-Bausteinen Anwendung, Dies sind im Einzelnen der Offset-Binärcode, der 2er-Komplement-Code der binärcodierte Dezimalcode (BCD) und deren komplementäre

Tab. 2.3 Direkte und komplementäre Binärcodierung eines unipolaren 8-Bit-Wandlers

Wert von FS	+10 V FS	Binärcode	Komplementärer Binärcode
+FS − 1 LSB	+9,961	1111 1111	0000 0000
+3/4 FS	+7,500	1100 0000	0011 1111
+1/2 FS	+5,000	1000 0000	0111 1111
+1/4 FS	+2,500	0100 0000	1011 1111
+1/8 FS	+1,250	0010 0000	1101 1111
+1 LSB	+0,039	0000 0001	1111 1110
0	0,000	0000 0000	1111 1111

Tab. 2.4 Bipolare Codierungen für Datenwandler

Fraktion von FS	±5-V-FS	Offset-Binär	Komplementärer Offset-Binär	2er-Komple-ment	Sign-Mag.-Binär
+ FS − 1 LSB	+4,9976	1111 1111	0000 0000	0111 1111	1111 1111
+ 3/4 FS	+3,7500	1110 0000	0001 1111	0110 0000	1110 0000
+ 1/2 FS	+2,5000	1100 0000	0011 1111	0100 0000	1100 0000
+ 1/4 FS	+1,2500	1010 0000	0101 1111	0010 0000	1010 0000
0	0,0000	1000 0000	0111 1111	0000 0000	1000 0000
− 1/4 FS	−1,2500	0110 0000	1001 1111	1110 0000	0010 0000
− 1/2 FS	−2,5000	0100 0000	1011 1111	1100 0000	0100 0000
− 3/4 FS	−3,7500	0010 0000	1101 1111	1010 0000	0110 0000
− FS + 1 LSB	−4,9976	0000 0001	1111 1110	1000 0001	0111 1111
− FS	−5,0000	0000 0000	1111 1111	1000 0000	−

Versionen. Jeder Code hat in bestimmten Anwendungen spezielle Vorzüge. So wird z. B. der BCD-Code eingesetzt, wenn eine Schnittstelle zu einer Digitalanzeige hergestellt werden muss, wie dies bei digitalen 7-Segment-Anzeigen oder Multimetern der Fall ist. Die 2er-Komplement-Codierung wird bei Computern für arithmetische und logische Operationen benutzt, der Offset-Binärcode findet bei bipolaren Analogmessungen seine Anwendung.

Im Zusammenhang mit Datenwandlern sind nicht nur die digitalen Codes standardisiert, sondern auch deren analoge Spannungsbereiche. Die meisten Wandler benutzen den unipolaren Spannungsbereich von 0 V bis + 5 V und von 0 V bis + 10 V, einige wenige auch den negativen Bereich von 0 V bis − 5 V oder von 0 V bis − 10 V. Die bipolaren Standard-Spannungsbereiche sind ±2,5 V, ±5 V und ±10 V. Tab. 2.4 zeigt eine Gegenüberstellung der wichtigsten Codes.

Der 2er-Komplement-Code hat die Eigenschaft, dass die Summen seiner positiven und negativen Codes für denselben Absolutwert immer lauter 0-Werte plus einen Über-trag ergeben. Diese Charakteristik erlaubt den Einsatz dieses Codes, wenn arithmetische Berechnungen mit den Messergebnissen erfolgen müssen. Man beachte, dass die Komplementierung des MSB der einzige Unterschied zwischen dem 2er-Komplement- und dem Offset-Binärcode ist. Bei bipolarer Codierung wird hier das MSB zum Sign- bzw. Vorzeichenbit.

Den Sign-Magnitude-Binärcode findet man dagegen kaum. Dieser Code hat identische Codewörter für gleiche positive oder negative Absolutwerte. Sie unter-scheiden sich nur durch das Sign- bzw. Vorzeichenbit. Wie Tab. 2.3 zeigt, hat dieser Code auch zwei mögliche Codewörter für den Wert Null: 1000 0000 und 0000 0000. Die beiden werden gewöhnlich als 0± und 0− unterschieden. Wegen dieser Charakteristik hat der Code maximale Analogwerte von +(FS − 1LSB) und erreicht somit weder +FS noch − FS.

2.7.4 BCD-Codierung

Der BCD-Code, der auch als 8–4-2–1-Code bezeichnet wird, ist ein auf eine Dekade verkürzter reiner Binärcode. Dieser lässt sich für arithmetische und steuertechnische Aufgaben (Zählen) verwenden oder wenn Schnittstellen für digital anzeigende Geräte realisiert werden. Seine Stellenwertigkeit entspricht denen der ersten vier Stellen des reinen Binärcodes, dem Dualcode. Der BCD-Code der Dezimalzahlen von 0 bis 9 wird von Echttetraden und von A (10) bis F (15) durch die sogenannten Pseudotetraden gebildet.

Tab. 2.5 zeigt die BCD- und die komplementäre BCD-Codierung für einen Datenwandler mit drei dezimalen Stellen (Digits). Diese Codes werden bei integrierenden AD-Wandlern verwendet, wie sie bei digitalen Panelanzeigen, digitalen Multimetern und anderen Anwendungen mit dezimaler Anzeige eingesetzt werden. Hier verwendet man jeweils vier Digits für die Darstellung einer Dezimalstelle. Der BCD-Code ist ein positiv gewichteter Code. Seine Anwendung ist relativ ineffizient, da in jeder Gruppe von vier Bits nur jeweils 10 der 16 möglichen Ausgangszustände ausgenützt werden. Der Analogwert eines LSB für den BCD-Code beträgt

$$\mathrm{LSB(Analogwert)} = \frac{\mathrm{FSR}}{10^d}$$

wobei FSR den Skalenendbereich und d die Anzahl der dezimalen Digits darstellt. Wenn also z. B. drei Digits darzustellen sind und der Spannungsbereich $U_e = 10\,\mathrm{V}$ beträgt, so ergibt sich der Wert eines LSB aus

$$\mathrm{LSB(Analogwert)} = \frac{10\,\mathrm{V}}{10^3} = 0{,}01\,\mathrm{V} = 10\,\mathrm{mV}$$

Der BCD-Code ist meistens noch mit einem zusätzlichen Überlaufbit versehen, welches die Gewichtung des Skalenendwertes hat. Auf diese Weise erhöht sich der Bereich des AD-Wandlers um 100 %. Ein Wandler mit einem dezimalen Skalenendbereich von 999

Tab. 2.5 BCD- und komplementärer BCD-Code im 12-Bit-Format, wobei die Darstellung mit drei dezimalen Stellen erfolgt

Fraktion von FS	+ 10-V-FS	Binär-codierter Dezimal-Code	Komplementärer BCD-Code
+ FS − 1 LSB	+ 9,99	1001 1001 1001	1001 0110 0110
+ 3/4 FS	+ 7,50	0111 0101 0000	1000 1010 1111
+ 1/2 FS	+ 5,00	0101 0000 0000	1010 1111 1111
+ 1/4 FS	+ 2,50	0010 0101 0000	1101 1010 1111
+ 1/8 FS	+ 1,25	0001 0010 0101	1110 1101 1010
+ 1 LSB	+ 0,01	0000 0000 0001	1111 1111 1110
0	0,0	0000 0000 0000	1111 1111 1111

erhält durch das Überlaufbit den neuen Bereich von 1999, was eine Verdopplung des ursprünglichen Bereiches bedeutet. In diesem Falle stellt sich der maximale Ausgangscode als 1 1001 1001 1001 dar. Der zusätzliche Bereich wird gewöhnlich als 1/2 Digit bezeichnet. Die Auflösung des AD-Wandlers beträgt also 3 1/2 Digit.

Wenn der Endbereich auf ähnliche Weise um weitere 100 % gedehnt wird, ergibt sich ein neuer Endbereich von 3999. In diesem Fall spricht man von einem Wandler mit einer Auflösung von 3 3/4 Digit. Durch die Addition seiner beiden Überlaufbits erscheint der Ausgangscode für den Skalenendbereich als 11 1001 1001 1001. Wenn man den BCD-Code für eine bipolare Messung einsetzen soll, so muss ein zusätzliches Bit, das Sign-Bit, zum Codewort addiert werden. Als Resultat erhält man die Sign-Magnitude-BCD-Codierung.

2.7.5 Spezifikationen von Datenumsetzern

Bei Messdatenerfassungssystemen ist nicht nur der Test der Einzelkomponenten und die prinzipielle Schaltungsanordnung interessant. Erst die Beurteilung des gesamten Systems mit seiner Vielzahl von möglichen Fehlerquellen lässt einen Schluss auf die dynamische Unsicherheit des Systems zu. Mögliche Fehlerquellen sind in Abb. 2.74 gezeigt. Da nicht alle Unsicherheiten eines so komplexen Systems mit einem einzigen Test zu erfassen sind, hat sich eine Reihe unterschiedlicher Testverfahren herausgebildet.

Mit dem Beta-Frequenztest lassen sich diverse Digitalisierungsfehler in einem Messdatenerfassungssystem feststellen. Hierzu werden Signalfrequenz und Abtastfrequenz nahezu gleich gewählt, und aus jeder Sinusschwingung des Testsignals wird eine Probe entnommen. Um zu erreichen, dass alle möglichen Quantisierungsstufen beim abgetasteten Signal auftreten können, muss der Frequenzunterschied so groß gewählt werden, dass zwischen zwei aufeinanderfolgenden Samples ein Unterschied von < 1 LSB erwartet werden kann. Damit lassen sich sogenannte „missing codes" des Abtastsystems ermitteln.

Mit dem Hüllkurventest lassen sich ebenfalls dynamische Fehler erkennen. Hierzu wird ein Sinussignal gewählt, dessen Frequenz etwa der Hälfte der Abtastfrequenz entspricht. Da aufeinanderfolgende Messwerte wechselnde Vorzeichen aufweisen, wird hierbei eine große dynamische Anforderung an das System gestellt. Die Abweichung der Signalfrequenz von der doppelten Abtastfrequenz bestimmt, bei vorgegebener Speicherlänge, die scheinbar dargestellte Hüllkurvenfrequenz. Auch hiermit lassen sich fehlende AD-Kombinationen erkennen.

Um die dynamische Gesamtunsicherheit eines Systems zu bestimmen, wird oft ein Verfahren verwendet, das die „effektiven Bits" ermittelt. Dieses Verfahren gibt Aufschluss über die effektive Auflösung eines Systems. Hierzu wird der Prüfling mit einer sinusförmigen Spannung und geringem Klirrfaktor beaufschlagt. Für Systeme hoher Auflösung (> 10 Bit) ist der Einsatz eines zusätzlichen Tiefpassfilters nötig. Danach wird versucht die aufgenommenen Daten durch eine Sinusfunktion bestmöglich anzunähern

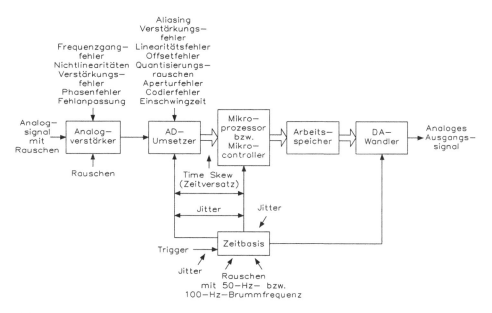

Abb. 2.74 Mögliche Fehlerquellen bei einem Messdatenerfassungssystem

(curve fitting). Diese Sinusfunktion ist mit dem Mikroprozessor oder Mikrocontroller zu ermitteln. Anschließend wird ein Vergleich zwischen der im Mikroprozessor oder Mikrocontroller generierten Kurve, den aufgenommenen Daten vorgenommen und die Abweichung durch den Effektivwert der Fehlerfunktion ausgedrückt. Dieser Effektivwert lässt sich mit dem Effektivwert des Rauschens vergleichen, den ein idealer AD-Wandler, mit derselben Bitzahl wie das zu testende Messdatenerfassungssystem, aufweist.

Unter der Auflösung eines Wandlers versteht man den kleinstmöglichen Schritt (Quantisierungsintervall Q), der von einem Wandler unterschieden werden kann. Diesen Schritt bezeichnet man auch als LSB. Für einen binären Wandler kann die Auflösung dadurch bestimmt werden, indem man den vollen Eingangsbereich durch die Anzahl der Quantisierungsintervalle dividiert ($FS/2^n$ mit n Anzahl der Bitstellen). Für einen BCD-Wandler gilt am $\log FS/2^d$ mit d Anzahl der Digits bzw. der Dezimalstellen. Der Wert von FS ist der volle Eingangsspannungsbereich (full scale). Die Auflösung ist ein theoretischer Wert und definiert nicht die tatsächliche Genauigkeit eines Wandlers. Ein Wandler mit der Auflösung $1/2^{10}$ hat eine Auflösung von etwa 0,1 % des vollen Eingangsbereichs, seine Genauigkeit kann aber wegen anderer Fehler trotzdem nur 0,5 % betragen.

Bei einigen Herstellern wird die Auflösung in dB-Werten angegeben. Hierzu bedient man sich der unter der Berechnung des Quantisierungsrauschens abgeleiteten Näherung, dass sich pro Bit an Auflösung ein Dynamikbereich d. h. ein Signal-Rausch-Abstand

Tab. 2.6 Auflösung eines
n-Bit-AD-Wandlers, der nach
dem Binärcode umsetzt

Bit	$1/2^n$ (Fraktion)	$1/2^n$ (Dezimal)	ppm
MSB	1/2	0,5	50
2	1/4	0,25	25
3	1/8	0,125	12,5
4	1/16	0,0625	6,25
5	1/32	0,03125	3,125
6	1/64	0,015625	1,6
7	1/128	0,0078125	0,8
8	1/256	0,00390625	0,4
9	1/512	0,001953125	0,2
10	1/1024	0,0009765625	0,1
11	1/2048	0,00048828125	0,05
12	1/4096	0,000244140625	0,024
13	1/8192	0,000122703125	0,012
14	1/16384	0,00006103515625	0,006
15	1/32768	0,000030517578125	0,003
16	1/65536	0,000015287890625	0,0015
17	1/131072	0,00000762939453125	0,0008
18	1/262144	0,00000381469726625	0,0004
19	1/524288	0,0000019073486328125	0,0002
20	1/1048576	0,00000095367431640625	0,0001

von ca. 6 dB erzielen lässt. Auch diese Angabe ist wiederum nur ein theoretischer Wert. Tab. 2.6 zeigt, welche theoretisch mögliche Auflösung für einen n-Bit-AD-Wandler erreichbar ist.

Die Eingangsspannungsbereiche und die Definition des Ausgangscodes lassen sich bei der AD-Umsetzung im Wesentlichen beliebig, wählen. In praktischen Anwendungen findet man aber für AD-Wandler bestimmte Eingangsbereiche und Codeformen. Für die Bereiche der Eingangsspannung gelten folgende Werte: 0 V bis +5,0 V oder 0 V bis +10,0 V für unipolare Wandler und von −2,5 V bis +2,5 V, −5,0 V bis +5,0 V oder −10 V bis +10 V für bipolare Wandler.

Beispiel: Ein sinusförmiges Signal mit einer Amplitude von $U_e = 10$ V soll von einem bipolaren AD-Wandler mit dem Eingangsspannungsbereich von −10 V bis +10 V digitalisiert werden. Das 12-Bit-Format entspricht einer Anzahl von $2^{12} - 4096$ Quantisierungsstufen. Bezogen auf die Messspanne des AD-Wandlers von 20 V lässt sich die Eingangsspannung auf 1/4096 auflösen oder entsprechend mit 0,024 % darstellen. Mit der Formel

$$DR = 20 \cdot \lg 2^n$$
$$= 20 \cdot \lg 2^{12}$$
$$= 20 \cdot 12 \cdot \lg 2$$
$$= 20 \cdot 0,301$$
$$= 72,25 \mathrm{dB}$$

Dies ergibt eine Dynamik von 72,25 dB. Als Zahlenwert erhält man für das Signal mit einer Eingangsspannung von 10 V den Wert von 20 V/4096 = 4,88 mV als kleinste Quantisierungseinheit.

Der Zusammenhang zwischen der Auflösung eines AD-Wandlers und der sich daraus ergebenden Anzahl von Quantisierungsschritten ist in Abb. 2.75 gezeigt. Bereits bei der Verwendung eines Analog–Digital-Wandlers mit einer Auflösung von 10 Bit ist also eine Genauigkeit von < 0,1 % entsprechend einer Dynamik von > 60 dB zu erreichen. Diese Werte sind oft besser als die Spezifikationen von zahlreichen Sensoren, wodurch sich der technische und somit auch kostenmäßige Aufwand für das Antialiasing-Filter mit der nachfolgenden Digitalisierungsschaltung noch in annehmbaren Grenzen halten lässt. Viele auf dem Markt befindlichen Messsysteme mit digitalem Ausgang begnügen sich daher mit dieser akzeptablen Genauigkeit.

Abb. 2.75 Zusammenhang zwischen der Auflösung einer sinusförmigen Wechselspannung in Bitstellen (Auflösung) und die daraus ergebende Anzahl von Quantisierungsschritten

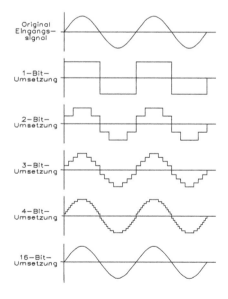

2.7.6   Relative Genauigkeit bei Wandlersystemen

Die Eigenschaften eines Wandlersystems (AD-Wandler am Eingang oder DA-Wandler am Ausgang, einschließlich der Peripherie) werden im Wesentlichen durch mehrere Faktoren bestimmt, die im Folgenden näher erläutert sind.

Bei der Betrachtung der Funktion eines Wandlersystems unterscheidet man zwischen idealen und realen Bauelementen. Da es in der Praxis keine idealen Bauelemente gibt, treten Abweichungen vom idealen Verhalten auf, z. B. hervorgerufen durch Toleranzen der einzelnen Bauelemente und durch unterschiedliche Temperaturkoeffizienten. In der Praxis treten daher Abweichungen in der Ausgangskennlinie eines Wandlers vom idealen Verlauf auf.

Abb. 2.76 zeigt eine solche Kennlinie, wobei FS (full scale) der maximale Ausgangswert eines Wandlers ist. Es soll darauf hingewiesen werden, dass die in Abb. 2.76 und in den nachfolgenden Abbildungen als stetige Funktion gekennzeichnete Ausgangskennlinie in Wirklichkeit eine fein abgestufte Treppenfunktion mit 255 (8-Bit-Wandler), 1023 (10-Bit-Wandler), 4095(12-Bit-Wandler) Stufen usw. darstellt. Abweichungen der Ausgangskennlinie vom idealen Verlauf lassen sich folgendermaßen klassifizieren:

- Nullpunktabweichung (offset error): Mit der Nullpunktabweichung bezeichnet man denjenigen Ausgangssignalwert, der vorhanden ist, wenn am Eingang das Digitalwort 0 anliegt. Wie Abb. 2.77 zeigt, bewirkt die Nullpunktabweichung eine parallele Verschiebung der Ausgangskennlinie.
- Verstärkungsfehler (gain error): Der Verstärkungsfehler beschreibt die Abweichung des Ausgangssignals vom Sollwert, wenn am Eingang das höchste Digitalwort (255,

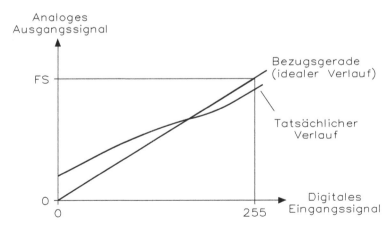

Abb. 2.76 Ausgangskennlinie eines nicht abgeglichenen Wandlersystems. Das digitale Eingangssignal im 8-Bit-Formal wird in eine analoge Ausgangsspannung zwischen 0 V und der maximalen Ausgangsspannung „FS" umgesetzt

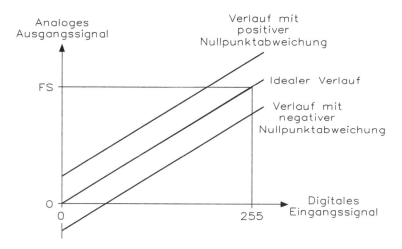

Abb. 2.77 Nullpunktabweichung der Ausgangskennlinie eines 8-Bit-DA-Wandlersystems

1023, 4095 usw.) anliegt. Wie Abb. 2.78 zeigt, bewirkt der Verstärkungsfehler eine Drehung der Ausgangskennlinie um den Nullpunkt.

- Linearitätsfehler: Der Linearitätsfehler beschreibt die Tatsache, dass die Ausgangs-kennlinie im Allgemeinen keine Gerade darstellt, sondern einen etwas welligen bzw. gekrümmten Verlauf aufweist, wie auch Abb. 2.76 zeigt.

Bei der Untersuchung der Genauigkeit eines Wandlers müssen alle Fehlerquellen betrachtet werden, und man muss zwischen absoluter und relativer Genauigkeit unter-scheiden. Eine alleinige Angabe der Auflösung, die einen Einfluss auf die Fehler-grenzen des Umsetzergebnisses hat, ist also zur Bestimmung der Genauigkeit

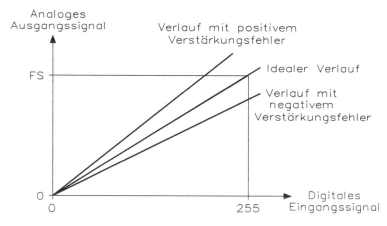

Abb. 2.78 Ideale Kennlinie und Kennlinien mit möglichen Verstärkungsfehlern bei einem 8-Bit-DA-Wandlersystem

eines Wandlers nicht ausreichend. Die relative Genauigkeit lässt sich als Linearität definieren, wobei zwischen dem integralen und dem differentiellen Linearitätsfehler unterschieden wird. Da bei den meisten Wandlersystemen die Möglichkeit besteht, die Verstärkung und den Offsetfehler durch externe Trimmer auf Null abzugleichen. Diese beiden Fehler werden – unter der Annahme eines sorgfältigen Abgleichs und einer entsprechenden Langzeitstabilität des Wandlers – bei der Abschätzung der Genauigkeit nicht berücksichtigt.

2.7.7   Absolute Genauigkeit bei Wandlern

Die absolute Genauigkeit eines Wandlers ist definiert als die prozentuale Abweichung der maximalen realen Ausgangsspannung FS (FSR-Bereich − 1/2 LSB) zu der spezifizierten Messspanne FSR (maximale Messspannung minus minimale Messspannung). Bei der Genauigkeitsspezifikation gibt man manchmal auch einen Genauigkeitsfehler an. Ein Genauigkeitsfehler von 1 % entspricht der absoluten Genauigkeit von 99 %. Die absolute Genauigkeit wird von den drei einzelnen Fehlerquellen, wie dem inhärenten Quantisierungsfehler (dieser geht als ±LSB-Fehler ein), den Fehlern, die aufgrund nicht idealer Schaltungskomponenten des Wandleraufbaus und dem später abgeleiteten Umsetzfehler entstehen, bestimmt. Da die absolute Genauigkeit durch die Temperaturdrift und durch die Langzeitstabilität ebenfalls beeinflusst wird, muss man bei der Angabe der Genauigkeit eines Wandlers auch den Fehler für die definierten Bereiche spezifizieren.

Aus den Parametern lässt sich die absolute Genauigkeit ableiten. Die absolute Genauigkeit wird·im Wesentlichen durch den Umsetzprozess bestimmt und ist weiterhin von den beiden Faktoren Umsetzzeit und Güte des Wandlers abhängig. Unter der relativen Genauigkeit versteht man die maximale Abweichung der Ausgangskennlinie des Wandlersystems von der idealen Kennlinie, die gemäß Abb. 2.79 den Nullpunkt mit

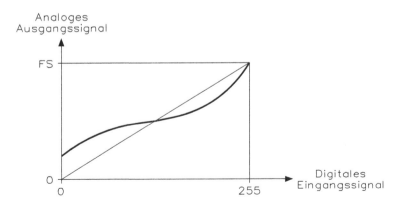

Abb. 2.79 Reale (*dick*) und ideale Kennlinie eines 8-Bit-DA-Wandlers

demjenigen Ausgangssignal verbindet, der bei der Eingabe des Digitalwortes 255, 1023, 4095 usw. auftritt.

Unter dem Begriff der relativen Genauigkeit lassen sich sämtliche Fehler erfassen, die aufgrund von Nichtlinearitäten des Wandlers bei der Umsetzung auftreten. Bei DA-Wandlern bevorzugt man die direkte Angabe der Nichtlinearität, während man diese Fehler unter dem Begriff der relativen Genauigkeit bei AD- bzw. DA-Wandlern einfach aufaddiert. Die relative Genauigkeit einer Umsetzung lässt sich nur dann erhöhen, wenn ein Wandler mit einer größeren Genauigkeit eingesetzt wird. Nichtlinearitätsfehler eines Wandlers lassen sich nicht abgleichen.

Eine andere Möglichkeit auf der Hardwareseite ist der Einsatz digitaler Fehler-korrekturschaltungen oder auf der Softwareseite die Verwendung spezieller Fehler-algorithmen, sofern ein Prozessrechner in einem System integriert ist. Werden beispielsweise an eine 8-Bit-Umsetzung höhere Genauigkeitsanforderungen gestellt, so lässt sich diese Bedingung durch die Verwendung eines 12-Bit-Wandlers erfüllen, bei dem nur die ersten 8-Bit-Stellen, gerechnet vom MSB, verwendet werden. Besitzt der 12-Bit-Wandler eine Nichtlinearität von $\pm 1/2$ LSB, so verringert sich bei der ausschließlichen Benutzung der ersten 8-Bit-Stellen der Nichtlinearitätsfehler auf 1/32 LSB. Bei der Abschätzung der relativen Genauigkeit unterscheidet man noch zwischen der integralen und der differentiellen Nichtlinearität.

Der Begriff der Linearität entspricht in Wesentlichen der Definition für die relative Genauigkeit. Die Bezugsgerade ist jedoch nicht vorgegeben, sondern lässt sich so aus-legen, dass sich die kleinsten Abweichungen von der jeweiligen Wandlerkennlinie ergeben.

Die differentielle Linearität beschreibt den Fehler in der Ausgangssignal-Stufenhöhe, bezogen auf die Sollstufenhöhe, hervorgerufen durch eine Änderung am Digitalein-gang von 1 LSB. Abb. 2.80 zeigt die Definition der differentiellen Linearität bei einem Wandlersystem.

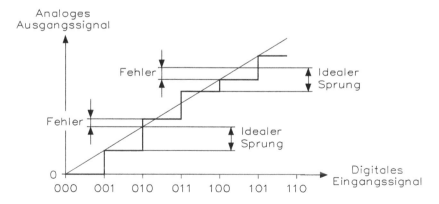

Abb. 2.80 Definition der differentiellen Linearität bei einem monotonen Wandlersystem

Unter dem Begriff der differentiellen Nichtlinearität erfasst man den Betrag der Abweichung jedes Quantisierungsergebnisses, d. h. jeden möglichen Ausgangscode, der nicht mit seinem theoretischen idealen Wert übereinstimmt. Anders ausgedrückt, die differentielle Nichtlinearität ist die analoge Differenz zwischen zwei benachbarten Codes von ihrem idealen Wert ($FSR/2^n = 1$ LSB). Wird für einen AD-Wandler der Wert der differentiellen Nichtlinearität von $\pm 1/2$ LSB angegeben, so liegt der Wert jeder minimalen Quantisierungsstufe, bezogen auf seine Übertragungsfunktion, zwischen 1/2 und 3/2 LSB, d. h., jeder Analogschritt beträgt 1 LSB $\pm 1/2$ LSB.

Das Verhalten eines DA-Wandlers wird als monoton bezeichnet, wenn das Ausgangssignal bei Zunahme des Digitalwertes ansteigt oder gleich bleibt. Abb. 2.80 zeigt einen monotonen, Abb. 2.81 einen nicht monotonen Funktionsverlauf. Monotonie liegt mit Sicherheit vor, wenn die differentielle Linearität kleiner ist als 1 LSB.

Ein Wandler soll das digitale Eingangssignal nicht nur möglichst genau in einen Analogwert umsetzen, er soll dies auch mit minimaler Verzögerung durchführen. Die Verzögerung lässt sich durch die Einschwingzeit (settling time) beschreiben. Dieser Begriff beinhaltet die Zeitspanne vom Anlegen des digitalen Codewortes bis zu dem Zeitpunkt, von dem an das Ausgangssignal spezifizierte Grenzen, meistens $\pm 1/2$ LSB, nicht überschreitet (Abb. 2.82). Der Wert bezieht sich normalerweise auf bestimmte Testbedingungen und ist unter Umständen von der Ausgangsbeschaltung abhängig. Dies gilt für AD-Wandler ebenso wie für DA-Schaltkreise.

Bei Wandlersystemen bezieht man die entsprechenden Stabilitätsangaben auf das analoge oder digitale Ausgangssignal. Man unterscheidet dabei die Abhängigkeit dieses Signals von der Temperatur und von der Betriebsspannung bzw. von deren Änderungen. Der Einfluss der Temperatur wird in ppm/K, der Einfluss der Betriebsspannung in mV/V bzw. µA/V, jeweils auf den Skalenendwert bezogen, angegeben. Auch der Quotient aus der prozentualen Änderung des Skalenendwertes und der prozentualen Änderung der Betriebsspannung lässt sich als Stabilitätsmerkmal verwenden.

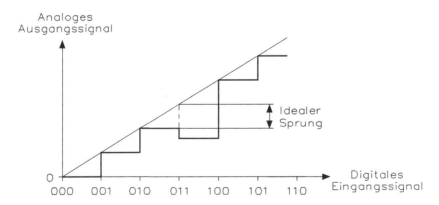

Abb. 2.81 Nicht monotoner Verlauf der Ausgangskennlinie

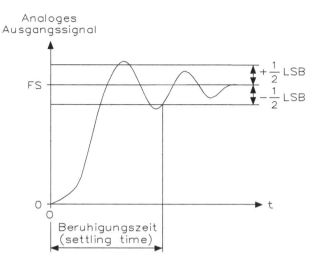

Abb. 2.82 Definition der Beruhigungs- bzw. Einschwingzeit bei einem Wandlersystem

Bei sämtlichen Fehlerbetrachtungen wurde bisher davon ausgegangen, dass nur ideale Abtastimpulse zur AD-Umsetzung vorliegen, d. h., die Impulse verfügen über eine konstante Länge, und ihre zeitlichen Abstände zueinander sind stets gleich. Diese Annahme setzt das Vorhandensein einer idealen Eingangsspannung voraus, weiterhin dürfen keine Störungen auf den Taktleitungen auftreten, die die Flanken der Taktimpulse verfälschen und dadurch die Einsatzpunkte der Abtastung verschieben.

Mit der Aperture-Unsicherheit werden die Fehler erfasst, die durch eine nicht ideale Abtastung (bezogen auf die zeitlichen Abstände), ausgelöst werden. Die Auswirkungen des Abtast-Jitters lassen sich als ein dem idealen Umsetzergebnis überlagerndes Rauschen auffassen.

Nach Abb. 2.83 kann zur Ableitung des Fehlers folgender Ansatz aufgestellt werden:

$$F[t + \Delta T(t)] = f(t) + f^*(t)\Delta T(t) + \ldots$$

Mit

$$f^*(t) \cdot \Delta T(t)$$

lässt sich der durch den Abtast-Jitter ausgelöste Fehler beschreiben. Der Mittelwert der Rauschspannung ist dann

$$[f^*(t) \cdot \Delta T(t)]^2 = [f^*(t)]^2 \cdot [\Delta T(t)]^2$$

Der Effektivwert der Rauschspannung ist die Quadratwurzel. Wird am Eingang des AD-Wandlers eine Sinusspannung mit der Frequenz f und der Amplitude $\hat{u}$ (Spitzenwert) angelegt, so lässt sich der effektive Abtast-Jitter-Fehler mit der Gleichung

$$E_{\text{Jitter(RMS)}} = 2 \cdot \pi \cdot \hat{u} \cdot f(\Delta T_{\text{RMS}})$$

berechnen.

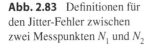

Abb. 2.83 Definitionen für
den Jitter-Fehler zwischen
zwei Messpunkten N_1 und N_2

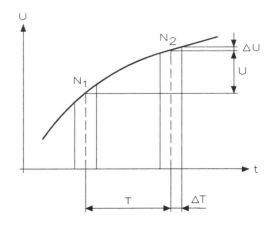

2.8   Digital-Analog-Wandler

Jedes PC-System oder jeder Prozessrechner arbeitet digital, d. h. mit den Informations-
werten 0 und 1. Um eine Kommunikation mit der analogen Außenwelt zu erhalten,
werden DA-Wandler benötigt, welche die digitalen Werte des Rechners in analoge
Ausgangsgrößen umsetzen. Die Einsatzgebiete der DA-Wandler reichen von Video- und
Audio-Anwendungen, automatischen Testsystemen oder digital gesteuerten Regelkreisen
bis hin zur Prozesskontrolle. Zusätzlich sind DA-Wandler noch ein Hauptbestandteil
einiger wichtiger AD-Wandler-Familien in der praktischen Anwendung.

DA-Wandler setzen ein diskretes Signal $s(n)$ in ein proportionales analoges Signal
$s(t)$ um. Da sich $s(n)$ nur zu bestimmten Zeitpunkten in T ändert, ändert sich auch das
analoge Ausgangssignal zu diesen Zeitpunkten. Die Amplitude am Ausgang eines
DA-Wandlers hat einen rechteckförmigen Verlauf, d. h., es liegt eine zeitkontinuier-
liche, aber wertdiskrete Funktion vor. Das Signal $s(t)$ enthält wegen seines rechteckförmigen Verlaufes unerwünschte Anteile höherer Frequenzen, die aus den harmonischen
Frequenzwerten der Wandlungsfrequenz $f_w = 1/T$ resultieren. Um diese Verzerrungen zu
eliminieren, muss auf einen DA-Wandler immer ein passiver Tiefpass 1. Ordnung folgen,
der eine Grenzfrequenz von $f_0 = f_w/2$ hat. Diese RC-Kombination (Widerstand und
Kondensator) wird als Rekonstruktionsfilter bezeichnet.

2.8.1   Übertragungsfunktion

Bei DA-Wandlern sind mehrere Codeformen möglich. In der Praxis arbeitet man entweder mit dem natürlichen Binärcode mit dem binärcodierten Dezimalcode (BCD) oder
mit deren komplementären Versionen. Jeder Code hat in bestimmten Anwendungen seine
speziellen Vor- und Nachteile.

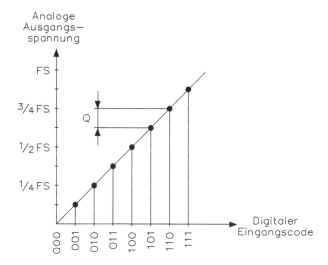

Abb. 2.84 Übertragungsfunktion eines idealen 3-Bit-DA-Wandlers mit dem Wert FS (full scale) und dem Quantisierungsfehler Q

Die Übertragungsfunktion eines idealen 3-Bit-DA-Wandlers ist in Abb. 2.84 gezeigt. Jeder einzelne Eingangscode erzeugt einen eigenen Ausgangswert, meist einen direkten oder negierten Stromwert. In den Fällen, bei denen bereits im Baustein ein Operationsverstärker für einen Strom-Spannungs-Wandler vorhanden ist, wird eine entsprechende Ausgangsspannung erzeugt. Hat man einen Stromausgang, erfolgt die Umsetzung in eine Ausgangsspannung entweder im einfachsten Fall über einen Widerstand, oder man steuert einen Operationsverstärker an, der als Strom-Spannungs-Wandler arbeitet. Der gesamte Ausgangsbereich umfasst 2^n-Werte, einschließlich der Null. Diese Ausgangswerte zeigen eine 1: 1-Übereinstimmung mit dem Eingang, was bei den AD-Wandlern nicht der Fall ist. Seit 1994 findet man in der Praxis immer mehr DA-Wandler, die mit einem direkten Spannungsausgang versehen sind. Dadurch kann man den externen Operationsverstärker einsparen.

Es gibt viele verschiedene Möglichkeiten, DA-Wandler zu realisieren. In der Praxis kommen davon jedoch nur einige wenige schaltungstechnische Varianten zur Anwendung. Bei parallelen DA-Wandlern liegen die digitalen Daten gleichzeitig „parallel" am Wandler an. Bei seriellen DA-Wandlern erhält man den analogen Ausgangswert erst dann, wenn alle Digitalwerte sequentiell eingeschrieben wurden.

Der DA-Wandler hat ebenfalls 2^n Ausgangszustände mit $2^n - 1$ Übergangspunkten zwischen den einzelnen Zuständen. Der Wert Q ist die Differenz zwischen dem Analogbetrag und den Übergangspunkten. Für den Wandler repräsentiert Q den kleinsten analogen Differenzbetrag, den der Wandler auflösen kann, d. h., Q ist die Auflösung des Wandlers, ausgedrückt für den kleinsten Analogbetrag.

Gewöhnlich wird die Auflösung bei Wandlern in Bit angegeben, die die Anzahl der möglichen Zustände eines Wandlers kennzeichnen. Ein DA-Wandler mit einer 8-Bit-Auflösung erzeugt 256 mögliche analoge Ausgangsstufen, ein 12-Bit-Wandler dagegen 4096 Werte. Im Falle eines idealen Wandlers hat der Wert Q über den gesamten Bereich der Übertragungsfunktion exakt den gleichen Wert. Dieser Wert stellt sich als $Q = FSR/2^n$ dar, wobei FSR die Messspanne angibt, also die Differenz zwischen dem minimalen und maximalen Messbereich (FS).

Wenn man beispielsweise einen Wandler im unipolaren Bereich zwischen 0 und $+10$ V oder im bipolaren Bereich von -5 V bis $+5$ V betreibt, beträgt der FSR-Wert in jedem Fall $U = 10$ V. Der FS-Wert beträgt dagegen im unipolaren Bereich 5 V und im bipolaren Bereich 10 V.

Mit dem Faktor Q bezeichnet man ferner den LSB-Wert, da dieser die kleinste Codeänderung darstellt, die ein DA-Wandler produzieren kann. Das letzte oder kleinste Bit im Code ändert sich dabei von 0 nach 1 oder von 1 nach 0.

Man beachte anhand der Übertragungsfunktionen bei einem Wandler, dass der Ausgangswert niemals ganz den maximalen Messbereich (FS) erreicht. Dies resultiert daraus, dass es sich beim maximalen Messbereich um einen Nominalwert handelt, der unabhängig von der Auflösung des Wandlers ist. So hat z. B. ein DA-Wandler einen Ausgangsbereich von 0 bis $+10$ V, wobei die 10 V den nominalen Skalenendbereich ($=$ maximaler Messbereich) darstellen. Hat der DA-Wandler beispielsweise eine 8-Bit-Auflösung, ergibt sich ein maximaler Ausgangswert von $255/256 \cdot 10$ V $= 9{,}961$ V. Setzt man dagegen einen 12-Bit-Wandler ein, erreicht man eine maximale Ausgangsspannung von $4095/4096 \cdot 10$ V $= 9{,}9976$ V. In beiden Fällen erreicht also der maximale Ausgangswert nur 1 Bit weniger als der durch die nominale Ausgangsspannung angegeben ist. Dies kommt daher, dass bereits der analoge Nullwert einen der zwei Wandlerzustände darstellt. Es gibt also sowohl für AD- als auch für DA-Wandler nur $2^n - 1$ Schritte über dem Nullwert. Zur tatsächlichen Erreichung des Skalenbereiches sind also $2^n + 1$ Zustände nötig, was aber die Notwendigkeit eines zusätzlichen Codebits bedeutet.

Aus Gründen der Einfachheit werden in Spezifikationen die Datenwandler also immer mit ihrem Nominalbereich statt mit ihrem echt erreichbaren Endwert angegeben. In der Übertragungsfunktion von Abb. 2.84 ist eine gerade Linie durch die Ausgangswerte des DA-Wandlers gezogen. Bei einem idealen Wandler führt diese Linie exakt durch den Nullpunkt und durch den Skalenendwert. Tab. 2.7 zeigt die wichtigsten Merkmale für Datenwandler.

Jeder, auch der ideale Wandler weist einen unvermeidlichen Fehler auf, nämlich die Quantisierungsunsicherheit oder das Quantisierungsrauschen. Da ein Datenwandler einen analogen Differenzbetrag von $< Q$ nicht erkennen kann, ist sein Ausgang an allen Punkten mit einem Fehler von $\pm Q/2$ behaftet.

Abb. 2.85 zeigt eine Schaltung zur Untersuchung eines 8-Bit-DA-Wandlers mit Stromausgang. Der IDAC8 hat acht Dateneingänge, die von einem Bitmustergenerator im hexadezimalen Zahlensystem angesteuert wird. Die Steuerung muss auf „Zyklus" eingestellt werden. Arbeitet der Bitmustergenerator nicht ordnungsgemäß, fehlen die

Tab. 2.7 Charakteristische Merkmale für Datenwandler

Auflösung n	Zustände 2^n	Binäre Gewichtung 2^{-n}	LSB für FS = 10 V	Signal-Rausch-Ver-hältnis dB	Dynamik-bereich dB	Maximaler Ausgang für FS = 10 V
4	16	0,0625	625 mV	34,9	24,1	9,3750 V
6	64	0,0156	156 mV	46,9	36,1	9,8440 V
8	256	0,00391	39,1 mV	58,9	48,2	9,9609 V
10	1024	0,000977	9,76 mV	71,0	60,2	9,9902 V
12	4096	0,000244	2,44 mV	83,0	72,2	9,9976 V
14	16383	0,000061	610 μV	95,1	84,3	9,9994 V
20	65536	0,0000153	153 μV	107,1	96,3	9,9998 V

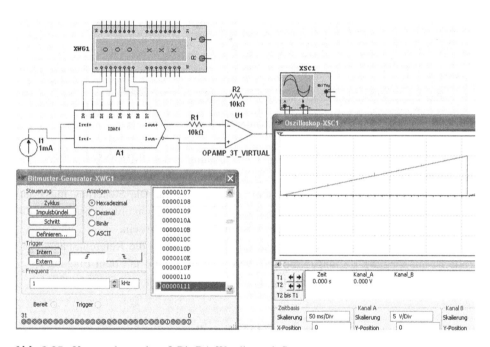

Abb. 2.85 Untersuchung eines 8-Bit-DA-Wandlers mit Stromausgang

Einstellungen der Definition, denn diese muss auf „Vorwärtszählen" gestellt sein. Nach jedem Aufruf von Multisim müssen die Einstellungen von den Messgeräten neu justiert werden.

Die Treppenspannung verläuft in positiver Richtung, denn die Referenzstromquelle ist am Eingang I_{ref-} angeschlossen. Verbindet man diese mit dem Eingang I_{ref+}, ergibt sich eine negative Treppenspannung. Der Operationsverstärker arbeitet im invertierenden Betrieb.

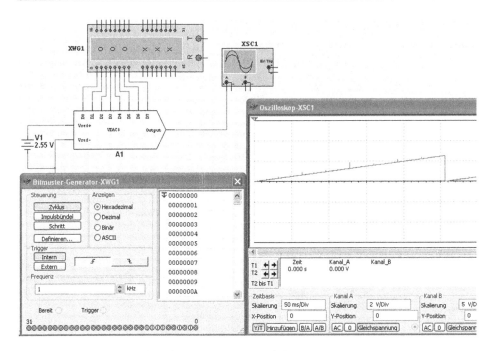

Abb. 2.86 Untersuchung eines 8-Bit-DA-Wandlers mit Spannungsausgang

Abb. 2.86 zeigt eine Schaltung zur Untersuchung eines 8-Bit-DA-Wandlers mit Spannungsausgang. Der VDAC8 hat acht Dateneingänge, die von einem Bitmuster-generator im hexadezimalen Zahlensystem angesteuert wird. Die Steuerung muss auf „Zyklus" eingestellt werden. Arbeitet der Bitmustergenerator nicht ordnungsgemäß, fehlt die Definition, denn diese muss auf „Vorwärtszählen" eingestellt sein.

Die Treppenspannung verläuft in positiver Richtung, denn die Referenzspannungs-quelle ist am Eingang I_{ref+} angeschlossen. Verbindet man diese mit dem Eingang I_{ref-}, ergibt es eine negative Treppenspannung. Es wird kein Operationsverstärker benötigt.

2.8.2 Aufbau und Funktion eines DA-Wandlers

Im Wesentlichen besteht ein DA-Wandler aus fünf Funktionseinheiten:

- Zwischenspeicher für die digitalen Eingangsinformationen
- für die Ansteuerung des Bewertungsnetzwerkes
- Bewertungsnetzwerk
- Referenzspannung für das Bewertungsnetzwerk
- Ausgangsverstärker, der als Strom-Spannungs-Wandler arbeitet

Abhängig von der Art, in der das digitale Signal an den Eingang des DA-Wandlers gelegt wird, unterscheidet man zwischen parallelen und seriellen DA-Wandlern. Ein paralleler Wandler besitzt so viele Eingänge, wie die zu verarbeitenden Digitalwörter an Bitstellen aufweisen. Liegt beispielsweise ein 12-Bit-Wandler vor, so kann dieser das 12-Bit-Format über den 16-Bit-Datenbus des Mikroprozessors oder Mikrocontrollers übernehmen. Hat der Mikroprozessor oder Mikrocontroller nur einen 8-Bit-Datenbus, übernimmt der 12-Bit-Wandler zuerst das untere Byte und in einer zweiten Schreiboperation das obere Byte, das dann als Nibble oder Tetrade anliegt. Dieser Ablauf der Datenübernahme kann auch umgekehrt ablaufen. Erst danach erfolgt die Freigabe des 12-Bit-Zwischenspeichers für den Wandlerausgang. Jedes Datenwort wird bei diesem DA-Wandler parallel eingegeben, d. h. alle Bits eines Datenwortes werden gleichzeitig an die Eingänge gelegt und gleichzeitig übernommen.

Bei einem seriellen Wandlertyp ist dagegen nur ein Dateneingang vorhanden und die einzelnen Bits vom Rechner lassen sich mittels einer Taktleitung in den Zwischenspeicher (Schieberegister) einschreiben. Ist die serielle Datenübertragung abgeschlossen, erfolgt anschließend eine parallele Umsetzung durch den DA-Wandler,

Die Schaltung von Abb. 2.87 zeigt einen parallelen 8-Bit-DA-Wandler mit einem Eingangszwischenspeicher für die Aufnahme der digitalen Information. Über die acht Dateneingänge liegt die Information parallel in dem Eingangszwischenspeicher. Mit dem LE-Eingang erfolgt die Datenübernahme. Diese Information wird so lange zwischengespeichert, bis ein neuer Wert vom Mikroprozessor oder Mikrocontroller anliegt.

Die Ausgänge des Zwischenspeichers sind mit Stromschaltern verbunden, über welche die Ansteuerung des Bewertungsnetzwerkes erfolgt. Dieses Netzwerk erzeugt in diesem Fall acht binär abgestufte Teilströme mit den Wertigkeiten

$$128 : 64 : 32 : 16 : 8 : 4 : 2 : 1$$

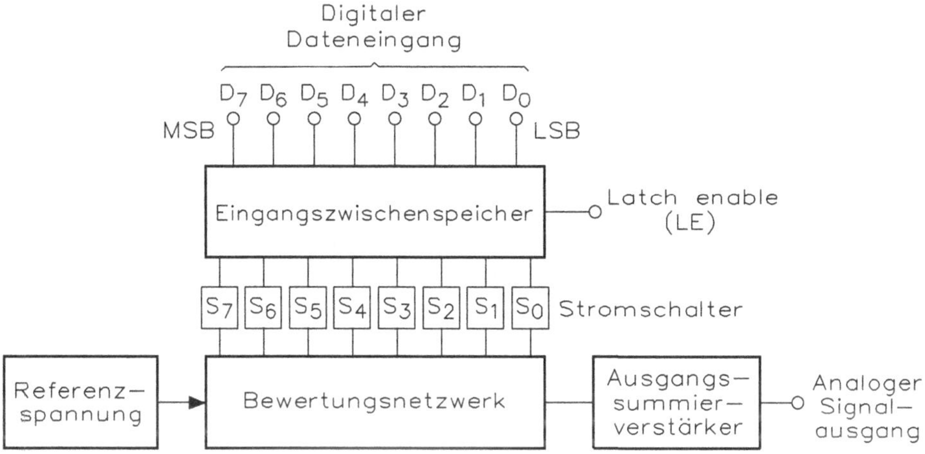

Abb. 2.87 Aufbau eines parallelen 8-Bit-DA-Wandlers mit Schnittstelle für einen Mikroprozessor

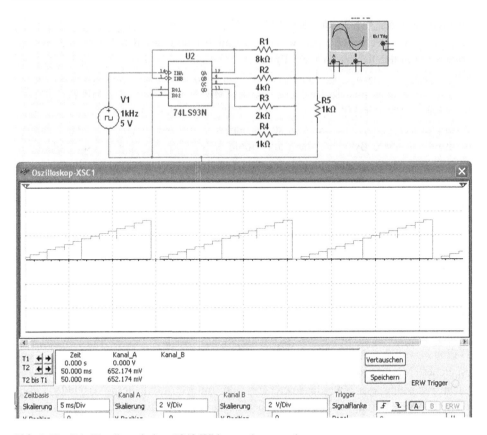

Abb. 2.88 DA-Wandler mit dem 1248-Widerstandsnetzwerk

die je nach Wertigkeit der Bit-Koeffizienten D_0 (LSB) bis D_7 (MSB) durch die binären Stromschalter entweder ein- oder umgeschaltet werden. Am Ausgang befindet sich ein Operationsverstärker, der die Ausgänge der Stromschalter zusammenfasst und ein analoges Ausgangssignal erzeugt. Abb. 2.88 zeigt einen 4-Bit-DA-Wandler mit dem 1248-Widerstandsnetzwerk.

Wichtig in dieser Schaltung ist die Referenzeinheit, die entweder eine Spannung oder einen Strom für das Bewertungsnetzwerk erzeugt. Diese Referenzeinheit muss im DA-Wandler nicht unbedingt vorhanden sein, sondern kann auch extern dazugeschaltet werden.

Bei einem idealen DA-Wandler besteht eine lineare 1: 1-Abhängigkeit zwischen der digitalen Eingangsinformation und dem analogen Ausgangswert.

2.8.3 R2R-DA-Wandler

Eine sehr bekannte Technik bei DA-Wandlern ist das R2R-Leiternetzwerk. Wie in Abb. 2.89 zu sehen ist, besteht dieses Netzwerk aus Längswiderständen mit dem Wert R, und die Nebenschlusswiderstände weisen einen Wert von $2R$ auf. Das offene Ende des $2R$-Widerstandes ist über einen einpoligen Umschalter entweder mit Masse oder dem Stromsummenpunkt des nachgeschalteten Operationsverstärkers verbunden. Der einpolige Umschalter wird mit den entsprechenden Analogschaltern realisiert.

Das Prinzip des R2R-Netzwerkes beruht auf der binären Teilung des Stromes durch das Netzwerk. Eine nähere Untersuchung des Widerstandsnetzwerkes zeigt, dass sich vom Punkt A nach rechts gesehen ein Messwert von $2R$ ergibt. Dadurch erkennt die Referenzspannung einen Netzwiderstand von R.

Am Referenzspannungseingang teilt sich der Strom in zwei gleiche Teile auf, da er in jeder Richtung den gleichen Widerstandswert erkennt. Ebenso teilen sich die nach rechts fließenden Ströme in den nachfolgenden Widerstandsknotenpunkten jeweils im selben

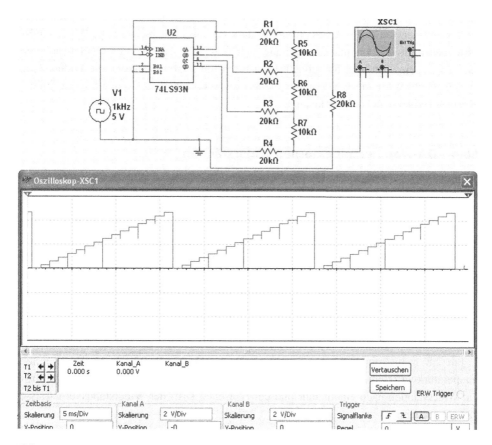

Abb. 2.89 DA-Wandler mit dem R2R- Netzwerk

Verhältnis auf. Das Ergebnis sind binär gewichtete Ströme, die durch alle 2R-Widerstände des Netzwerkes fließen. Die digital kontrollierten Schalter führen diese Ströme dann entweder zu dem Summenpunkt oder gegen Masse.

In der Annahme, dass alle Eingänge, wie Abb. 2.89 zeigt, ein 1-Signal aufweisen, wird der gesamte Strom in den Summenpunkt fließen. Wie aus der Abbildung ersichtlich ist, wird der Summenstrom zu einem Operationsverstärker geführt, der den Strom in eine entsprechende Ausgangsspannung umsetzt. Der Ausgangsstrom berechnet sich aus

$$I_\text{a} = \frac{U_\text{ref}}{R}\left(\frac{1}{2} + \frac{1}{4} + \frac{1}{8} + \ldots + \frac{1}{2^n}\right)$$

wobei es sich um eine binäre Ansteuerung handelt. Daraus folgt für die Summe aller Ströme

$$I_\text{a} = \frac{U_\text{ref}}{R}(1 - 2^{-n})$$

Der Ausdruck 2^{-n} stellt den physikalischen Anteil des Stromes dar, der durch den am äußersten rechten Ende gelegenen Abschlusswiderstand $2R$ fließt. Der Vorteil der R2R-Widerstandsnetzwerktechnik besteht darin, dass nur zwei unterschiedliche Widerstandswerte getrimmt werden müssen, woraus sich ein gutes Temperaturverhalten ableiten lässt. Außerdem setzt man für schnelle Anwendungen relativ niederohmige Widerstände ein. Für hochauflösende DA-Wandler bieten sich sehr genau arbeitende lasergetrimmte Dünnfilm-Widerstandsnetzwerke an.

2.8.4 DA-Wandler mit externen Widerständen

Die DA-Wandler, die man diskret aufbauen will, unterscheiden sich unter anderem durch die Verwendung verschiedener Widerstandsmaterialien. Die Widerstände sind aber bei Datenwandlungsbausteinen von ausschlaggebender Bedeutung. So ist beispielsweise ein typischer Digital-Analog-Wandler mit einem binär gewichteten R2R-Widerstandsnetzwerk aufgebaut. Ausschlaggebend für die Linearität und der differentiellen Linearität sind die Widerstandsverhältnisse untereinander. Die Toleranz des MSB-Widerstandes ist hierbei am kritischsten. Der Strom durch diesen Zweig muss die Toleranz von $\pm 1/2$ LSB einhalten. Ist dies nicht der Fall verliert der Wandler an Genauigkeit (Monotonie, differentielle Linearität und Linearität). Es würde sich ein n-Bit-Wandler zu einem $(n - 1)$-Bit-Wandler verschlechtern.

Tab. 2.8 zeigt einen Vergleich verwendbarer Widerstände mit dem absoluten Temperaturkoeffizient, dem Verhältnis der Temperaturkoeffizienten, der typischen Drift von Widerständen nach einem Jahr und der typischen Drift der Widerstandsverhältnisse nach einem Jahr.

Die derzeit mögliche Herstellung von Halbleiter-ICs ohne Laserabgleich liegt bei 12-Bit-Auflösung. Mit Laserabgleich der Widerstandsnetzwerke lassen sich die

Tab. 2.8 Stabilität von Widerständen

	Absoluter Temperaturkoeffizient	Verhältnis der Temperaturkoeffizienten	Typische Drift pro Jahr	Typische Drift der Widerstandsverhältnisse pro Jahr
Laborgewickelte Drahtwiderstände	1 ppm	0,5 ppm	2 bis 5 ppm	1 bis 5 ppm
Industrielle Präzisionsdrahtwiderstände	2 ppm	1 bis 2 ppm	15 bis 50 ppm	10 bis 30 ppm
Filmwiderstände	3 ppm	1,5 ppm	25 ppm	15 bis 40 ppm
Gedruckte Spezialdünnfilmwiderstände	5 bis 15 ppm	3 bis 5 ppm	25 bis 50 ppm	25 bis 50 ppm
Dünnfilmwiderstände	20 bis 60 ppm	2 bis 6 ppm	200 bis 400 ppm	100 bis 400 ppm
Laserabgeglichene Kleinstdünnfilmwiderstände	20 bis 60 ppm	3 bis 10 ppm	200 bis 600 ppm	200 bis 600 ppm
Diskrete Dünnfilmwiderstände (RN55E)	25 ppm	10 ppm	300 bis 1500 ppm	500 bis 2000 ppm
Abgeglichene Dünnfilmwiderstandsnetzwerke	50 bis 100 ppm	5 bis 50 ppm	500 bis 1000 ppm	200 bis 2000 ppm
Kohleschichtwiderstände	1000 bis 2000 ppm	500 bis 1000 ppm	20.000 ppm	20.000 ppm

Genauigkeiten bis zu 16-Bit-Auflösung einhalten. Der Nachteil des Laserabgleichs ist jedoch, dass keine Angaben über die Langzeitdriften gemacht werden können. Bei diskreten Widerständen kennt man diese Driften und diese lassen nach einem „Burn-In" eine Verhältnisdrift von 10 ppm bis 30 ppm zu. Dieser Wert genügt einer 16-Bit-Genauigkeit (0,0015 %) nach einem Jahr.

Wie aus Tab. 2.8 ersichtlich, genügen nur die hochqualitativen Widerstandsmaterialien bis zu einer Langzeitdrift von 50 ppm pro Jahr den Anforderungen von 14-Bit- bis 16-Bit-Wandlern. Die im unteren Teil dieser Tabelle aufgeführten Widerstandsmaterialien genügen nicht ohne zusätzlichen Abgleich den Anforderungen eines 12-Bit-Wandlers.

Abb. 2.90 zeigt eine Schaltung des DA-Wandlers mit dem 8421-Widerstandsnetzwerk. Der DA-Wandler-Schaltungsentwurf verbindet die Vorteile der gewichteten Stromquellentechnik mit dem 8421-Widerstandsnetzwerk. Dieses Schema verwendet keine großen Schalttransistorströme zum Betrieb der einzelnen Knotenpunkte.

In Abb. 2.90 sind Spannungseinbrüche zu sehen. Die Ursache der Spannungsspitzen liegt in kleinen Zeitunterschieden zwischen dem Ein- und Ausschalten von Schalttransistoren und in diesem Fall des asynchronen Zählers. Als Beispiel sei eine 1-LSB-Erhöhung im 1/2-FS-Bereich erwähnt. Hier erfolgt eine Umschaltung vom Code 0111

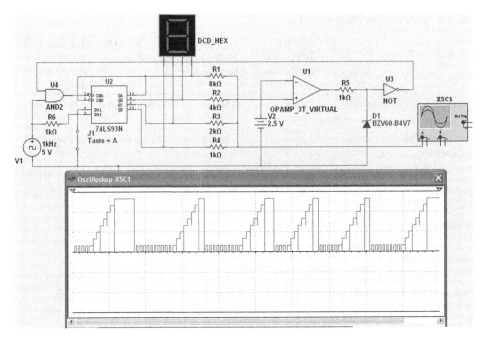

Abb. 2.90   DA-Wandler mit 8421-Widerstandsnetzwerk

auf 1000. Wird nun beim Umschaltvorgang das MSB des zweiten Codes schneller eingeschaltet als die Bits im ersten Code ausgeschaltet, so sind für kurze Zeit praktisch
alle Bits eingeschaltet, und es ergibt sich eine Spannungsspitze von fast 1/2 FS. Diese
Spitze ist dann auf dem Oszilloskop als Störung zu erkennen. Die Glitches lassen sich
mit einem Kondensator von 1 nF am Ausgang eliminieren.

Der Zähler 74193 ist ein asynchroner Zähler und im Zählbetrieb entstehen Zwischenstände, die hier voll zur Wirkung kommen. Verwendet man den synchronen Zähler
74163 statt des 7493/74193, treten im Zählerbetrieb keine Zwischenstände auf und damit
keine Glitches.

Verwendet man in Abb. 2.91 den TTL-Zählerbaustein 7493, ergeben sich durch die
asynchrone Arbeitsweise wieder Zwischenstände und man kann dies deutlich in den Ein-
brüchen sehen. Verwendet man den synchronen Zähler 74163 statt dem 7493, treten im
Zählerbetrieb keine Zwischenstände auf und damit keine Glitches. Der Vorteil des R2R-
Widerstandsnetzwerkes sind die identischen Ströme, sodass alle Emitterwiderstände
gleich groß sind, und damit erreicht man weitgehend identische Schaltgeschwindig-
keiten.

An den Eingang des DA-Wandlers wird ein Datenregister für die Zwischenspeicherung der digitalen Informationen vorgeschaltet und der Ausgang mit einem
Abtast- und Halteverstärker verbunden. Wird nun über das Register ein neues Digitalwort eingelesen, schaltet der Abtast- und Halteverstärker gleichzeitig auf „Halten", d. h.,

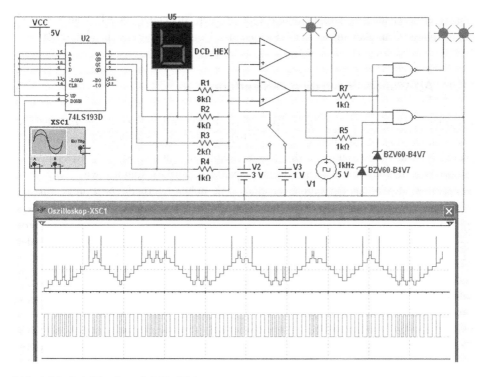

Abb. 2.91 DA-Wandler mit R2R-Widerstandsnetzwerk

der Ausgangskreis ist unterbrochen und wird auf dem letzten analogen Spannungs-wert festgehalten. Nachdem der DA-Wandler sich auf den neuen Wert eingeschwungen hat und die Glitches abgeklungen sind, kann die Abtast- und Halteeinheit wieder auf „Abtasten" schalten. Damit ist der Schaltkreis geschlossen, und der neue Ausgangswert steht ohne Verfälschungen zur Verfügung.

2.9   Analog–Digital-Wandler

Analog–Digital-Wandler funktionieren nach sehr unterschiedlichen Umsetzungsver-fahren. Ähnlich wie bei den DA-Wandlern werden jedoch nur einige wenige Verfahren in der Praxis eingesetzt. Die Wahl des Verfahrens wird in erster Linie durch die Auflösung und die Umsetzgeschwindigkeit bestimmt.

Es sind zahlreiche Verfahren zur Digitalisierung einer analogen Eingangsspannung bekannt. Aus der Tatsache, dass für jedes Umsetzverfahren jeweils ein spezieller AD-Baustein entwickelt wurde, kann abgeleitet werden, dass sich jedes einzelne AD-Verfahren unter bestimmten Anwendungsbedingungen vorteilhaft einsetzen lässt. Neben den bei der Umsetzung entstehenden grundlegenden Fehlern beinhaltet jedes

Umsetzverfahren auch systembedingte Fehler. Für den Anwender von AD-Wandlern sind deshalb einige Grundkenntnisse der verschiedenen Umsetzverfahren sehr vorteilhaft.

2.9.1 AD-Wandler nach dem Zählverfahren

Bei einem AD-Wandler, der nach dem Zählverfahren arbeitet, wird die Impulsfolge eines Taktgenerators auf einen Zähler geschaltet. Die Ausgänge des Zählers sind mit einem DA-Wandler verbunden. Bei jedem Taktimpuls steigt die Ausgangsspannung des DA-Wandlers um 1 LSB. Die Ausgangsspannung am DA-Wandler wird über einen Komparator, also einen Operationsverstärker mit hoher Leerlaufverstärkung, mit der Mess- bzw. Eingangsspannung verglichen. Hat die Ausgangsspannung des DA-Wandlers den Wert der Mess- oder Eingangsspannung erreicht, schaltet der Komparator und sperrt den Taktgenerator. Da die Auswertung der Impulse erfolgt, steht der Messwert in der 7-Segment-Anzeige.

Ein AD-Wandler, der nach dem Zählverfahren arbeitet, benötigt vier Funktionseinheiten. Der Komparator vergleicht die Messspannung U_e mit der Ausgangsspannung vom DA-Wandler. Ist die Ausgangsspannung des DA-Wandlers kleiner als die Messspannung, weist der Ausgang des Komparators ein 1-Signal auf, und der Taktgenerator kann arbeiten. Der Taktgenerator erzeugt eine bestimmte Frequenz, die den Vorwärtszähler ansteuert. Pro Taktimpuls erhöht sich die Wertigkeit des Zählers um +1. Die Wertigkeit des Zählers bestimmt über die acht Leitungen die Eingangswertigkeit des DA-Wandlers und damit dessen Ausgangsspannung. Der Zählerausgang stellt das konvertierte Digitalwort dar, welches ein Rechner über eine parallele Schnittstelle abfragen kann. Erreicht die Ausgangsspannung U_a die Höhe der Messspannung, schaltet der Komparator an seinem Ausgang auf 0-Signal um und stoppt so den Taktgenerator.

Der AD-Wandler von Abb. 2.92 lässt sich mit einem Löschsignal ansteuern, starten oder triggern. Mit dem Löschsignal wird der Vorwärtszähler auf 0 zurückgesetzt. Der DA-Wandler hat damit an seinem Ausgang eine Spannung von $U_v = 0$ V, und der Ausgang des Komparators schaltet auf 1-Signal. Mit diesem Signal wird der Taktgenerator angesteuert, wodurch das Hochzählen vom Zählerstand 0 aus beginnt. Der Zähler wird gestoppt, wenn die Bedingung $U_e = U_v$ erfüllt ist.

Diese Schaltungsvariante hat Vor- und Nachteile. Einer der Vorteile ist die Realisierung eines Spitzenwert-AD-Wandlers. Vergrößert sich die Messspannung, läuft der Vorwärtszähler an und versucht über den nachgeschalteten DA-Wandler die Amplitude der Eingangsspannung zu erreichen. Verringert sich die Messspannung, tritt dagegen keine Änderung ein. Der Nachteil ist die lange Zeitdauer für eine komplette Umsetzung nach dem Startsignal.

Dieser TTL-Baustein 74393 enthält einen zweifachen und einen achtfachen Teiler. Der asynchrone Zähler 74393 besteht aus vier Flipflops, die intern derart verbunden sind, dass ein Zähler bis zwei und ein Zähler bis acht entsteht. Alle Flipflops besitzen eine gemeinsame Resetleitung, über die sie jederzeit gelöscht werden können (Pin 2 und

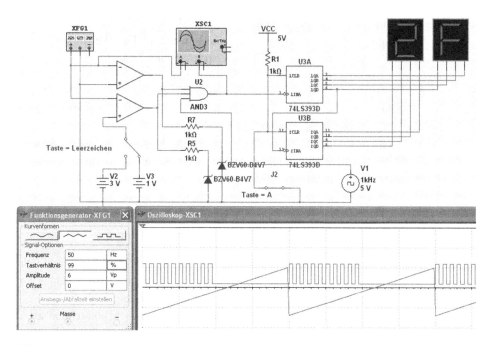

Abb. 2.92 Schaltung eines Analog–Digital-Wandlers mit Impulsdiagramm nach dem Zähler- oder Stufenumsetzungs-Verfahren. Der Ausgang des Vorwärtszählers stellt das konvertierte Digitalwort dar

Pin 3 auf 1-Signal). Das Flipflop A ist intern nicht mit den übrigen Stufen verbunden, wodurch verschiedene Zählfolgen möglich sind:

- Zählen bis 16: Hierzu wird der Ausgang Q_A mit dem Takteingang IN_B verbunden. Die Eingangsfrequenz wird dem Anschluss IN_A zugeführt und die Ausgangsfrequenz an Q_D entnommen. Der Baustein zählt im Binärcode bis 16 (0 bis 15) und setzt sich beim 16. Impuls in den Zustand Null zurück.
- Zählen bis 2 und Zählen bis 8: Hierbei wird das Flipflop A als Teiler 2: 1 und die Flipflops B, C und D als Teiler 8: 1 verwendet.

Die Triggerung erfolgt immer an der negativen Flanke des Taktimpulses. Für normalen Zählbetrieb muss wenigstens einer der beiden Reset-Anschlüsse an Masse gelegt werden.

Bei den nachfolgenden Schaltungsvarianten bildet der Komparator einen integralen Bestandteil der meisten AD-Wandler und soll deshalb wegen seiner besonderen Bedeutung kurz erklärt werden. Man kann sich einen Komparator als Operationsverstärker ohne Rückkopplungswiderstand (das ist eine theoretisch unendlich hohe Schleifenverstärkung) vorstellen, der dadurch mit einer sehr großen Verstärkungsbandbreite bei minimaler Rückkopplungskompensation arbeitet. Deshalb muss man bei der

Schaltungsauslegung sorgfältig darauf achten, dass durch parasitäre Kapazitäten keine unerwünschten Komparatorschwingungen ausgelöst werden. Die Verstärkung des Komparators muss so groß sein, dass die Differenzspannung am Komparatoreingang (sie ist abhängig von der Eingangsspannung des Systems und der geforderten Auflösung) fähig ist, den Komparatorausgang in die Sättigung zu steuern. Bei einem 12-Bit-Stufen-AD-Wandler mit einem zulässigen Eingangsbereich von $+10$ V beträgt dieser Spannungswert $10/2^{12}$ V und ist also kleiner als 1 mV.

Der zweite wichtige Faktor für einen Komparator stellt die Abschätzung der Schaltgenauigkeit und die Schaltgeschwindigkeit dar. In erster Näherung ist diese abhängig von der Übersteuerung am Eingang des Komparators.

2.9.2 AD-Wandler mit Nachlaufsteuerung

Wandler, die nach dem Zählverfahren aufgebaut sind, arbeiten sehr einfach und sind sehr kostengünstig zu realisieren. Jedoch dauert die Umsetzung relativ lang, da der Zähler vor dem Start auf Null gesetzt wird. Eine Verbesserung dieser Technik zeigt Abb. 2.93.

Für die Realisierung eine AD-Wandlers mit Nachlaufsteuerung benötigt man zwei Komparatoren, die die Ausgangsspannung des DA-Wandlers mit der Messspannung unterschiedlich vergleichen. Aus den beiden Vergleichen lassen sich die beiden UND-Gatter ansteuern, die mit dem gemeinsamen Taktgenerator verbunden sind. Je nachdem ob der obere oder untere Komparator am Ausgang ein 1-Signal erzeugt, erhält der Vorwärts- oder Rückwärts-Eingang die Zählimpulse. Sind beide Spannungen U_e und U_v identisch erzeugen beide Komparatoren ein 0-Signal für die zwei NAND-Gatter, und der

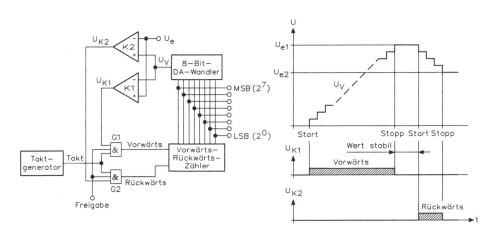

Abb. 2.93 Analog–Digital-Wandler mit Nachlaufsteuerung (Tracking-Verfahren) durch einen Vorwärts-Rückwärts-Zähler

Zähler ist blockiert. Ändert sich die Messspannung in positiver oder negativer Richtung, arbeitet der Zähler im Vorwärts- oder Rückwärtsbetrieb.

Der Baustein 74193 enthält einen programmierbaren synchronen 4-Bit-Binärzähler mit getrennten Takteingängen für Aufwärts- und Abwärtszählen, sowie einen Löschein- gang. Für normalen Betrieb legt man den Anschluss „Load" auf 1-Signal und „Clear" auf 0-Signal. Der Zähler geht bei jedem 01-Übergang (positive Flanke) am Taktein- gang UP um einen Schritt nach aufwärts weiter. Bei jeder positiven Flanke des Taktes am „Down"-Eingang geht der Zähler abwärts. Der jeweils andere Takteingang ist auf 1-Signal zu legen. Zur Programmierung wird die gewünschte Zahl im Binärcode an die Eingänge P0 bis P3 gelegt und der Eingang „Load" kurzzeitig auf 0-Signal gelegt.

Zum Löschen des Zählers legt man „Clear" kurzzeitig auf 1-Signal. Der Löschvor- gang ist unabhängig vom Takt.

Beim Aufwärtszählen gibt der Übertragsausgang Pin 12 bei Erreichen von 15 einen negativen Impuls ab. Beim Abwärtszählen entsteht beim Erreichen von 0 am Ausgang 13 ein kurzer negativer Impuls. Für mehrstellige Zähler verbindet man Pin 13 (Abwärts- übertrag) mit dem Takteingang „Clock-Down" der nächsten Stufe und Pin 14 (Aufwärts- übertrag) mit dem Takteingang „Clock-Up" der folgenden Stufe.

Der offensichtliche Vorteil eines „Tracking"-Wandlers ist, dass er dem Eingangs- signal kontinuierlich folgt und ständig aktuelle Digitaldaten zur Verfügung stellt. Dabei darf sich allerdings das Eingangssignal nicht zu schnell ändern. Höherfrequente Ein- gangssignale sind dann messbar, wenn schnelle Operationsverstärker eingesetzt werden, die speziell für den Komparatorbetrieb ausgelegt sind. Bei nur kleinen Änderungen des Eingangssignals ist dieses Verfahren in der praktischen Anwendung sehr schnell. Diese Schaltung ermöglicht durch Anlegen eines Digitalsignals am Zähler die Wahl zwischen Nachlauf- und Haltebetrieb.

2.9.3 AD-Wandler mit stufenweiser Annäherung

Für Wandler mit mittlerer bis sehr hoher Umsetzgeschwindigkeit ist das Verfahren der sukzessiven Approximation oder der stufenweisen Annäherung, auch Wägeverfahren genannt, sehr wichtig. In der Praxis arbeiten über 90 % aller AD-Wandler nach diesem Prinzip.

Ebenso wie die Zähltechnik gehört diese Methode zur Gruppe der Rückkopplungs- systeme. In diesen Fällen liegt ein DA-Wandler in der Rückkopplungsschleife eines digitalen Regelkreises, der seinen Zustand so lange ändert, bis seine Ausgangsspannung dem Wert der analogen Eingangsspannung entspricht.

Im Falle der schrittweisen Annäherung wird der interne DA-Wandler von einer Optimierungslogik (SAR-Einheit oder sukzessives Approximations-Register) so gesteuert, dass die Umsetzung bei n-Bit-Auflösung in nur n-Schritten beendet ist.

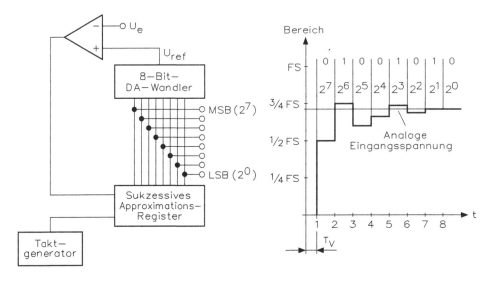

Abb. 2.94 Schaltung und Impulsdiagramm für einen Analog–Digital-Wandler, der nach der stufenweisen Annäherung arbeitet

In Abb. 2.94 ist dieses Verfahren gezeigt. Mittelpunkt der Schaltung ist das sukzessive Approximations-Register mit einer Optimierungslogik für die Ansteuerung des DA-Wandlers. Das Verfahren wird auch als Wägeverfahren bezeichnet, da seine Funktion vergleichbar ist mit dem Wiegen einer unbekannten Last mittels einer Waage, deren Standardgewichte in binärer Reihenfolge, also 1/2, 1/4, 1/8, 1/16 kg, aufgelegt werden. Das größte Gewicht wird zuerst in die Schale gelegt. Kippt die Waage nicht, wird das nächstgrößere dazugelegt. Kippt aber die Waage, entfernt man das zuletzt aufgelegte Gewicht wieder und legt das nächstkleinere auf. Diese Prozedur lässt sich fortsetzen, bis die Waage in Gleichgewicht ist oder das kleinste Gewicht (1/n kg) aufliegt. Im letzteren Fall stellen die auf der Ausgleichsschale liegenden Standardgewichte die bestmögliche Annäherung an das unbekannte Gewicht dar. Abb. 2.95 zeigt das Flussdiagramm der stufenweisen Annäherung.

In dem Flussdiagramm erkennt man die Arbeitsweise einer 3-Bit-SAR-Einheit, Das sukzessive Approximations-Register setzt nach dem Start zuerst das MSB (most significant bit). Bei einem 3-Bit-AD-Wandler bedeutet dies, dass am Ausgang des Registers der Wert 100 vorhanden ist, Dieser Wert liegt an dem DA-Wandler und erzeugt eine entsprechende Vergleichsspannung U_v, die mit der Messspannung U_e im Komparator verglichen wird, Durch den Komparator erhält man einen Vergleich, ob die Messspannung größer oder kleiner ist als die Vergleichsspannung. Ist die Messspannung größer als die Vergleichsspannung. bleibt in der SAR-Einheit die MSB-Stelle gesetzt, und ein neuer Vergleich kann durchgeführt werden. Ist die Messspannung kleiner als die Vergleichsspannung, wird das MSB auf 0 zurückgesetzt. Nach dem ersten Vergleich gibt das Register den Wert 010 aus, wenn $U_e < U_v$ ist.

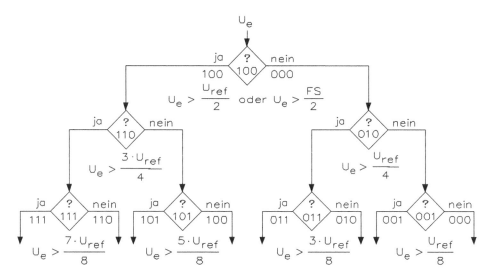

Abb. 2.95 Flussdiagramm für einen 3-Bit-Wandler, der nach der stufenweisen Annäherung arbeitet

Diesen Vorgang wiederholt der Wandler mit seinen nachfolgenden Stufen so lange, bis für eine vorgegebene Auflösung die bestmöglichste Annäherung der Ausgangsspannung des DA-Wandlers an die unbekannte Messspannung erzielt worden ist. Die Umsetzzeit des Stufenwandlers lässt sich daher sofort bestimmen. Der zeitliche Wert berechnet sich bei einer Auflösung von n Bit aus

$$T_{u} = n \cdot \frac{1}{f_{T}}$$

wobei f_{T} der Ausgangsfrequenz des Taktgenerators entspricht.

Nach n Vergleichen zeigt der Digitalausgang der SAR-Einheit jede Bitstelle im jeweiligen Zustand an und stellt damit das codierte Binärwort dar. Ein Taktgenerator bestimmt den zeitlichen Ablauf. Die Effektivität dieser Wandlertechnik erlaubt Umsetzungen in sehr kurzen Zeiten bei relativ hoher Auflösung. So ist es beispielsweise möglich, eine komplette 12-Bit-Wandlung in weniger als 100 ns durchzuführen.

Weitere Vorteile sind die Möglichkeiten eines „Short-cycle"-Betriebes, bei dem sich unter Verzicht auf Auflösung noch kürzere Umsetzzeiten ergeben. Die Fehlerquelle in diesem Verfahren ist ein inhärenter Quantisierungsfehler, der durch Überschwingen auftritt. Hat man einen 12-Bit-AD-Wandler, so muss der Taktgenerator drei verschiedene Frequenzen (z. B. 1 MHz, 2 MHz und 8 MHz) erzeugen. Die 1-MHz-Frequenz wird für die Umsetzung des MSB und für die beiden folgenden benötigt. Danach erhöht sich die Frequenz, da jetzt die Amplitudendifferenz der Ausgangsschritte erheblich geringer geworden ist. Bei den letzten drei Bits der Umsetzung kann man die Taktfrequenz nochmals erhöhen, denn die Quantisierungseinheiten haben sich erheblich verringert, sodass kein Überschwingen mehr möglich ist.

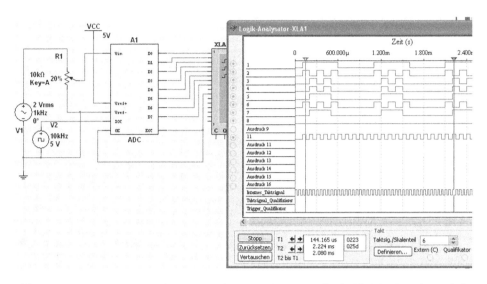

Abb. 2.96 Schaltung und Impulsdiagramm für einen simulierten 8-Bit-AD-Wandler, der nach der sukzessiven Approximation arbeitet

An dem Eingang V_{in} von Abb. 2.96 liegt die sinusförmige Wechselspannung an, die sich über das Potentiometer einstellen lässt. Der Eingang V_{ref+} ist mit + 5 V und V_{ref-} mit 0 V (Masse) verbunden. Die Spannungen an diesen beiden Pins bestimmen die maximale Spannung V_{fs}

$$V_{fs} = V_{ref+} - V_{ref-}$$

Um die Umwandlung zu starten, muss Pin „SOC" (Start Of Conversion) auf 1 gesetzt werden, was der Rechteckgenerator mit $f = 10\,\text{kHz}$ übernimmt, d. h. alle 0,1 ms führt der AD-Wandler eine Umsetzung durch. Beim Start einer Umsetzung wird der Ausgang von Pin „EOC" (End Of Conversion) auf 0-Signal gesetzt und damit angezeigt, dass eine Umwandlung stattfindet. Wenn die Umwandlung nach 1 μs abgeschlossen ist, wird Pin „EOC" wieder auf 1-Signal gesetzt. Das digitale Ausgangssignal steht nun an den Pins D_0 bis D_7 zur Verfügung. Diese Tri-State-Ausgangs-Pins können aktiviert werden, wenn Pin „OE" (Output Enable) auf 1-Signal gesetzt ist. Die Ausgänge des AD-Wandlers steuern direkt den Logikanalysator an und man erkennt die Arbeitsweise des AD-Wandlers.

Das digitale Ausgangssignal am Ende des Umwandlungsprozesses ist äquivalent zum analogen Eingangssignal. Der diskrete Wert, der der Quantisierungsstufe des Eingangssignals entspricht, ist gegeben durch.

$$\frac{\text{Eingangsspannung} \cdot 256}{V_{fs}}$$

Man beachte, dass das durch diese Formel beschriebene Ausgangssignal keine stetige Funktion des Eingangssignals ist. Der diskrete Wert wird anschließend in das binäre Signal umgesetzt, das an den Pins D_0 bis D_7 zur Verfügung steht, und gegeben ist durch

$$B_{IN} \left[\frac{\text{Eingangsspannung} \cdot 256}{V_{fs}} \right]$$

2.9.4 Single-Slope-AD-Wandler

Eine andere Klasse von AD-Wandlern, bekannt als integrierende Typen, arbeiten nach dem Prinzip der indirekten Umsetzung. Die unbekannte Eingangsspannung wird in eine zeitliche Periode umgewandelt. Während dieser Periode werden dann Taktimpulse von einem Zähler ausgewertet. Aufbauend auf diesem Grundprinzip gibt es mehrere Schaltungsvarianten, wie das Single-Slope-, das Dual-Slope- und das Triple-Slope-Verfahren. Zusätzlich hat sich noch eine andere Technik durchgesetzt, die als Charge Balancing- oder quantifizierte Rückkopplungsmethode bekannt ist.

Praktisch ohne Bedeutung ist heute der Single-Slope-AD-Wandler von Abb. 2.97. Diese Technik bildet jedoch die Grundlage der anderen Wandlertypen. Wie der Name bereits aussagt, wird bei diesem Umsetzverfahren die Integration nur über eine Rampe ausgeführt. Dazu wird ein Generator benötigt, der eine präzise Sägezahnspannung erzeugt und diese auf zwei Komparatoren gibt. Der obere Komparator vergleicht die Sägezahnspannung mit der Masse (0 V), der untere Komparator dagegen mit der Mess-spannung.

Der obere Komparator startet den Umsetzzyklus, wenn die Rampenspannung die Nullspannungslinie durchläuft, während der untere Komparator den Zyklus stoppt, wenn die Rampenspannung den Wert der Eingangsspannung erreicht hat. Die Zeit, die zwischen diesen beiden Schaltpunkten vergeht, wird mithilfe einer konstanten Taktfrequenz in den Zählerbausteinen registriert und ist proportional zur Eingangs-spannung. Bei diesem Umsetzprinzip muss allerdings der Faktor einer höheren Umsetz-geschwindigkeit durch eine wesentliche Verbesserung der Qualität der einzelnen Schaltungselemente teuer erkauft werden. Hierbei ist besonders die Langzeitstabilität von besonderer Bedeutung, sodass dieses Umsetzverfahren heute praktisch bedeutungs-los geworden ist.

Der TTL-Baustein 74393 enthält zwei vollkommen getrennte Binärzähler mit einem Rückstelleingang. Bei jedem der beiden 4-Bit-Binärzähler ist nicht wie beim 74293 ein separater B-Eingang vorhanden. Da jedoch alle Ausgänge herausgeführt sind, lassen sich mit beiden Zählern vielfältige Teilermöglichkeiten realisieren, und zwar 2:1, 4:1, 8:1, 16:1, 32:1, 64:1, 128:1 und 256:1. Jeder Teiler besteht aus vier Flipflops und triggert beim 1–0-Übergang (negative Flanke) des Taktimpulses. Jeder Teiler arbeitet im 4-Bit-Binärcode. Außerdem kann jeder Teiler mit einem eigenen Reset-Eingang asynchron auf Null gesetzt werden, indem dieser Eingang kurzzeitig auf 1-Signal gelegt wird. Für normalen Zählbetrieb muss dieser Eingang auf 0-Signal liegen.

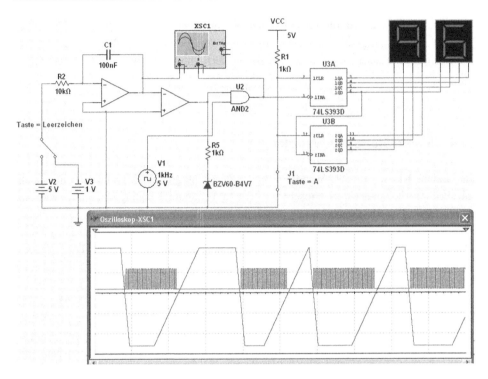

Abb. 2.97 Realisierung des Single-Slope-AD-Wandlers

2.9.5 Dual-Slope-AD-Wandler

In der Praxis wird das Dual-Slope- oder Zweischritt-Verfahren eingesetzt. Obwohl dieses Verfahren sehr langsam ist, weist es doch ausgezeichnete Linearitätseigenschaften auf und die Fähigkeit, das Eingangsrauschen bzw. die Netzspannungsstörungen vollkommen zu unterdrücken. Aufgrund dieser Merkmale verwendet man in Digitalvoltmetern und Multimetern fast ausschließlich integrierende Wandler.

In Abb. 2.98 ist die Schaltung eines Dual-Slope-AD-Wandlers gezeigt, der im Wesentlichen aus sechs Funktionseinheiten besteht. Der Integrator integriert die Eingangsspannung über die Zeit, wodurch am Ausgang, je nach Polarität der Eingangsspannung, ein Spannungsanstieg in positiver oder negativer Richtung entsteht. Nach einer bestimmten Zeit schaltet die Steuerlogik den Eingangsschalter auf die Referenzspannung U_{ref} um, und der Kondensator C kann sich entladen. Gleichzeitig startet die Steuerlogik den Zähler. Am Ausgang des Integrators steigt die Spannung kontinuierlich an, bis der Komparator einen Nulldurchgang erkennt. Diesen Nulldurchgang wertet die Steuerlogik aus, und der Zähler stoppt. Der Vorgang der Integration ist in Abb. 2.99 gezeigt.

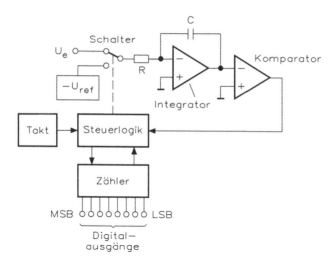

Abb. 2.98 Schaltung eines Dual-Slope-AD-Wandlers

Die Wandlung beginnt, sobald die Messspannung am Eingang des Integrators angelegt wird. Über den Widerstand R kann sich der Kondensator C linear in positiver oder negativer Richtung aufladen. Beim Start der Integration aktiviert die Kontrolllogik den Zähler, wodurch sich die Festzeit t_1 im Zähler bestimmen lässt. Nach der Festzeit t_1 ist die Integration der Eingangsspannung beendet, und ab diesem Zeitpunkt beginnt die zweite Phase mit der Integration der negativen Referenzspannung, deren Zeitdauer ebenfalls ausgezählt wird. Da die Anzahl dieser Impulse der unbekannten Messspannung äquivalent ist, stellt der Zählerausgang das gewandelte Digitalwort dar.

In dem Spannungsdiagramm von Abb. 2.99 ist T_1 ein festes Zeitintervall, T_2 dagegen eine der Eingangsspannung proportionale Zeit. Es besteht folgender Zusammenhang:

$$T_u = n \cdot \frac{1}{f_T}$$

Das Digitalwort am Zählerausgang repräsentiert also das Verhältnis von Eingangsspannung zur Referenzspannung. Die Zeit T_2 wird im Spannungsdiagramm erreicht, wenn die volle Eingangsspannung anliegt. Die Zeit T_2' gilt, wenn die halbe Eingangsspannung anliegt, und man spricht hier von der Halbbereichswandlung. Die Dauer der Umsetzzeit ist daher immer von der Amplitude der Eingangsspannung abhängig.

Das Dual-Slope-Verfahren hat mehrere Besonderheiten: Erstens ist die Wandlungsgenauigkeit abhängig von der Stabilität des Taktgenerators und des Integrationskondensators, solange diese während der Wandlungsperiode konstant bleibt. Die Genauigkeit hängt nur von der Präzision der Referenzspannung und der Linearität des Integrators ab. Zweitens kann die Störungsunterdrückung des Wandlers unendlich sein,

Abb. 2.99 Spannungsverlauf am Ausgang des Integrators eines Dual-Slope-AD-Wandlers

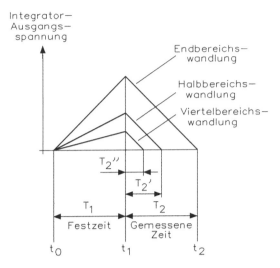

wenn T_1 der Periode der Störung entspricht. Um einen 50-Hz-Netzbrumm zu unterdrücken wird T_1 auf 20 ms festgelegt.

Die erreichbaren Umsetzgeschwindigkeiten eines Dual-Slope-Wandlers sind abhängig von der Taktfrequenz und den die Integrationszeit bestimmenden Faktoren, im Wesentlichen von der Kapazität des Integrationskondensators.

2.9.6 Spannungs-Frequenz-Wandler

Analog–Digital-Wandler, die nach dem Verfahren der Spannungs-Frequenz-Umsetzer arbeiten, geben an ihrem Ausgang eine serielle Impulsfolge ab, deren Frequenz proportional zur analogen Eingangsspannung ist. Bei jeder Spannungsänderung am Eingang des Wandlers tritt am Ausgang eine Frequenzänderung auf. Zur unmittelbaren Darstellung des digitalen Wertes der analogen Spannung sind daher noch weitere Schaltungselemente erforderlich, wie die Schaltung von Abb. 2.100 zeigt.

Aufgrund seines Umsetzungsverfahrens verfügt ein VF-Wandler (Voltage-frequency-Wandler) über einen großen Dynamikbereich der bis zu sieben Dekaden aufweisen kann. Aus diesem Umsetzverfahren leitet sich außerdem ab, dass diese Wandler den Bedingungen der „Monotonie" genügen. Es können also bei diesen Wandlern keine Fehler durch fehlende Codes entstehen. Ähnlich wie bei den bereits beschriebenen Rampen- oder Slope-Verfahren verfügen VF-Wandler über die Fähigkeit, Rauschanteile im Eingangssignal weitgehend zu unterdrücken. Gleichtaktunterdrückungen für bestimmte Signalfrequenzen sind ebenfalls möglich. Ein besonderer Vorteil dieser Wandler ist die Fähigkeit der unmittelbaren seriellen Übertragung der digitalen Daten. Damit verbunden ist eine höhere Störfestigkeit gegenüber Einstreuungen auf den Übertragungsleitungen im Vergleich zur Übertragung von analogen Signalen.

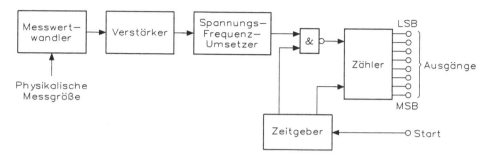

Abb. 2.100 Komplettes Datenerfassungssystem mit einem VF-Wandler

Bei der Schaltung von Abb. 2.101 arbeitet das Monoflop als Rechteckgenerator, da der Ausgang Q mit dem Eingang verbunden ist. Kippt das Monoflop aus seiner metastabilen Lage zurück, wird an dem Ausgang Q ein positives Signal erzeugt, womit das Monoflop erneut in die metastabile Lage gebracht wird.

Der Baustein 74121 enthält einen nicht retriggerbaren Monovibrator mit komplementären Ausgängen. Die Dauer des abgegebenen Impulses hängt von der

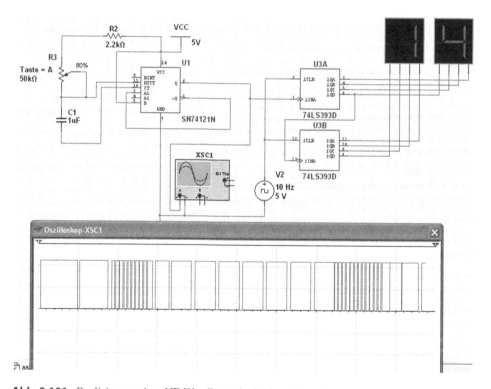

Abb. 2.101 Realisierung eines VF-Wandlers mittels eines Monoflops

Zeitkonstanten $R \cdot C$ ab. Der Widerstand R kann hierbei von $2 \text{k}\Omega$ bis $40 \text{k}\Omega$ und der Kondensator C von 10pF bis $1000 \mu\text{F}$ reichen. Bei geringeren Genauigkeitsforderungen kann ohne externe Zeitkomponenten gearbeitet werden. Dabei wird nur der interne Widerstand von $2 \text{k}\Omega$ verwendet (Pin 9 und 10 miteinander verbunden, 10 und 11 offen), wobei sich ein Ausgangsimpuls von ca. 30 ns ergibt. Die Impulsdauer ist weitgehend unabhängig von Betriebsspannung und Temperatur, und wird im Wesentlichen von der Güte der Zeitkomponenten bestimmt.

An den Eingängen A1 und A2 wird das Monoflop mit der negativen Flanke des Eingangssignals getriggert. Der jeweils andere A-Eingang und der B-Eingang liegen hierbei auf Masse. Der Eingang B besitzt eine Schmitt-Trigger-Funktion für langsame Eingangsflanken bis 1 V/s und triggert das Monoflop beim 01-Übergang (positive Flanke), wobei A1 oder A2 auf Masse liegen muss.

Die Schaltung ist nicht retriggerbar. Für ein neuerliches Triggern muss die sogenannte „Erholzeit" abgewartet werden, die etwa 75 % der Impulsdauer beträgt.

Die metastabile Lage des Monoflops ist von den beiden externen Bauelementen R und C abhängig. Die metastabile Zeit berechnet sich aus

$$t_\text{m} = 0{,}7 \cdot R \cdot C$$

Da der Kondensator C einen festen Wert hat, bestimmt z. B. der ohmsche Wert des Photowiderstandes R die metastabile Zeit. Statt des Photowiderstandes können auch NTC-, PTC- oder andere veränderbare Widerstände eingesetzt werden. Es ergeben sich für die Schaltung von Abb. 2.100 zwei monostabile Zeiten

$$t_\text{m_{min}} = 0{,}7 \cdot 2{,}2 \text{ k}\Omega \cdot 100 \text{ nF} = 154 \text{ }\mu\text{s} \Rightarrow 650 \text{ Hz}$$

$$t_\text{m_{max}} = 0{,}7 \cdot 52{,}2 \text{ k}\Omega \cdot 100 \text{ nF} = 3{,}65 \text{ ms} \Rightarrow 27 \text{ Hz}$$

Bei einer monostabilen Zeit von $t_\text{m_{min}} = 154 \text{ }\mu\text{s}$ werden 650 Impulse pro Sekunde erzeugt und die beiden Zähler können nur 255 Impulse speichern. Daher ist der Rückstellzähler an der Frequenz von $f = 100$ Hz und der Messfehler ist gering, denn es können nur 65 Impulse gezählt werden. Bei $t_\text{m_{max}} = 3{,}65$ ms werden nur 27 Impulse gezählt. Man muss die Schaltung entsprechend auf seine Vorgaben abstimmen.

Wenn man eine Rückstellfrequenz von 10 Hz mit einem Tastverhältnis von 1 : 99 hat, ergibt sich alle 100 ms ein Rückstellimpuls für die beiden Bausteine 74393.

Der Spannungs-Frequenz-Umsetzer liefert am Ausgang eine Folge von seriellen digitalen Ausgangsimpulsen, wie Abb. 2.102 zeigt. Die Ausgangsfrequenz ist proportional zur Änderung des Photowiderstands. Im Gegensatz zu herkömmlich aufgebauten AD-Wandlern, die eine treppenförmige Übertragungskennlinie aufweisen, stehen Eingangsspannung und Ausgangsfrequenz bei einem Spannungs-Frequenz-Wandler in einem linearen Zusammenhang. Die Übertragungskennlinie zeigt daher eine Gerade.

Bei der Realisierung eines VF-Wandlers treibt eine durch die unbekannte Eingangsspannung gesteuerte Strom- oder Spannungsquelle den Ladestrom eines Kondensators. Nach Erreichen einer bestimmten Kondensatorladung spricht der Komparator an und

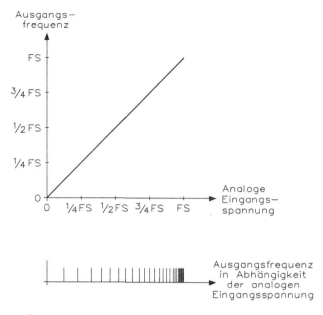

Abb. 2.102 Ideale Übertragungskennlinie eines Spannungs-Frequenz-Wandlers

triggert dadurch das nachgeschaltete Monoflop. Letzteres benötigt man zur Erzeugung konstanter Impulsbreiten am Ausgang f_a.

Viele der Parameterdefinitionen von AD- und DA-Wandlern gelten auch für Spannungs-Frequenz-Umsetzer. Dies sind z. B. Nichtlinearität, Verstärkungsfehler, Offsetfehler und die Temperaturkoeffizienten von Verstärkung Offset und Linearität. Die folgenden Parameter beschreiben die speziellen Eigenschaften von VF-Wandlern:

- „frequency range": Der Frequenzbereich eines VF-Wandlers lässt sich bestimmen durch das Lade- bzw. Entladeverhalten des internen Integrators. Die maximale Ausgangsfrequenz (full-scale output frequency) ist proportional zur maximalen Amplitude des Eingangssignals. Weiterhin gilt: Je höher die maximal mögliche Ausgangsfrequenz, desto größer der Dynamikbereich. Übliche Werte der Ausgangsfrequenz liegen zwischen kHz und MHz.
- „dynamic range": Das logarithmische Verhältnis von maximal möglichen Betriebssignalen zu den minimalen möglichen Betriebssignalen wird von dem Dynamikbereich angesehen. Dieser wird in dB ausgedrückt und lässt sich sowohl mit Spannungen als auch mit Strömen oder Frequenzen ermitteln.
- „response time": Dieser Parameter gibt die maximal notwendige Zeit an, innerhalb der sich die Ausgangsfrequenz nach Anlegen eines Amplitudensprungs am Eingang stabilisiert. In Anwendungen, bei denen ein hohes Maß an Genauigkeit für schnell wechselnde Eingangssignale notwendig ist, hat dieser Parameter eine sehr große Bedeutung.

Temperatursensoren

3

Zusammenfassung

Wärme und Temperatur werden im täglichen Sprachgebrauch häufig verwechselt. Es handelt sich hierbei um ganz verschiedene Größen. Die Atome und/oder Moleküle, aus denen jeder Stoff aufgebaut ist, befinden sich, für das menschliche Auge unsichtbar, in fortwährender Bewegung. Mit steigender Temperatur nimmt ihre Geschwindigkeit zu. Die Temperatur beschreibt also den Wärmezustand.

Wärme und Temperatur werden im täglichen Sprachgebrauch häufig verwechselt. Es handelt sich hierbei um ganz verschiedene Größen. Die Atome und/oder Moleküle, aus denen jeder Stoff aufgebaut ist, befinden sich, für das menschliche Auge unsichtbar, in fortwährender Bewegung. Mit steigender Temperatur nimmt ihre Geschwindigkeit zu. Die Temperatur beschreibt also den Wärmezustand.

Wärme ist dagegen die Bewegungsenergie der Moleküle und Atome. Durch Energie lässt sich Arbeit verrichten. Dieses Arbeitsvermögen bezeichnet man als seine Wärmemenge Q; sie hat die Einheit „Joule" (J). Diese ist definiert als

$$ \mathrm{J} = \mathrm{N} \cdot \mathrm{m} = \mathrm{W} \cdot \mathrm{s} = \frac{\mathrm{kg} \cdot \mathrm{m}^2}{\mathrm{s}^2}. $$

Jeder Stoff kann drei unterschiedliche Zustände annehmen: fest, flüssig oder gasförmig – die sogenannten „Aggregatzustände". Welchen davon er gerade einnimmt, hängt von der Temperatur ab. Bei bestimmten Temperaturen können zwei oder sogar drei Aggregatzustände nebeneinander vorhanden sein. Beim Wasser liegt die Temperatur, bei der die feste, flüssige und gasförmige Phase zusammen existieren (die sog. Tripelpunkt-Temperatur), bei 0,01 °C.

Ein fester Körper hat eine bestimmte Form und ein bestimmtes Volumen. Wirkt auf ihn eine Kraft, so wirkt eine innere Kraft der Gestalt- und Volumenänderung entgegen,

© Springer Fachmedien Wiesbaden GmbH, ein Teil von Springer Nature 2024   199
H. Bernstein, *Messelektronik und Sensoren*,
https://doi.org/10.1007/978-3-658-38929-1_3

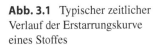

Abb. 3.1 Typischer zeitlicher Verlauf der Erstarrungskurve eines Stoffes

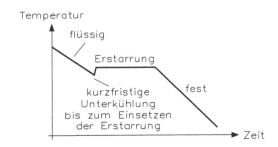

die man als „Kohäsionskraft" bezeichnet. Ein flüssiger Körper hat nur ein bestimmtes Volumen; dieses passt sich jeder vorgegebenen Form an. Die Oberfläche ist im ruhenden Zustand immer waagerecht. Auch in Flüssigkeiten wirkt eine Kohäsionskraft, die aber sehr viel geringer ist als bei den festen Körpern.

Ein gasförmiger Körper hat dagegen weder eine feste Gestalt noch ein bestimmtes Volumen, sondern füllt jeden angebotenen Raum voll aus. Das Volumen ist durch äußeren Druck veränderbar. Zwischen den Atomen bzw. Molekülen eines Gases wirken keine Kohäsionskräfte, die Zusammenhangswirkung ist aufgehoben. Sie befinden sich in fortwährender regelloser Bewegung.

In der Praxis kennt man außer dem des Wassers noch andere Fixpunkte. Hierbei handelt es sich um die Erstarrungspunkte reiner Metalle. Kühlt ein geschmolzenes Metall ab, beginnt die Schmelze ab einer bestimmten Temperatur zu erstarren (Abb. 3.1), wobei es manchmal kurzfristig zu einer Unterkühlung kommen kann. Die Umwandlung von der flüssigen in die feste Phase verläuft nicht schlagartig, sondern langsam. Die Temperatur bleibt so lange konstant, bis die Umwandlung vollständig abgeschlossen ist. Diese Temperatur bezeichnet man als Erstarrungstemperatur, ihr Wert hängt von der Reinheit des Metalls ab. Auf diese Weise lassen sich bestimmte Temperaturen hochgenau reproduzieren.

Die den Fixpunkten entsprechenden Temperaturen kann man mit Gasthermometern oder anderen Messgeräten ermitteln. Auf Basis einer Vielzahl von Vergleichsmessungen in den staatlichen Instituten (z. B. PTB) werden dann die Werte gesetzlich vorgeschrieben.

3.1 Grundsätzliches über Temperaturerfassung

Für die Temperaturmessung sind moderne Halbleiterbauelemente nicht mehr wegzudenken. Es ist heute möglich, außer dem eigentlichen Sensorelement alle dafür nötigen Zusatzfunktionen inklusive Verstärker und evtl. Vergleichsstelle auf einem einzigen Siliziumchip zu integrieren.

Bei der Ausgabe des Messwertes stehen mehrere Möglichkeiten zur Verfügung, wie z. B. in Form von Strom, Spannung, Frequenz oder als Digitalsignal, das ein angeschlossenes PC-System dann verarbeiten kann.

3.1.1 Temperaturabhängige Effekte

Fast alle physikalischen Eigenschaften eines Stoffes ändern sich mit der Temperatur, z. B. die Abmessungen, die Dichte, der spezifische Widerstand, die Dielektrizitätskonstante, die magnetische Suszeptibilität, manchmal auch die Farbe (bei der Betrachtung sämtlicher Wellenlängen).

Die drei am häufigsten genutzten temperaturabhängigen elektrischen Größen sind der Widerstand, die thermoelektrische EMK und der Spannungsfall an einer stromführenden Halbleiterdiode. In den USA hat das Thermoelement die größte Verbreitung, dicht gefolgt vom Widerstandsthermometer. Dieses ist in Deutschland der wichtigste Sensor zur Temperaturerfassung, aber auch Thermoelemente gewinnen hier rasch an Bedeutung. Innerhalb von temperaturmessenden integrierten Schaltungen finden Dioden als Sensoren Anwendung. In Abb. 3.2 sind die wichtigsten Temperatursensoren, die auf einer Widerstandsänderung basieren, zusammengefasst.

Aus den recht unterschiedlichen Kennlinien ergeben sich in der Praxis verschiedene Einsatzmöglichkeiten. Eine an den Sensor angeschlossene Schaltung wertet die Widerstandsänderungen aus und setzt sie in eine Signalform um, die sich leicht weiterverarbeiten lässt.

Wichtig ist die Unterscheidung zwischen der berührenden und der berührungslosen Temperaturmessung. Die berührende Messung ist erheblich einfacher und auch preiswerter, denn der Sensor lässt sich unmittelbar am Messobjekt anbringen. Dies bringt eine hohe Genauigkeit, ein schnelles Ansprechen und einen weiten Temperaturbereich, Die berührungslose Temperaturmessung wertet die von einem Körper ausgehende Infrarotstrahlung aus. Man findet sie z. B. bei Drehöfen oder Hochöfen in der Schwerindustrie und in der chemischen Industrie – immer dort, wo sich nicht direkt, sondern nur aus

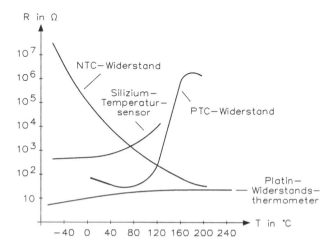

Abb. 3.2 Kennlinien von Temperatursensoren, die auf einer Widerstandsänderung basieren

einer größeren Entfernung messen lässt. Als Sensoren eignen sich hier die Pyrometer, von denen es zahlreiche Bauformen gibt:

- Gesamtstrahlungspyrometer für eine wellenlängenunabhängige Temperaturmessung, die nach dem Prinzip des „stefan-boltzmannschen" Strahlungsgesetzes arbeiten
- Spektralpyrometer für einen schmalbandigen Bereich der Temperaturstrahlung nach dem „planckschen" Strahlungsgesetz
- Bandstrahlpyrometer für den breitbandigen Bereich der Temperaturstrahlung, die nach dem „stefan-boltzmannschen" bzw. „planckschen" Strahlungsgesetz arbeiten
- Strahldichtepyrometer, die nach dem Vergleichsverfahren arbeiten
- Verteilungspyrometer, die entweder die Temperatur aus der Strahldichte einer Farbmessung oder aus einem Vergleichsverfahren in Verbindung mit einer Mischfarbe beziehen
- Verhältnispyrometer, die das Messergebnis aus einer Reihe von Messungen in verschiedenen Bereichen des Spektrums der Temperaturstrahlung ermitteln

3.1.2   Temperaturabhängige Widerstände

Der Widerstandswert ist abhängig vom Material, den Abmessungen und der Temperatur. Tab. 3.1 listet den spezifischen Widerstand ρ und den Temperaturkoeffizienten α der wichtigsten leitenden Stoffe auf.

Die Temperaturabhängigkeit der ohmschen Widerstände wird durch den Temperaturkoeffizienten α gekennzeichnet. Dieser gibt an, um wie viel ein Widerstand von $1\,\Omega$ bei $1\,K$ Temperaturerhöhung zunimmt. Die Maßeinheit dafür ist $1/K$. Kelvin ist nach dem heute gültigen Maßeinheitensystem die Maßeinheit für die Temperatur. $0\,K$ entspricht dem absoluten Nullpunkt, es gilt folgende Temperaturumrechnung:

$$0\,K \triangleq -273{,}16\,°C \quad \text{(absoluter Nullpunkt)}$$

$$273{,}16\,K \triangleq 0\,°C$$

$$293{,}16\,K \triangleq 20\,°C \quad \text{Zimmertemperatur (Bezugstemperatur)}$$

Temperaturdifferenzen sind auf der Kelvin- und der Celsius-Skala identisch. Der Temperaturkoeffizient ist außer vom Material des Widerstandes auch selbst noch von der Temperatur, bei Kohleschichtwiderständen zusätzlich vom Widerstandswert abhängig. In den Tabellen ist er meistens für die Zimmertemperatur $20\,°C = 293{,}16\,K$ angegeben.

Der Widerstandswert R_T eines Leiters bei einer anderen Temperatur als der Bezugstemperatur von $20\,°C$ ergibt sich aus den nachfolgenden Formeln:

$$
\begin{aligned}
R_W &= & R_{20} + \Delta R && R_W &= & \text{Widerstandsendwert in } \Omega \\
&= & R_{20} + (R_{20} \times \alpha \times \Delta T) && R_{20} &= & \text{Widerstandswert bei } 20\,°C \text{ in } \Omega \\
&= & R_{20} \times (1 + \alpha \times \Delta T) && \Delta R &= & \text{Widerstandsdifferenz in } \Omega \\
& & && \alpha &= & \text{Temperaturkoeffizient in } 1/K \\
& & && \Delta T &= & \text{Temperaturdifferenz in K oder } °C
\end{aligned}
$$

Tab. 3.1 Spezifischer Widerstand ρ und Temperaturkoeffizient α von verschiedenen Materialien. Die Bezeichnung „WM" bedeutet Widerstandsmaterial

	Material	ρ in $\frac{\Omega \cdot mm^2}{m}$	γ in $\frac{m}{\Omega \cdot mm^2}$	α in 1/K
[27.25 mm] Metalle	Aluminium	0,0278	36	0,00.403
	Blei	0,2066	4,84	0,0039
	Eisendraht	0,15–0,1	6,7–10	0,0065
	Gold	0,023	43,5	0,0037
	Kupfer	0,01.724	58	0,00.393
	Nickel	0,069	14,5	0,006
	Platin	0,107	9,35	0,0031
	Quecksilber	0,962	1,04	0,00.092
	Silber	0,0164	61	0,0038
	Tantal	0,1356	7,4	0,0033
	Wolfram	0,055	18,2	0,0044
	Zink	0,061	16,5	0,0039
	Zinn	0,12	8,3	0,0045
[13.5 mm] Legierungen	Wood-Metall	0,5	2,0	$\pm$0,00.001
	Konstantan (WM 50)	0,43	2,32	0,00.001
	Manganin	0,3	3,33	0,00.035
	Neusilber (WM 30)	1,09	0,92	0,00.004
	Nickel-Chrom	0,43	2,32	0,00.023
	Nickelin (WM 43)	0,13	7,7	0,0048
	Stahldraht (WM 13)	0,54	1,85	0,0024
[2.25 mm] Nichtmetalle	Graphit	22	0,046	− 0,0002
	Kohle	65	0,015	− 0,0003
[6.75 mm] Schichtwider- stände	Kohleschicht bis 10 kΩ			− 0,0003
	Kohleschicht bis 10 MΩ		•	− 0,002
	Metallschicht			$\pm$0,00.005
	Metalloxidschicht			$\pm$0,0003

Ein Kohleschichtwiderstand mit einem Temperaturkoeffizienten von $\alpha = -0,0003/K$ hat bei Raumtemperatur einen Wert von $10\,k\Omega$. Der Wert bei 100 °C berechnet sich wie folgt:

$$R_T = R_{20} \times (1 + \alpha \times \Delta T)$$
$$= 10\,k\Omega \times (1 + [-0,0003/K] \times 80\,K) = 9,760\,k\Omega$$

Mit den folgenden Gleichungen lassen sich Reihen- und Parallelschaltungen von Widerständen mit unterschiedlichen Temperaturbeiwerten berechnen:

Reihenschaltung

$$\alpha = \frac{\alpha_1 \cdot R_1 + \alpha_2 \cdot R_2}{R_1 + R_2}$$

Parallelschaltung

$$\alpha = R \cdot \frac{\alpha_1 \cdot R_2 + \alpha_2 \cdot R_1}{R_1 \cdot R_2}$$

wobei

$$\alpha = \text{Gesamttemperaturbeiwert in 1/K}$$
$$R = \text{Gesamtwiderstand in } \Omega$$
$$\alpha_1, \alpha_2 = \text{Temperaturbeiwerte der Einzelwiderstände in 1/K}$$
$$R_1, R_2 = \text{Einzelwiderstand in } \Omega$$

3.1.3 NTC-Widerstände oder Heißleiter

Bei NTC-Widerständen (Negativer Temperaturkoeffizient) nimmt der Widerstand mit steigender Temperatur ab, daher bezeichnet man sie auch als „Heißleiter". Der Effekt beruht auf der mit steigender Temperatur zunehmenden Zahl von freien Ladungsträgern. Der Temperaturkoeffizient ist sehr viel größer als bei Metallen – in der Praxis in der Größenordnung 3–6 % 1/K und deshalb setzt man diese Bauelemente häufig als Temperatursensoren ein.

Abb. 3.3 zeigt die Kennlinie eines NTC-Widerstandes mit dem Schaltsymbol. Die beiden gegenläufigen Pfeile definieren die Arbeitsweise eines NTC-Verhaltens, denn mit zunehmender Temperatur wird der Widerstandswert geringer. Bei der Entscheidung für einen bestimmten Typ geht man in fast allen Fällen von der Bauform aus, die für den jeweiligen Einsatz optimal ist. Spezielle Heißleiterbauformen gibt es für Flüssigkeiten, Gase und feste Körper. In Tablettenform werden sie erst vom Anwender zu einem montierbaren Sensor vervollständigt.

Hat man sich für die Bauform entschieden, muss der Nennwiderstandswert festgelegt werden – der Wert bei Nenntemperatur, die meistens 25 °C, manchmal aber auch − 30 °C oder + 100 °C beträgt.

Die temperaturabhängige Widerstandsänderung lässt sich nicht direkt, sondern nur über eine Messspannung auswerten. Damit diese möglichst hoch wird, bevorzugt man hochohmige NTC-Typen. Die erzielbare Messspannung ist umso höher, je größer die Spannung am Heißleiter und je höher seine Belastbarkeit ist. Die Eigenbelastung des NTC-Widerstandes erwärmt diesen und verfälscht damit den Messwert. Deshalb sollte

Abb. 3.3 Kennlinie und
Schaltsymbol eines NTC-
Widerstandes

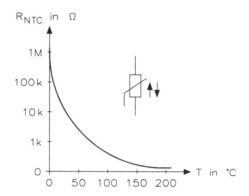

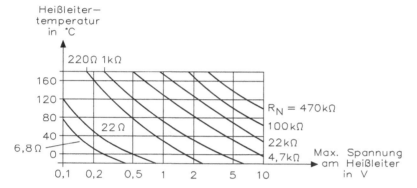

Abb. 3.4 Zulässige Spannung an Heißleitern des Typs K164 (Siemens) mit unterschiedlichen Nennwiderständen R_N bei konstanter Belastung mit $P_{NTC} = 5\,\text{mW}$

man sie nicht zu hoch wählen. Der Wärmeleitwert G_{th} in mW/K gibt an, welche Eigenbelastung den Heißleiter um 1 K erwärmt.

Der jeweilige Wert ist immer im Datenblatt angegeben. Abb. 3.4 zeigt den Zusammenhang zwischen Temperatur und Spannung an einem Heißleiter des Typs K164 (Siemens) bei einer Eigenbelastung von 5 mW. Man erkennt die großen Unterschiede bei den verschiedenen Nennwiderstandswerten. Die mit einem Heißleiter erzielbare Messspannung ist natürlich umso höher, je größer man die angelegte Betriebsspannung wählt.

In der klassischen Messtechnik betreibt man einen NTC-Widerstand in einer Messbrücke, wie die Schaltung von Abb. 3.5 zeigt. Sie wird durch den Einsteller R_4 auf 20 °C abgeglichen. Bei der Bezugstemperatur tritt dann zwischen den beiden Punkten a und b keine Spannungsdifferenz auf. Wenn die Umgebungstemperatur steigt, wird der Heißleiter niederohmiger; die Spannung am Punkt a verringert sich. Es entsteht eine Differenzspannung, die das Messgerät anzeigt. Verringert sich dagegen die Umgebungstemperatur, dann vergrößert der Heißleiter seinen Widerstandswert, und die Spannung

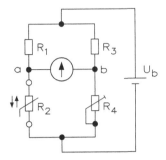

Abb. 3.5 Temperaturmessbrücke mit NTC-Widerstand

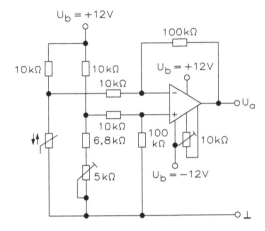

Abb. 3.6 Temperaturmessbrücke mit Operationsverstärker

am Punkt b steigt an. Die Skala im Messinstrument lässt sich direkt in °C beschriften, so erhält man eine analoge Temperaturanzeige.

Das Verhalten der Temperaturmessbrücke lässt sich erheblich verbessern, wenn man einen Operationsverstärker nachschaltet. Abb. 3.6 zeigt die Schaltung. Der linke Zweig der Messbrücke dient zur Messung, der rechte für den Abgleich. Der Verstärkungsfaktor lässt sich in weiten Grenzen variieren und bei Bedarf so einstellen, dass man in engen Bereichen Präzisionsmessungen durchführen kann.

3.1.4 Daten, Bauformen und Technologie von Heißleitern

Heißleiter werden aus Eisen-, Nickel- und Kobaltoxiden hergestellt, denen man zur Erhöhung der mechanischen Stabilität noch andere Oxide zusetzt. Sie werden zu einer pulvrigen Masse aufbereitet, mit einem Bindemittel vermischt, in Scheiben oder in andere Formen unter einem Druck von einigen Tonnen pro cm hydraulisch gepresst und anschließend gesintert. Es gibt zahlreiche Bauformen, wie Abb. 3.7 zeigt.

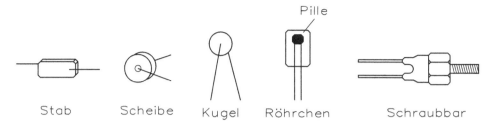

Abb. 3.7 Handelsübliche Bauformen von Heißleitern

Die fertigen Heißleiter werden vermessen und auf enge Toleranzen selektiert. Dabei sind zwei Parameter wichtig:

- Der $R_{25°C}$-Wert mit entsprechenden Toleranzen
- der B-Wert mit seiner spezifischen Toleranz

Es genügt also nicht, nur den Widerstand bei 25 °C zu messen. Einen weit stärkeren Einfluss auf die Genauigkeit hat die Toleranz des B-Wertes. Er ist ein Maß für die Temperaturabhängigkeit des Heißleiters und wird gemäß DIN 44070 immer auf zwei Messtemperaturen, nämlich +25 °C und +85 °C bezogen. Hieraus ergibt sich die Steilheit der Kennlinie. Je größer der $B_{25/85}$-Wert ist, desto empfindlicher ist der Sensor, ausgedrückt im negativen Temperaturkoeffizienten

$$\alpha_R = \frac{-B}{T^2} \text{ in \%/K} \qquad \alpha_R = \text{Temperaturkoeffizient in 1/K}$$
$$B = \text{Materialkonstante in K}$$
$$R_1 = R_2 \cdot e^{-B(\frac{1}{T_1} - \frac{1}{T_2})} \quad R_1 = \text{Heißleiterwiderstand bei der Temperatur } T_1 \text{ in K}$$
$$R_1 = R_2 \cdot e^{\alpha_R \cdot \Delta T \cdot \frac{T_2}{T_1}} \quad R_2 = \text{Heißleiterwiderstand bei der Bezugstemperatur } T_2 \text{ in K}$$

Geht man von einer B-Wert-Toleranz von 5 % aus, wie bei der herkömmlichen Presstechnologie üblich, und selektiert den Sensor bei 25 °C auf eine R-Toleranz von ebenfalls ± 5 %, so ergibt sich z. B. bei 85 °C bereits eine Gesamttoleranz von ± 17 %.

Zusätzlich bringt das Driftverhalten von Heißleitern unter thermischen Wechselbedingungen recht unterschiedliche Probleme mit sich. Ein Beispiel soll verdeutlichen, welche Veränderungen hier auftreten können. Untersucht wurde ein bereits vorgealterter Standard-Scheibenheißleiter (5 mm Ø) mit einer R25-Toleranz und einer B-Wert-Toleranz von je ± 5 %. Unter verschiedenen Bedingungen ergeben sich die folgenden Widerstandsänderungen (R_{25}/R_{85}):

- Trockene Hitze (+125 °C, 1000 h) − 2,5 %
- Feuchte Wärme (+40 °C, 95 % relative Luftfeuchte) − 1,5 %
- Temperaturwechsel (+25 °C/+125 °C, 50 Zyklen) − 0,8 %

Die Kennlinie verschiebt sich durch das Driftverhalten deutlich. Dadurch kann sich die Anfangstoleranz (z. B. ±5 %) bereits nach relativ kurzem Betrieb so stark verschlechtern, dass der sich daraus ergebende Messfehler ΔT für viele Applikationen vor allem im Automobilbereich, der Haushalts- und Industrieelektronik, nicht mehr akzeptabel ist.

Bei der Entwicklung der Temperatursensoren wurden deshalb folgende Ziele gesetzt:

- die Optimierung der Zusammensetzung der Keramikmassen, sodass sich die B-Wert-Toleranz auf weit unter 5 % reduziert und damit die Messgenauigkeit über den gesamten Temperaturbereich wesentlich erhöht,
- bessere Einhaltung und Reproduzierbarkeit der Nominalkennlinie $R = f(T)$ in der Serienproduktion,
- hohe Langzeitstabilität,
- kleine Abmessungen für kurze Reaktionszeiten.

Um diese Forderungen erfüllen zu können, muss man die Grundvoraussetzungen bereits bei der Zusammensetzung der Keramikmassen schaffen. Nur ganz bestimmte Verbindungen lassen sich deshalb zur Herstellung verwenden. Hierzu zählen reinste Metalloxide bzw. oxidische Mischkristalle mit einem gemeinsamen Sauerstoffgitter. Zum Teil gibt man noch stabilisierende Eisenoxide bei, die relativ unanfällig gegenüber Temperaturschwankungen während des Fertigungsprozesses (Sinterns) sind. Hiermit lassen sich gut reproduzierbare und stabile elektrische Daten erreichen, sodass sich für jeden Heißleiter mit z. B. einem bestimmten R25-Wert auch bei großen Stückzahlen nahezu identische Widerstands- bzw. Temperaturkennlinien ergeben.

3.1.5 Linearisierung von Heißleiter-Kennlinien

Heißleiter weisen einen stark nicht linearen Widerstandsverlauf auf. Benötigt man zur Temperaturerfassung in einem bestimmten Bereich einen möglichst linearen Verlauf, z. B. für eine Skala, so lässt sich die Linearität mit einem Reihen- und einem Parallelwiderstand spürbar verbessern. Je nach Anforderung sollte dabei der zu erfassende Temperaturbereich 50 bis 100 K nicht überschreiten.

Einen brauchbaren Messspannungsverlauf erhält man, wenn der Reihenwiderstand R_1 in der Schaltung von Abb. 3.8 genau so hoch ist wie der Heißleiterwiderstand R_T in der Mitte des zu linearisierenden Temperaturbereichs. Der zum Heißleiter parallel liegende Widerstand R_2 muss 10-mal so hoch sein. Abb. 3.8 enthält auch das Diagramm für die Widerstandskompensation für den Heißleiter. Die allgemeine Formel für einen beliebigen Heißleiter und Temperaturbereich lautet:

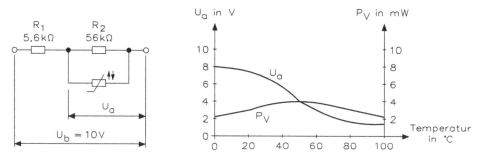

Abb. 3.8 Linearisierung eines Heißleiters durch eine zusätzliche Widerstandsbeschaltung. Das Diagramm zeigt den linearisierten Verlauf der Spannung am Heißleiter und die Verlustleistung

$$U_a = \frac{U_b}{[R_1 \cdot \left(\frac{1}{R_T} + \frac{1}{R_2}\right) + 1]}$$

$$B = \left(\frac{1}{T} - \frac{1}{T_N}\right)$$

wobei

$$R_T = R_N \cdot e$$

R_N, B, T_N sind Datenblattwerte des Heißleiters

U_b ist die Betriebsspannung

U_a ist die Spannung bei der Temperatur T

T ist dieTemperatur in $^\circ$C

Mit der Linearisierung sinkt natürlich die Empfindlichkeit des Heißleiters.

3.1.6   Verstärkerschaltungen für linearisierte Heißleiter

Die linearisierte Messspannung der Schaltung von Abb. 3.8 darf nicht oder nur sehr gering belastet werden. Zur Verstärkung verwendet man Operationsverstärker. Abb. 3.9 zeigt die typische Grundschaltung und den Verlauf der verschiedenen Widerstandsverhältnisse R_2/R_1. Die Verstärkerformel für U_a lautet:

$$U_a = U_e\left(1 + \frac{R_2}{R_1}\right) - U_0 \cdot \frac{R_2}{R_1}.$$

Für die Ansteuerung eines Relais setzt man in der Praxis die Schaltung von Abb. 3.10 ein. Der Operationsverstärker arbeitet im nicht invertierenden Betrieb, die Verstärkung wird nach Abb. 3.9 eingestellt. Da der Operationsverstärker einen „offenen Kollektor"

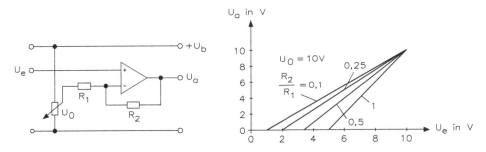

Abb. 3.9 Grundschaltung zur Verstärkung der Heißleiterspannung. Das Diagramm zeigt den Einfluss des Widerstandsverhältnisses R_2/R_1 auf die Ausgangsspannung

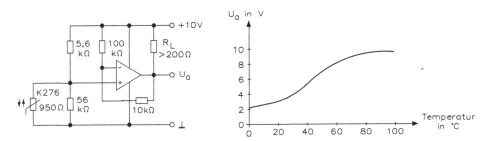

Abb. 3.10 Linearisierung der Heißleitercharakteristik mittels einer einfachen Verstärkerschaltung. Das Diagramm zeigt die Ausgangsspannung am Lastwiderstand als Funktion der Temperatur

als Ausgang hat, kann man direkt den Arbeitswiderstand ansteuern. Bei Verwendung eines Relais ist parallel dazu noch eine Diode einzuschalten, damit der Transistor in der OP-Endstufe durch Spannungsspitzen aus der Relaisspule nicht beschädigt wird.

Die verbleibende Nichtlinearität wird auch auf den Lastwiderstand übertragen. Möchte man an diesem mit steigender Temperatur eine fallende Spannung haben, muss man den Heißleiter zur positiven Versorgungsspannung und den Lastwiderstand zur Masse schalten.

In sehr vielen Heißleiteranwendungen soll lediglich eine bestimmte Temperaturschwelle erfasst werden, z. B. wenn sich bei einer hohen Temperatur ein Ventilator zur Kühlung einschalten soll. Die optimale Schaltempfindlichkeit erreicht man, wenn am Heißleiter eine möglichst hohe Spannung liegt. Wie schon erwähnt, wird die höchste Heißleiterspannung durch die maximale Verlustleistung eingeschränkt. Man verwendet deshalb meistens einen Spannungsteiler wie in dem Schwellwertverstärker von Abb. 3.11.

Die Betriebsspannung in dieser Schaltung beträgt 24 V, die zulässige Spannung am Heißleiter soll höchstens 2 V betragen. Schwellwertschalter benötigen immer eine Rückkopplung zum nicht invertierenden Eingang, damit in der Schaltpunktnähe kein

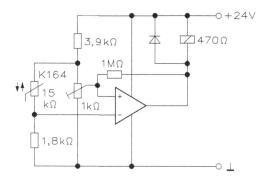

Abb. 3.11 Schwellwertverstärker mit einer Schaltschwelle bei 80 °C

unerwünschtes Schwingen auftritt. Dazu dient hier ein Widerstand von 1 MΩ. Es entsteht so automatisch eine Schalthysterese.

3.1.7   PTC-Widerstände

PTC-Widerstände haben einen positiven Temperaturkoeffizienten, d. h. der Widerstandswert nimmt mit steigender Temperatur zu. Aus diesem Grunde hat das Schaltsymbol zwei Pfeile, die in eine gemeinsame Richtung zeigen. Die PTC-Widerstände bezeichnet man auch als „Kaltleiter". Fast alle Metalle sind Kaltleiter; die Widerstandsänderungen, hervorgerufen durch Temperaturschwankungen, sind hier sehr gering. Sehr viel höher sind sie bei bestimmten gesinterten Keramiken, etwa Bariumtitanat und ähnlichen Titanverbindungen. Durch Zusätze von Metalloxiden und -salzen lassen sich die elektrischen Eigenschaften variieren.

In Abb. 3.12 verdeutlicht der sehr steile Anstieg der Widerstands-/Temperaturkennlinie den besonderen Vorteil des keramischen Kaltleiters als Temperatursensor, z. B. bei der Überwachung fest vorgegebener Grenztemperaturen. Hier lässt er sich mit geringem Aufwand für Mess- und Regelaufgaben nutzen. Der Kaltleiter steht hierbei mit dem zu überwachenden Körper oder Medium in thermischem Kontakt. Wird die vorgegebene Grenztemperatur überschritten, wird er sprungartig hochohmig – mit einem Widerstandsanstieg um bis zu mehreren Zehnerpotenzen.

Wie bei genauerer Betrachtung der Kennlinie eines Kaltleiters zu erkennen ist, liegt bis zur Anfangstemperatur T_A ein Heißleiterverhalten vor. Danach wechselt der Temperaturkoeffizient sein Vorzeichen. Bei der Nenntemperatur T_N beginnt der steile Anstieg der Kurve. Der Nennwiderstand ergibt sich wie folgt:

$$R_N = 2 \times R_A$$

Bei der Endtemperatur T_E endet der steile Anstieg der Kurve. Oberhalb der Endtemperatur wird die Kurve flacher und geht wieder in ein Heißleiterverhalten über.

Abb. 3.12 Kennlinie
und Symbol eines PTC-
Widerstands

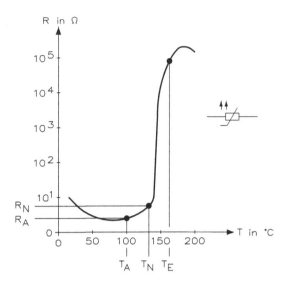

3.1.8 Schutzschaltungen mit Kaltleitern

Mit Kaltleitern lassen sich elektrische Maschinen sehr zuverlässig und wirksam gegen
thermische Überlastung schützen. Ein im Störungsfall auftretender Überstrom oder ein
Überschreiten der maximal zulässigen Temperatur führt dann zu keiner Zerstörung.

Die Motorschutzfühler von Abb. 3.13 werden direkt in die Wicklung eingebaut,
sodass die gute Wärmekopplung ein schnelles und zuverlässiges Auswerten einer Fehl-
funktion des Motors ermöglicht. Die Ansprechtemperatur wird so gewählt, dass bei
Überschreiten der maximal zulässigen Betriebstemperatur des Motors der Kaltleiter

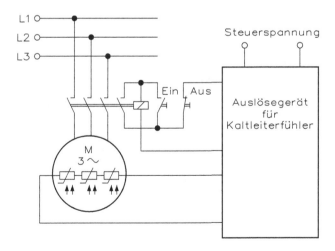

Abb. 3.13 Maschinenschutzfühler für Drehstrommotoren mit PTC-Widerstand

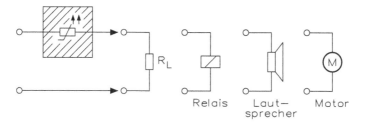

Abb. 3.14 Überstromschutz mittels Kaltleiter

sprungartig hochohmig wird. Bei Drehstrommotoren sind drei PTC-Fühler in Reihe geschaltet. Eine angeschlossene Auswerteschaltung trennt den Motor bei thermischer Überlastung durch Abschalten des Motorschützes vom Netz. Durch konstruktive Maßnahmen wird eine hohe Ansprechempfindlichkeit erreicht, die eine einfache Auswerteschaltung ermöglicht.

Wird ein Kaltleiter in Reihe mit einem zu schützenden Verbraucher geschaltet, so ist die in ihm erzeugte Verlustleistung direkt abhängig von dessen Stromaufnahme. Er wird so dimensioniert, dass er sich bei Nennstrom nicht spürbar erwärmt. Er ist daher bei Nennbetrieb niederohmig, und an ihm fällt nur eine geringe Spannung ab. In einem Störungsfall erwärmt er sich über seine Bezugstemperatur hinaus und wird sprungartig hochohmig. Dadurch wird der durch den Verbraucher fließende Strom wesentlich reduziert, am Kaltleiter fällt nun fast die gesamte Betriebsspannung der Schaltung ab. Der geringe Reststrom belastet das zu schützende Gerät nicht, reicht jedoch aus, den Kaltleiter hochohmig zu halten. Dieser Zustand bleibt so lange erhalten, bis die Spannung abgeschaltet wird und der Kaltleiter abkühlt.

Abb. 3.14 gibt einfache, wirkungsvolle Möglichkeiten für einen automatischen Kurzschlussschutz oder eine Überstromsicherung mit einem PTC-Widerstand. Die möglichen Ursachen für das Ansprechen des Kaltleiters als Schutzelement im Störungsfall können nicht nur Überstrom oder Übertemperatur sein, sondern auch Kombinationen von beiden. Der Kaltleiter ist also ein temperatur- und stromsensibles Schutzbauteil, das effektiv und sicher eine Überlastung eines elektrischen oder elektronischen Gerätes ausschließt.

3.1.9 Temperaturschalter von − 10 °C bis + 100 °C

In der Praxis verwendet man den Silizium-Temperatursensor KTY10. Der KTY10 eignet sich zur Temperaturmessung in Gasen und Flüssigkeiten im Bereich von − 50 °C bis + 150 °C. Abb. 3.15 zeigt das Anschlussschema des Temperatursensors.

Das Sensorelement besteht aus N-leitendem Silizium in Planartechnik. Die leicht gekrümmte Kennlinie $R_T = f(T_A)$ von Abb. 3.16 wird über die Regressions-Parameter beschrieben. Der Widerstand kann somit für verschiedene Temperaturen nach folgender Gleichung 2. Grades im Temperaturbereich von − 30 °C bis + 130 °C errechnet werden:

Abb. 3.15 Anschlussschema
des Temperatursensors

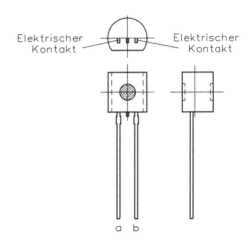

Abb. 3.16 Kennlinie des
Silizium-Temperatursensors
KTY10

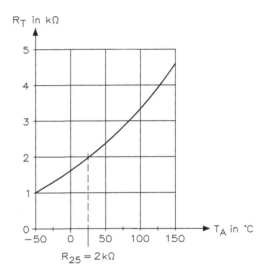

$$R_{\mathrm{T}} = R_{25} \times (1 + \alpha \times \Delta T + \beta \times \Delta T_{\mathrm{A}}^2) = f(T_{\mathrm{A}})$$

$\alpha = 7{,}68 \times 10^{-3}$ und $\beta = 1{,}88 \times 10^{-5}$ (typischer Kurvenverlauf aus Abb. 3.16).
Daraus lässt sich dann der Temperaturfaktor k_{T} ermitteln.

Um die Anschlüsse vor Feuchtigkeit zu schützen, z. B. beim Messen von Flüssigkeiten, sollten diese mit einem Schrumpfschlauch oder Heißkleber überzogen sein.
Außerdem ist darauf zu achten, dass der Fühler einen guten thermischen Kontakt zu den
überwachenden Teilen hat.

Die einfache Kennlinienlinearisierung mit einem optimalen Widerstand führt auf
Linearitätsfehler unterhalb 0,6 K im Bereich von -40 bis $+130\,°\mathrm{C}$. Um den Vorteil
der kleinen Chipabmessungen in Bezug auf die thermische Zeitkonstante des Fühlers

voll auszunutzen, sind anwendungsangepasste Gehäuseformen erforderlich. Dadurch wird ein Breiteneinsatz des neuen Sensors auf dem Gebiet der Mess-, Steuerungs- und Regelungstechnik, dem Automobilbau und dem Konsumgerätemarkt möglich.

Der in Abb. 3.17 gezeigte Temperaturschalter schaltet bei einer mit einem Potentiometer vorgewählten Temperatur ein oder aus. Die Schaltschwelle lässt sich in einem Bereich von ca. -10 bis $+100\,°C$ stufenlos einstellen. Zusätzlich kann man noch über ein Potentiometer die Schalthysterese verändern. Über- bzw. unterschreitet die Temperatur den eingestellten Wert, so wird das betreffende Gerät ein- oder ausgeschaltet.

In der Schaltung von Abb. 3.17 wird die Temperatur mit dem Silizium-Temperatursensor KTY10 gemessen. Dieses Bauelement, das aussieht wie ein normaler Transistor, hat einen positiven Temperaturkoeffizienten, verhält sich also wie ein PTC-Widerstand. Dieser bildet zusammen mit dem Widerstand R_2 einen Spannungsteiler, der eine von der Isttemperatur abhängige Spannung abgibt. Diese wird in dem als Komparator beschalteten Operationsverstärker 741 mit der Soll-Temperaturspannung aus R_1, R_3 und P_1 verglichen. Der Ausgang des Operationsverstärkers (Pin 6) bleibt auf „0"-Signal, solange die Istspannung am nicht invertierenden Eingang (Pin 2) geringer ist als die Sollspannung am invertierenden Eingang (Pin 3). Überschreitet die Spannung am invertierenden Eingang (durch Ansteigen der Temperatur) die am nicht invertierenden Eingang eingestellte Sollspannung (Solltemperatur), schaltet der Ausgang auf „1"-Signal. Am Ausgang des Operationsverstärkers befindet sich ein Transistor, der den geringen Ausgangsstrom des Operationsverstärkers verstärkt. Durch das „1"-Signal wird er leitend, das Relais zieht an und die Leuchtdiode emittiert Licht. Gleichzeitig wird die Spannung über den Widerstand R_4 und P_2 mitgekoppelt, um eine gewisse Schalthysterese zu erzeugen und so ein Flattern des Relais zu vermeiden.

Mit dem Einsteller P_2 lässt sich die Schalthysterese (Temperaturdifferenz zwischen „Ein" und „Aus") beeinflussen. Eine Verkleinerung von P_2 vergrößert die Hysterese. Bei steigender Temperatur zieht das Relais an, bei sinkender fällt es ab.

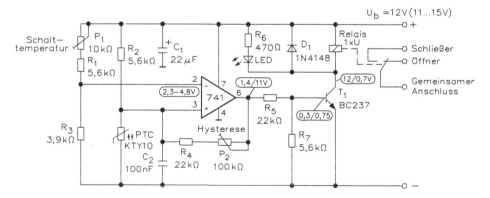

Abb. 3.17 Temperaturschalter von -10 bis $+100\,°C$, wobei sich die Schalttemperatur und die Hysterese stufenlos einstellen lassen

Bevor die Schaltung in Betrieb genommen wird, sind folgende Einstellungen durchzuführen: Zuerst wird der Schleifer des Einstellers P_1 ungefähr in Mittelstellung gebracht. Der Schleifer des Einstellers P_2 ist dagegen auf den kleinsten Widerstandswert zu drehen.

Für den Betrieb des Temperaturschalters ist eine Gleichspannungsquelle von + 12 V erforderlich, in der Praxis ein fertiges Netzgerät mit einem Festspannungsregler. Das Netzteil muss zur Sicherheit unbedingt den VDE-Bestimmungen entsprechen. Wichtig ist die Beachtung der Polarität, denn eine Verwechslung zerstört die Schaltung unweigerlich.

Nach Anschließen der Betriebsspannung dreht man den Schleifer von Einsteller P_1 jeweils nach links und nach rechts bis zum Anschlag. Das Relais muss abwechselnd anziehen und abfallen. Im gleichen Wechsel muss die Leuchtdiode den Schaltvorgang signalisieren. Wenn nicht, muss man sofort die Betriebsspannung abschalten und die Schaltung noch einmal genau nachprüfen. Arbeitet die Schaltung nach diesen Bedingungen, misst man nach, ob an den Pins des integrierten Schaltkreises folgende Spannungen anliegen: Pin 2: 2,3–4,8 V (diese Spannung hängt von der Stellung des Einstellers P_1 ab; sie sollte sich durch Verstellen des P_1 im angegebenen Bereich einstellen lassen); Pin 3: ca. 3,0 V (bei einer Raumtemperatur von ca. 20 °C); Pin 6: Bei nicht angezogenem Relais ca. 1,4 V; bei angezogenem Relais ca. 11 V. Pin 4: 0 V; Pin 7 = Betriebsspannung + 12 V.

Da die Kontakte des Relais potentialfrei sind, ist der Temperaturschalter universell einsetzbar. Wenn hier Umschaltkontakte gewählt werden, lassen sich beim Überschreiten oder Unterschreiten der Temperatur wahlweise Geräte ein- oder ausschalten. Möchte man einen Gefrierpunkt überwachen, so steckt man den Fühler in Eiswasser, das man vorher mit einem Thermometer gemessen hat, und stellt mit dem Einsteller P_1 die Schalttemperatur ein. Soll die Schaltung auf Raumtemperatur abgeglichen werden, hält man ihn in lauwarmes Wasser mit 25 °C. So lässt sich fast jede beliebige Schaltschwelle einstellen. In jedem Fall sollte man ein paar Minuten warten, bis der Sensor exakt seine Umgebungstemperatur angenommen hat.

3.1.10 Temperaturschalter mit Fühlerüberwachung

Viele Temperaturschalter weisen einen Nachteil auf: Wird die Fühlerleitung durch einen Defekt unterbrochen oder kurzgeschlossen, bleibt die Heizung oder Kühlung eingeschaltet, was zur Überhitzung bzw. Unterkühlung und damit zu erheblichen Schäden führen kann. Die hier vorgestellte Temperaturschaltung mit integrierter Fühlerüberwachung (Kurzschluss/Unterbrechung) schaltet ein Relais ein, welches dann beim Unterschreiten der eingestellten Temperatur ein Heizgebläse, einen Frostwächter oder ähnliche Geräte einschaltet. Die Schalttemperatur ist einstellbar, vier Leuchtdioden signalisieren die einzelnen Schaltzustände.

Automatische Temperaturschalter sind meist als sogenannte Zweipunktregler ausgeführt. Darunter versteht man eine Schaltung, die ganz einfach einen vorgegebenen
Sollwert (die gewünschte Temperatur) mit dem tatsächlichen herrschenden Istwert vergleicht; liegt der Istwert unterhalb des Sollwertes, wird eine Heizung eingeschaltet (dies
bezeichnet man als Arbeitspunkt AP1). Sobald der Sollwert dann erreicht ist, wird die
Heizung wieder ausgeschaltet (Arbeitspunkt AP2). Der andere Fall, dass es wärmer ist
als gewünscht, bleibt meistens unberücksichtigt, da dieser in unseren Breiten ohnehin
kaum vorkommt. Wenn auch dafür gesorgt sein soll, dann ist in solchen Momenten eine
Kühlvorrichtung einzuschalten.

Abb. 3.18 zeigt die Arbeitsweise eines Zweipunktreglers. Wichtige Kenngrößen
sind hier die Zeitkonstante T_s und die Totzeit T_t. Überschreitet die Regelgröße x die
Führungsgröße w, so bleibt die Stellgröße y infolge der Hysterese des Reglers bis zum
Arbeitspunkt A $(w+x_0)$ eingeschaltet, Die Regelgröße steigt aber noch weiter an und fällt
erst nach Ablauf der Totzeit T_t entsprechend der Zeitkonstanten T ab. Die Stellgröße wird
beim Unterschreiten des Wertes $w-x_0$ erneut eingeschaltet, sodass sich die Regelgröße
im eingeschwungenen Zustand dauernd mit der Periodendauer T und der Amplitude x_0
um den Sollwert bewegt. Der Mittelwert dieser Bewegung weicht vom Sollwert w um
die P-Abweichung X_A ab, und die Differenz „e" definiert die Hysterese.

Der Zweipunktregler bewegt sich also, bildlich gesprochen, ständig um den Sollwert
w herum. Er kennt nur die Zustände größer oder kleiner und reagiert dementsprechend
nur mit dem Ein- und Ausschalten des Stromkreises. Das hat zwei prinzipbedingte

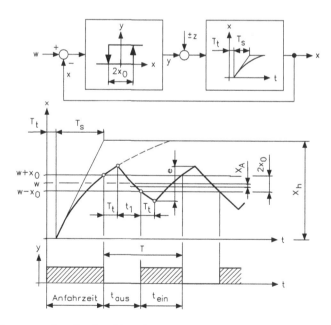

Abb. 3.18 Diagramm einer Zweipunktregelung

Nachteile: Sobald die Größer-/Kleiner-Erkennung nur empfindlich genug ist, reicht bereits das kurzzeitige Ansprechen der Heizung aus, um eine geringfügige Erwärmung zu detektieren und sofort wieder abzuschalten. Ein ständiges Klappern des betreffenden Relais wäre die Folge.

Man führt daher einen Totbereich zwischen den Schaltpunkten ein, die Hysterese, aus der sich aber ein zweiter Nachteil ergibt: Die Heizung soll erst einmal eine Weile arbeiten, bevor sie wieder abschaltet. Daraus resultiert eine stärkere Erwärmung, als es die empfindliche Elektronik zum Abschalten benötigt. Auf der anderen Seite soll es auch ruhig ein bisschen mehr abkühlen, als es zum Erkennen der Untertemperatur erforderlich ist. Ein „ruhiges" und „gesittetes" Regelverhalten ist die Folge, das allerdings auf Kosten eines Totbereiches geht, d. h. man hat zwischen dem oberen und unteren Schaltpunkt eine Temperaturdifferenz von einigen °C.

In der Schaltung von Abb. 3.19 befindet sich ein TCA965, das nicht nur eine, sondern zwei Schwellwerte erkennen kann. Im Gegensatz zu dem mehr oder minder undefinierten Totbereich einer Hysterese spricht man in diesem Fall von einem Fensterdiskriminator. Die definiert einstellbare untere und obere Schaltschwelle bilden gewissermaßen die Kanten des Spannungsfensters.

Der TCA965 eignet sich besonders für die Steuerungs- und Regelungstechnik als Nachlauf- bzw. Abgleichschaltung mit Totzone, sowie in der Messtechnik zur Selektion von Spannungen, die innerhalb einer bestimmten Toleranzbreite vom geforderten Sollwert liegen sollen.

Der Fensterdiskriminator von Abb. 3.20 analysiert die Höhe der Eingangsspannung bezogen auf zwei Grenzen, die als Spannungen von außen eingegeben werden. Das Fenster, innerhalb dessen die Schaltung mit „gut" reagiert, kann entweder durch eine obere (U_6) und eine untere Grenze (U_7) eingegeben werden oder durch die Fenstermitte

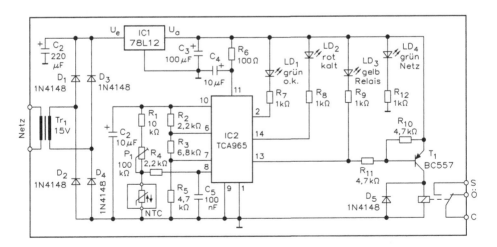

Abb. 3.19 Elektronischer Temperaturschalter mit Fühlerüberwachung

(U_8) und, abhängig davon durch eine Spannung ΔU (U_8), die der halben Fensterbreite entspricht und gegen Masse eingegeben wird. Die Umschaltpunkte haben eine Schmitt-Trigger-Charakteristik mit kleiner Hysterese.

Der Baustein gibt vier Ausgangssignale ab: Eingangssignal innerhalb oder außerhalb des Fensters (gut, schlecht) bzw. zu hoch oder zu niedrig. Alle Ausgänge haben offene Kollektoren, die mit bis zu 50 mA belastbar sind. Damit lassen sich Leucht-dioden oder Kleinrelais direkt ansteuern. Außerdem enthält der TCA965 auch eine Referenzspannung, von der sich alle Spannungsschwellen ableiten lassen – weitgehend unabhängig von Temperatur und Betriebsspannung.

Beim TCA965 von Abb. 3.20 liegt an Pin 6 die obere und an Pin 7 die untere Schwelle (U_{max} bzw. U_{min}); die zu überwachende Spannung U_{ein} geht auf Pin 8. Der Baustein detektiert dabei folgende Zustände:

- U_{ein} liegt unterhalb von U_{min}, Ausgang A bzw. Pin 2 aktiv
- U_{ein} liegt oberhalb von U_{max}, Ausgang B bzw. Pin 14 aktiv
- U_{ein} liegt oberhalb von U_{min} und unterhalb von U_{max}, also innerhalb des vorgegebenen Fensters, Ausgang C bzw. Pin 13 aktiv
- U_{ein} liegt unterhalb von U_{min} oder oberhalb von U_{max}, also außerhalb des vor-gegebenen Fensters, Ausgang D bzw. Pin 3 aktiv.

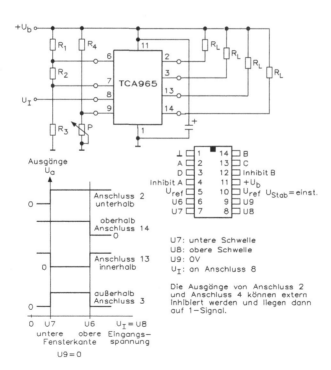

Abb. 3.20 Anschlussschema, Grundschaltung und logisches Verhalten des TCA965

Alle vier Ausgänge sind 0-aktiv, d. h. sie schalten einen Transistor mit offenem Kollektor durch. Der Zustand 4 definiert übrigens den invertierenden Anschluss von Zustand 3, denn nur entweder der eine oder der andere kann „wahr" sein, Aus diesem Grund wurde bei der Schaltung von Abb. 3.20 auf eine weitere Auswertung des Signals von Ausgang D (Pin 3) verzichtet.

Der Fensterdiskriminator TCA965 selbst ist von der übrigen Schaltung von Abb. 3.19 noch einmal über das RC-Glied R_6/C_4 entkoppelt. Etwaige Rückwirkungen infolge von ausgangsseitigen Umschaltvorgängen am Relais oder an den Leuchtdioden bleiben so ohne Auswirkung auf die interne Auswertelogik. Am Pin 10 erzeugt der TCA965 eine nochmals entkoppelte, intern stabilisierte Spannung von +6 V. Diese dient als konstante Referenzspannung für die beiden Teiler R_2/R_3 und R_1/P_1/NTC und sorgt dafür, dass hier absolut keine ungewollten Störungen mehr eingestreut werden können. Wenn im Umschaltaugenblick des TCA965 ein eindeutiges Verhalten erforderlich ist und dazu keine nennenswerte Hysterese die Betriebsart stören soll, dann dürfen sich die zum Vergleich herangezogenen Schwellwerte auch nicht im geringsten ändern. Dafür sorgen die erwähnten externen und internen Schaltungsmaßnahmen.

Der Stützkondensator C_2 und der keramische Kondensator C_5 tragen zu diesen Maßnahmen bei. Der Kondensator C_5 sorgt dafür, dass eventuelle Störspitzen von der externen NTC-Zuleitung gegen Masse kurzgeschlossen werden.

Die vom IC-Ausgang Pin 10 gelieferten +6 V werden von der Reihenschaltung aus R_2, R_3 und R_5 so aufgeteilt, dass an Pin 6 ca. 5 V anliegen, was der oberen Fensterkante entspricht, und an Pin 7 ca. 2 V, was der unteren Fensterkante entspricht. Wenn also die Eingangsspannung an Pin 8 unterhalb von 2 V liegt, weil der Heißleiter entsprechend warm und damit niederohmig ist, dann ist der Ausgang A (Pin 2) aktiv. Die grüne LED 1 leuchtet auf und signalisiert, dass die eingestellte Temperatur erreicht ist.

Angenommen, dies soll bei 20 °C der Fall sein, wo der NTC-Widerstand gerade seinen Nennwert von 25 kΩ erreicht hat, dann müssten R_1 und P_1 zusammen doppelt so groß sein wie der NTC-Widerstand, um die 6 V von Pin 10 auf 2 V für Pin 8 zu dritteln. Dies ist bei dem Einsteller P_1 (100 kΩ) der Fall, wenn 40 kΩ eingestellt sind, was ungefähr der Mittelstellung entspricht, d. h. 40 kΩ von P_1 plus 10 kΩ von R_1 ergeben das Doppelte der 25 kΩ des NTC-Widerstandes bei 20 °C. Eine exakte Skalierung des Einstellers ist wegen der Bauteiletoleranzen natürlich nicht möglich, aber diese Überschlagsrechnung bietet für die Grundeinstellung einen ungefähren Anhalt.

Steigt die Eingangsspannung an Pin 8 auf über 2 V an, was von der Umgebungstemperatur und der P_1-Einstellung abhängt, dann sind Ausgang 13 und LED 3 aktiv, d. h. es muss wieder geheizt werden und das Relais zieht an. Dies ist der Fall, wenn der Widerstand des NTC infolge von Abkühlung zunimmt. Man beachte hierbei die gegenläufige Tendenz.

Wird es so kalt am NTC-Widerstand, dass an Pin 8 mehr als 5 V liegen, wird die obere Schwelle überschritten, und der Ausgang B (Pin 14) schaltet durch. Die rote Leuchtdiode emittiert Licht und signalisiert, dass es zu kalt ist. Dies kann beispielsweise dann passieren, wenn die Heizung defekt ist oder keine ausreichende Wärmezufuhr wirksam ist. Auch diesen Zustand kann der Benutzer durch die rote Leuchtdiode optisch erkennen.

Zusammen mit dem Durchschalten von Ausgang C (Pin 13), wenn die untere Spannungsquelle überschritten bzw. die eingestellte Temperatur gerade unterschritten ist, wird das Relais angesteuert. Hat der Ausgang C ein 0-Signal, d. h. der interne Transistor schaltet durch, schaltet auch der BC557 durch.

Der potentialfreie Umschaltkontakt des Relais kann nun über den Schließer zwischen den Klemmen C und S die Heizung einschalten. Zu beachten sind dabei zwei Dinge: Erstens dürfen diese Kontakte mit maximal 500 VA belastet werden; die Spannung soll bei höchstens 250 V liegen und der Strom die Grenze von 8 A nicht überschreiten, wobei aber nicht beides gleichzeitig möglich ist. Bei Netzspannung von 230/240 V liegt der maximale Stromfluss bei 2 A.

Zweitens darf man nicht einfach die Netzspannung vom Transformator abnehmen, um diese einer netzbetriebenen Heizung zuzuführen; dazu müsste die Netzzuleitung einen größeren Querschnitt aufweisen als es der kleine 1-VA-Transformator erfordert. Außerdem muss für eine einwandfreie Verbindung mit dem grün-gelben Schutzleiter gesorgt sein. Da die Schaltleistung von 500 VA ohnehin nicht für größere Heizöfen ausreicht, empfiehlt sich, für den Netzbetrieb ein zusätzliches Leistungsrelais zu verwenden.

Einen Funktionstest kann man folgendermaßen durchführen: Bei fehlendem NTC-Widerstand (offene Buchse BU1) nimmt die Schaltung eine sehr tiefe Temperatur an; dann muss auf jeden Fall die rote Leuchtdiode aufleuchten. Bei kurzgeschlossener Eingangsbuchse geht die Auswertelogik von einem sehr niedrigen Wert des NTC-Widerstandes aus, nimmt also an, die Temperatur ist erreicht bzw. überschritten. In diesem Fall muss die grüne Leuchtdiode LED 1 aufleuchten. Erst beim Anschluss des vorgesehenen Heißleiters mit einer Zuleitung bis ca. 10 m reagiert die Schaltung auf Verstellen des Einstellers. Bei Drehung nach links schaltet die Heizung erst bei tiefen Temperaturen ein, beim Verstellen im Uhrzeigersinn verschiebt sich der Schaltpunkt zu einer höheren Temperatur.

3.2 LED-Thermometer

Um eine mit dem Sensor KTY10 gemessene Temperatur anzuzeigen, eignet sich die Schaltung von Abb. 3.21. Dieses elektronische Thermometer verwendet 13 mm hohe rote 7-Segment-LED-Anzeigen, es lässt sich überall dort einsetzen, wo Temperaturen von -50 bis $+150\,°C$ mit großer Genauigkeit gemessen werden sollen. Das Herz der Schaltung ist der ICL7107, der mit Ausnahme der Anzeigeansteuerung weitgehend mit dem ICL7106 übereinstimmt, wird ausführlich beschrieben, da er in der Praxis ein Standardbaustein ist. Die 7-Segment-Anzeigen müssen gemeinsame Anoden aufweisen, denn andernfalls funktioniert die Schaltung nicht. Mit zwei Spindeleinstellern lässt sich das Thermometer hochgenau justieren. Die Schaltung lässt sich zum Messen von Raum- und Außentemperatur, für Heizungsvorlauf/-rücklauf sowie im Auto, Boot, Wohnmobil, Wochenendhaus, Labor, Klimatechnik, Industrie, Handwerk usw. einsetzen.

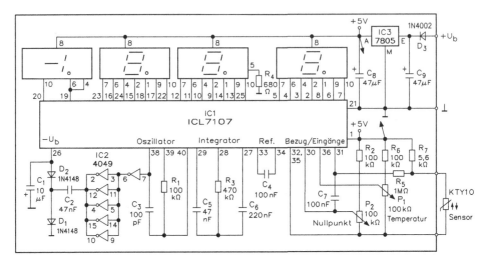

Abb. 3.21 Elektronisches Thermometer mit dem ICL7107 und vier LED-7-Segmentanzeigen

In manchen Anwendungen, vor allen Dingen da, wo der AD-Wandler mit einem Sensor verbunden ist, benötigt man einen anderen Skalierungsfaktor zwischen der Eingangsspannung und der digitalen Anzeige. In einem Wägesystem z. B. kann der Entwickler einen Vollausschlag wünschen, wenn die Eingangsspannung etwa einen Wert von $U_e = 0{,}682$ V erreicht hat. Anstelle eines Vorteilers, der den Eingang auf 200 mV herunterteilt, benutzt man in diesem Fall besser eine Referenzspannung von 0,381 V. Geeignete Werte für die Integrationselemente (Widerstand und Kondensator) sind in diesem Fall $R = 120$ kΩ und $C = 220$ nF. Diese Werte gestalten das System etwas ruhiger und vermeiden ein Teilernetzwerk am Eingang. Ein weiterer Vorteil dieses Systems ist der, dass in einem Fall eine „Nullanzeige" bei irgendeinem Wert der Eingangsspannung möglich ist. Temperaturmess- und Wägesysteme sind Beispiele hierfür. Dieser „Offset" in der Anzeige lässt sich leicht dadurch erzeugen, dass man den Sensor zwischen „IN HI" und „COM" anschließt und die variable oder konstante Betriebsspannung zwischen „COM" und „IN LO" legt.

3.2.1 Integrierter Wandlerbaustein ICL7106 und ICL7107

Der Schaltkreis ICL7106 und ICL7107 (früher Intersil, heute Maxim) ist ein monolithischer CMOS-AD-Wandler des integrierenden Typs, bei denen alle notwendigen aktiven Elemente wie BCD-7-Segment-Decodierer, Treiberstufen für das Display, Referenzspannung und komplette Takterzeugung auf dem Chip realisiert sind. Der ICL7106 ist für den Betrieb mit einer Flüssigkristallanzeige ausgelegt. Der ICL7107 ist weitgehend mit dem ICL7106 identisch und treibt direkt 7-Segment-LED-Anzeigen an.

ICL7106 und ICL7107 sind eine gute Kombination von hoher Genauigkeit, universeller Einsatzmöglichkeit und Wirtschaftlichkeit. Die hohe Genauigkeit wird erreicht durch die Verwendung eines automatischen Nullabgleichs bis auf weniger als $10\,\mu V$, die Realisierung einer Nullpunktdrift von weniger als $1\,\mu V$ pro °C, die Reduzierung des Eingangsstroms auf $10\,pA$ und die Begrenzung des „Roll-Over"-Fehlers auf weniger als eine Stelle.

Die Differenzverstärkereingänge und die Referenz als auch der Eingang erlauben eine äußerst flexible Realisierung eines Messsystems. Sie geben dem Anwender die Möglichkeit von Brückenmessungen, wie es z. B. bei Verwendung von Dehnungsmessstreifen und ähnlichen Sensorelementen üblich ist. Extern werden nur wenige passive Elemente, die Anzeige und eine Betriebsspannung benötigt, um ein komplettes $3\,1/2$-stelliges Digitalvoltmeter zu realisieren.

Jeder Messzyklus beim ICL7106 und ICL7107 ist in drei Phasen aufgeteilt und dies sind:

- Automatischer Nullabgleich
- Signalintegration
- Referenzintegration oder Deintegration

Automatischer Nullabgleich
Die Differenzeingänge des Signaleingangs werden intern von den Anschlüssen durch Analogschalter getrennt und mit „ANALOG COMMON" kurzgeschlossen. Der Referenzkondensator wird auf die Referenzspannung aufgeladen. Eine Rückkopplungsschleife zwischen Komparatorausgang und invertierendem Eingang des Integrators wird geschlossen, um den „AUTO-ZERO"-Kondensator C_{AZ} derart aufzuladen, dass die Offsetspannungen vom Eingangsverstärker, Integrator und Komparator kompensiert werden. Da auch der Komparator in dieser Rückkopplungsschleife eingeschlossen ist, ist die Genauigkeit des automatischen Nullabgleichs nur durch das Rauschen des Systems begrenzt. Die auf den Eingang bezogene Offsetspannung liegt in jedem Fall niedriger als $10\,\mu V$. Abb. 3.22 zeigt die Schaltung für den Analogteil im ICL7106 und ICL7107.

Signalintegration
Während der Signalintegrationsphase wird die Nullabgleich-Rückkopplung geöffnet, die internen Kurzschlüsse werden aufgehoben und der Eingang wird mit den externen Anschlüssen verbunden. Danach integriert das System die Differenzeingangsspannung zwischen „INPUT HIGH" und „INPUT LOW" für ein festes Zeitintervall. Diese Differenzeingangsspannung kann im gesamten Gleichtaktspannungsbereich des Systems liegen. Wenn andererseits das Eingangssignal keinen Bezug hat relativ zur Spannungsversorgung, kann die Leitung „INPUT LOW" mit „ANALOG COMMON" verbunden werden, um die korrekte Gleichtaktspannung einzustellen. Am Ende der Signalintegrationsphase wird die Polarität des Eingangssignals bestimmt.

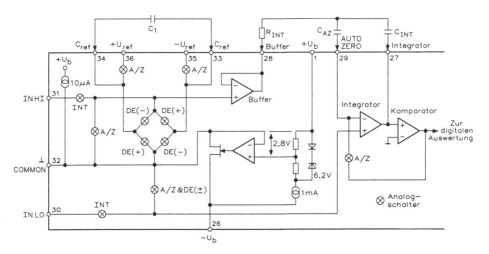

Abb. 3.22 Analogteil des ICL7106 und ICL7107

Referenzintegration oder Deintegration

Die letzte Phase des Messzyklus ist die Referenzintegration oder Deintegration. „INPUT LOW" wird intern durch Analogschalter mit „ANALOG COMMON" verbunden und „INPUT HIGH" wird an den in der „AUTO-ZERO"-Phase aufgeladenen Referenzkondensator C_{ref} angeschlossen. Eine interne Logik sorgt dafür, dass dieser Kondensator mit der korrekten Polarität mit dem Eingang verbunden wird, d. h. es wird durch die Polarität des Eingangssignals bestimmt, um die Deintegration in Richtung „0 V" durchzuführen. Die Zeit, die der Integratorausgang benötigt, um auf „0 V" zurückzugehen, ist proportional der Größe des Eingangssignals. Die digitale Darstellung ist speziell für 1000 (U_{in}/U_{ref}) gewählt worden.

Differenzeingang

Es können am Eingang Differenzspannungen angelegt werden, die sich irgendwo innerhalb des Gleichtaktspannungsbereichs des Eingangsverstärkers befinden. Die Spannungsbereiche sind aber besser im Bereich zwischen positiver Versorgung von $-0{,}5$ V bis negativer Versorgung von $+1$ V vorhanden. In diesem Bereich besitzt das System eine Gleichtaktspannungsunterdrückung von typisch 86 dB.

Da jedoch der Integratorausgang auch innerhalb des Gleichtaktspannungsbereichs schwingt, muss dafür gesorgt werden, dass der Integratorausgang nicht in den Sättigungsbereich kommt. Der ungünstigste Fall ist der, bei dem eine große positive Gleichtaktspannung verbunden mit einer negativen Differenzeingangsspannung im Bereich des Endwertes am Eingang anliegt. Die negative Differenzeingangsspannung treibt den Integratorausgang zusätzlich zu der positiven Gleichtaktspannung weiter in Richtung positive Betriebsspannung.

Bei diesen kritischen Anwendungen kann die Ausgangsamplitude des Integrators ohne großen Genauigkeitsverlust von den empfohlenen 2 V auf einen geringeren Wert reduziert werden. Der Integratorausgang kann bis auf 0,3 V an jede Betriebsspannung ohne Verlust an Linearität herankommen.

Differenz-Referenz-Eingang

Die Referenzspannung kann irgendwo im Betriebsspannungsbereich des Wandlers erzeugt werden. Hauptursache eines Gleichtaktspannungsfehlers ist ein „Roll-Over-Fehler" (abweichende Anzeigen bei Umpolung der gleichen Eingangsspannung), der dadurch hervorgerufen wird, dass der Referenzkondensator auf- bzw. entladen wird durch Streukapazitäten an seinen Anschlüssen. Liegt eine hohe Gleichtaktspannung an, kann der Referenzkondensator aufgeladen werden (die Spannung steigt), wenn er angeschlossen wird, um ein positives Signal zu deintegrieren. Andererseits kann er entladen werden, wenn ein negatives Eingangssignal zu deintegrieren ist. Dieses unterschiedliche Verhalten für positive und negative Eingangsspannungen ergibt einen „Roll-Over"-Fehler. Wählt man jedoch den Wert der Referenzkapazität groß genug, so kann dieser Fehler bis auf weniger als eine halbe Stelle reduziert werden.

„ANALOG COMMON"

Dieser Anschluss ist in erster Linie dafür vorgesehen, die Gleichtaktspannung für den Batteriebetrieb (7106) oder für ein System mit – relativ zur Betriebsspannung – „schwimmenden" Eingängen zu bestimmen. Der Wert liegt bei typisch ca. 2,8 V unterhalb der positiven Betriebsspannung. Dieser Wert ist deshalb so gewählt, um bei einer entladenen Batterie eine Versorgung von 6 V zu gewährleisten. Darüber hinaus hat dieser Anschluss eine gewisse Ähnlichkeit mit einer Referenzspannung. Ist nämlich die Betriebsspannung groß genug, um die Regeleigenschaften der internen Z-Diode auszunutzen (≈ 7 V), besitzt die Spannung am Anschluss „ANALOG COMMON" einen niedrigen Spannungskoeffizienten. Um optimale Betriebsbedingungen zu erreichen, soll die externe Z-Diode mit einer niedrigen Impedanz (ca. 15 Ω) einen Temperaturkoeffizienten von weniger als 80 ppm/°C aufweisen.

Anderseits sollten die Grenzen dieser „integrierten Referenz" erkannt werden. Beim Typ ICL7107 kann die interne Aufheizung durch die Ströme der LED-Treiber die Eigenschaften verschlechtern. Aufgrund des höheren thermischen Widerstands sind plastikgekapselte Schaltkreise in dieser Beziehung ungünstiger als solche im Keramikgehäuse. Bei Verwendung einer externen Referenz treten auch beim ICL7107 keine Probleme auf. Die Spannung an „ANALOG COMMON" ist die, mit der der Eingang während der Phase des automatischen Nullabgleichs und der Deintegration beaufschlagt wird. Wird der Anschluss „INPUT LOW" mit einer anderen Spannung als „ANALOG COMMON" verbunden, ergibt sich eine Gleichtaktspannung in dem System, die von der ausgezeichneten Gleichtaktspannungsunterdrückung des Systems kompensiert wird.

In einigen Anwendungen wird man den Anschluss „INPUT LOW" auf eine feste Spannung legen (z. B. Bezug der Betriebsspannungen). Hierbei sollte man den

Anschluss „ANALOG COMMON" mit demselben Punkt verbinden, um auf diese Weise die Gleichtaktspannung für den Wandler zu eliminieren. Dasselbe gilt für die Referenzspannung. Wenn man die Referenz mit Bezug zu „ANALOG COMMON" ohne Schwierigkeiten anlegen kann, sollte man dies tun, um Gleichtaktspannungenf für das Referenzsystem auszuschalten.

Innerhalb des Schaltkreises ist der Anschluss „ANALOG COMMON" mit einem N-Kanal-Feldeffekttransistor verbunden, der in der Lage ist, auch bei Eingangs-strömen von 30 mA oder mehr den Anschluss 2,8 V unterhalb der Betriebsspannung zu halten (wenn z. B. eine Last versucht, diesen Anschluss „hochzuziehen"). Andererseits liefert dieser Anschluss nur 10 µA als Ausgangsstrom, sodass man ihn leicht mit einer negativen Spannung verbinden kann, um auf diese Weise die interne Referenz auszu-schalten.

Test

Der Anschluss „TEST" hat zwei Funktionen. Beim ICL7106 ist er über einen Wider-stand von 500 Ω (470 Ω) mit der intern erzeugten digitalen Betriebsspannung verbunden. Damit kann er als negative Betriebsspannung für externe zusätzliche Segment-Treiber (Dezimalpunkte etc.) benutzt werden.

Die zweite Funktion ist die eines „Lampentests". Wird dieser Anschluss auf die positive Betriebsspannung gelegt, werden alle Segmente eingeschaltet und das Display zeigt − 1888. Vorsicht: Beim 7106 liegt in dieser Betriebsart an den Segmenten eine Gleichspannung (keine Rechteckspannung) an. Betreibt man die Schaltung für einige Minuten in dieser Betriebsart, kann das Display zerstört werden!

Beim 7106 wird der interne Bezug der digitalen Betriebsspannung durch eine Z-Diode mit 6 V und einen P-Kanal-„SOURCE-Folger" großer Geometrie gebildet. Diese Versorgung ist stabil ausgelegt, um in der Lage zu sein, die relativ großen kapazitiven Ströme zu liefern, die dann auftreten, wenn die rückwärtige Ebene des LCD-Displays geschaltet wird.

Die Frequenz der Rechteckschwingung, mit der die rückwärtige Ebene des Displays geschaltet wird, wird aus der Taktfrequenz durch Teilung um den Faktor 800 generiert. Bei einer empfohlenen externen Taktfrequenz von 50 kHz hat dieses Signal eine Frequenz von 62,5 Hz mit einer nominellen Amplitude von 5 V. Die Segmente werden mit derselben Frequenz und Amplitude angesteuert und sind, wenn die Segmente ausgeschaltet sind, in Phase mit BP-Signal (backplane), oder, bei eingeschalteten Segmenten, gegenphasig. In jedem Fall liegt eine vernachlässigbare Gleichspannung über den Segmenten an.

Der digitale Teil des ICL7107 ist identisch zum ICL7106 mit der Ausnahme, dass die regulierte Versorgung und das BP-Signal nicht vorhanden sind und dass die Segment-treiberkapazität von 2 mA auf 8 mA erhöht worden ist. Dieser Strom ist typisch für die meisten LED-7-Segmentanzeigen. Da der Treiber der höherwertigsten Stelle den Strom von zwei Segmenten aufnehmen muss (Pin 19), besitzt er die doppelte Stromkapazität von 16 mA.

Drei Methoden können für eine Beschaltung des Taktgenerators grundsätzlich verwendet werden:

- Verwendung eines externen Oszillators an Pin 40
- Quarz zwischen Pin 39 und Pin 40
- RC-Oszillator, der die Pins 38, 39 und 40 benutzt

Die Oszillatorfrequenz wird durch vier geteilt, bevor sie als Takt für die Dekadenzähler
benutzt wird.

Die Oszillatorfrequenz wird dann weiter heruntergeteilt, um die drei Zyklusphasen
abzuleiten. Dies sind Signalintegration (1000 Takte), Referenzintegration (0 bis 2000
Takte) und automatischer Nullabgleich (1000 bis 3000 Takte). Für Signale, die kleiner
sind als der Eingangsbereichsendwert, wird für den automatischen Nullabgleich der
nicht benutzte Teil der Referenzintegrationsphase benutzt. Es ergibt sich damit die
Gesamtdauer eines Messzyklus zu 4000 (internen) Taktperioden (entspricht 16.000
externen Taktperioden) unabhängig von der Größe der Eingangsspannung. Für etwa drei
Messungen pro Sekunde wird deshalb eine Taktfrequenz von ca. 50 kHz benutzt.

Um eine maximale Unterdrückung der Netzfrequenzanteile zu erhalten, sollte das
Integrationsintervall so gewählt werden, dass es einem Vielfachen der Netzfrequenz-
periode von 20 ms (bei 50 Hz Netzfrequenz) entspricht. Um diese Eigenschaft zu
erreichen, sollten Taktfrequenzen von 200 kHz ($t_i = 20$ ms), 100 kHz ($t_i = 40$ ms), 50 kHz
($t_i = 80$ ms) oder 40 kHz ($t_i = 100$ ms) gewählt werden. Es sei darauf hingewiesen, dass
bei einer Taktfrequenz von 40 kHz nicht nur die Netzfrequenz von 50 Hz, sondern auch
die 60, 400 und 440 Hz unterdrückt werden.

3.2.2 Externe Komponenten des ICL7106 und ICL7107

Für den Betrieb des ICL7106 und ICL7107 sind folgende externe Komponenten
erforderlich:

Integrationswiderstand R_I
Sowohl der Eingangsverstärker als auch der Integrationsverstärker besitzen eine Aus-
gangsstufe der Klasse A mit einem Ruhestrom von 100 μA. Sie sind in der Lage, einen
Strom von 20 μA mit vernachlässigbarer Nichtlinearität zu liefern. Der Integrationswiderstand sollte hoch genug gewählt werden, um für den gesamten Eingangsspannungsbereich in diesem sehr linearen Bereich zu bleiben. Andererseits sollte er klein genug
sein, um den Einfluss nicht vermeidbarer Leckströme auf der Leiterplatte nicht signi-
fikant werden zu lassen. Für einen Eingangsspannungsbereich von 2 V wird ein Wert von
470 kΩ und für 200 mV einer mit 47 kΩ empfohlen.

Integrationskondensator

Der Integrationskondensator sollte so bemessen werden, dass unter Berücksichtigung seiner Toleranzen der Ausgang des Integrators nicht in den Sättigungsbereich kommt. Als Abstand von beiden Betriebsspannungen soll ein Wert von 0,3 V eingehalten werden. Bei der Benutzung der „internen Referenz" (ANALOG COMMON) ist ein Spannungshub von ± 2 V am Integratorausgang optimal. Beim ICL7107 mit ± 5 V Betriebsspannung und „ANALOG COMMON" mit Bezug auf die Betriebsspannung bedeutet dies, dass eine Amplitude von $\pm 3,5$ bis ± 4 V möglich ist. Für drei Messungen pro Sekunde werden die Kapazitätswerte 220 nF (7106) und 100 nF (7107) empfohlen.

Es ist wichtig, dass bei Wahl anderer Taktfrequenzen diese Werte geändert werden müssen, um den gleichen Ausgangsspannungshub zu erreichen.

Eine zusätzliche Anforderung an den Integrationskondensator sind die geringen dielektrischen Verluste, um den „Roll-Over"-Fehler zu minimalisieren. Polypropylen-Kondensatoren ergeben hier bei relativ geringen Kosten die besten Ergebnisse.

„AUTO-ZERO"-Kondensator C_Z

Der Wert des „AUTO-ZERO"-Kondensators hat Einfluss auf das Rauschen des Systems. Für einen Eingangsspannungsbereichsendwert von 200 mV, wobei geringes Rauschen sehr wichtig ist, wird ein Wert von 0,47 μF empfohlen. In Anwendungsfällen mit einem Eingangsspannungsbereichsendwert von 2 V kann dieser Wert auf 47 nF reduziert werden, um die Erholzeit von Überspannungsbedingungen am Eingang zu reduzieren.

Referenzkondensator C_{ref}

Ein Wert von 0,1 μF zeigt in den meisten Anwendungen die besten Ergebnisse. In solchen Fällen, in denen eine relativ hohe Gleichtaktspannung anliegt, wenn z. B. „REF LOW" und „ANALOG COMMON" nicht verbunden sind, muss bei einem Eingangsspannungsbereichsendwert von 200 mV ein größerer Wert gewählt werden, um „Roll-Over"-Fehler zu vermeiden. Ein Wert von 1 μF hätte in diesen Fällen einen „Roll-Over"-Fehler kleiner als 1/2 Digit.

Komponenten des Oszillators

Für alle Frequenzen sollte ein Widerstand von 100 kΩ gewählt werden. Der Kondensator kann nach der Funktion bestimmt werden:

$$f = \frac{0{,}45}{R \cdot C}$$

Ein Wert von 100 pF ergibt eine Frequenz von etwa 48 kHz.

Referenzspannung

Um den Bereichsendwert von 2000 internen Takten zu erreichen, muss eine Eingangsspannung von $U_{IN} = 2\,U_{REF}$ anliegen. Daher muss die Referenzspannung für 200 mV

Eingangsspannungsbereich zu 100 mV, für 2000 mV Eingangsspannungsbereich zu 1000 mV gewählt werden.

Betriebsspannungen des ICL7107

Der ICL7107 ist ausgelegt, um mit Betriebsspannungen von ± 5 V zu arbeiten. Ist jedoch eine negative Versorgung nicht verfügbar, kann eine solche mit zwei Dioden, zwei Kondensatoren und einem einfachen CMOS-Gatter erzeugt werden. In bestimmten Applikationen ist unter den folgenden Bedingungen keine negative Betriebsspannung notwendig:

Bedingung 1:	Der Bezug des Eingangssignals liegt in der Mitte des Gleichtaktspannungsbereichs
Bedingung 2:	Das Signal ist kleiner als ± 1,5 V

Spannungsverluste an den Kondensatoren erzeugen Leckströme. Der typische Leckstrom der internen Analogschalter (I_{DOFF}) bei nominellen Betriebsspannungen ist jeweils 1 pA und 2 pA am Eingang des Eingangsverstärkers und des Integrationsverstärkers. Hinsichtlich der Offsetspannung ist der Einfluss des Spannungsfalls am „AUTO-ZERO" (Kondensator und der des Abfalls am Referenzkondensator) gegenläufig, d. h., es tritt kein Offset auf, wenn der Spannungsfall an beiden Kapazitäten gleich ist. Ein typischer Wert für den durch diesen Spannungsfall hervorgerufenen Offset bezogen auf den Eingang ergibt sich aus einem Leckstrom von 2 pA, der eine Kapazität von 1 μF für 83 ms (10.000 Taktperioden bei einer Taktfrequenz von 120 kHz) entlädt zu einem Mittelwert von 0,083 μV.

Der Effekt dieses Spannungsfalls auf den „Roll-Over"-Fehler (verschiedene numerische Anzeigen für gleiche positive und negative Eingangswerte bei Eingangsspannungen in der Nähe des jeweiligen Bereichsendwertes) ist etwas verschieden. Bei negativen Eingangsspannungen wird während der Deintegrationsphase ein Analogschalter geschlossen. Damit ist der Einfluss des Spannungsfalls am Referenzkondensator und am „AUTO-ZERO"-Kondensator „differenziell" für den gesamten Messzyklus (und kompensiert sich im Idealfall). Für positive Eingangsspannungen wird in der Deintegrationsphase ein Analogschalter geschlossen und die „differenzielle" Kompensation ist in dieser Phase nicht mehr vorhanden. Hier ergibt sich ein typischer Wert aus 3 pA, die 1 μF für 166 ms entladen, zu 0,249 μV.

Diesen Zahlen ist zu entnehmen, dass die in diesem Abschnitt behandelte Fehlerquelle bei 25 °C irrelevant ist. Bei einer Umgebungstemperatur von 100 °C betragen die entsprechenden Werte 15 bzw. 45 μV. Bei einer Referenzspannung von 1 V und einem System das bis 20.000 zählt, entsprechen 45 μV weniger als 0,5 der niederwertigsten Stelle (bei einer Referenz von 200 mV sind es aber schon vier bis fünf Zähler!).

Spannungsänderungen an den Kondensatoren verursachen keine Ladungsüberkopplungen mit der Ausschaltflanke der Schaltsteuerungssignale. Es ist kein Problem,

die Kondensatoren bei eingeschalteten Analogschaltern auf den korrekten Wert aufzuladen Wenn jedoch der Schalter ausgeschaltet wird, gibt es durch die GATE-DRAIN-
Kapazität des Schalters eine Ladungsüberkopplung auf den Referenz- und den
„AUTO-ZERO"-Kondensator, wodurch die an diesen anliegende Spannung geändert
wird. Die Ladungsüberkopplung, hervorgerufen durch das Ausschalten des Analogschalters, kann indirekt folgendermaßen gemessen werden: Anstelle von $1\,\mu F$ wird
$10\,nF$ als „AUTO-ZERO"-Kondensator verwendet. In diesem Fall ist der Offset typisch
$250\,\mu V$. Betrachtet man nun die Integrationsausgangsspannung über der Zeit, so ergibt
sich im Wesentlichen ein linearer Verlauf, was darauf schließen lässt, dass der relevante
Einfluss die Ladungsüberkopplung sein muss. Wäre es der Leckstrom, so ergäbe sich
eine quadratische Abhängigkeit!

Aus den $250\,\mu V$ ergibt sich mit $C = Q \cdot U$ eine effektive überkoppelte Ladung von
$2{,}5\,pC$ oder eine Kapazität von $0{,}16\,pF$, bei einer Amplitude der Gate-Steuerspannung
von $15\,V$.

Der Einfluss der internen fünf Analogschalter ist komplizierter, da – abhängig vom
Zeitpunkt – einige Schalter ausgeschaltet werden, während andere eingeschaltet werden.
Die Verwendung eines Referenzkondensators von $10\,nF$ anstelle des nominellen Wertes
von $1\,\mu F$ ergibt einen Offset von weniger als $100\,\mu V$. Damit ist der durch diese Ladungsüberkopplungen hervorgerufene Fehler bei einem Kondensator von $1\,\mu F$ ca. $2{,}5\,\mu V$. Er
hat keinen Einfluss auf den „Roll-Over"-Fehler und ändert sich nicht wesentlich mit der
Temperatur.

Die externen Bauelemente sind dimensioniert für einen Messbereich von $200{,}0\,mV$
und drei Messungen pro Sekunde. „IN LOW" kann entweder mit „COMMON" bei
„schwimmenden" Eingängen relativ zur Versorgung verbunden oder an „GND" bzw.
„$0\,V$" angeschlossen werden, wenn der Differenzeingang nicht benutzt wird.

Da bei dem Eingangsverstärker die Signalspannung und die Referenzspannung in
denselben Eingang der Schaltung eingespeist werden, hat in erster Näherung die Verstärkung des Eingangsverstärkers und des Integratorverstärkers keinen wesentlichen
Einfluss auf die Genauigkeit, d. h. dass der Eingangsverstärker eine sehr ungünstige
Gleichtaktunterdrückung über den Eingangsspannungsbereich aufweisen kann und
trotzdem keinen Fehler hervorruft, solange sich die Offsetspannung linear mit der
Eingangsgleichtaktspannung ändert.

Die erste Fehlerursache ist hier der nicht lineare Term der Gleichtaktspannungsunterd
rückung.

Sorgfältige Messungen der Gleichtaktspannungsunterdrückung an 30 Verstärkern
ergaben, dass der „Roll-Over"-Fehler von 5 bis $30\,\mu V$ möglich ist. In jedem Fall ist der
Fehler durch die Nichtlinearität des Integrators kleiner als $1\,\mu V$.

Bei kurzgeschlossenem Eingang geht der Ausgang des Eingangsverstärkers
in $0{,}5\,\mu s$ mit in etwa linearem Verlauf auf U_{ref} ($1\,V$). Dadurch gehen $0{,}25\,\mu s$ der
Deintegrationszeit verloren. Bei einem Takt von $120\,kHz$ bedeutet dies ca. $3\,\%$ der Taktperiode oder $3\,\mu V$. Es ergibt sich daraus kein Offsetfehler, da diese Verzögerung für

positive und negative Referenzspannungen gleich ist. Der Wandler schaltet bei 97 anstatt bei 100 μV am Eingang von 0- auf 1-Signal.

Eine sehr viel größere Verzögerung bringt der Komparator mit 3 μs in die Schaltung ein. Auf den ersten Blick scheint das ein geringer Wert zu sein, vergleicht man die 3 μs mit den 10 bis 30 ns einiger Komparatoren. Letztere sind jedoch spezifiziert bei Übersteuerungen von 2 bis 10 mV. Wenn der Komparator am Eingang eine Übersteuerung von 10 mV besitzt, liegt der Nulldurchgang des Integratorausgangs schon bereits einige Taktperioden zurück!

Der verwendete Komparator hat ein Verstärkungsbandbreitenprodukt von 30 MHz und ist deshalb vergleichbar mit den besten integrierten Komparatoren. Das Problem ist nur, dass er mit 30 μV statt mit einer Übersteuerung von 10 mV arbeiten muss. Die Schaltverzögerung des Komparators bewirkt keinen Offset sondern führt dazu, dass der Wandler bei 60 μV von 0- auf 1-Signal schaltet, bei 160 μV von 1 nach 2 usw. Für die meisten Anwender ist dieses Umschalten bei ca. 1/2 LSB angenehmer als der sogenannte „ideale Fall", in dem bei 100 μV umgeschaltet wird.

Wenn es dennoch notwendig ist, in die Nähe des „idealen Falles" zu kommen, kann die Verzögerung des Komparators annähernd kompensiert werden durch die Einschaltung eines kleinen Widerstandswertes (ca. 20 Ω) in Reihe mit dem Integrationskondensator. Die Zeitverzögerung des Integrators liegt bei 200 ns und trägt zu keinem messbaren Fehler bei.

3.2.3 Integrierende AD-Wandler mit dem ICL7106 und ICL7107

Jeder integrierende AD-Wandler geht davon aus, dass die Spannungsänderung an einer Kapazität proportional ist zum zeitlichen Integral des Kondensatorstromes.

$$C \cdot \Delta U_C = \int i_C(t) \cdot \mathrm{d}t.$$

Tatsächlich jedoch wird ein sehr geringer Prozentsatz der Ladung dazu „missbraucht", im Dielektrikum des Kondensators Ladungsumordnungen vorzunehmen. Diese Ladungsanteile tragen naturgemäß nicht zur Spannung am Kondensator bei und man bezeichnet diesen Effekt als dielektrische Verluste.

Eine der wahrscheinlich genauesten Methoden zur Messung dielektrischer Verluste eines Kondensators ist die, diesen in einem integrierenden AD-Wandler als Integrationskapazität zu verwenden, wobei die Referenzspannung als Eingangsspannung angelegt wird (ratiometrische Messung). Der Idealwert auf der Anzeige wäre 1,0000, unabhängig von den Werten der anderen Komponenten. Sehr sorgfältige Messungen unter Beobachtung der Nulldurchgänge, um auf eine fünfte Stelle extrapolieren zu können und rechnerische Berücksichtigung aller Verzögerungsfehler ergaben für verschiedene Dielektrika die folgenden Anzeigenwerte:

Dielektrikum	Anzeige
Polypropylen	0,99.998
Polycarbonat	0,9992
Polystyren	0,9997

Daraus ergibt sich, dass Polypropylen-Kondensatoren für diesen Einsatz sehr gut geeignet sind. Sie sind nicht sehr teuer und der relativ hohe Temperaturkoeffizient hat keinen Einfluss. Die dielektrischen Verluste des „Auto-Zero"- und des Referenzkondensators spielen nur eine Rolle beim Einschalten der Betriebsspannung oder bei der „Rückkehr" aus einem Überlastzustand.

Normalerweise ist die externe Referenz von 1,2 V mit „IN LOW" mit „COMMON" verbunden, um die richtige Gleichtaktspannung einzustellen. Wird „COMMON" nicht mit „GND" verbunden, kann die Eingangsspannung relativ zu den Betriebsspannungen „schwimmen" und „COMMON" wirkt als Vorregelung für die Referenz. Wird „COMMON" mit „GND" kurzgeschlossen, wird der Differenzeingang nicht benutzt und die Vorregelung ist unwirksam.

Ladungsverluste am Referenzkondensator können außer durch Leckströme und überkoppelnde Schaltflanken auch durch kapazitive Spannungsteilung mit einer Streukapazität C_S (Kapazität vor dem Buffer) verursacht werden. Ein Fehler entsteht dadurch nur bei positiven Eingangsspannungen.

Während der „Auto-Zero-Phase werden beide Kondensatoren, C_{ref} und C_S über den Analogschalter auf die Referenzspannung aufgeladen. Wird nun ein negatives Eingangssignal angelegt, so liegen C_{ref} und C_S in Reihe und bilden – bezüglich C_{ref} – einen kapazitiven Spannungsteiler. Für $C_S = 15\,pF$ ist das Teilerverhältnis 0,999.985.

Wird nun in der Deintegrationsphase die positive Referenz über den Analogschalter auf den Eingang geschaltet, so ist derselbe Spannungsteiler wie in der Signalintegrationsphase in Aktion. Wenn sowohl Spannungsintegration als auch Referenzintegration mit demselben Teiler arbeiten, wird durch diesen Teiler kein Fehler hervorgerufen.

Für positive Eingangsspannungen ist der Teiler in der Signalintegrationsphase in gleicher Weise aktiv wie bei negativen Eingangsspannungen. Das Zuschalten der negativen Referenz erfolgt am Beginn der Deintegrationsphase durch Schließen des Analogschalters. Der Referenzkondensator wird nicht benutzt und der Teiler ist nicht in Aktion. In diesem Fall ist das entsprechende Teilerverhältnis 1,0000 anstelle von 0,999.985.

Dieser Fehler, der eingangsspannungsabhängig ist hat einen Gradienten von 15 µV/V und ergibt beim Messbereichsendwert einen „ Roll-Over"-Fehler von 30 µV, d. h., die negative Anzeige liegt um 30 µV zu niedrig.

Bei der Realisierung eines integrierenden AD-Wandlers ICL7106 und ICL7107 sind vier Fehlertypen zu berücksichtigen. Mit den empfohlenen Bauelementen und einer Referenzspannung von 1 V sind dies:

- Offsetfehler von 2,5 µV durch Ladungsüberkopplungen von Schaltflanken
- Ein „Roll-Over"-Fehler von 30 µV beim Bereichsendwert bedingt durch die Streukapazität C_S
- Ein „Roll-Over"-Fehler von 5 bis 30 µV beim Bereichsendwert bedingt durch Nichtlinearität des Eingangsverstärkers
- Ein „Verzögerungsfehler" von 40 µV bei der Umschaltung von 0- auf 1-Signal

Die Werte stimmen gut mit den tatsächlichen Messungen überein. Da das Rauschen etwa $20\,\mu V_{ss}$ beträgt, ist nur die Aussage möglich, dass alle Offsetspannungen kleiner sind als 10 µV. Der beobachtete „Roll-Over"-Fehler entspricht einem halben Zähler (50 µV), wobei die negative Anzeige größer ist als die positive. Schließlich erfolgt das Umschalten von 0000 auf 0001 bei einer Eingangsspannung von 50 µV. Diese Angaben zeigen die Leistungsfähigkeit eines vernünftig ausgelegten integrierenden AD-Wandlers, wobei zu bemerken ist, dass diese Daten ohne besonders genaue und damit teure Bauelemente erreicht werden.

Aufgrund einer Verzögerung von 3 µs des Komparators ist die maximale empfohlene Taktfrequenz der Schaltung 160 kHz. In der Fehleranalyse ist gezeigt worden, dass in diesem Fall die Hälfte der ersten Taktperiode des Referenzintegrationszyklus verloren geht, d. h. dass die Anzeige von 0 auf 1 geht bei 50 µV, von 1 auf 2 bei 150 µV usw. Wie schon vorher erwähnt ist diese Eigenschaft für viele Anwendungen wünschenswert.

Wird jedoch die Taktfrequenz wesentlich erhöht, wird sich die Anzeige in der letzten Stelle auch bei kurzgeschlossenem Eingang durch Rauschspitzen ändern.

Die Taktfrequenz kann größer als 160 kHz gewählt werden, wenn man einen kleinen Widerstandswert in Reihe mit dem Integrationskondensator schaltet. Dieser Widerstand bewirkt einen kleinen Spannungssprung am Ausgang des Integrators zu Beginn der Referenzintegrationsphase.

Durch sorgfältige Wahl des Verhältnisses dieses Widerstandes zum Integrationswiderstand (empfohlen werden 20 bis 30 Ω) kann die Verzögerung des Komparators kompensiert und die maximale Taktfrequenz auf ca. 500 kHz (entsprechend einer Wandlungszeit von 80 ms) erhöht werden. Bei noch höheren Taktfrequenzen wird die Schaltung durch Frequenzgangsbeschränkungen im Bereich kleiner Eingangsspannungen erheblich eingeschränkt.

Der Rauschwert ist ca. $20\,\mu V_{ss}$ (3σ-Wert). In der Nähe des Messbereichsendwertes steigt er auf ca. 40 µV. Da ein Großteil des Rauschens in der „Auto-Zero"-Rückkopplungsschleife generiert wird, kann das Rauschverhalten dadurch verbessert werden, dass man den Eingangsverstärker mit einer Verstärkung von ungefähr fünf vergrößert. Eine größere Verstärkung führt dazu, dass der „Auto-Zero"-Schalter nicht mehr richtig durchgeschaltet wird aufgrund der entsprechend verstärkten Offsetspannung des Eingangsverstärkers.

In vielen Anwendungen liegt das Geheimnis der Leistungsfähigkeit eines Systems in der richtigen Anwendung der einzelnen Komponenten. Der AD-Wandler kann auch als einzelne Komponente eines Systems betrachtet werden, und damit ist eine vernünftige

Auslegung des Systems notwendig, um optimale Genauigkeit zu erreichen. Die monolithischen AD-Wandler sind aufgrund des verwendeten Integrationsverfahrens sehr
genau. Um diese optimal einzusetzen, sollte die Auslegung der Schaltung und die Auswahl der externen passiven Bauelemente mit der notwendigen Sorgfalt erfolgen. Die
verwendeten Messinstrumente sollten wesentlich genauer und stabiler sein als das zu
entwickelnde System.

Die Verdrahtung des Bezugspotentials ist gründlich zu planen, denn es gilt,
„Erdschleifen" zu vermeiden. Die häufigste Fehlerursache in einem AD-System ist nach
aller Erfahrung eine ungünstige Verdrahtung des Bezugspotentials. Die Betriebsströme
des Analogteils, des Digitalteils und der Anzeige fließen alle über einen Anschluss – den
Bezug für den Analogeingang.

Der Mittelwert des Stroms, der durch den Bezugsanschluss des Eingangs fließt,
erzeugt eine Offsetspannung. Sogar die automatische Nullabgleichsschaltung eines
integrierenden Wandlers ist nicht in der Lage, diesen Offset zu kompensieren. Darüber
hinaus hat dieser Strom einige Wechselanteile. Der Taktgenerator und die diversen
digitalen Schaltkreise, die angesteuert werden, ergeben Wechselstromanteile mit der
Taktfrequenz und möglicherweise mit „Subharmonischen" dieser Frequenz. Bei einem
Wandler mit sukzessiver Approximation wird dadurch ein zusätzlicher Offset erzeugt.
Bei einem integrierenden Wandler sollten zumindest die höherfrequenten Anteile aus-
gemittelt werden.

Bei einigen Wandlern ändern sich auch die analogen Betriebsströme mit dem Takt
oder einer „Subharmonischen" davon. Wird das Display im Multiplex betrieben, ändert
sich dieser Strom mit der Multiplexfrequenz, die normalerweise abgeleitet ist durch
Herunterteilung der Taktfrequenz. Bei einem integrierenden Wandler werden sich die
Ströme des Analogteils und des Digitalteils für die verschiedenen Wandlungsphasen
unterscheiden.

Eine weitere wesentliche Ursache der Betriebsstromänderung ist die, dass die
Betriebsströme des Digitalteils und der Anzeige abhängig sind vom dargestellten Messwert. Dies äußert sich häufig in Flackern der Anzeige und/oder durch fehlende Messwerte. Ein angezeigter Wert ändert die effektive Eingangsspannung (durch Änderung
deren Bezugspotentials). Dadurch wird ein neuer Messwert angezeigt, der wieder die
effektive Eingangsspannung ändert usw. Das führt dann dazu, dass trotz einer konstanten
Spannung am Eingang des Systems die Anzeige zwischen zwei oder drei Werten
oszilliert.

Eine weitere potentielle Fehlerquelle ist der Taktgenerator. Ändert sich die Taktfrequenz aufgrund von Betriebsspannungs- oder -stromänderungen während eines
Wandlungszyklus, ergeben sich ungenaue Ergebnisse.

Die digitalen und analogen Bezugsleitungen sind durch eine Leitung verbunden,
durch die nur der Ausgleichsstrom zwischen diesen Teilen fließt. Der Anzeigen-
strom beeinflusst den Analogteil nicht und der Taktteil ist durch einen Entkopplungs-
kondensator abgeblockt. Es sei darauf hingewiesen, dass die Ströme einer eventuell

verwendeten externen Referenz sowie jeder weitere Strom aus dem Analogteil sorgfältig zum analogen Bezug zurückgeführt werden muss.

Nach dem Aufbau der Schaltung und der optischen Kontrolle auf Fehler schaltet man die Betriebsspannung ein. Je nach Schleiferstellung der Spindeleinsteller wird irgendein Wert in der Anzeige erscheinen. Sollten die 7-Segmentanzeigen nicht leuchten bzw. sollte sich der nachfolgend beschriebene Abgleich nicht durchführen lassen, so muss man sofort die Betriebsspannung abschalten und die Schaltung nochmals überprüfen.

Zum Abgleich des Nullpunktes wird der Fühler in Eiswasser gehalten und die Anzeige mit dem Spindeltrimmer P_2 auf den Wert „00.0“ eingestellt. Dazu wird ein Wasserglas halb mit zerstoßenen Eiswürfeln gefüllt, ein wenig Wasser hinzugegeben, bis etwa die halbe Höhe der Eisstücke bedeckt ist, Jetzt steckt man den Fühler mitten in das Eis hinein und wartet einige Minuten. Danach stellt man mit dem Spindeltrimmer die Anzeige auf genau „00.0“ ein.

3.3 Thermoelemente

Thermoelemente sind preiswert und robust, und sie haben im Gegensatz zu den meisten anderen Temperatursensoren eine relativ gute Langzeitstabilität. Ferner sind die geringen äußeren Abmessungen sowie das schnelle Reaktionsverhalten über weite Temperaturbereiche oft ausschlaggebend für ihren Einsatz. Die Anwendung erstreckt sich von der Tieftemperaturtechnik bis zu Messungen an Düsentriebwerken oder in Hochöfen. Die Genauigkeit ist recht gut, die Kennlinie ist zwar nicht gerade ideal, lässt sich aber linearisieren.

3.3.1 Thermoelektrischer Effekt

Die Zahl der freien Elektronen in einem Metall hängt von der Temperatur und von seiner Zusammensetzung ab. Der thermoelektrische Effekt wurde 1822 von Seebeck entdeckt, daher spricht man auch vom „Seebeck“-Effekt. Bereits 1826 setzte A. E. Becquerel ein Platin-Palladium-Element für eine Temperaturmessung ein. Werden zwei verschiedene Metalle miteinander verbunden, so entsteht eine Potentialdifferenz. Die erzeugte Spannung ist eine Funktion der Temperatur und im Allgemeinen sehr klein. In Tab. 3.2 sind einige der gebräuchlichsten Thermoelemente aufgeführt.

Jedes Thermopaar besteht aus zwei unterschiedlichen Metallen. Ein Thermoelement aus Kupfer und Lötzinn erzeugt eine Spannung von 3 µV/K. Da ein elektrischer Kreis immer aus mindestens zwei Kontakten in Serie besteht, muss man bei Messungen mit Thermoelementen darauf achten, dass nicht durch derartig unerwünschte und zufällige Thermoelemente entsprechende Messfehler entstehen. Die Auswahlkriterien für Thermopaare sind:

Tab. 3.2 Temperaturbereiche und Thermospannung für die wichtigsten Thermoelemente nach DIN IEC 584

Thermopaar, Material	Typ	Messbereich (°C)	Thermospannung (mV)
Cu-CuNi	T	− 270–+ 400	− 6,26–20,87
NiCr-CuNi	E	− 270–+ 1000	− 9,84–76,36
Fe-CuNi (Fe-Konst)	J	− 210–+ 1200	− 8,1–69,54
NiCr-Ni	K	− 270–+ 1372	− 6,64–54,88
PtRh 13-Pt	R	− 50–+ 1769	− 0,23–21,10
PtRh 10-Pt	S	− 50–+ 1769	− 0,24–18,69
PtRh 30-Pt-PtRh 6	B	0–+ 1820	0,00–13,81

Fe-CuNi

hat bei Temperaturen bis 500 °C eine fast unbegrenzte Lebensdauer, über 600 °C beginnt der Fe-Draht jedoch stark zu zundern. Gegen reduzierende Gase, außer Wasserstoff, ist dieses Thermopaar sehr beständig. Die Nachteile sind so groß, dass es kaum in der Praxis eingesetzt wird.

Cu-CuNi

hat gegenüber Fe-CuNi den Vorteil, nicht zu rosten. Da Kupfer ab 400 °C oxidiert, ist der Anwendungsbereich für dieses Thermopaar etwas eingeschränkt. Dieses Thermopaar wird in der Praxis sehr oft eingesetzt, denn es ist sehr preiswert, jedoch korrosionsgefährdet.

NiCr-Ni

ist gegen oxidierende Gase am beständigsten, ist aber besonders empfindlich gegen schwefelhaltige Gase und wird in reduzierender Atmosphäre von Siliziumdämpfen angegriffen. Gasgemische mit einem Sauerstoffgehalt unter 1 % verursachen eine „Grünfäule", d. h. die Thermospannung und die Festigkeit verändern sich. In der Praxis wird dieses Thermopaar sehr oft im Messbereich 800 bis 1000 °C verwendet. Zu dieser Gruppe gehört auch das NiCr-CuNi-Thermopaar, das zwar eine hohe Thermospannung erzeugt, aber trotzdem kaum eingesetzt wird. Auch das NiCrSi-NiSi-Thermopaar lässt sich in diese Sparte einordnen, ist jedoch in der Praxis nur wenig verbreitet, Der Arbeitsbereich erstreckt sich bis 1300 °C; dieser Typ kann teilweise edlere und damit teure Thermoelemente ersetzen.

PtRh10-Pt

ist wegen der Reinheit der verwendeten Metalle besonders anfällig gegen Verunreinigungen jeder Art, Dieses Thermopaar bietet aber in oxidierender Atmosphäre eine gute chemische Beständigkeit. Die Kosten sind sehr hoch, dafür bietet es aber eine sehr gute Langzeitkonstanz und eine geringe Toleranz bei der Herstellung.

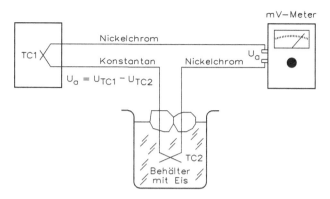

Abb. 3.23 Prinzipschaltung eines Messkreises mit einem Thermoelement, mit Eisbad von 0 °C zur Erzeugung der Referenztemperatur

PtRh30-PtRh6

hat ähnliche korrosionschemische Eigenschaften, ist jedoch gegen Verunreinigungen etwas weniger empfindlich. Die Kosten sind sehr hoch, aber es eignet sich für extreme Temperaturen. Dieses Thermopaar hat aber die geringste Thermospannung.

Abb. 3.23 zeigt eine typische Thermoelement-Anwendung mit Messstelle TC1 und Vergleichsstelle TC2. Das Thermopaar an TC1 besteht aus einem Nickelchromdraht und einem Konstantandraht, wodurch sich das NiCr-CuNi-Thermopaar ergibt. Das gleiche gilt auch für das Thermopaar an TC2.

3.3.2 Messungen mit Thermoelementen

Um die Thermospannung als Maß für die Temperatur einsetzen zu können, müssen sich die freien Enden des Thermopaares in der Vergleichsstelle auf einer konstanten Bezugstemperatur befinden – etwa in einem Gefäß mit Eiswasser von 0 °C. Da es etwas hinderlich sein dürfte, immer einen Eiskübel mit sich herumzutragen, kann man auch auf das Eisbad verzichten und dafür die Temperatur der Vergleichsstelle messen, wie Abb. 3.24 zeigt.

Befindet sich die Vergleichsstelle z. B. auf einer Temperatur von +25° C, so subtrahiert das Vergleichsstellen-Thermoelement eine 25 °C entsprechende Thermospannung. Deshalb muss man diese Spannung an anderer Stelle wieder addieren. Diese Methode erscheint im ersten Augenblick etwas unsinnig, denn jetzt muss noch ein zweites Mal gemessen werden. Da man die Temperatur der Vergleichsstelle selbst bestimmen kann und sie sich normalerweise am oder im Messgerät befindet, kann man davon ausgehen, dass die Temperatur im Bereich von − 20 bis + 70 °C liegt. In diesem Bereich lässt sie sich problemlos mit einem Halbleitersensor messen.

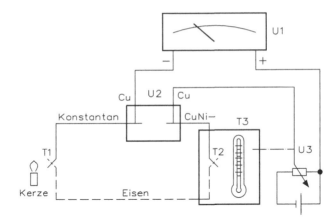

Abb. 3.24 Praktisches Beispiel für eine Temperaturmessung für ein Thermopaar mit Vergleichsstelle, wobei sich die unterschiedlichen Oberflächentemperaturen einer Kerze messen lassen

Thermoelemente weisen zwar eine niedrige Ausgangsimpedanz auf, liefern aber dafür eine sehr geringe Spannung. Deshalb ist die nachfolgende Signalverarbeitung nicht gerade einfach. Nutzsignale von nur einigen Millivolt erfordern aufwendige Nachfolgeelektronik mit sehr geringer Drift, wenn Temperaturauflösungen in der Größenordnung von 1 K gefordert sind. Bei den meisten Typen ist die Linearität nicht besonders gut. Da aber die Kennlinien genau bekannt sind, lässt sich im Zuge der weiteren Signalverarbeitung entweder analog oder digital eine Linearisierung vornehmen.

Bis 1985 benötigte man für den Betrieb von Thermopaaren eine recht aufwendige Verstärkerelektronik. Seitdem bringt der Baustein AD594 (Abb. 3.25) eine erhebliche Vereinfachung. Er enthält Instrumentenverstärker und Kompensationsschaltung auf einem Chip. Dadurch kann das zweite Thermoelement für den Ausgleich entfallen. Der AD594 verwendet dafür die beiden parasitären Elemente der Anschlussklemmen. Da in diesem Fall drei unterschiedliche Metalle (Eisen/Kupfer, Konstantan/Kupfer bzw. Nickel/Kupfer, Chrom-Nickel/Kupfer) mit im Spiel sind, heben sich die Thermospannungen selbst bei kleiner Temperatur an den Anschlussklemmen nicht auf. Das Ergebnis ist ein Thermoelement, dessen Ausgangsspannung um die Differenz der beiden Klemmenspannungen zu klein ist, Diese Differenzspannung muss dann wie bei der vorher besprochenen Methode zur eigentlichen Messspannung addiert werden.

3.3.3 Verstärker für Thermoelemente

In Verbindung mit einer Eispunktreferenz kommt ein bereits geeichter Verstärker auf eine Ausgangsempfindlichkeit von 10 mV/K. Je nach äußerer Beschaltung dient dieser Verstärker somit als Kompensator oder als Schalter mit extern einstellbaren Schwellwerten. Es besteht die Möglichkeit, die Kompensationsspannung dieses Verstärkers als

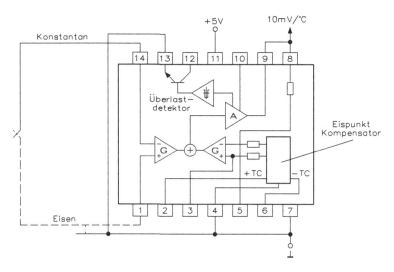

Abb. 3.25 Messschaltung für Thermopaare mit dem AD594. Der Temperaturbereich liegt zwischen 0 und + 300 °C

Ausgangssignal direkt zu erhalten. In dieser Variante ist die integrierte Schaltung selbst das die Temperatur erfassende Element. Zusätzlich gibt es noch eine Alarmschaltung, die ein Signal auslöst, wenn eine Unterbrechung der Thermoelementleitung vorliegt. Diese erhält man dadurch, dass man zwischen der Betriebsspannung und Pin 12 eine Leuchtdiode mit einem Vorwiderstand einschaltet. Dadurch ergibt sich eine optische Anzeige für den Alarmzustand. Statt die Leuchtdiode zu speisen, kann dieser Ausgang auch ein Steuersignal mit TTL-Pegel abgeben, wenn ein „Pull-up"-Widerstand angeschlossen wird; damit kann man im Mikroprozessor oder Mikrocontroller einen Interrupt auslösen. So ist eine schnelle Erkennung des Messfehlers möglich.

Der AD594 lässt sich mit nur einer einzigen Spannung von + 5 V betreiben, wobei der zu messende Temperaturbereich auf Werte zwischen 0 und + 300 °C begrenzt ist. Er arbeitet jedoch auch an einer doppelten Betriebsspannung von bis zu ± 15 V; dazu wird die Verbindung zwischen Pin 4 und Pin 7 aufgetrennt. Pin 4 bildet jetzt den Masseanschluss, an Pin 7 wird die negative Betriebsspannung angeschlossen, an Pin 11 bleibt die positive Betriebsspannung. Wichtig bei dieser Betriebsart ist eine symmetrische Spannung. Damit erreicht man einen Temperaturbereich von − 184 und + 1260 °C, wobei sich der gesamte Bereich eines Thermoelements voll ausnutzen lässt.

Jeder Chip wird per Laser abgeglichen; der AD594 entsprechend der Kennlinie eines Eisen-Konstantan-Thermoelements. Abb. 3.26 zeigt die Abweichungen der Messergebnisse. Der AD595 ist dagegen auf Nickel-Chrom/Nickel-Thermoelemente abgeglichen. Bei J- und K-Thermoelementen (AD594 oder AD595) sind keinerlei externe Bauelemente oder Abgleicharbeiten erforderlich. Andere Versionen von Thermoelementen lassen sich mithilfe externer Widerstände leicht anpassen.

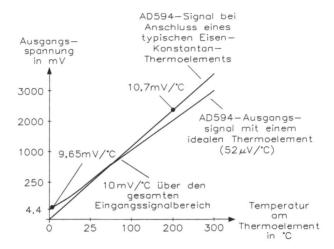

Abb. 3.26 Abweichungen der Messergebnisse eines Eisen-Konstantan-Thermoelements in Verbindung mit dem AD594

Eine Eigenschaft von Thermoelementen lässt sich mit dem AD594/595 allerdings nicht kompensieren: der Linearitätsfehler. Solange keine sehr hohe Präzision gefordert wird, spielt dies im Bereich von einigen hundert °C keine allzu große Rolle. Bei hoher Genauigkeit oder großen Messbereichen ist dagegen eine Linearisierung notwendig. In vielen Fällen löst man dieses Problem softwaremäßig im PC. Notfalls lässt sich hierfür auch ein Präzisions-Analogmultiplizierer einsetzen.

Auf die Linearisierung kann man verzichten, wenn es nur auf die Reproduzierbarkeit eines Temperaturbereiches ankommt, wie z. B. in der automatischen Steuerung eines thermischen Prozesses, aber nicht auf die Kaltstellenkompensation. In der überwiegenden Anzahl der Fälle ist die Änderung der Umgebungstemperatur an der Referenzstelle so groß, dass sie am Ausgang des Thermoelementpaars unzulässig hohe Fehler verursacht. Um dies zu verhindern, muss entweder die Referenzstelle bei konstanter Temperatur gehalten werden (Eisbad oder thermostatisch gesteuerter Ofen) oder man muss die an der Kaltstelle erzeugte Spannung aufgrund der Umgebungstemperaturänderungen kompensieren. Da die Kaltstellenkompensation im AD594/595 integriert ist, muss man dafür keinen zusätzlichen schaltungstechnischen Aufwand mehr betreiben. Geringer Stromverbrauch und kleiner thermischer Widerstand des Gehäuses garantieren, dass der Fehler aufgrund von Eigenerwärmung vernachlässigbar klein bleibt. In unbewegter Luft beträgt der thermische Widerstand vom IC zur Umgebung nur 80 K/W. Die geringe Leistungsaufnahme von nur 800 μW ergibt eine Eigenerwärmung in Luft von weniger als 0,065 K.

Beim mechanischen Aufbau ist besonders darauf zu achten, dass das Thermoelement möglichst direkt an den AD594/595 angeschlossen ist, da ja die Temperatur dieser Kontaktstellen (Vergleichsstelle) die gleiche sein muss, die auch der Temperaturfühler auf dem Chip registriert. Von der Verwendung eines Sockels ist deshalb abzuraten. Das Zwischenschalten von Verlängerungsleitungen, Steckern, Schaltern oder Relais ist nur dann erlaubt, wenn die Leitermaterialien mit den Metallen des Thermoelements identisch sind. Es entstehen sonst zwangsläufig parasitäre Thermospannungen, die nicht kompensiert werden.

3.4   Widerstandsthermometer mit Pt100 bzw. Ni100

Hinsichtlich seiner Empfindlichkeit (Ω/K) ist Nickel dem Platin deutlich überlegen. Da sich auch die Konstanz und die Reproduzierbarkeit der Kennlinie als gut bezeichnen lässt, findet man in der Praxis häufig auch genormte Ni100-DIN-Widerstandsthermometer neben den ebenfalls genormten Pt100-Typen. Die wichtigsten Eigenschaften führt Tab. 3.3 auf.

Abb. 3.27 vergleicht die Steilheit der Kennlinien von Pt100- und Ni100-Widerstandsthermometern. Die Kennlinie von Platin nimmt mit steigender Temperatur ab, d. h. die Empfindlichkeit sinkt, die von Nickel nimmt dagegen zu, die Empfindlichkeit steigt. Ein Sensor mit linearer Charakteristik hätte in dieser Darstellung eine waagerechte Gerade. Die Zahl 100 in der Normbezeichnung deutet darauf hin, dass R_0 bei 0 °C zu 100 Ω gewählt wird.

3.4.1   Pt100-Widerstandsthermometer

Ein Pt100-Widerstandsthermometer ist im Gegensatz zu einem Thermoelement ein passives Element, d. h. die Wirkungsweise beruht nur auf der Temperaturabhängigkeit des elektrischen Widerstands. Die Temperaturmessung ist also eine reine Widerstandsmessung, wobei sich in Verbindung mit dem genormten Wert des Pt100 und dessen Bezugstemperatur eine optimale Bedingung ergibt.

Der Platin-Messwiderstand ist je nach Bauart als Platindraht oder -band in einem Keramik- oder Glaskörper eingebettet oder befindet sich als dünne Schicht auf einem Keramikplättchen Abb. 3.28 zeigt die Kennlinie. Die Anschlussdrähte des Messelements sind erschütterungsfest mit dem aktiven Widerstandsteil verbunden. Die zusammengehörenden Anschlüsse bei Mehrfachmesswiderständen unterscheiden sich durch die Länge der Anschlussdrähte. Als ausgedehntes Element erfasst der Messwiderstand den Mittelwert der über seiner Länge herrschenden Temperatur.

Tab. 3.3 Vergleich zwischen Pt100 und Ni100		Pt100	Ni100
	Messbereich °C	$-200-+850$	$-60-+180$
	Widerstandsänderung Ω/K	0,42–0,32	0,47–0,81

Abb. 3.27 Empfindlichkeit
(Steilheit) von
Pt100- und Ni100-
Widerstandsthermometern

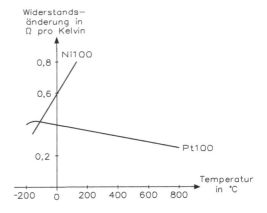

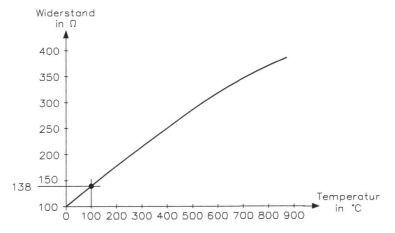

Abb. 3.28 Kennlinie des Widerstandsthermometers Pt100

Alle Pt100-Ausführungen entsprechen in ihren Grundwerten und Grenzabweichungen der Norm DIN IEC751. Dabei gelten die DIN-Angaben für Nennwiderstandswerte von 100 Ω. Für Widerstände mit dem n-fachen Nennwert von 100 Ω müssen auch die Grundwerte bzw. Grenzabweichungen mit n multipliziert werden.

Der zulässige Messstrom richtet sich vor allem nach dem Wärmekontakt zwischen dem Messwiderstand und dem Medium, dessen Temperatur gemessen werden soll. Auch die Art des Mediums ist relevant. So ist bei einem in fließendem Wasser eingesetzten Widerstandsthermometer bei gleich großem Erwärmungsfehler ein wesentlich größerer Messstrom möglich als bei dem gleichen Sensor in Luft.

Da in der Praxis unter völlig unterschiedlichen Bedingungen gemessen wird, muss hier auf theoretische Empfehlungen für den Messstrom verzichtet werden, In den Datenblättern findet man für jeden einzelnen Messwiderstand den Selbsterwärmungs-koeffizienten „S" in Kelvin pro Milliwatt der aufgenommenen Leistung. Bei einem gegebenen Messstrom kann die Leistung anhand der Grundwertreihe mit

$$P = I^2 \times R$$

errechnet werden. Nach der Gleichung

$$\Delta T = P \times S$$

ergibt sich dann der Selbsterwärmungsfehler ΔT in Kelvin.

Die Pt100-Messwiderstände lassen sich für Gleich- und Wechselstrommessungen verwenden. Die Glasausführungen G und GX sowie die Schicht-Messwiderstände sind praktisch induktionsfrei, bei den Keramikwiderständen K, KE und KN ist eine geringe Induktivität möglich, mit max. $100\,\mu H$ aber bedeutungslos.

Die Halbwertszeit ist diejenige Zeit, die ein Thermometer benötigt, um die Hälfte eines Temperatursprungs zu erfassen. Analog dazu ist die 9/10-Zeit definiert. Diese beiden Ansprechzeiten sind für Wasser mit 0,4 m/s Strömungsgeschwindigkeit und für Luft mit 1 m/s angegeben und können auf jedes Medium mit bekannter Wärmeübergangszahl nach VDI/VDE 3522 umgerechnet werden. In Bezug auf Widerstandsthermometer spricht man von Hysterese, wenn die Widerstandswerte bei bestimmten Temperaturen nach Durchlaufen eines Temperaturzyklus (z. B. Abkühlen und wieder Erwärmen) gegenüber dem Ausgangszustand unterschiedlich sind. Ebenso ist die Hysterese dadurch gekennzeichnet, dass die Messwertänderungen durch einen gegenteiligen Temperaturzyklus wieder zum Verschwinden gebracht bzw. überkompensiert werden können. Dieser Vorgang ist also reversibel. Die Messwert-Hysterese kann bei Widerstandsthermometern gegebenenfalls nach schockartigen Temperaturänderungen auftreten.

Für eine betriebssichere Temperaturmessung mit Platin-Messwiderständen ist es notwendig, dass die mechanischen Merkmale des Messwiderstandes (Größe, Form, Erschütterungsfestigkeit, Temperatureinsatzbereich, Ansprechzeit, Isolationswiderstand und andere Funktionen) auf die Messaufgabe und die Verhältnisse am Messort abgestimmt werden.

Neben der Auswahl des Messwiderstandstyps ist daher der Einbau am Messort von sehr großer Bedeutung. Es lassen sich keine allgemein gültigen Hinweise geben, es ist ein hohes Maß an Erfahrung notwendig. In der Praxis empfiehlt sich die Beratung durch einen Spezialisten.

In der Praxis findet man nicht nur den Pt100, sondern auch den Pt500 und Pt1000. Diese haben bei 0 °C einen Grundwiderstand von 500 bzw. $1000\,\Omega$.

3.4.2 Ni100-Widerstandsthermometer

Statt Platin lässt sich auch Nickel für ein Widerstandsthermometer verwenden. Es ist kostengünstiger und hat einen doppelt so großen Temperaturkoeffizienten. Der Messbereich ist allerdings etwas eingeschränkt und reicht von -60 bis $+250$ °C. Abb. 3.29 zeigt die Kennlinie für einen Ni100.

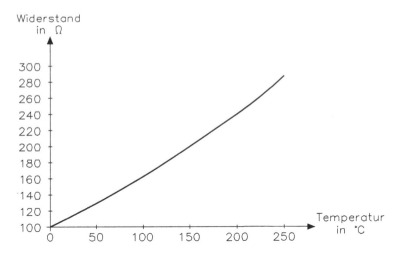

Abb. 3.29 Kennlinie eines Ni100-Widerstandsthermometers

Das Ni100-Widerstandsthermometer hat bei einer Messtemperatur von 0 °C einen Widerstandswert von 100 Ω mit einer zulässigen Abweichung von 0,2 Ω.

3.4.3 Silizium-Temperatursensor als Pt100-Ersatz

Auf dem Sensormarkt wurden bis 1990 nur Halbleiter-Temperatursensoren angeboten, die bei einer Temperatur von meistens 25 °C mit einer Toleranzangabe definiert waren. Durch ein neues Fertigungsverfahren und eine aufwendige, computergestützte Mess-anlage ist man nun in der Lage, die Serie der Si-Temperatursensoren KTY87 mit einer geringen Streuung von ±0,5 % zu spezifizieren, und zwar bei den Temperaturen 25 bis 100 °C. Damit ist sichergestellt, dass der Sensor zwischen 20 und 100 °C einen Temperaturfehler von ±0,8 K nicht überschreitet. Vergleicht man die KTY87-Familie mit der Pt100-Serie, ergibt sich kein wesentlicher Unterschied in den Eigenschaften, sondern hauptsächlich im Preis.

Wegen der Toleranzen bei den Bauelementen und der Offsetspannung der Standard-Operationsverstärker muss man die Auswerteschaltung für den Temperatursensor abgleichen, um dessen Messgenauigkeit voll ausnutzen zu können. Die absolute Mess-genauigkeit des KTY87 im Bereich von 25 bis 100 °C erlaubt es jedoch, den Verstärker in Bezug auf die Nominalwiderstandswerte des KTY87 abzugleichen und dann mit jedem beliebigen Sensorexemplar zu betreiben, wobei der Temperaturmessfehler kleiner als ±1 K bleibt. Im Temperaturbereich von 20 bis 100 °C ist der KTY87 eine preiswerte Alternative zum Pt100-Temperaturfühler, wenn man die etwas geringere Messgenauig-keit akzeptiert.

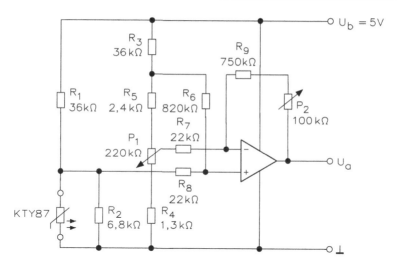

Abb. 3.30 Auswerteverstärker für den Temperatursensor KTY87

Bei der Schaltung von Abb. 3.30 arbeitet der Operationsverstärker als Differenzverstärker mit einer Betriebsspannung von + 5 V. Daher lässt sich diese Schaltung für die
direkte Ansteuerung eines AD-Wandlers verwenden. Hier sind unbedingt Metallfilm-
widerstände mit einer Toleranz unter ± 0,5 % und einem 1-K-Wert unter ± 50 ppm/K
notwendig. Zum Abgleich der Schaltung wird der Sensor durch einen Messwiderstand von 1640 Ω (Nominalwert des KTY87 bei 0 °C) ersetzt und mit P_1 die Ausgangsspannung auf $U_a = 0,5$ V eingestellt. Dann wird ein Messwiderstand von 3344 Ω
(Nominalwert bei 100 °C) anstelle des Sensors eingesetzt und mit P_2 auf eine Ausgangsspannung von $U_a = 4,5$ V eingestellt. Damit ist die Schaltung für den nominalen
Temperatursensor KTY 87 abgeglichen. Diese Schaltung lässt sich mit jedem Sensor
KTY87 einsetzen, wobei der verbleibende Messfehler von weniger als ± 1 K im Bereich
20 bis 100 °C erhalten bleibt,

Wenn der Verstärker an einen bestimmten Sensor angepasst werden soll, erfolgt
die Abgleichprozedur anstatt mit Messwiderständen mit diesem Sensor, der dann den
Temperaturen der Abgleichspunkte ausgesetzt wird, z. B. in einem genauen Flüssigkeits-
thermostat. Diese erheblich aufwendigere Methode bringt einen weiteren Gewinn an
Messgenauigkeit, jedoch nur für diesen bestimmten Sektor auf der gesamten Kennlinie.

3.4.4 Anschluss eines Widerstandsthermometers

Widerstandsthermometer lassen sich nach drei Methoden anschließen:

- Zweileiterschaltung,
- Dreileiterschaltung,
- Vierleiterschaltung.

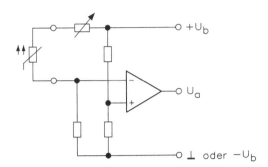

Abb. 3.31 Zweileiterschaltung für ein Widerstandsthermometer

In Abb. 3.31 ist die klassische Methode für die Zweileiterschaltung gezeigt. Vor dem Operationsverstärker befindet sich eine Widerstandsbrücke, deren linker Zweig den Sensor und die Einsteller enthält, während der rechte aus festen Widerstandswerten besteht.

Bei dem Temperatursensor muss man im Wesentlichen nur auf die Eigenerwärmung achten, damit keine Messverfälschung auftritt. Der Schaltungsaufwand für diese Variante ist sehr gering, aber es ergeben sich auch Nachteile, wenn der Sensor zu weit von der Auswerteelektronik entfernt ist. Jede Temperaturänderung auf der Zuleitung zum Sensor geht als Messfehler in den kompletten Aufbau ein. Ist der Sensor z. B. 25 m vom Operationsverstärker entfernt, so hat die Zuleitung eine Gesamtlänge von 50 m. Als Leitungsmaterial für die Zuleitung setzt man in der Praxis Kupfer ein, wobei in diesem Beispiel ein Querschnitt von $0,5\,\mathrm{mm}^2$ gewählt wurde. Arbeitet der Sensor in einem Bereich von 0 bis $+100\,^\circ\mathrm{C}$, ergibt sich folgende Temperaturabhängigkeit von der Zuleitung:

$$R_\mathrm{L} = R_\mathrm{K} = \frac{l \cdot \rho}{A} = \frac{25\mathrm{m} \cdot 0{,}01724\,\Omega \cdot \mathrm{mm}^2/\mathrm{m}}{0{,}5\,\mathrm{mm}^2} = 1{,}724\,\Omega$$

$$R_\mathrm{W} = R_\mathrm{K}(1 + \alpha \times \Delta T) = 1{,}724\,\Omega\,(1 + 0{,}00393/\mathrm{K} \times 100\mathrm{K}) = 2{,}4\,\Omega$$

Die Widerstandsänderung von $2,4\,\Omega$ entspricht einem Fehler von etwa 6 K, wenn die Schaltung optimal bei $20\,^\circ\mathrm{C}$ abgeglichen wurde.

Um die Einflüsse der Leitungswiderstände auf die Auswerteelektronik möglichst gering zu halten, setzt man die Dreileiterschaltung von Abb. 3.32 ein. Der Temperatursensor erhält eine direkte Stromversorgung, die gleichzeitig auch den linken Zweig der Brückenschaltung betreibt. Dadurch eliminieren sich die Temperaturschwankungen auf den Messleitungen, da der linke Zweig ebenfalls auf die Auswertungselektronik zurückgeführt wird. Jede Art der Temperaturänderung auf die Messleitungen lässt sich durch die Dreileiterschaltung kompensieren.

Ideal für die Messtechnik ist die Vierleiterschaltung von Abb. 3.33. Der Messwiderstand befindet sich zwischen den beiden Eingängen des Operationsverstärkers und kann so direkt wirken. Das Problem ist aber der Betriebszustand des Messwiderstandes, der

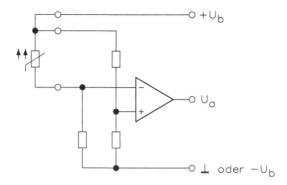

Abb. 3.32 Dreileiterschaltung für ein Widerstandsthermometer

Abb. 3.33 Vierleiterschaltung
für ein
Widerstandsthermometer

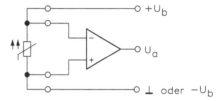

mit einem konstanten Strom angesteuert werden muss, d. h. es ist in die Zuleitung zum Messwiderstand eine Konstantstromquelle einzuschalten.

3.4.5 Vermeidung elektromagnetischer Störanfälligkeit

Elektrostatische und kapazitive Einstrahlungen von Störungen in ein Gerät sind bei Aluminiumgehäusen relativ unwahrscheinlich. Allerdings sind magnetische Einstrahlungen möglich. Diese können durch induktive Bauelemente erzeugt werden, vor allem in Verbindung mit Thyristoren oder TRIACs. Geschlossene Kerne (Transformatoren, Drosseln) erzeugen wesentlich kleinere Streufelder als offene (Relais, Schütze). Das Streufeld ist in Längsrichtung der Spule ausgeprägter als quer dazu. Während Nichteisenmetalle (auch manche nicht rostende Stähle wie „V4A") keine Schirmwirkung bieten, werden die Magnetfelder von Stahlplatten schon bei Dicken von 2 bis 20 mm vollständig absorbiert. Die wirksamste magnetische Abschirmung bietet „Mu-Metall".

Durch Magnetfelder erzeugte Störungen entstehen nur bei zeitlicher Änderung der Feldstärke. Bei gleichstromdurchflossenen Spulen ändert sich das Magnetfeld nur im Moment des Ein- und Ausschaltens. Wegen der meist höheren Windungszahl und des nicht geschlossenen Kernes kann das hiervon erzeugte Streufeld aber das von einer wechselstromdurchflossenen Spule um ein Vielfaches übertreffen. Für die Stärke des Magnetfeldes ist nur die Stärke des fließenden Stromes von Bedeutung, nicht die Höhe der angelegten Spannung (die allerdings den Strom beeinflusst). Außerdem wächst das Magnetfeld mit der Windungszahl und der Spulenlänge. Wegen der Induktivität weisen Spulen für Gleichstrom bei sonst gleichen Werten höhere Windungszahlen als solche für Wechselstrom auf. Daher können beispielsweise kleine Gleichstromrelais mit sehr hohen Windungszahlen intensivere Störungen verursachen als große Schütze mit vergleichsweise wenigen Windungen.

Hieraus lassen sich folgende Installationshinweise ableiten:

- Möglichst großer Abstand der Messleitungen zu Relais, Transformatoren usw.
- Induktivitäten so installieren, dass sie in Längsrichtung des Spulenkörpers nicht auf störempfindliche Messleitungen zeigen.

Von größerer Bedeutung als die magnetischen Einstrahlungen aus Spulen sind solche aus benachbarten Kabeln, beispielsweise in die Fühlerleitungen eines Reglers, die wie in Abb. 3.34 zusammen mit den Reglerausgangsleitungen in einem gemeinsamen Kabelkanal verlegt sind. Diese Einkopplungen entstehen auf zwei Wegen: einerseits dadurch, dass zwei parallel geführte Leitungen einen Kondensator darstellen, der Störungen zwischen ihnen übertragen kann. Die dabei übertragene Leistung hängt von der Kapazität und der Frequenz der Störung ab; höherfrequente Störungen werden besser übertragen als niederfrequente. Die Übertragungsintensität nimmt mit dem Abstand der Leitungen ab und mit der Länge zu. In abgeschirmte Leitungen werden theoretisch keine

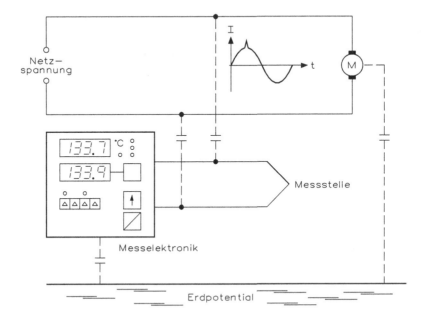

Abb. 3.34 Elektromagnetische Einkopplungen auf Fühler- und Signalleitungen

Störungen eingekoppelt, da ihr Inneres als „Faradayscher" Käfig frei vom äußeren Stör-feld ist. Die Ladungen auf der Schirmung müssen allerdings abfließen können, weshalb man die Abschirmung immer auf Erdpotential legen muss.

Zweitens werden auch auf magnetischem Wege Störungen übergekoppelt. Das von einem Leitungspaar eingeschlossene magnetische Feld bildet sich zwischen der Hin- und Rückleitung und ist umso größer je weiter der Abstand zwischen ihnen ist. Dies gilt sowohl für von Steuerleitungen erzeugte Störfelder als auch für die Fühlerleitungen. Wechselstromdurchflossene Leitungen erzeugen permanent Störfelder. Ein kurzzeitiges, aber beträchtliches Feld entsteht sowohl bei gleich- wie wechselstromdurchflossenen Leitungen beim Schalten induktiver Lasten, z. B. angeschlossener Relais, wie bereits beschrieben. Es gilt dabei auch, dass die erzeugte Induktionsspannung und damit die Feldänderung beim Ausschalten einer Spule um ein Mehrfaches größer ist als beim Einschalten, die dadurch erzeugte Störung ist immer wesentlich höher. Bei Betrieb mit Gleichspannung sind daher unbedingt Freilaufdioden einzusetzen, auch wenn die Spule nicht von einem Transistor geschaltet wird.

Eine praxisnahe Lösung ist die externe Beschaltung von Eingängen mit RC-Gliedern (Widerstand und Kondensator), die dann als Tiefpass wirken und somit Störungen, die meist höherfrequenter Natur sind, wegzufiltern. Speziell bei Reglern ergeben sich hier-bei aber Probleme. Ein derartiges Filter stellt ein Zeitglied dar, das die Ordnung der zu regelnden Strecke um 1 erhöht und somit die Regelung erschwert. Derartige Lösungen sind deshalb nur in Extremfällen ratsam.

Störungen werden nicht nur über die Eingangs-(Signal-)leitungen, sondern auch über die Ausgangs-(Relais-) leitungen eingekoppelt. Daher sollten alle Leitungen, auch beispielsweise solche für externe Kontakte, verdrillt sein. Der Abstand der unter-schiedlichen Leitungspaare zueinander scheint welligere Wirkung aufzuweisen als das Verdrillen.

Es sind daher folgende Installationshinweise zu beachten:

- Fühlerleitungen in großem Abstand, nicht parallel zu Versorgungs- und Signal-leitungen führen;
- Leitungen, die über die Induktivitäten geschaltet werden, nicht parallel zu den Ein- und Ausgangsleitungen legen;
- Für Fühlerleitungen abgeschirmte und verdrillte Leitungen verwenden, die Abschirmungen sind unbedingt zu erden bzw. mit dem Gehäuse zu verbinden;
- Bei Signal- und Versorgungsleitungen die Hin- und Rückleitungen möglichst nahe nebeneinander führen und nach Möglichkeit verdrillen;
- Für geschaltete Induktivitäten (Magnetventile, Relais, Schütze) immer Funkenlöschkombinationen in unmittelbarer Nähe der Induktivität installieren;
- Von den Netzklemmen eines Gerätes keine anderen Geräte, insbesondere keine induktiven Lasten, versorgen, sondern eine sternförmige Verdrahtung anstreben.

Abb. 3.35 Ungünstige
Leitungsführung vom Gerät
zum Fühler und zur Heizung.
Erdung und Abschirmung sind
nicht eingezeichnet

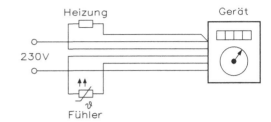

Abb. 3.36 Verbesserte
Leitungsführung zwischen
Gerät, Fühler und Heizung.
Erdung und Abschirmung sind
nicht eingezeichnet

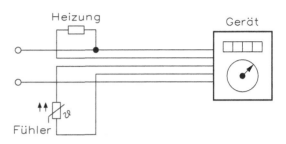

Eine ungünstige Leitungsführung zwischen Gerät zum Fühler und zur Heizung ist in Abb. 3.35 gezeigt; hier sind Versorgungs-, Ausgangs- und Fühlerleitungen parallel geführt. Außerdem weisen die Hin- und Rückleitungen große Abstände auf Leitungen zur Versorgung des Lastkreises wurden an die Netzklemme des Gerätes gelegt.

Abb. 3.36 zeigt eine verbesserte Leitungsführung mit den Fühlerleitungen in großem Abstand zu den stromdurchflossenen Leitungen. Hin- und Rückleitungen sind in geringem Abstand parallel verlegt, und von den Netzklemmen des Gerätes werden keine weiteren Geräte versorgt.

Auch die Versorgungsleitungen können gestört sein – durch kurz- oder längerfristige Überspannungen oder kurzfristige Spannungsausfälle. Längerfristigen Überspannungen begegnet man am einfachsten mit Varistoren, die ab einer bestimmten Schwellspannung leiten und die Überspannung kurzschließen. Bei Geräten mit primärgetakteten Schaltnetzteilen sind derartige Varistoren im Regelfall bereits im Gerät integriert. Bei Geräten mit sekundärgetakteten Schaltnetzteilen oder einfachen Netzteilen mit Längstransistoren wirken sich Überspannungen nicht so drastisch aus, da auch diese heruntertransformiert werden – von Blitzeinschlägen oder dergleichen einmal abgesehen.

Kurzfristige Überspannungen, sogenannte Transienten, entstehen durch an das gleiche Netz angeschlossene induktive Geräte wie Motoren, Schütze und dergleichen. Sie haben kurze Anstiegszeiten und somit einen hochfrequenten Charakter. Sie lassen sich mit LC-Kombinationen wegfiltern. Derartige Netzfilter stehen in breiter Palette zur Verfügung, man fügt sie in der Nähe des Gerätes in die Versorgungsleitung ein. Störungen werden auf das Erdpotential abgeleitet. Von großer Wichtigkeit bei der Installation derartiger Filter ist daher eine wirklich gute Erdung. Andererseits kann der Einsatz von Netzfiltern die Erdleitung mit Störimpulsen belasten, was ein „verseuchtes" Erdpotential zur Folge haben kann.

Die richtige Wahl des Filters erfordert fundierte Kenntnisse über das Frequenzband der zu erwartenden Störungen und vor allem die Impedanzen von Netz und Gerät. Ein falsch angepasstes oder ungenügend geerdetes Filter verschlechtert die Störanfälligkeit noch, weshalb der Einsatz von Netzfiltern in vielen Fällen nicht den gewünschten Erfolg bringt.

Damit auf einer Abschirmung keine Störspannung induziert werden kann, muss man diese ableiten. In der Praxis bedient man sich hierzu eines allgemeinen Bezugspotentials, der „HF-Erde". Dieses Potential ist definitionsgemäß immer Null. Die Erdleitung PE (Protected Earth) des Versorgungsnetzes steht mit der Erde in direkter Verbindung, indem bei Gehäuseinstallationen beispielsweise Kupferbänder („Fundamenterder") vergraben und mit der PE-Leitung an einer sogenannten Potentialausgleichsschiene verbunden werden. An Übergabestellen, an denen der Verbraucher an das Energieversorgungsunternehmen (EVU) angeschlossen wird, ist diese Erdleitung mit dem Neutralleiter N des vom EVU ankommenden Drehstromnetzes verbunden. Der Neutralleiter ist die Rückleitung für die Betriebsströme aller zwischen den Außenleitern L1, L2, L3 und N geschalteten Verbraucher. Durch den Erdungsleiter PE fließen im Normalfall keine Ströme. Daher sollte man den Schutzleiter PE und den Neutralleiter N nur an der Übergangsstelle und in unmittelbarer Nähe des Fundamenterders miteinander verbinden. Werden diese an einem anderen Ort nochmals miteinander verbunden (die genannte „Nullung"), kann die Erdleitung die Forderung nach Potentialfreiheit nicht mehr erfüllen, da der Neutralleiter nicht notwendigerweise Nullpotential besitzt.

3.4.6 Erdschleifen, Erdung und abgeschirmte Leitungen

Dennoch können auf einer Erdleitung auch Potentiale auftreten, die dazu führen, dass die Ladungen nicht mehr abfließen und trotz Abschirmung verschiedene Störungen auftreten. Dies ist immer dann der Fall, wenn auf der Erdleitung Spannungsquellen und -senken vorkommen, was oftmals der Fall ist, wenn mehrere Geräte an eine Erdleitung angeschlossen sind. Es ist daher von elementarer Bedeutung, jedes Gerät mit einer eigenen Erdleitung einem gemeinsamen Erdungspunkt auszustatten.

Ähnliche Erdschleifen können beispielsweise auch entstehen, wenn Schaltschrankteile – insbesondere deren Türen – keine eigene Erdung besitzen. Ladungen, die auf der Schranktür auftreten, fließen dann über das Gehäuse eines eingebauten Reglers und über dessen Erdungsleitung ab. Dadurch liegt das Reglergehäuse nicht mehr auf Nullpotential und die Abschirmung ist unvollständig. Auch muss man beachten, dass sich auf Schutzleitern, die meterweise parallel zu Versorgungsleitungen geführt sind, wie es bei normalen Stromleitungen fast immer der Fall ist, Ladungen sammeln und somit ein unerwünschtes Potential entsteht.

Masseschleifen entstehen dadurch, dass durch ungünstige Leitungsführung eine Stromschleife aufgebaut wird. Dies wirkt dann wie eine Luftspule, in der von Störquellen erzeugte Magnetfelder einen Strom induzieren können. Masseschleifen lassen

sich durch Verwendung eigener Masseleitungen vermeiden, da hierdurch der Durchmesser der Leiterschleife und somit auch das eingekoppelte Feld erheblich verringert
wird.

Eine immer wieder auftauchende Frage ist, ob man eine abgeschirmte Leitung ein-
oder zweiseitig erden soll. Sicherlich ist es sinnvoller, auf beiden Seiten zu erden, da
sich dadurch die Ladungen optimal ableiten lassen. Meist stellt sich aber das Problem,
dass die Erdungspotentiale auf beiden Seiten nicht gleich sind und somit über die
Abschirmung der Leitung ein Strom fließt, über den sich die unterschiedlichen Potentiale
ausgleichen. Dieser Ausgleichstrom kann groß genug sein, um die Abschirmung
übermäßig zu erhitzen und zu zerstören. Eine derartige stromdurchflossene Abschirmung
ist aber wertlos; in einem derartigen Fall ist es besser, die Leitung nur einseitig zu erden.

Ein Beispiel hierzu ist ein Pt100-Fühler, der über eine abgeschirmte Leitung an
einen viele Meter entfernten Regler angeschlossen ist, wo die Abschirmung auf die
PE-Klemme gelegt ist, während diese am Fühler an der Zugentlastung eingeklemmt
und somit mit dem Fühlergehäuse verbunden ist. Der Fühler befindet sich in einem
elektrischen Ofen mit einigen kW-Heizleistung. Da es recht unwahrscheinlich ist, dass
das Ofengehäuse und der Schaltschrank tatsächlich auf dem gleichen Potential liegen,
wird die Abschirmung kaum eine Wirkung aufweisen. Eine einseitige Erdung am Regler
ist hier besser, da er in diesem Beispiel die bessere Erdung besitzt. Eine beidseitige
Erdung ist nur dann empfehlenswert, wenn es sich um große Übertragungswege handelt
und sichergestellt ist, dass auf beiden Seiten gleiche Erdpotentiale herrschen. Hieraus
lassen sich folgende Forderungen an die Erdung ableiten:

- Jedes Gerät mit einer eigenen Erdleitung an einem gemeinsamen Punkt erden;
- Abgeschirmte Leitungen nur auf einer Seite erden, im Regelfall am Gerät;
- Der Erdungspunkt muss eine möglichst direkte Verbindung zu einem Potential-
  ausgleichspunkt (mit der Erde verbundenem Punkt) aufweisen. Erdleitungen nicht
  parallel mit Versorgungs- oder anderen stromdurchflossenen Leitungen führen.

Bei der falschen Erdung von Abb. 3.37 sind die Erdleitungen beider Geräte zusammen-
geführt und mit einer Schraube auf die Schaltschranktür geführt. Der Schaltschrank ist
an der Klemmleiste auf den Schutzleiter geführt und die Fühlerleitung ist auf beiden
Seiten geerdet.

Bei der verbesserten Erdung von Abb. 3.38 besitzt die Installation nur einen Erdungspunkt. Der Schaltschrank und dessen Tür sind mit eigenen Leitungen geerdet. Die
Fühlerleitung ist nur auf einer Seite geerdet.

3.4.7 Wärmeflussaufnehmer

Mittels eines Wärmeflussaufnehmers lässt sich unmittelbar der gesamte von einer
Oberfläche emittierte bzw. absorbierte Wärmefluss erfassen. Diese Eigenschaft und

Abb. 3.37 Beispiel einer
„falschen" Erdung

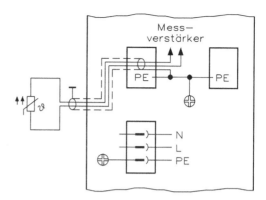

Abb. 3.38 Beispiel einer
„verbesserten" Erdung

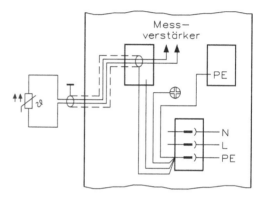

die problemlose Befestigung auf der zu untersuchenden Oberfläche durch einfaches Aufkleben dieser Sensoren eröffnet einen weiten Anwendungsbereich, von der stahlerzeugenden und stahlverarbeitenden Industrie über Verfahrenstechnik, Heiz- und Klimatechnik bis zur Luft- und Raumfahrt. Bei den Wärmeflussaufnehmern handelt es sich um Sensoren, die in sieben verschiedenen Größen geliefert werden. Zwei Größen sind rechteckig mit einer Breite von 12 mm und Längen von 25 bzw. 50 mm, zwei sind quadratisch mit 25 oder 50 mm und drei sind rund mit einem Durchmesser von 6, 12 oder 25 mm. Die Dicke bei allen Größen liegt bei 2,5 mm. Das Gehäuse besteht aus eloxiertem Aluminium. Elektrisch angeschlossen werden sie über zwei Kupferlitzen mit einer Länge von 30 cm. Montiert werden sie mit Epoxidharz oder Klebeband. Jedes Element wird geeicht und mit der Empfindlichkeit in mV pro W/m^2 ausgezeichnet. Diese Wärmeflussaufnehmer sind in drei Temperaturbereiche unterteilt:

- LO-Reihe von -20 bis $+120$ °C,
- HI-Reihe von -50 bis $+200$ °C,
- BI-Reihe von -50 bis $+100$ °C.

Die Nichtlinearität ist bei allen Reihen gleich und liegt bei ± 2 %. Die Reproduzierbarkeit beträgt 0,5 %.

Das aktive Element dieser Wärmeflussaufnehmer ist eine Thermokette. Deren heiße Verbindungen liegen auf der aufnehmenden Oberfläche und sind von den kalten Verbindungen durch eine Abstandsschicht getrennt. Diese Bauweise gewährleistet optimale Empfindlichkeit und Unabhängigkeit von der Einsatztemperatur. Die Wärmeflussaufnehmer tragen einen Überzug aus „HyCalSchwarz", einem geschmolzenen kolloidalen Graphit, das eine Minimalabsorption von $E = 0,9$ bei Sonnenstrahlung gewährleistet.

Die Wärmeflussaufnehmer sind aktive Aufnehmer und benötigen keine Spannungsversorgung. Sie können mit jedem schreibenden oder anzeigenden Messgerät genügend hoher Impedanz zusammengeschaltet werden. Jeder Sensor wird bei einem Wärmefluss von 1500 W/m^2 geeicht. Wegen der direkten Proportionalität zwischen Fluss und Ausgangssignal liegt damit die Eichkurve in weiten Bereichen fest; die durch den Eichvorgang ermittelte Empfindlichkeit ist auf jedem Element angegeben.

Die Aufnehmer der LO-Reihe kann man im Bereich von − 20 bis + 120 °C einsetzen, wenn gleichzeitig hohe Empfindlichkeit erforderlich ist. Im Normalfall sollte die Temperatur + 100 °C nicht überschreiten. Der Wärmefluss lässt sich nur in einer Richtung messen. Die Aufnehmer der HI-Reihe sind für einen Temperaturbereich von − 50 bis + 200 °C geeignet. Die Empfindlichkeit beträgt etwa 1/8 der LO-Reihe. Aus diesen Gründen setzt man hier nur die großen Flächentypen ein, um ein größeres Ausgangssignal zu erhalten.

Die Wärmeflussaufnehmer der BI-Reihe sind sehr empfindlich, deshalb werden sie nur bei niedrigen Temperaturen und geringen Wärmeflüssen eingesetzt, sowie auch in Fällen, wo Wärmefluss in beiden Richtungen gemessen werden soll und wo es wichtig ist, dass beide Seiten des Fühlers die gleiche Empfindlichkeit aufweisen. Bei den Aufnehmern der BI-Reihe sind beide Seiten geeicht, damit ist sichergestellt, dass beide das gleiche Signal abgeben.

Beim Einbau der LO- und HI-Reihe ist die nicht beschichtete Seite jeweils der Aufnehmer. Die BI-Reihe lässt sich bei Strömungen in beiden Richtungen einsetzen, wenn also der Aufnehmer zwischen zwei Oberflächen eingebaut wird, und stets bei Anwendungen, bei denen die aufnehmende Seite auf der zu untersuchenden Oberfläche liegt. Diese Sensoren werden mit doppelklebendem Band, mit Epoxidharz oder einem anderen Kleber auf der Oberfläche befestigt. Bei Einbau eines zusätzlichen Thermoelements ist die Messstelle durch einen weißen Punkt gekennzeichnet.

3.5   Messung mechanischer Größen mit Temperatursensoren

Temperatursensoren wurden ursprünglich nur zur Messung von Temperaturen entwickelt. Vielfach sind aber die Vorzüge elektrischer Messungen so beträchtlich, dass auch die Erfassung anderer, etwa mechanischer Größen wie Füllstand oder Strömungsgeschwindigkeit damit sinnvoll ist.

3.5.1 Füllstandsmessung

Die Messung des Inhalts von Flüssigkeitsbehältern ist auf verschiedene Weise möglich. In der Praxis verbreitet sind Schwimmer mit Potentiometer, aber diese Methode eignet sich hauptsächlich für stationäre Anlagen, da sie ein umfangreiches Gestänge für die Umsetzung erfordert.

In Abb. 3.39 ist ein Kaltleiter in die Flüssigkeit getaucht. Er arbeitet mit Eigenerwärmung, d. h. er wird durch seinen Betriebsstrom aufgeheizt. Befindet er sich in der Flüssigkeit, leitet diese die Wärme ab, und der Widerstand ist gering. Es fließt ein hoher Strom, der durch das Messinstrument angezeigt wird. Sinkt der Flüssigkeitspegel unter den Sensor ab, entfällt die Wärmeableitung, und der Widerstandswert steigt. Dadurch verringert sich der Strom.

In Abb. 3.39 ist nur ein Sensor eingezeichnet. In der Praxis setzt man für eine genauere Messung oft auch mehrere ein, mindestens zwei, einen für das Minimum, wenn der Behälter fast leer ist, und einen für das Maximum, wenn er fast voll ist. Darüber hinaus lassen sich auch weitere Sensoren für die Zwischenstände anbringen.

Der thermische Übergang zwischen dem Kaltleiter und der Flüssigkeit bewirkt eine gewisse zeitliche Verzögerung, die eine Messabweichung verursachen kann. Wie schnell der Kaltleiter anspricht, hängt in erster Linie vom Verhältnis des thermischen Widerstandes zum Wärmespeichervermögen ab. Der Sensor reagiert um so langsamer, je größer der thermische Widerstand ist; dieser ist abhängig von der Materialart und von der Schichtdicke. Die Wärmekapazität setzt sich aus der spezifischen Wärmekapazität und der Fühlermasse zusammen.

Soll die Ansprechzeit kurz sein, dann muss der Sensor möglichst klein und die Wärmeleitung möglichst gut sein. Besonders ungünstig wirkt sich ein Luftspalt aus, denn Luft ist ein sehr schlechter Wärmeleiter. Tab. 3.4 zeigt die Wärmeleitfähigkeit λ verschiedener Stoffe.

Die Wärmeleitfähigkeit λ von festen Stoffen ist relativ unabhängig von der Umgebungstemperatur, die von Gasen und Flüssigkeiten dagegen mehr oder weniger stark abhängig.

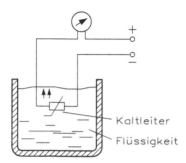

Abb. 3.39 Füllstandskontrolle mit Kaltleiter

Tab. 3.4 Wärmeleitfähigkeit λ in $\frac{kJ}{m \cdot h \cdot K}$ bei den angegebenen Temperaturen

Stoff	λ bei 20 °C	Stoff	λ bei 20 °C
Aluminium	754	Alkohol	0,67
Blei	126	Benzol	0,544
Eisen, rein	264	Glyzerin	1,005
Gold	1118	Trafoöl	0,461
Konstantan	81,8	Tuluol	0,544
Kupfer	1382	Bakelit	0,837
Messing	293–419	Hartgewebe	1,26
Nickel	318	Hartpapier	1,047
Platin	255	Plexiglas	0,628
Silber	1507	Polyamide	1,26
Stahl	126	Pressstoffe	1,13
Wolfram	603	PVC	0,586
Zink	419		
Zinn	234		
Ammoniak	0,00.783	Glasfaser	0,1172
Acetylen	0,0737	Steinwolle	0,126
Chlor	0,00.285		
Kohlenstoffdioxid	0,0515		
Luft	0,0875		
Wasserstoff	0,443		

3.5.2 Messung der Strömungsgeschwindigkeit

Das Messverfahren eines thermischen Durchflusssensors ist in Abb. 3.40 gezeigt. Der Heißleiter NTC1 befindet sich direkt in der Strömung (Gas oder Flüssigkeit), während der Heißleiter NTC2 als Kompensationswiderstand betrieben wird. Ohne NTC2 reagiert NTC1 nicht nur auf die Strömungsgeschwindigkeit, sondern auch auf die Temperatur des Mediums. NTC1 ist ein beheiztes Element, er wird durch die Strömung abgekühlt – je größer die Geschwindigkeit, umso stärker. Dabei dient NTC2 zur Messung der Temperatur des Mediums, er darf sich daher nicht in der Strömung befinden.

Kennzeichen für die Erfassung der Strömungsgeschwindigkeit ist die Wärmeübertragung zwischen NTC1 und dem Medium. Auch hier gilt wieder: Je kleiner NTC1 ist, umso schneller und genauer reagiert die gesamte Einrichtung. Das Trennmaterial zwischen Sensor und Umgebung muss aus einem gut wärmeleitenden Material bestehen.

Eine andere Art besteht aus einem Keramiksubstrat mit einem hochgenauen Dünnschicht-Widerstandsthermometer und zwei Dickschicht-Heizwiderständen. Sowohl der Temperatursensor als auch die Heizwiderstände sind lasergetrimmt. Die hohe

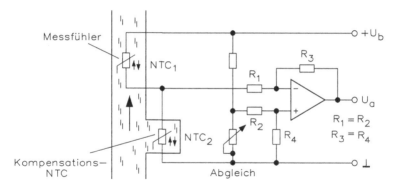

Abb. 3.40 Brückenschaltung für die Erfassung der Strömungsgeschwindigkeit

Trimmgenauigkeit gewährleistet eine echte Austauschbarkeit der Sensoren und sorgt für eine gleichbleibende Messempfindlichkeit bei jedem einzelnen Exemplar.

Diese Luftstromsensoren nutzen die Temperaturabhängigkeit eines Heizwiderstandes im Luftstrom aus; sie arbeiten im Umgebungstemperaturbereich von -40 bis $+70$ °C. Beim Anlegen der Spannung nehmen die beiden Heizwiderstände eine Heizleistung von ca. 1 W auf und erhöhen die Temperatur des Sensors auf 90 bis 150 °C. Wenn Luft über diesen strömt, wird er abgekühlt und ändert seinen Widerstand. Durch Betrieb mit Konstantstrom lässt sich diese Änderung leicht in eine Spannungsänderung umwandeln. Diese Sensoren haben eine nicht lineare Kennlinie (Abb. 3.41) mit höherer Empfindlichkeit im unteren Abschnitt ihres Messbereiches von 0 bis 300 m/min.

Die Widerstandskenndaten als Funktion des Luftstromes gelten nur zur Veranschaulichung. Das tatsächliche Verhalten im Luftstrom hängt nämlich auch vom Wärmeleitvermögen zwischen dem Sensor und seiner Steckverbindung ab. Sind diese Sensoren eingebaut und kalibriert, beträgt die Wiederholgenauigkeit der Messwerte in der Praxis um ± 5 %. Die anwendungsspezifische Steckverbindung zum Sensor kann aufgrund von Wärmeübertragung zu einem Empfindlichkeitsverlust führen und sollte daher thermisch möglichst gut isoliert sein.

Die Luftstromsensoren eignen sich vor allem für Einsatzfälle, wo hohe Wiederholgenauigkeit, geringe Hysterese und hohe Langzeitstabilität gefragt sind. Sie reagieren jedoch empfindlich auf Temperaturschwankungen. Optimalen Einsatz finden sie überall dort, wo sich die Umgebungstemperatur nur sehr wenig ändert. Aus diesem Grunde findet man in der Praxis nur Ausführungen mit Temperaturkompensation. Abb. 3,42 zeigt einen Luftstromsensor mit Temperaturerfassung.

Die Umgebungstemperatureffekte erster Ordnung werden durch die Subtraktion der TD-Sensor-Ausgangsspannung von der eigentlichen Ausgangsspannung des AW-Sensors kompensiert, sodass die relative Ausgangsspannung auf Änderungen des Wärmegefälles beschränkt bleibt, ungeachtet der Änderungen der Umgebungstemperatur.

Bei der Innenschaltung von Abb. 3.43 erkennt man die Trennung zwischen dem AW-Sensor mit seiner Heizung und dem TD-Sensor für die Erfassung der Temperatur.

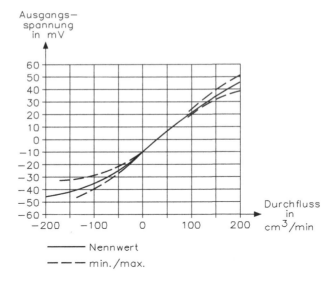

Abb. 3.41 Kennlinie eines Luftstromsensors in Abhängigkeit der Ausgangsspannung vom Durchfluss, bezogen auf die Nullspannung

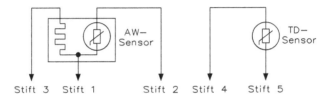

Abb. 3.42 Aufbau eines Luftstromsensors mit Temperaturerfassung

Abb. 3.43 Innenschaltung
und Erzeugung der
Ausgangsspannung U_1 des
Temperatursensors und U_2 des
Luftstromsensors

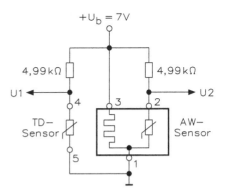

Tab. 3.5 Beispiel für den Spannungsverlauf über den Luftstrom bei der Schaltung von Abb. 3.43

Luftstrom in m/min	$U_2 - U_1$ für $-40\,°C$	$U_2 - U_1$ für $+25\,°C$	$U_2 - U_1$ für $+85\,°C$
0	0,52	0,49	0,44
5,2	0,48	0,43	0,40
0,5	0,43	0,41	0,37
45,7	0,39	0,37	0,34
61,0	0,37	0,35	0,32
76,2	0,35	0,35	0,31
91,4	0,34	0,33	0,30
106,6	0,33	0,32	0,28

Die Betriebsschaltung ist in Abb. 3.43 wiedergegeben. Es lässt sich ein Luftstrom bis zu 300 m/min erfassen.

Tab. 3.5 gibt die Betriebseigenschaften der Schaltung von Abb. 3.43 bei einer Betriebsspannung mit $+U_b = 7\,V$ wieder.

3.5.3 Mikrobrücken-Luftstromsensoren

Während die einfachen Luftstromsensoren auf Temperatursensoren (Widerstandsthermometern) basieren, arbeiten die teureren und sehr genauen Mikrobrücken-Luftstromsensoren nach dem Prinzip des Heißfilm-Anemometers. Die Mikrobrücken-Luftsensoren enthalten einen besonderen Siliziumchip, der nach dem neuesten Stand der Mikrostrukturtechnologie gefertigt wird. Er besteht aus einer thermisch isolierten Dünnschicht-Brückenstruktur mit einem Heizelement und zwei Temperaturfühlern. Die Brückenstruktur sorgt für hohe Messempfindlichkeit und schnelles Ansprechen auf über den Chip strömende Luft oder Gase. Die beiden Temperaturfühler mit dem mittig dazwischenliegenden Heizelement ermöglichen die Erkennung der Strömungsrichtung und die Messung des Durchflusses. Lasergetrimmte Dickschicht- und Dünnschichtwiderstände gewährleisten eine von Sensor zu Sensor gleichbleibende Messempfindlichkeit.

Der Mikrobrücken-Luftsensor ist in einem länglichen Gehäuse untergebracht und hat an beiden Enden jeweils einen Nippel mit einem Durchmesser von 5,1 mm. An diesen Nippeln wird das Luftsystem angeschlossen. Die Ausgangsspannung bewegt sich bei einem Volumendurchfluss von 0 bis 200 cm³/min zwischen 0 und 45 mV, für 0 bis 1000 cm³/min zwischen 0 und 55 mV. Die Ausgangsspannung lässt sich auch auf durchschnittliche Kanalflussgeschwindigkeit oder dynamischen Differenzdruck zwischen den beiden Anschlussnippeln kalibrieren. Ein eigens konzipiertes Gehäuse lenkt und steuert den Luftstrom genau über die Mikrobrückenstruktur; es lässt sich leicht auf einer Leiterplatte montieren. Die Angaben in cm³/min gelten immer für Luft von 0 °C und Meereshöhe.

Der Mikrobrücken-Luftsensor verwendet thermoresistive Folien, die auf einem Dickfilm aus dielektrischem Werkstoff aufgetragen sind. Diese sind in Form von zwei Brücken über eine im Siliziumchip anisotrop geätzte Mulde gespannt. Der Chip ist in einem exakt bemessenden Luftstromkanal angeordnet, um ein reproduzierbares Ansprechen auf Durchfluss sicherzustellen. Eine hocheffiziente Wärmeisolierung des Heizelements und der Temperaturfühlerwiderstände wird durch den Luftraum in der geätzten Mulde unter den Luftstromsensor-Brücken erreicht. Die winzigen Abmessungen und die Wärmeisolierung des Mikrobrücken-Luftsensors sind ausschlaggebend für das schnelle Ansprechen und die hohe Empfindlichkeit.

Der Mikrobrücken-Luftsensor ist eine passive Messvorrichtung mit zwei Wheatstoneschen Vollbrücken, eine für den geschlossenen Heizregelkreis und eine für die zweifachen Fühlerelemente. Abb. 3.44 und 3.45 zeigen die für den einwandfreien Betrieb des Sensors erforderlichen Zusatzschaltungen.

Die Heizregelungsschaltung in Abb. 3.44 gewährleistet die Einhaltung der Betriebskenndaten. Sie ist speziell für diesen Sensor ausgelegt und sorgt für einen Volumenstrom-proportionalen Ausgang und eine Minimierung der Fehler infolge Schwankungen der Umgebungstemperatur. Die Schaltung bewirkt eine konstante Übertemperatur des Heizelements über der Umgebungstemperatur bei Temperatur- und Luftstromänderungen. Die Umgebungstemperatur wird von einem dem Heizwiderstand ähnlichen Widerstand auf dem Chip erfasst.

Diese Art der Heizregelung mindert auch die Auswirkungen von Änderungen bezüglich Feuchte und Gaszusammensetzung, schaltet diese jedoch nicht ganz aus.

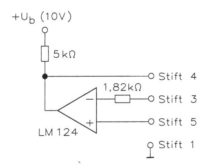

Abb. 3.44 Heizregelungsschaltung für den Mikrobrücken-Luftstromsensor

Abb. 3.45 Betrieb
der Messbrücke für den
Mikrobrücken-Luftstromsensor

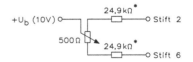

Die Änderungen können die Wärmeleitfähigkeit beeinflussen und die Betriebskenndaten des Heizelements und der Temperaturfühler-Widerstände verändern.

Auch die in Abb. 3.45 dargestellte Speisung der Messbrücke ist für die Einhaltung der Betriebskenndaten notwendig. Es handelt sich hier um eine Vollbrücke, bei der die beiden Fühlerwiderstände zwei aktive Brückenzweige bilden. Die der Betriebsspannung proportionale Ausgangsspannung des Sensors entspricht der Differenzspannung an der Messbrücke. Bei Umkehrung der Strömungsrichtung durch den Sensor ändert sich die Polarität der Differenzspannung und somit auch die der Ausgangsspannung des Mikro-brücken-Luftstromsensors.

Die Differenzverstärkerschaltung in Abb. 3.46 stellt eine nützliche Schnittstelle zur Messbrücke dar, da diese das Sensorsignal verstärken und die Nullpunkt-Offsetspannung verschieben kann.

In einigen Luftstrom-Anwendungen können sich Staubteilchen festsetzen, aber sie lassen sich auf ein Minimum reduzieren. Größere Teilchen neigen dazu, in Luft-strom an den parallel und nahe der Kanalwand liegenden Mikrobrücken vorbeizu-strömen. Kleinere Staubteilchen werden durch die „Brownsche"-Molekularbewegung und starkes Temperaturgefälle von den beheizten Mikrobrücken abgewiesen, sodass die Mikrostruktur sauber bleibt. Lebensdauerprüfungen mit Luftströmen unter 50 cm^3/min ergaben, dass der Sensor in typischer Industrieluft ohne Änderung seiner Kenndaten 20 Jahre lang arbeiten könnte. Ein Verstopfung durch Festsetzen von Staub an den Chip-kanten und Kanalwänden lässt sich bei Anwendungen mit geringen Luftströmen durch den Einsatz eines einfaches Filters völlig verhindern. Da der Durchmesser des Filters wesentlich größer ist als der des Kanals (3,6 mm), kann man den Strömungswider-stand des Filters im Vergleich zum Kanalwiderstand vernachlässigen. Dadurch hat auch eine größere Staubanhäufung im Filter praktisch keine Auswirkung auf den Gesamt-Strömungswiderstand. Bei Wunsch nach Filterung ist ein dem Luftstrom vorgeschaltetes 5 µm-Filter angemessen.

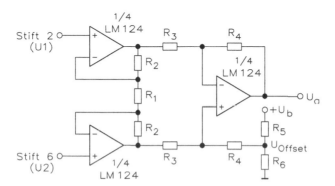

Abb. 3.46 Geeignete Differenzverstärkerschaltung für eine Messbrücke des Mikrobrücken-Luft-stromsensors

3.5.4 Heißfilm-Luftmassensensor

Zur Messung des Massenstromes wird ein Widerstand zyklisch aufgeheizt und abgekühlt. Die unterschiedliche Temperaturerhöhung ist ein Maß für die Messgröße. Um möglichst kurze Zykluszeiten und einen hohen thermischen Wirkungsgrad zu erhalten, muss der Sensor einen entsprechenden Aufbau in der Mechanik haben.

Auch hier wird einem eigen- oder fremdbeheizten Widerstand durch das vorbeiströmende Medium Wärme entzogen. Die unterschiedliche Temperaturerhöhung ist ein Maß für die Strömungsgeschwindigkeit, genauer für den Massenstrom. Um die tatsächliche Temperaturdifferenz feststellen zu können, ist die Kenntnis der Temperatur des strömenden Mediums erforderlich. Sowohl Gase wie Flüssigkeiten kommen als Wärmeträger infrage.

Das Sensorelement von Abb. 3.47 besteht aus einem Keramiksubstrat, das mithilfe eines Siebdruckverfahrens mit folgenden Dickschichtwiderständen bestückt wird: Lufttemperaturfühler-Widerstand R_ϑ, Heizwiderstand R_H, Sensorwiderstand R_S und Trimmwiderstand R_1.

Der Platin-Metallfilmwiderstand R_S wird mithilfe des Heizwiderstandes R_H auf konstanter Übertemperatur gegenüber der Temperatur des ausströmenden Mediums gehalten. Dabei stehen beide Widerstände in engem thermischen Kontakt. Die Temperatur der anströmenden Luft wirkt auf den Widerstand R_ϑ ein. Mit diesem in Serie ist der Trimmwiderstand R_1 geschaltet, der den Temperaturgang der Brückenschaltung über den gesamten Arbeitstemperaturbereich kompensiert. Zusammen mit R_2 und R_ϑ bildet R_1 einen Zweig der Brückenschaltung, während der Ergänzungswiderstand R_3 und der Sensorwiderstand R_S den zweiten Zweig der Brücke bilden. Als Messsignal wird die Differenzspannung beider Widerstandszweige an der Brückendiagonale abgegriffen. Die Auswerteschaltung ist auf einem zweiten Dickschichtsubstrat aufgebracht. Beide Hybride sind im Kunststoffgehäuse des Einsteckfühlers integriert.

Der Heißfilm-Luftmassensensor ist ein thermischer Durchflusssensor, dessen Kennlinie in Abb. 3.48 dargestellt ist. Die Schichtwiderstände auf dem Keramiksubstrat

Abb. 3.47 Schaltung eines Heißfilm-Luftmassensensors

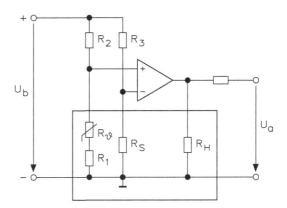

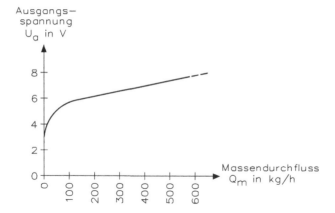

Abb. 3.48 Kennlinie des Heißfilm-Luftmassensensors

sind dem zu messenden Luftmassenstrom ausgesetzt. Der Sensor ist aus strömungs-
technischen Gründen wesentlich unempfindlicher gegen Verschmutzung als z. B. ein
Hitzdraht-Luftmassensensor, und ein Freiglühen der Messwiderstände ist nicht notwendig.

Bei der Konstruktion des Luftmassensensors sind thermische Gesichtspunkte,
aber auch praktische Bedingungen wie Handhabung und Verhinderung von Schmutz-
ablagerungen zu berücksichtigen. Abb. 3.49 zeigt das Sensorelement mit seinen Dickschichtwiderständen. Im Messrohr darf sich kein Wasser oder eine andere Flüssigkeit
ansammeln. Daher muss es um mindestens 5° relativ zur Horizontalen geneigt sein.

3.5.5 Hitzdraht-Luftmassensensor

Durch einen Hitzdraht-Luftmassensensor lässt sich die durchströmende Luft- oder
Gasmasse pro Zeiteinheit unabhängig von Dichte und Temperatur messen. Der
Strömungsdurchmesser für den Hitzdraht-Luftmassensensor von Abb. 3.50 bestimmt
den Luftdurchsatz. Auf der Einlassseite schützt ein Drahtgitter den Hitzdraht vor
mechanischer Einwirkung und homogenisiert den Durchfluss. Auf der Auslassseite
schirmt ein Gitter den Hitzdraht gegen Rückzündungen ab, wenn man diesen Sensor in
Kfz-Anwendungen einsetzt. Der in einem Innenrohr trapezförmig aufgespannte Platin-
Hitzdraht besitzt einen Durchmesser von nur 70 μm. Das angebaute Gehäuse enthält die
elektronische Regel- und Freibrennschaltung sowie die Brückenwiderstände. Der Hitzdraht-Luftmassensensor arbeitet nach dem Konstant-Temperaturprinzip. Dabei ist der
Hitzdraht ein direkter Bestandteil einer Brückenschaltung, deren Ausgangsspannung
durch Veränderung des Heizstroms auf Null geregelt wird. Wenn die Luftmenge
ansteigt, wird der Draht stark abgekühlt, und sein Widerstand nimmt ab. Dies führt zu
einer Verstimmung der Widerstandsverhältnisse in der Brückenschaltung, was eine

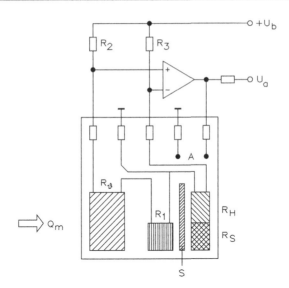

Abb. 3.49 Typischer Aufbau eines Heißfilm-Luftmassensensors:R = Lufttemperatur-Mess-widerstand, R_1 = Trimmwiderstand, R_2, R_3 = Ergänzungswiderstände, R_H = Heizwiderstand (auf der Rückseite des Substrats), R_S = Sensorwiderstand für Durchfluss, A = Anschlüsse von R_H, S = Abstand zur thermischen Entkopplung von Heizung und R_{ϑ}

Abb. 3.50 Aufbau eines Hitzdraht-Luftmassensensors bis 900 kg/h: R_H = Hitzdrahtwiderstand, R_K = Widerstand des Temperatur-Kompensations-Fühlers, R_1, R_2 = hochohmige Widerstände, R_M = Präzisions-Messwiderstand, U_m = Signalspannung für Luftmassendurchsatz, Q_m = Luftmasse pro Zeiteinheit und T_L = Lufttemperatur

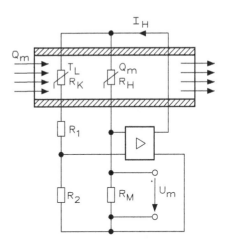

Regelelektronik sofort veranlasst, den Heizstrom zu erhöhen. Diese Stromzunahme ist so bemessen, dass der Hitzdraht seine ursprüngliche Temperatur praktisch beibehält.

Die Kennlinie für den Hitzdraht-Luftmassensensor ist in Abb. 3.51 zu sehen. Damit ist der benötigte Heizstrom ein Maß für die durchströmende Luftmasse, unabhängig von Dichte und Temperatur der Luft. Da der Sensor keine beweglichen Teile hat, arbeitet er verschleißfrei. Durch den Regelprozess ändert sich der Wärmeinhalt des Drahtes nicht, daher reagiert der Sensor sehr schnell auf jede Durchflussänderung. Beim Betreiben

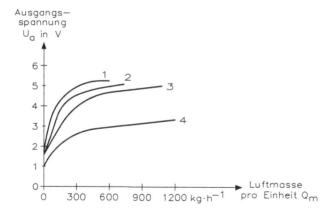

Abb. 3.51   Kennlinie für den Hitzdraht-Luftmassensensor

des Luftmassensensors können sich Ablagerungen am Hitzdraht bilden, die das Messergebnis beeinflussen. Daher ist es notwendig, nach einer bestimmten Beanspruchungs-
dauer den Hitzdraht eine Sekunde lang auf etwa 1000 °C zu erhitzen, um ihn von
eventuellen Verschmutzungen freizubrennen. Ein zusätzliches Potentiometer dient bei
Kfz-Anwendungen zur Leerlauf-Gemisch-Einstellung.

Optische Sensoren

4

Zusammenfassung

Am Beginn des 20. Jahrhundert erkannte man, dass Licht kein Kontinuum ist, sondern dass es in einzelnen Lichtquanten, den sogenannten Photonen, auftritt. In Halbleitern setzen diese elektrische Ladungsträger frei – Elektronen und Defektelektronen (Löcher). Dieser Effekt bietet die Möglichkeit, die Stärke einfallenden Lichtes elektrisch zu messen, etwa über Spannung, Strom oder Widerstandsänderung. Je nachdem, ob der Prozess der Ladungsfreisetzung durch Licht an der Oberfläche oder im Inneren des Halbleiters stattfindet, unterscheidet man zwischen dem äußeren bzw. inneren photo- bzw. lichtelektrischen Effekt.

Am Beginn des 20. Jahrhundert erkannte man, dass Licht kein Kontinuum ist, sondern dass es in einzelnen Lichtquanten, den sogenannten Photonen, auftritt. In Halbleitern setzen diese elektrische Ladungsträger frei – Elektronen und Defektelektronen (Löcher). Dieser Effekt bietet die Möglichkeit, die Stärke einfallenden Lichtes elektrisch zu messen, etwa über Spannung, Strom oder Widerstandsänderung. Je nachdem, ob der Prozess der Ladungsfreisetzung durch Licht an der Oberfläche oder im Inneren des Halbleiters stattfindet, unterscheidet man zwischen dem äußeren bzw. inneren photo- bzw. lichtelektrischen Effekt. Man teilt die optoelektronischen Bauelemente in drei Hauptgruppen ein:

- Optisch-elektrische Wandler oder optische Detektoren: Hierzu gehören Photowiderstände und Photodioden in den verschiedenen Ausführungen, ferner Solarzellen, Photozellen, Phototransistoren und Photothyristoren. Dabei unterscheidet man zwischen passiven und aktiven Typen. Bei einem passiven ändert sich durch den

© Springer Fachmedien Wiesbaden GmbH, ein Teil von Springer Nature 2024
H. Bernstein, *Messelektronik und Sensoren,*
https://doi.org/10.1007/978-3-658-38929-1_4

Lichteinfall nur der Widerstand, daraus ergibt sich dann entweder eine Strom- oder eine Spannungsänderung. Bei den aktiven Bauelementen wird das erzeugte elektrische Signal intern verstärkt, und am Ausgang entsteht eine wesentlich größere Änderung von Strom oder Spannung. Abb. 4.1 zeigt das Spektrum der elektromagnetischen Wellen. Das menschliche Auge erfasst nur einen kleinen Teil davon – das sichtbare Licht. Optisch-elektrische Wandler sind dagegen auch für nicht sichtbare Strahlung empfindlich.

- Elektrisch-optische Wandler: Lichtsender, die elektrischen Strom in Lichtstrahlung umsetzen, also alle Arten von elektrischen Lampen, Leuchtdioden (LEDs, Light Emitting Diodes), Lasern (Light Amplification by Stimulated Emission of Radiation), Bildröhren, Displays usw. Bei den Lasern sind hier vor allem die Halbleiterlaser (Laserdioden) von Interesse.
- Systeme, die beides enthalten: Hierunter fallen Lichtschranken und Optokoppler. Bei einer Lichtschranke sind Sender und Empfänger über den Lichtstrahl optisch miteinander verbunden. Wird dieser unterbrochen, wird das vom Empfänger registriert und in ein geeignetes Ausgangssignal umgewandelt. Fasst man einen Lichtsender und einen Lichtempfänger elektrisch voneinander isoliert, aber optisch fest gekoppelt in einem Gehäuse zusammen, dann ergibt sich ein Optokoppler. Hauptaufgabe ist die galvanische Trennung von zwei Stromkreisen.

Ferner werden in diesem Kapitel Sensoren behandelt, die mithilfe von Licht andere Größen messen, etwa die Anwesenheit von Gegenständen, Abstände, Positionen, Drehwinkel usw.

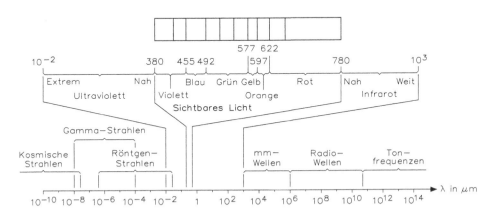

Abb. 4.1 Elektromagnetisches Strahlungsspektrum mit den entsprechenden Anwendungen in der Technik

4.1   Eigenschaften und Ausführungsformen

Optische Sensoren nehmen in der Technik eine Sonderstellung ein, da mit ihnen eine rückwirkungsfreie Bestimmung der Messgröße möglich ist, d. h. diese bzw. das Mess-objekt wird nicht durch die Messung beeinflusst. Für viele optische Messungen muss man einen Lichtsender (Emitter) und einen Lichtempfänger (Detektor) kombinieren. Hierzu soll zunächst das optische Verhalten dieser Bauelemente behandelt werden.

4.1.1   Hellempfindlichkeit

In der Photometrie wird das Licht nicht nach seiner Energie oder Leistung bewertet, sondern das Helligkeitsempfinden des menschlichen Auges zugrunde gelegt. Diese ist wellenlängenabhängig. Die relative spektrale Empfindlichkeit oder der spektrale Hell-empfindlichkeitsgrad $V(\lambda)$ für das menschliche Auge ist in Abb. 4.2 gezeigt.

Für die Wellenlänge λ in Verbindung mit den Farbtönen ergibt sich Tab. 4.1. Im Kurz-welligen schließt an den sichtbaren Bereich das Ultraviolett („UV") an. Diese Strahlung ruft starke chemische und biologische Wirkungen hervor. Den ebenfalls unsichtbaren Bereich ab 780 nm bezeichnet man Infrarot oder „IR"; es handelt sich um Wärmestrahlung. Das menschliche Auge hat bei der Wellenlänge $\lambda = 555$ nm (grün) seine maximale Empfindlichkeit. Der spektrale Hellempfindlichkeitsgrad ist auf $V = 1$ festgesetzt.

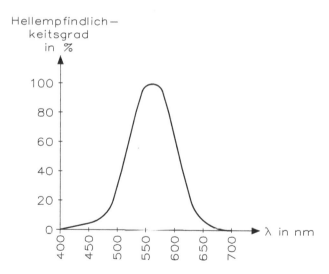

Abb. 4.2 Spektraler Hellempfindlichkeitsgrad für das menschliche Auge und das Maximum liegt bei einer Wellenlänge von $\lambda = 555$ nm

Tab. 4.1 Wellenlänge λ mit dem entsprechenden Farbton

Wellenlänge	Farbton
< 360 nm	Ultraviolett
420 nm	Violett
470 nm	Blau
530 nm	Grün
570 nm	Gelb
610 nm	Rot
> 780 nm	Infrarot

Neben dem spektralen Hellempfindlichkeitsgrad ist die Lichtstärke eine wichtige photometrische Größe. Sie wird in „Candela" (cd) angegeben; 1 cd ist die Lichtstärke einer Strahlungsquelle, die in einer bestimmten Richtung monochromatisches Licht der Frequenz von 540 THz der Vakuumwellenlänge von 555 nm mit der Strahlstärke 1/683 Steradiant aussendet.

Die Leuchtdichte L ist definiert als Quotient aus der Lichtstärke und der leuchtenden Fläche. Bei einer Leuchtdichte ab etwa 0,75 cd/cm^2 tritt beim menschlichen Auge eine Blendung auf. In Tab. 4.2 sind die Leuchtdichten verschiedener Lichtquellen aufgelistet.

Der Lichtstrom Φ ist definiert als das Produkt von Lichtstärke und durchstrahltem Raumwinkel. Die SI-Einheit des Lichtstromes ist das Lumen (lm). Als spezifische Lichtausstrahlung M bezeichnet man den Quotienten aus Lichtstrom und Strahlerfläche. Die Lichtmenge (Q) definiert das Produkt aus Lichtstrom und Zeit, die „Lumensekunde" (lm s).

Wichtig für den Anwender ist die Beleuchtungsstärke E. Sie bezeichnet den Quotienten aus auftreffendem Lichtstrom und Größe der Empfängerfläche. Die SI-Einheit für die Beleuchtungsstärke ist das Lux (lx). Die Beleuchtungsstärke nimmt mit dem Quadrat der Entfernung ab.

$$E = \frac{\Phi}{A} \text{ in lx} = \frac{\text{lm}}{\text{m}^2}$$

Tab. 4.2 Lichtdichte von verschiedenen Lichtquellen

Lichtquellen	L in cd/cm^2
Nachthimmel	0,001
Nachthimmel bei Mondschein	0,25
Kerzenlicht	1
mattierte Wolfram-Lampe	40
klare Wolfram-Lampe	1000
Tageslicht	5000
Mittagssonne	50.000
Gletschersonne	150.000

Die Lichtstärke I lässt sich mithilfe der Lichtverteilungskurven aus dem Gesamtstrom ermitteln. Tab. 4.3 zeigt die Beleuchtungsstärke für einige Anwendungen.

Als Belichtung H definiert man das Produkt aus Beleuchtungsstärke und Zeit. Die SI-Einheit für die Belichtung ist die Luxsekunde (lx s). Man kennt diese Einheit beim Belichtungsmesser in der Fotografie; hier wird aus der Beleuchtungsstärke die erforderliche Belichtungszeit für den Film festgestellt.

4.1.2 Technologie der Photodioden

Photodioden werden nach dem Planarverfahren hergestellt. Die Ränder des PN-Übergangs liegen geschützt unter dem als Diffusionsmaske verwendeten SiO_2, welches durch Oxidation der Siliziumoberfläche erzeugt wurde. Infolge des daher niedrigen Dunkelstroms sind Photodioden sehr gut zum Nachweis geringer Lichtsignale sowie zum Betrieb bei hohen Sperrspannungen geeignet.

Eine spezielle Ausführung von Photodioden ist die PIN-Photodiode. Hier befindet sich zwischen der P- und der N-Zone eine große hochohmige, eigenleitende I-Zone (engl. „intrinsic"). Die Hauptvorteile von PIN-Photodioden sind die extrem kurzen Schaltzeiten in Verbindung mit hoher Infrarot-Empfindlichkeit. Durch gezielte technologische Maßnahmen kommen sie mit einer niedrigen Betriebsspannung aus.

Dioden mit großer Raumladungsweite werden als PIN-Dioden bezeichnet, unabhängig davon, ob ein ursprünglich eigenleitender (I)-Kristall an den entgegengesetzten Oberflächen P- bzw. N-dotiert wurde oder ob hier in ein sehr hochohmiges, niedrig dotiertes Substrat-Material diffundiert wird, sodass auf diesem Wege die Raumladungsweite groß wird. Im Driftfeld der Raumladungszone werden die erzeugten Ladungsträger innerhalb kurzer Zeiten (ns-Bereich) gesammelt. Jedoch auch im Niederfrequenzbereich, z. B. bei der Infrarot-Tonübertragung oder Infrarot-Fernsteuerung,

Tab. 4.3 Beleuchtungsstärke für einige praktische Anwendungen

Beleuchtungsstärke	E in Lux
Mondlose klare Nacht	0,005
Vollmondnacht	0,2
Beleuchtung in Wohnräumen	100
Beleuchtung in Büros	150
Beleuchtung in Schulen	200
Beleuchtung an Arbeitsplätzen	300
Bedeckter Winterhimmel	500
Bedeckter Sommerhimmel	5000
Sonnenlicht im Winter	20.000
Sonnenlicht im Sommer	100.000

ergeben sich durch den Einsatz von PIN-Dioden erhebliche Vorteile. Es lassen sich relativ großflächige Dioden mit sehr niedriger Kapazität herstellen. Die Dioden können infolgedessen bei niedriger Betriebsspannung und hohen Lastwiderständen (z. B. $100\,k\Omega$) betrieben werden, wodurch sich hohe Signalspannungspegel ergeben.

Eine andere wichtige Bauform ist die Lawinen- oder Avalanche-Photodiode. Sie ist besonders gut für den Nachweis von modulierter Strahlung bei niedrigen Signalpegeln, hohen Bandbreiten und kleinen lichtempfindlichen Flächen geeignet. Die interne Verstärkung des Photostroms wird durch einen Multiplikationsprozess im hohen Feld der Raumladungszone eines in Sperrrichtung gepolten PN-Übergangs erreicht. Die Dioden werden dabei unterhalb der Durchbruchspannung betrieben. Die interne Verstärkung M – das Verhältnis des Photostroms I_{Ph} bei der Betrieb Sperrspannung zum Photostrom bei niedriger Sperrspannung (ca. 5 V) – lässt sich durch die angelegte Sperrspannung festlegen und erreicht bei Silizium-Ausführungen Werte bis über 200.

Im Frequenzbereich zwischen 10 MHz und 100 MHz liegt der für die Nachweisempfindlichkeit optimale Multiplikationsfaktor um 50. Lawinendioden werden bis zu Frequenzen von 50 MHz mit Breitbandverstärkern im Strommode (Current-Mode) betrieben. Bei Mikrowellenfrequenzen im GHz-Bereich lassen sich Lawinendioden mit niedrigen Lastwiderständen ($< 100\,\Omega$) und entsprechenden Spannungsverstärkern betrieben.

Ab Frequenzen von 1 MHz zieht man im Allgemeinen die Photo-Lawinen-Dioden den PIN-Dioden vor, wobei auch Gesichtspunkte wie Komplexität des Vorverstärkers, optische Justierungsmöglichkeiten u. a. zu berücksichtigen sind.

Bei höheren Frequenzen begrenzen die PIN-Dioden das thermische Rauschen des Lastwiderstandes oder des Vorverstärkers für die Nachweisempfindlichkeit. Durch die interne Verstärkung bei Lawinendioden jedoch kann das Photosignal über das Rauschen des Lastwiderstandes angehoben werden. Infolgedessen sind die Lawinendioden den PIN-Dioden bei höheren Frequenzen eindeutig überlegen. Lawinendioden eignen sich daher vorzüglich für die Technik der Nachrichtenübertragung über Glasfaser und z. B. für die Entfernungsmesstechnik.

4.1.3 Anwendungen von Photodioden

Die wichtigsten Messungen an einer Photodiode sind Dunkel- und Hellmessung, beide sind wichtig für den Einsatz als Sensor. Zusätzlich kann man noch die Leerlaufspannung U_0 und den Kurzschlussstrom I_K messen.

Den Dunkelsperrstrom I_{r0} muss man bei absoluter Dunkelheit messen, da Silizium-Photodioden Sperrströme im nA-Bereich aufweisen und eine Beleuchtungsstärke von wenigen Lux bereits ausreicht, um den Messwert zu verfälschen. Setzt man bei der Messung ein hochohmiges Digitalvoltmeter ein, so schaltet man in Serie zum Messobjekt einen Messwiderstand, der so bemessen sein muss, dass der an ihm auftretende

Spannungsfall klein gegenüber der Betriebsspannung bleibt. Die Änderung der am Messobjekt liegenden Sperrspannung kann man dann vernachlässigen. Abb. 4.3 (links) zeigt die Schaltung für die Messung des Dunkelsperrstromes. Der Hellsperrstrom von Photodioden wird wie der Dunkelsperrstrom gemessen, jedoch wird die Photodiode nun bestrahlt. Der Messwiderstand muss wegen der höheren Ströme niederohmig sein.

Als Lichtquelle für die Hellmessungen dient eine geeichte, ungefilterte Wolfram-Glühlampe. Der Lampenstrom wird auf die Farbtabelle 2855,6 K eingestellt, der Normlichtart A nach DIN5033. Die vorgeschriebene Beleuchtungsstärke E (meistens 100 lx oder 1000 lx) wird mithilfe einer optischen Bank durch Verändern des Abstandes α zwischen Lampe und Photodiode erreicht. Sie lässt sich mit einem $V(\lambda)$-korrigierten Luxmeter messen oder bei bekannter Lichtstärke I der Lampe nach der Beziehung

$$E_v = \frac{I_v}{\alpha^2}$$

berechnen. Dieses sogenannte „Photometrische Entfernungsgesetz" gilt für Punktlichtquellen, d. h. mit Abmessungen der Lichtquelle (also des Glühfadens), die klein sind ($\leq 10\,\%$) gegenüber dem Abstand α zum Empfängerbauelement.

Eine Photodiode ist für die Bereiche der sichtbaren und der nahen infraroten Strahlung geeignet und lässt sich deshalb in Lichtschranken, optischen Abtastungen und Zählvorrichtungen oder in der Datenübertragung einsetzen. Setzt man am Ende eines Glasfaserkabels eine Silizium-Lawinenphotodiode ein, ergibt sich ein Breitband-Detektor für die Demodulation schneller Signale. In Abb. 4.4 ist ein optischer Empfänger für LWL-Signale mit Photodiode und Verstärker wiedergegeben. Der N-Kanal-FET arbeitet in Sourceschaltung, d. h. das Eingangssignal ist gegenüber dem Ausgangssignal invertiert.

Die Photodiode befindet sich in einem Spannungsteiler, der das Gate des FET ansteuert. Die aufbaubedingte Eingangskapazität C_1 (gestrichelt gezeichnet), die das

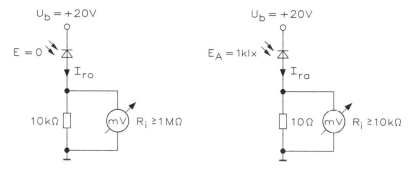

Abb. 4.3 Messschaltung für den Dunkelsperrstrom (*links*) und für den Hellsperrstrom bei Photodioden (*rechts*)

Abb. 4.4 Optischer
Empfänger für ein
Glasfaserkabel

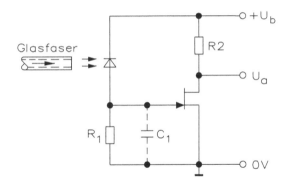

Frequenzverhalten des Verstärkers einschränkt, muss bei der Betrachtung ebenfalls berücksichtigt werden. Die Grenzfrequenz f_g lässt sich nach der Formel

$$f_g = \frac{1}{2 \cdot \pi \cdot R_1 \cdot C_1}$$

berechnen; es ergeben sich Werte von 10 MHz bis 500 MHz.

4.1.4 Photowiderstand

Der Photowiderstand (LDR, Light Dependent Resistor) ist ein passives Bauelement, das seinen Widerstand in Abhängigkeit von der Beleuchtungsstärke ändert. Der Effekt beruht auf der Freisetzung von Ladungsträgern durch das Licht. Verwendete Halbleiter sind Cadmiumsulfid (CdS), Cadmiumselenid (CdSe), Cadmiumtellurid (CdTe) sowie einigen Blei- und Indiumverbindungen. Je nach Werkstoff ergeben sich sehr unterschiedliche spektrale Empfindlichkeiten (Abb. 4.5). Für fotografische Zwecke findet hauptsächlich der CdS-Typ Einsatz, da der spektrale Empfindlichkeitsverlauf fast genau dem des menschlichen Auges entspricht. Abb. 4.6 gibt die Kennlinie des Photowiderstandes LDR03 und das Schaltsymbol wieder.

Die Kennlinie von Abb. 4.6 zeigt die sehr große Lichtempfindlichkeit eines Photowiderstandes. Der Dunkelwiderstand ist sehr hoch und liegt je nach Typ zwischen $1\,M\Omega$ und $10\,M\Omega$. Der Hellwiderstand nimmt dagegen Werte von $10\,\Omega$ bis $1\,k\Omega$ an. Um eine möglichst große Empfindlichkeit zu erreichen, wählt man den Widerstand des Photowiderstandes entsprechend hoch, muss man die lichtempfindliche Schicht mäanderförmig anordnen.

Ein Photowiderstand hat keine Sperrschicht. Aus diesem Grund benötigen die erzeugten Ladungsträger relativ viel Zeit, um wieder zu rekombinieren. Photowiderstände reagieren daher sehr langsam, ihre Grenzfrequenzen liegen im Bereich von 20 Hz

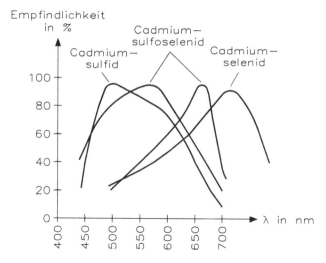

Abb. 4.5 Spektrale Empfindlichkeit von Photowiderständen aus unterschiedlichen Halbleitern

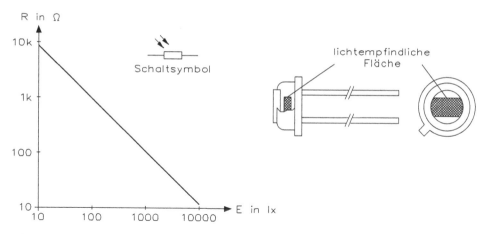

Abb. 4.6 Kennlinie des Photowiderstandes LDR03 und Bauformen

bis 500 Hz. Im Gegensatz zu den anderen optoelektronischen Bauteilen lassen sie sich mit Gleich- oder Wechselstrom betreiben. Der Temperaturkoeffizient ist mit weniger als 1 %/K gering, aber die maximal zulässige Betriebstemperatur soll 70 °C nicht über-schreiten. Die Verlustleistung bei einer Umgebungstemperatur von 40 °C soll im All-gemeinen nicht größer als etwa 100 mW sein. Die maximal zulässige Betriebsspannung liegt je nach Typ zwischen 50 V und 350 V.

4.1.5 Messschaltung mit einem Photowiderstand

Die einfachste Messschaltung mit einem Photowiderstand ist in Abb. 4.7 dargestellt. Er liegt in Reihe mit einem Amperemeter und einer Batterie. Durch das einfallende Licht verändert sich der Widerstand, entsprechend stellt sich der Strom ein. Diese recht einfache Schaltung lässt sich in Verbindung mit integrierten Schaltungen und Mikroprozessoren bzw. Mikrocontrollern kaum verwenden. Hierzu setzt man besser den Spannungsteiler von Abb. 4.8 ein. Aus der Kennlinie eines Photowiderstandes erhält man z. B. die Werte 900 Ω für 100 lx und 100 Ω für 1000 lx. Die Ausgangsspannung errechnet sich aus

$$U_a = U_e \cdot \frac{R_{\mathrm{Ph}}}{R_1 + R_{\mathrm{Ph}}}$$

$$U_{a100} = 5\,\mathrm{V} \cdot \frac{900\,\Omega}{1\,\mathrm{k}\Omega + 900\,\Omega} = 2{,}36\,\mathrm{V}$$

$$U_{a1000} = 0{,}45\,\mathrm{V}$$

Die Ausgangsspannung schwankt also je nach Helligkeit zwischen 2,36 V bei 100 lx und 0,45 V bei 1000 lx. Mit dieser Spannung lässt sich ein AD-Wandler ansteuern, der dann aus dem analogen Wert eine digitale Information erzeugt.

Mit einem Photowiderstand lässt sich die Trübung von Flüssigkeiten messen. In einem durchsichtigen Behälter oder Rohr befindet sich die zu untersuchende Flüssigkeit. Auf der einen Seite sitzt eine Lampe, auf der anderen der Photowiderstand. Die Lichtdurchlässigkeit lässt sich als Maß für die Trübung der Flüssigkeit heranziehen, denn der Lichtstrahl muss dieses Medium durchdringen, wobei sich seine Intensität verringert.

Abb. 4.7 Belichtungsmesser oder Luxmeter

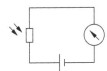

Abb. 4.8 Spannungsteiler mit Photowiderstand

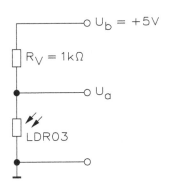

4.1.6 Dämmerungsschalter

Mit dieser Schaltung lassen sich bei Einbruch der Dunkelheit automatisch Schaltvorgänge auslösen, z. B. Hof-, Haus,- Garten-, Hausnummer- oder Wegbeleuchtungen einschalten. Die Einschaltschwelle lässt sich mittels eines Einstellers stufenlos variieren. Die Schaltung ist aber nur für Glühlampen geeignet, nicht für Energiesparlampen oder Leuchtstoffröhren.

In Abb. 4.9 erkennt man den Photowiderstand als Lichtsensor, den Verstärkerteil zur Auswertung und Ansteuerung des Thyristors, den Netzbereich (230 V) mit dem Thyristor und der Glühlampe. Thyristoren und TRIACs lassen sich als kontaktlose Halbleiterschalter einsetzen. Statt eines Relais findet man bei dem Dämmerungsschalter einen Thyristor, der die Glühlampe ein- und ausschaltet. Verwendet man statt des Thyristors ein Relais, man muss die Schaltung etwas modifizieren, aber es lassen sich dann auch Energiesparlampen und Leuchtstoffröhren ansteuern. Beim Schalten von derartigen Lichtquellen mit einem Thyristor kann dieser zerstört werden.

Ein Thyristor lässt den Strom wie bei einer Diode nur in einer Richtung passieren. Hier wird er deshalb im Laststromkreis mit der Lampe hinter einem Brückengleichrichter betrieben. Dadurch erhält er eine pulsierende Gleichspannung, mit der er arbeiten kann. Der in Reihe mit dem Thyristor liegende Verbraucher, also die Glühlampe, wird immer dann eingeschaltet, wenn das Gate von der elektronischen Schaltung einen Strom erhält. Am Ende jeder Halbwelle, also alle 10 ms, wird der Thyristor automatisch gelöscht und muss neu von der Ansteuerungselektronik gezündet werden.

Zur Auswahl des Thyristors muss man den Effektivwert auf den Spitzenwert umrechnen, dies ergibt dann den Wert $\sqrt{2} \cdot 230\,\text{V} = 325\,\text{V}$. Diese Spannung muss der

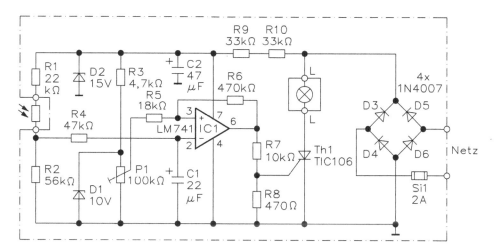

Abb. 4.9 Schaltung eines Dämmerungsschalters für Glühlampen

Thyristor im gesperrten Zustand aushalten können, ohne dass es zu einem Durchschlag kommt. Der verwendete Typ TIC106 ist für Spannungen bis 400 V geeignet.

Da die Schaltung direkt am Netz betrieben wird, kommt man ohne separates Netzteil aus. Die Betriebsspannung für den Operationsverstärker erhält man direkt vom Brücken-gleichrichter über die beiden 33-kΩ-Widerstände. Diese pulsierende Gleichspannung wird von dem Kondensator C_2 geglättet und durch die Z-Diode auf 15 V stabilisiert. Diese Spannungsstabilisierung reicht für einen sicheren Betrieb aus, denn der Leistungs-verbrauch der eingesetzten Bauelemente ist sehr gering. Aus Gründen der besseren Wärmeabfuhr werden in der Schaltung zwei Vorwiderstände R_9 und R_{10} verwendet.

An den beiden Eingängen des Operationsverstärkers sind zwei Schaltungszweige angeschlossen. Der Schaltungszweig am invertierenden Eingang besteht aus einem Spannungsteiler mit dem Photowiderstand. Vergrößert sich der Lichteinfall am Photo-widerstand, verringert sich dessen Widerstand, und die Spannung am invertierenden Ein-gang steigt. Verkleinert sich dagegen der Lichteinfall, vergrößert sich der Widerstand, und die Spannung sinkt. Tritt eine kurzzeitige Schwankung der Helligkeit auf – etwa von einer größeren Regenwolke oder einem vorbeifliegenden Vogel, wird diese durch den Kondensator C_1 ausgeglichen.

Während der Photowiderstand den Istwert für den Dämmerungsschalter erzeugt, lässt sich für den Einsteller P_1 der Sollwert in einem weiten Bereich einstellen. Um Spannungsschwankungen des Netzes fernzuhalten, hat dieser Spannungsteiler noch eine separate Z-Diode. Die an dem Einsteller P_1 abgegriffene Teilspannung (0...10 V) ist damit von allen denkbaren Störeinflüssen entkoppelt, was sich sehr günstig auf die Stabilität der Schaltung auswirkt.

Der Operationsverstärker wird als Schmitt-Trigger betrieben. Die Größe der Hysterese lässt sich durch die Widerstände R_5 und R_6 bestimmen. Durch die Mit-kopplung wird die Ausgangsspannung des Operationsverstärkers entweder auf ≈ 0 V oder auf ca. +14 V geschaltet. Im ersteren Fall kann kein Strom ins Thyristor-Gate fließen, dieser ist gesperrt, und die Lampe bleibt dunkel. Schaltet der Ausgang dagegen auf $U_a = +14$ V, fließt ein Gatestrom; der Thyristor zündet und die Lampe leuchtet.

Durch den Photowiderstand liegt am invertierenden Eingang eine Spannung von +4 V, am nicht invertierenden Eingang von +5 V. Die Ausgangsspannung des Operationsver-stärkers befindet sich daher in der negativen Sättigung. Erhöht sich die Helligkeit am Photowiderstand, steigt die Spannung beispielsweise von +4 auf +5 V an. Überschreitet die Spannung den Wert von +5 V, kippt der Ausgang des Operationsverstärkers auf die positive Sättigungsspannung von $U_a = +14$ V, und es fließt ein Gatestrom in den Thyristor. Verringert sich die Helligkeit am Photowiderstand, sinkt die Spannung am invertierenden Eingang; wird eine bestimmte Schwelle erreicht, kippt der Ausgang des Operationsverstärkers in die negative Sättigung zurück.

Die Schaltung darf nur in Betrieb genommen werden, wenn sie absolut berührungs-sicher und unter Berücksichtigung der VDE-Bestimmungen in einem Gehäuse unter-gebracht ist.

4.1.7 Phototransistor

Beim Phototransistor wird der an der Kollektor-Basis-Diode erzeugte Photostrom um die Stromverstärkung β des Transistors erhöht; typische Werte liegen zwischen 100 und 500. Damit lässt sich bei vielen Anwendungen eine Verstärkerstufe einsparen. Die wesentlichen Eigenschaften eines Phototransistors lassen sich aus seinem Ersatzschaltbild ablesen, in welchem die (üblicherweise großflächige) Kollektor-Basis-Diode als Photodiode im Eingang eines normalen NPN-Transistors liegt, der in Emitterschaltung arbeitet.

Der PN-Übergang der Basis-Emitter-Diode in einem Phototransistor dient als Photoelement. Das Licht fällt über eine kleine Glaslinse, die in das Gehäuse eingeschmolzen ist, auf den Transistor. Die dabei entstehende Photospannung ist als Basis-Emitter-Spannung wirksam und steuert den Transistor entsprechend (Abb. 4.10). Da der Kollektorstrom um den Stromverstärkungsfaktor größer ist als der Basis-Emitter-Strom, kommt hier also noch eine Verstärkerwirkung hinzu.

Ein Phototransistor besitzt im einfachsten Fall nur zwei Anschlüsse: Emitter und Kollektor. Eine extern zugeführte Basis-Emitter-Spannung ist für den Betrieb nicht unbedingt erforderlich, da diese bei Lichteinfall im Transistor selbst erzeugt wird. Einen Phototransistor ohne Basisanschluss bezeichnet man auch als „Photoduodiode". Es gibt aber auch Ausführungen mit Basisanschluss, bei diesen lässt sich durch Anlegen einer Basis-Emitter-Spannung die Grenzfrequenz etwas erhöhen. Außerdem lässt sich der Arbeitspunkt der Schaltung beeinflussen, aber dies führt zu einer Herabsetzung der Photoempfindlichkeit. Das Kennlinienfeld $I_C = f(U_{CE})$ eines Phototransistors (Abb. 4.11) entspricht dem normalen Transistor, nur mit dem Unterschied, dass an der Stelle des Basisstroms I_B die Beleuchtungsstärke in lx als Parameter eingetragen ist.

Wenn eine besonders hohe Verstärkung benötigt wird, dann empfiehlt sich die Verwendung eines Photo-Darlingtontransistors der zwei interne Verstärkerstufen in Kaskadenschaltung enthält. Dieser hat jedoch eine niedrigere Grenzfrequenz.

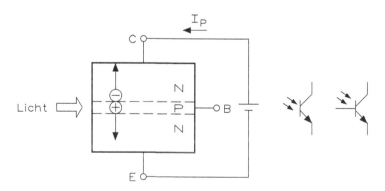

Abb. 4.10 Arbeitsweise und Schaltsymbol des Phototransistors

Abb. 4.11 Kennlinienfeld
eines Phototransistors

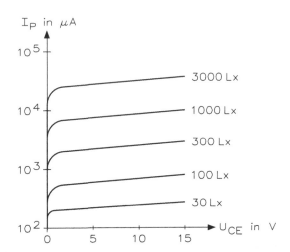

Durch Optimierung von Standardverfahren und durch Anwendung neuer Verfahren bei der Herstellung sind bei Phototransistoren in den letzten Jahren vor allem auf folgenden Gebieten Verbesserungen erzielt worden:

- Empfindlichkeit in definierten Spektralbereichen
- Linearität der Photostrom-Kennlinie
- Ansprechzeiten: bei Photodioden im Nanosekunden-, bei Phototransistoren im Mikrosekundenbereich
- Stabilität

4.1.8   Automatische Garagenbeleuchtung mit Phototransistor

Eine praktische Anwendung für einen Phototransistor ist eine automatische Garagenbeleuchtung. Wenn man abends nach Hause kommt und das Auto in der Garage abgestellt hat, tastet man sich mühsam zum Lichtschalter. Das soll diese Beleuchtungssteuerung verhindern. Beim Einfahren in die Garage blinkt man kurz mit der Lichthupe, und sofort schaltet sich die Garagenbeleuchtung für eine vorwählbare Zeit ein (bis ca. 3 min).

Die Schaltung von Abb. 4.12 arbeitet mit einem Operationsverstärker 741 und einem Zeitgeber-Baustein 555. Die vom Phototransistor empfangenen Lichtsignale (vom Fernlicht des Kraftfahrzeugs) werden vom 741 in „0"-Signale umgewandelt, wodurch der 555 getriggert wird und das Relais einschaltet. Langsame Lichtänderungen am Phototransistor haben keine Wirkung. Mit dem Einsteller P_1 lässt sich die Zeitdauer von ca. 2 s bis 3 min stufenlos variieren.

Mit einem separaten Lichtschalter kann man die Garagenbeleuchtung auch bereits beim Eintreten in die Garage für die mit P_1 eingestellte Zeit einschalten. Ist Dauerlicht

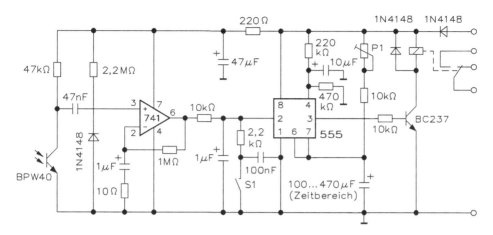

Abb. 4.12 Schaltung für eine automatische Garagenbeleuchtung

erwünscht, so bleibt der Lichtschalter S_1 eingeschaltet, wobei nach dem Ausschalten das Licht noch für die eingestellte Zeit nachleuchtet und dann automatisch erlischt. Der Phototransistor braucht nicht von dem Umgebungslicht abgeschirmt werden.

Das Relais zum Schalten der Netzspannung sitzt direkt auf der Platine. Die Schaltung wird aus einem kleinen Netzgerät mit $U_b = 12\,V$ bis $U_b = 15\,V$ betrieben.

Die Platine wird an der Garagenrückwand montiert, wo sie beim Einfahren mit dem Auto von den Scheinwerfern angestrahlt wird. Die Höhe lässt sich leicht bestimmen, indem man das Fahrzeug ca. 2 m vor die Wand stellt und das Fernlicht einschaltet. Das Gehäuse mit dem Phototransistor wird nun dort befestigt, wo der Lichtkegel die Garagenwand am hellsten anstrahlt. Beim Einfahren mit Abblendlicht in die Garage genügt bereits ein kurzes Aufblinken mit der Lichthupe.

4.1.9 Photoelement

Photoelemente oder Solarzellen sind ähnlich wie Photodioden aufgebaut. Während man bei herkömmlichen PN-Übergängen in Dioden oder Transistoren die im Inneren entstehende Diffusionsspannung nicht belasten kann, ist dies bei Photoelementen wegen des Lichteinfalls möglich. Dieser erzeugt an der Grenzschicht immer wieder neue Ladungsträgerpaare – je größer die Intensität, umso mehr. Abb. 4.13 zeigt die Wirkungsweise und das Schaltsymbol.

Photoelemente, die nach dem Messverfahren hergestellt worden sind, weisen aufgrund des offenen PN-Überganges relativ hohe Leckströme auf, d. h. einen kleinen Innenwiderstand bei geringer Beleuchtung. Sie sind wegen ihrer kleinen Sperrschichtspannung vor allem für den photovoltaischen Betrieb geeignet. Ihre Vorteile sind die

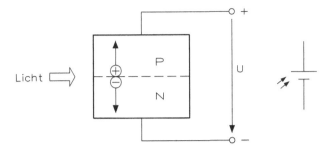

Abb. 4.13 Arbeitsweise und Schaltsymbol des Photoelementes

hohe Lichtempfindlichkeit und der geringe Aufwand bei der Herstellung großflächiger Strukturen.

Während bei herkömmlichen PN-Übergängen die im Innern vorhandene Diffusionsspannung nicht belastet werden kann, ist dies bei Lichteinfall auf Photoelemente und Solarzellen möglich. Das ist der Fall, da in der Grenzschicht des PN-Überganges durch den Lichteinfall immer wieder Ladungsträgerpaare entstehen. Der PN-Übergang von Solarzellen wird daher großflächig mit mäanderförmigen Anschlüssen gestaltet. Abb. 4.14 zeigt die Leerlaufspannung U_0 in Abhängigkeit von der Beleuchtungsstärke E eines Silizium-Photoelementes.

Belastet man ein Photoelement bzw. eine Solarzelle in einer Schaltung, so sinkt die Spannung nach einer in Abb. 4.15 dargestellten Belastungskennlinie ab.

In Abb. 4.16 ist das Kennlinienfeld eines lichtabhängigen PN-Überganges dargestellt, das den Zusammenhang zwischen der Photodiode und einer Solarzelle sowie einer normalen Siliziumdiode zeigt.

Abb. 4.17 gibt ein Beispiel dafür, wie sich mit einem Photoelement die Lichtstärke einer Leuchtdiode bestimmen lässt. Die gemessene Strahlstärke I_e wird mit der absoluten Augenempfindlichkeit $K_m \cdot V_\lambda$ multipliziert. Dabei muss die Wellenlänge der emittierten

Abb. 4.14 Kennlinie $U_0 = f(E)$ eines Silizium-Photoelementes

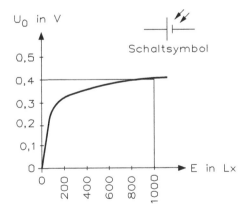

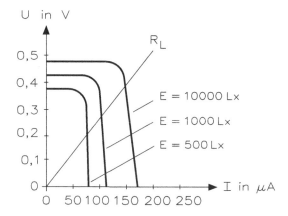

Abb. 4.15   Belastungskennlinie eines Silizium-Photoelementes

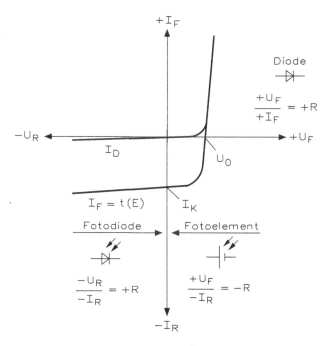

Abb. 4.16   Kennlinienfeld eines lichtabhängigen PN-Überganges

Strahlung des Messobjekts sehr genau bekannt sein. Für Serienmessungen verwendet man daher ein geeichtes Silizium-Photoelement mit einem aufgesetzten Spezialfarbfilter, das die rote Flanke der Augenempfindlichkeitskurve nachbildet. Als Photoelement lässt sich die Sensorzelle BPW20 einsetzen, die einen linearen Kurzschlussstromverlauf auch bei kleinsten Bestrahlungsstärken hat. Wegen des im Vergleich zu IR-Dioden geringeren

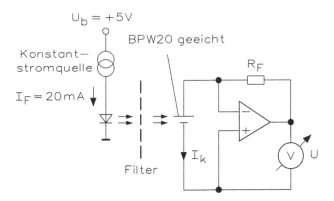

Abb. 4.17 Messschaltung für ein Photoelement

Strahlungsflusses von Leuchtdioden und wegen des Farbfilters gibt das Photoelement nur einige Nanoampere ab. Deshalb benötigt man noch einen Verstärker mit sehr hochohmigem Eingang.

Die Spannung des Photoelementes lässt sich auch direkt mit einem hochohmigen Voltmeter messen. Photoelemente weisen einen charakteristischen Verlauf der Empfindlichkeit in Abhängigkeit von der Wellenlänge des Lichtes auf. Je nach Typ liegt das Maximum mehr im blauen oder im roten Bereich.

Mit Lichtvergleichsschaltungen kann man in der Fertigung die Helligkeits- oder Farbunterschiede von Massenprodukten messen, z. B. Lacke kontrollieren oder chemische Lösungen überwachen. Dazu verwendet man zwei gleichartige Photoelemente und Verstärker, meist in einer Brückenschaltung. Mit dem einen Zweig wird ein Normalmuster abgetastet, mit dem anderen das Messobjekt. Die Differenz wird verstärkt, angezeigt oder über einen AD-Wandler einem Messsystem mit Mikroprozessor oder Mikrocontroller zugeführt.

4.2   Aktive Optoelektronik

Die Wirkung der aktiven Bauelemente der Optoelektronik beruht auf dem Sperrschicht-Photoeffekt. Durch Absorption von Licht im Halbleitermaterial werden Ladungsträgerpaare erzeugt. Die Minoritätsladungsträger werden am PN-Übergang gesammelt, wodurch im äußeren Stromkreis ein Photostrom fließt.

Die übliche Einteilung der optoelektronischen Bauelemente in Emitter-, Detektor- und Koppelelemente ergibt sich zwangsläufig auch bei einer Beschreibung der Herstellungsverfahren. Emitterbauelemente bestehen in dem hier geltenden Zusammenhang ausschließlich aus III-V-Verbindungshalbleitern wie GaAs (Gallium-Arsenid), GaAsP (Gallium-Arsenid-Phosphid), GaP (Gallium-Phosphid) und ähnlichen. Dagegen handelt es sich bei Empfängerbauelementen für sichtbare Strahlung und kurzwellige

IR-Strahlung meist um Silizium-Bauelemente, deren Technologie der von Standard-Dioden bzw. Transistoren ähnelt. Bei den optoelektronischen Koppelelementen steckt das Know-how im Wesentlichen in Gehäuse und Aufbau, man versucht hier durch geschickte Anpassung von Emitter und Detektor über ein geeignetes Koppelmedium ein kompaktes Bauelement herzustellen.

4.2.1 Emitterbauelemente

Die Wellenlänge der von Lumineszenzdioden emittierten Strahlung wird in erster Linie durch das verwendete Halbleitermaterial und in zweiter Linie durch dessen Dotierung bestimmt. GaAs-Dioden emittieren im Infrarotbereich zwischen 800 nm und 1000 nm. Im Wesentlichen gibt es hier zwei Fertigungsverfahren, die sich vor allem in der Herstellung des PN-Überganges unterscheiden:

- In einkristalline N-dotierte GaAs-Scheiben wird zur Bildung des PN-Überganges Zink eindiffundiert entweder ganzflächig, wobei die nachfolgend aus der Scheibe durch Zerteilen hergestellten Elemente einen bis zum offenen Rand reichenden PN-Übergang haben (Mesatechnik) oder aber durch photolithografisch hergestellte Fenster in geeigneten Maskierschichten auf der Oberfläche (Planartechnik).
- Auf einkristallinen N-dotierten GaAs-Scheiben wird durch ein Flüssigphasen-Epitaxieverfahren eine dünne einkristalline GaAs-Schicht aus einer siliziumdotierten Schmelze abgeschieden, wobei durch den unterschiedlichen Einbau des Siliziums in das GaAs-Kristallgitter zu Beginn und gegen Ende des Prozesses der PN-Übergang entsteht.

Zn-dotierte IR-Dioden haben kürzere Ansprechzeiten (1 ... 100 ns) und einen vergleichsweise kleineren Strahlungsfluss (0,5 ... 2 mW), Si-dotierte erreichen bei Ansprechzeiten von einigen hundert ns eine optische Ausgangsleistung bis zu ca. 20 mW.

4.2.2 Laserdioden (Halbleiter-Laser)

Der GaAlAs-GaAs-Doppel-Hetero-Laser besteht aus epitaktisch von der flüssigen Phase abgeschiedenen Schichten. Für den Dauerstrichlaser werden in den meisten Fällen vier bis fünf aufeinanderfolgende Schichten auf einem GaAs-Substrat verwendet. Die P-GaAs-Schicht ist das für die Emission verantwortliche Gebiet. Die Eigenschaften und die Dicke dieser Schicht (weniger als 1 μm) müssen während der Herstellung sehr genau kontrolliert werden. Üblicherweise verwendet man die Struktur des Streifenlasers. Dabei kann die seitliche Begrenzung des einige hundert Mikrometer langen aktiven Gebiets durch verschiedene Verfahren geschehen, z. B. durch Mesaätzung oder durch Protonen-implantation. Die Breite des aktiven Gebiets ist kleiner als 20 μm.

Der Laser-Chip wird auf eine möglichst gute Wärmesenke montiert, für die beispielsweise ein spezieller Diamant verwendet wird. Dadurch, dass die strahlende Fläche nur eine Größe von 1 bis 20 μm^2 hat, ergeben sich sehr große Strahldichten; typische Werte sind größer als 200 kW/(sr cm^2) (sr A Steradiant).

Halbleiterlaser oder Laserdioden (LD) weisen gegenüber den Lumineszenzdioden (LED im IR-Bereich IRED) eine Reihe von Vorteilen die vornehmlich bei der Weitverkehrstechnik über Glasfaserkabel auch bei längeren Wellenlängen zum Tragen kommen. Sie erzeugen eine kohärente optische Strahlung mit sehr geringer Emissionsbreite und beschränken sich teilweise sogar auf nur eine einzige Wellenlänge (monochromatische LD). Ihre Strahlung ist stark gebündelt und lässt sich bis zu 50 % in eine Einmodenfaser einkoppeln was zu einer optischen Sendeleistung von einigen mW in der Fase führt. Das entspricht einem optischen Sendepegel von etwa −1 dBm. Für die Wellenlängen 1300 nm und 1550 nm kommen ausnahmslos Laserdioden in Heterostruktur aus III/V-Mischkristallen (InGaAsP) zum Einsatz.

Der Name Laser kommt aus der englischen Bezeichnung: Light amplification by stimulated emission of radiation und bedeutet etwa: Lichtverstärkung durch stimulierte Abstrahlung.

Der grundsätzliche Aufbau einer LD ist der einer kantenemittierenden LED ähnlich.

Um eine lichtverstärkende Wirkung im Kristall zu erzielen, wird er beidseitig verspiegelt, sodass das vorhandene Licht ständig hin- und herreflektiert und so dem vorhandenen Licht weiteres neues hinzugefügt wird. Infolge von Interferenzen der hin- und hergespiegelten Lichtwellen können sich nur einige wenige, bestimmte Wellenlängen oder bei entsprechenden Resonatoren sogar nur eine einzige Wellenlänge ausbreiten. Die Spiegel werden halbdurchlässig gestaltet. Dadurch kann ein Teil der optischen Strahlung stark gebündelt aus dem Kristall austreten. Die Abb. 4.18 zeigt das Prinzip eines Halbleiterlasers bzw. einer Laserdiode. Die Abb. 4.19 zeigt dagegen die Bedingungen für die Wellenführung im Kristall, um die Bündelung und die möglichst einwellige Strahlung zu erzielen.

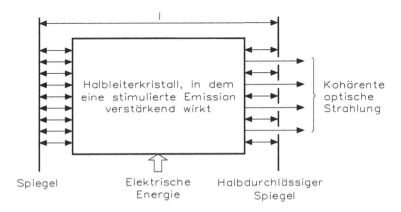

Abb. 4.18 Prinzip eines Halbleiterlasers bzw. einer Laserdiode

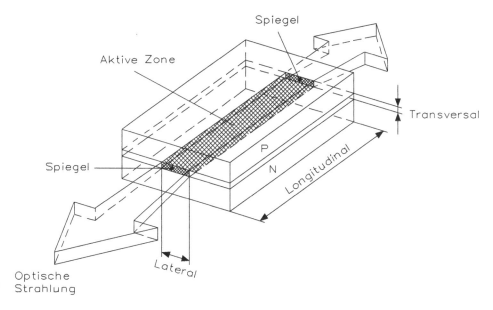

Abb. 4.19 Bedingungen der optischen Wellenführung in einem Halbleiterlaserkristall

Als äußere Spiegelflächen des Halbleiterlasers werden die präzise hergestellten Kristallstirnflächen benutzt (Spiegelresonatoren vom Typ Fabry-Pérot). Die Länge des Kristalls bestimmt damit die longitudinale Einschränkung der im Kristall ausbreitungsfähigen Lichtstrahlen, die durch den Injektionsstrom im PN-Übergang als stimulierte Emission entstehen. Die transversale (vertikale) Einschränkung wird durch die Dicke der aktiven Schicht bestimmt die im Allgemeinen $0,1\ \mu m$ bis $0,2\ \mu m$ beträgt. Die Dotierung und die Stoffmischung in der aktiven Schicht müssen dabei so gestaltet werden, dass sich die beiden benachbarten Schichten aus P- und N-Material trotz ihrer entsprechenden Dotierung vollkommen passiv gegenüber der optischen Wellenausbreitung verhalten. Um die laterale (seitliche) Einschränkung des optischen Wellenleiters im Inneren des Kristalls zu erreichen gibt es im Wesentlichen zwei Methoden:

- strominduzierte laterale Wellenführung (gain-guiding – gg) durch eine Oxidstreifenkonstruktion
- indexgeführte laterale Einschränkung der Wellenausbreitung (index-guiding – ig) durch eine eingebaute Wellenführung

Ein Oxidstreifenlaser als gg-LD benutzt für die laterale Wellenführung einen Streifenkontakt, der durch die entsprechende Maskenbildung der Oxidschicht auf der Oberseite des Kristalls hervorgerufen wird. Die Geometrie des P-Kontaktes verursacht also eine strominduzierte laterale Führung. Die Abb. 4.20 zeigt einen Oxidstreifenlaser für die Wellenlänge 1300 nm aus InGaAsP auf InP-Substrat.

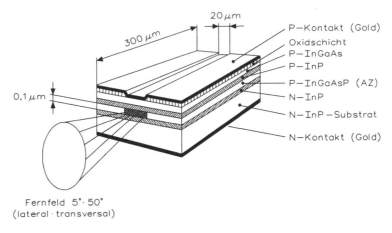

Abb. 4.20 Oxidstreifenlaser aus InGaAsP als gg-LD

Der dargestellte InGaAsP-gg-Laser für die zentrale Emissionswellenlänge von 1300 nm strahlt bei einem Injektionsstrom von $I_F = 150$ mA eine optische Strahlungsleistung von 6 mW für den Grundmodus aus. Seine spektrale Breite beträgt $\Delta\lambda = 10$ nm mit nur vier Nebenmoden. Er ist bis zu 500 Mbit/s modulierbar. Der Einkopplungswirkungsgrad sogar für Einmodenfasern beträgt 50 %, sodass bis zu 3 mW optische Strahlungsleistung, was einem optischen Pegel von − 1 dBm entspricht, einkoppelbar sind.

Eine gegenüber den gg-Lasern wesentlich bessere Wellenleiterstruktur im Kristall erhält man bei den indexgeführten Laserdioden, die man auch als ig-Laser bezeichnet. Um die eingebaute laterale Wellenführung durch eine seitliche Brechzahldifferenz zu erzielen, ist nach der 1. Epitaxie und einem entsprechenden Ätzvorgang ein 2. Epitaxieverfahren erforderlich. Dazu gibt es zwei Möglichkeiten:

- Flüssigphasenepitaxie als herkömmliches Verfahren (LPE-Verfahren – Liquid phase epitaxy) mit großen Ausfallquoten
- Gasphasenepitaxie (VPE-Verfahren – vapor phase epitaxy) als kostengünstigeres und für größere Kristalle geeignetes Verfahren.

Im VPE-Verfahren findet man in der Praxis zwei Konstruktionen:

- PBRS-Laser (PBRS – planar buried ridge structure)
- MT-BH-Laser (MT-BH – mass transport in buried heterostructure)

Während im PBRS-Laserkristall die aktive Zone (AZ) mithilfe der Ätzung nach der 1. Epitaxie (LPE-Verfahren) durch eine 2. Epitaxie (VPE-Verfahren) allseitig, also auch lateral von InP umgeben wird, kann beim MT-BH-Laser auf die 2. Epitaxie nahezu gänzlich verzichtet werden. Noch der 1. Epitaxie (LPE-Verfahren) wird die obere N^+-InP-Schicht

pilzförmig unterätzt und die MT-Schicht zur lateralen Wellenführung durch ein Massen-
transportmittel in Form eines Halogengases durch InP, was mittransportiert wird, aus-
gefüllt. Die Abb. 4.21 und 4.22 zeigen diese beiden Laserkonstruktionen.

Bei beiden dargestellten Laserkonstruktionen sind betriebssichere und langlebige
LDs für den 1300-nm- und den 1500-nm-Bereich für Schwellströme von nur 15 mA
relativ kostengünstig erhältlich, die bis zu 3 GHz modulierbar sind. Durch besondere
longitudinale Strukturierungsmaßnahmen in Form einer wellenlängenangepassten Gitter-
struktur ober- oder unterhalb der aktiven Zone lassen sich für beide Typen die Seiten-
moden gänzlich vermeiden, sodass nur eine einzige Wellenlänge abgestrahlt wird. Man
bezeichnet diese Laserdioden als DFB-BH-Laser (DFB – distributed feedback). Mit
solchen LDs werden Bitraten bis zu 8 Gbit/s über große Entfernungen von 100 km mit
Einmodenfasern im 1500-nm-Bereich übertragungsfähig.

Der lichtverstärkende Effekt einer Laserdiode setzt oberhalb eines bestimmten
Schwellstromes I_S ein. Dieser Schwellstrom ist stark temperatur- und altersabhängig.
Aus diesem Grunde müssen Laserdioden mit einer aufwendigen und speziellen

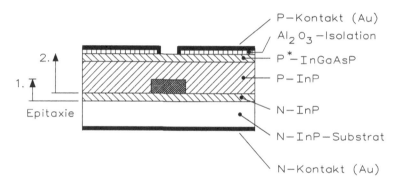

Abb. 4.21 Lateralstruktur eines PBRS-Lasers

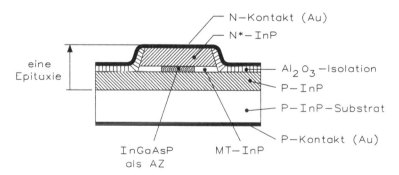

Abb. 4.22 Lateralstruktur eines MT-BH-Lasers

Temperaturregelung und einer besonderen Steuerelektronik für die Alterung betrieben werden. Abb. 4.23 zeigt die Strom-Leistungscharakteristik eines ig-Lasers und Abb. 4.24 seine spektrale Emissionsbreite oberhalb des Schwellstromes I_S, wobei die Alterungserscheinungen und der Temperaturgang in der Abb. 4.23 angedeutet sind.

4.2.3 Leuchtdioden

Lumineszenz- oder Leuchtdioden (LED) senden durch spontane Rekombinationen in der aktiven Zone eines in Durchlassrichtung betriebenen PN-Überganges eine optische Strahlung aus. Im sichtbaren spektralen Bereich zwischen blau (um 450 nm) und rot (um 650 nm) eignen sich die Materialien von GaN (blau), GaP (grün) und GaAs mit Zusätzen wie Phosphor (P) als GaAsP (rot) zur Herstellung von LEDs in unterschiedlichsten Bauformen für jeden Anwendungszweck von Anzeigeelementen. Den prinzipiellen Aufbau einer LED und ihre Bauformen sind in der Abb. 4.25dargestellt.

Leuchtdioden für den sichtbaren Bereich des Spektrums werden aus GaAsP oder GaP hergestellt. Für alle Farben wird die fortschrittliche Planartechnologie mit abgedeckten

Abb. 4.23 Strom-Leistungscharakteristik einer ig-LD

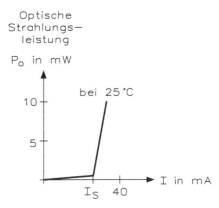

Abb. 4.24 Spektrale Emissionsbreite einer ig-LD

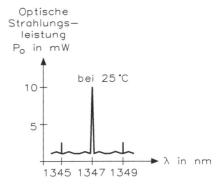

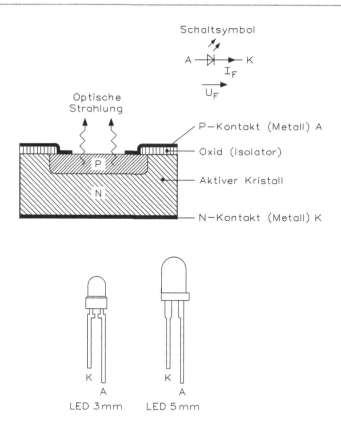

Abb. 4.25 Prinzipieller Aufbau einer LED und die handelsüblichen Bauformen

PN-Übergängen benutzt, die eine lange Lebensdauer bringt. Die Materialherstellung kennt hingegen zwei verschiedene Technologien:

- Rot ($GaAs_{0,6}P_{0,4}$): Hier wird eine N-leitende epitaktische GaAsP-Schicht auf einem einkristallinen GaAs-Substrat abgeschieden. Der Phosphorgehalt wird kontinuierlich mit der Schichtdicke auf 40 % gesteigert.
- Grün, Gelb und Orange: Diese Epitaxieschichten werden in demselben Verfahren hergestellt. Das Substrat ist hier einkristallines GaP, das für die emittierende Strahlung transparent ist. Mit einer reflektierenden Rückseitenmetallisierung lässt sich der Wirkungsgrad verdoppeln, da im Substrat kein Licht absorbiert wird.

Insgesamt stehen für diese Farben drei Materialien zur Verfügung. Allen diesen Technologien ist eine Stickstoffdotierung gemeinsam, die in diesen Materialien die Lichtausbeute enorm steigert. Abb. 4.26 zeigt den Betrieb einer Leuchtdiode mit einem Vorwiderstand R_v. Dieser ist immer notwendig, damit der Strom I_F begrenzt wird.

Die Durchlassspannung U_F ist bei Leuchtdioden weitgehend vom Material abhängig:

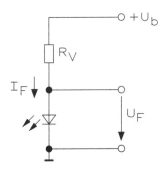

Abb. 4.26 Betrieb einer
Leuchtdiode

$$
\begin{aligned}
\text{GaAs - IR - Dioden} \quad &: \quad U_F \approx 1{,}2\ \text{V}\\
\text{Rote GaAsP - LEDs} \quad &: \quad U_F \approx 1{,}6\text{V}\\
\text{Gr ü ne GaP - LEDs} \quad &: \quad U_F \approx 1{,}8\ \text{V}\\
\text{Blaue GaN - LEDs} \quad &: \quad U_F \approx 2{,}4\ \text{V}
\end{aligned}
$$

Der Vorwiderstand R_v errechnet sich aus

$$R_v = \frac{U_b - U_F}{I_F}$$

Der Durchlassstrom I_F wird im Wesentlichen vom Durchmesser der Leuchtdiode bestimmt. Der Emissionswirkungsgrad bei LEDs für den sichtbaren Bereich ist sehr klein, maximal 10 %. Abb. 4.27 gibt die spektrale Emission der verschiedenen Leuchtdioden wieder.

Die Lichtstärke I einer Leuchtdiode erhält man, indem man die gemessene Strahlstärke mit der absoluten Augenempfindlichkeit multipliziert. Dabei muss die Wellenlänge

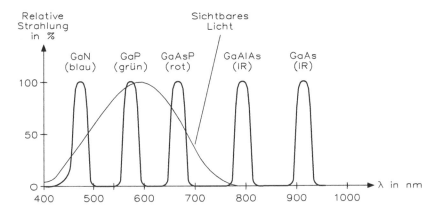

Abb. 4.27 Spektrale Emission von Leuchtdioden: Entscheidender Faktor ist das verwendete Halbleitermaterial

der emittierten Strahlung sehr genau bekannt sein. Für Serienmessungen verwendet man daher ein geeichtes Silizium-Photoelement mit einem aufgesetzten Spezial-Farbfilter, das die rote Flanke der Augenempfindlichkeitskurve nachbildet. Als Photoelement wird die Sensorzelle BPW20 eingesetzt. Diese weist einen linearen Kurzschlussstromverlauf auch bei kleinsten Bestrahlungsstärken auf. Wegen des im Vergleich zu IR-Dioden geringen Strahlungsflusses von Leuchtdioden und wegen des Farbfilters beträgt der Strom hier nur einige Milliampere. Deshalb verwendet man hier einen Operationsverstärker mit FET-Eingang.

4.3   Optokoppler

Ein Optokoppler dient zur galvanischen Trennung, aber logischer Verbindung von Stromkreisen. Als Lichtsender dient eine Infrarot-LED, als Lichtempfänger meist ein Phototransistor. Die Ziele der Entwicklung sind hier:

- Hoher Kopplungsfaktor
- hohe Grenzfrequenz bzw. kurze Ansprechzeit
- hohe Isolationsspannung
- fertigungsgerechter Aufbau

Hinzu können je nach Anwendung noch weitere Forderungen kommen, z. B. bezüglich Linearität, Übertragungsbereich oder Stabilität, Wie schon erwähnt, ist die Technologie des Optokopplers vor allem eine Aufbau- und Gehäusetechnologie. Sie haben heute meist hermetisch verschlossene Kunststoffgehäuse. Auch die Beschaltung der Anschlüsse ist mehr oder weniger von der Anwendung her bestimmt, mit der Einschränkung, dass zum Erreichen von Isolationsspannungen im Kilovoltbereich ein gewisser Mindestabstand zwischen den äußeren Anschlüssen notwendig ist. In Abb. 4.28 ist der Aufbau eines Optokopplers dargestellt.

Ein hoher Kopplungsfaktor setzt die Verwendung von IR-Emittern mit hohem Wirkungsgrad und von Phototransistoren mit hoher Infrarot-Empfindlichkeit voraus.

Abb. 4.28 Prinzip eines Optokopplers

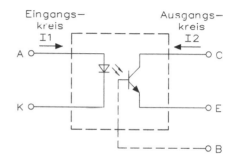

Außerdem muss dafür gesorgt sein, dass das vom Sender emittierte Licht möglichst voll-ständig auf den Phototransistor fällt. Dies geschieht z. B. durch Anwendung des Licht-leiterprinzips oder durch Bündelung der Strahlen mit linsenförmigen Elementen. So lässt sich die Strahlung auch bei relativ großen Emitter-Empfänger-Abständen fast vollständig sammeln, sodass gleichzeitig neben dem hohen Kopplungsfaktor eine hohe Isolations-spannung gewährleistet ist. Abb. 4.29 zeigt den Querschnitt durch einen Optokoppler im DIL-Gehäuse.

Beispiel: In welchen Grenzen ändert sich die Ausgangsspannung U_a, wenn bei der in Abb. 4.30 angezeigten Schaltung eines Optokopplers vom Anschlag a zum Anschlag b verstellt wird?

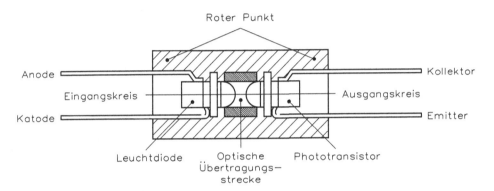

Abb. 4.29 Querschnitt durch einen Optokoppler

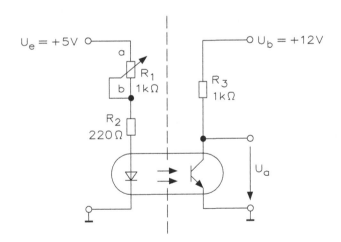

Abb. 4.30 Schaltung zum Betrieb eines Optokopplers

Berechnung der Eingangsströme $I_{F(a)}$ und $I_{F(b)}$:

$$U_F = 1{,}3\,V \quad \text{(aus dem Datenblatt)}$$

$$I_{F(a)} = \frac{U_e - U_F}{R_2} = \frac{5\,V - 1{,}3\,V}{220\,\Omega} = 16{,}8\,mA$$

$$I_{F(b)} = \frac{U_e - U_F}{R_1 + R_2} = \frac{5\,V - 1{,}3\,V}{1\,k\Omega + 220\,\Omega} = 3\,mA$$

Berechnung der Ausgangsspannung U_a. Der Widerstand R_3 ist mit $1\,k\Omega$ festgelegt worden und es ergeben sich in dem Kennlinienfeld folgende Werte:

$$U_{a(a)} = U_{CE(a)} \approx 2\,V$$

$$U_{a(b)} = U_{CE(b)} \approx 9\,V$$

$$I_{C(a)} = \frac{U_b - U_{CE(a)}}{R_3} = \frac{12\,V - 2\,V}{1\,k\Omega} \approx 10\,mA$$

$$I_{C(b)} = \frac{U_b - U_{CE(b)}}{R_3} = \frac{12\,V - 9\,V}{1\,k\Omega} \approx 1{,}5\,mA$$

$$V_{I(a)} \approx \frac{I_{C(a)}}{I_{F(a)}} \approx \frac{10\,mA}{16{,}8\,mA} \approx 0{,}6$$

$$V_{I(b)} \approx \frac{I_{C(b)}}{I_{F(b)}} \approx \frac{1{,}5\,mA}{3\,mA} \approx 0{,}5$$

Die Werte $V_{I(a)}$ und $V_{I(b)}$ liegen innerhalb des für den einfachen Optokoppler typischen Wertebereichs von $V_{I(typ)} \approx 0{,}25$ bis $0{,}7$.

4.4 Lichtschranken und optoelektronische Abtastsysteme

Seit Jahrzehnten haben Lichtschranken in zahlreichen Industrieanlagen einen festen Platz. Immer wenn es darum geht, Objekte zu erkennen oder berührungslos abzutasten, lassen sich Lichtschranken nicht mehr wegdenken. Die meisten Automatisierungsaufgaben ließen sich ohne sie nicht realisieren.

In den letzten Jahren haben die Hersteller viele neue Ideen umgesetzt und die Funktionssicherheit und den Bedienkomfort der Geräte wesentlich erhöht. Die heutigen, hochentwickelten Lichtschranken haben außer dem Prinzip nur noch wenig mit ihren Vorfahren gemein. Sie haben außerdem eine deutlich höhere Lebenserwartung und sind erschütterungsunempfindlich.

Als optische Sender werden heute statt der herkömmlichen Glühlampen nur noch Leuchtdioden verwendet, bei sehr hohen Ansprüchen an die Strahlbündelung auch Laserdioden – entweder im sichtbaren oder im Infrarotbereich. Beide lassen sich im Wechsellichtbetrieb betreiben, dadurch wird das Gesamtsystem unempfindlich gegen Fremdlicht. Der Empfänger registriert nur das Wechsellicht des eigenen Senders.

Tab. 4.4 Übersicht der optoelektronischen Systeme gemäß DIN 44030

Optoelektronische Sensoren		
Einwegsysteme	Reflexionssysteme	Taster-Systeme
Fremdstrahlungsempfänger	Reflexionslichtschranke	Autokollimations-Taster
Sender-Empfänger-getrennte Licht-schranke	Reflexionslichtgitter	Winkeltaster, Lumineszenztaster
Einweglichtgitter, Einweglichtvorhang	Reflexionslichtvorhang	Zeilentaster

Praktisch unterscheidet man bei Lichtschranken zwischen den in Tab. 4.4 auf-
gelisteten Ausführungsformen.

4.4.1 Einweglichtschranken

Bei einer Einweglichtschranke sind Sender und Empfänger räumlich voneinander
getrennt (Abb. 4.31). Der Sender wird so ausgerichtet, dass ein möglichst großer Teil
seines Lichtes auf den Empfänger fällt. Dieser ist in der Lage, das empfangene Licht
eindeutig vom Umgebungslicht zu unterscheiden. Bei Unterbrechung des Lichtstrahls
schaltet der Ausgang ein, aus oder um – je nach Ausführung.

Um einen sicheren Betrieb zu gewährleisten, hat der Sender eine „Abstrahlkeule", die
den Empfänger überstrahlt. Äquivalent dazu hat der Empfänger eine „Empfangskeule",
die ebenfalls größer gewählt wird. So bleibt selbst bei nicht optimaler Ausrichtung von
Sender und Empfänger der Strahlungsfluss immer noch ausreichend. Der aktive Bereich
liegt nur innerhalb der Lichtbarriere zwischen Sender und Empfänger, die Abstrahl- bzw.
Empfangskeule ist jedoch größer, wie Abb. 4.32 verdeutlicht.

Montiert man vor dem Sender und Empfänger jeweils einen Lichtwellenleiter
(Glas- oder Kunststofffaser), dann erhält die Lichtschranke ein „verlängertes Auge".
Da die Fasern sehr kleine Abmessungen haben und flexibel sind, lassen sich damit
auch an schwierig zugänglichen Stellen Lichtschranken realisieren. Zudem sind sie frei
von elektrischem Potential. Sie lassen sich daher z. B. auch in explosionsgefährdeten
Bereichen und in Hochspannungsanlagen einsetzen. Durch die Wahl entsprechend
dünner Fasern können zudem kleinste Objekte erfasst werden.

Abb. 4.31 Aufbau einer
Einweglichtschranke

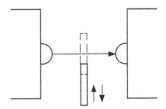

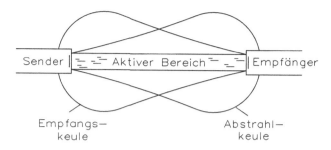

Abb. 4.32 Optische Charakteristik einer Einweglichtschranke

4.4.2 Sonderformen von Einweglichtschranken

In Tab. 4.4 findet man bei den Einwegsystemen neben der Lichtschranke mit getrennter Anordnung auch die Fremdstrahlungsempfänger, die Einweglichtgitter und den Einweglichtvorhang. Beim Fremdstrahlungsempfänger hat man ein Einwegsystem ohne Sender, hier stellt die Sonne oder eine sowieso vorhandene Lampe den Lichtsender dar. Unterbricht ein Gegenstand den Weg zwischen Sender und Empfänger, so reagiert der Empfänger.

Eine Einweglichtschranke arbeitet im „eindimensionalen" Strahlbereich. Das Aneinanderreihen von mehreren Einweglichtschranken und deren logische Verknüpfung führt zu einem Einweglichtgitter. Damit lassen sich größere Flächen gitterförmig überdecken. Statt der zahlreichen Lichtschranken kann man auch mit nur einer Lichtschranke einen Einweglichtvorhang realisieren. Der Lichtstrahl des Senders wird dazu über zahlreiche Spiegel umgeleitet bevor er den Empfänger erreicht.

4.4.3 Reflexionslichtschranken

Bei den Reflexionslichtschranken sind Sender und Empfänger zu einer Einheit zusammengefasst und an der einen Seite der Lichtstrecke angeordnet. Auf der gegenüberliegenden Seite befindet sich ein Spiegel (Abb. 4.33).

Eine Maßnahme zur Erhöhung der Sicherheit ist der Einbau von Polarisationsfiltern. Das gepulste Licht der Sendediode wird durch eine Linse fokussiert und über ein Polarisationsfilter auf einen Reflektor gerichtet. Ein Teil des reflektierten Lichtes erreicht über ein weiteres Polarisationsfilter den Empfänger. Die Filter sind so ausgewählt und angeordnet, dass nur das durch den Reflektor zurückgeworfene Licht auf den Empfänger gelangt, nicht aber dasjenige von anderen Objekten im Strahlbereich. Damit vergrößert sich die Reichweite erheblich. Wird der Strahlengang vom Sender über den Reflektor zum Empfänger unterbrochen, schaltet der Ausgang.

Bei der Lichtschranke von Abb. 4.33 sitzen Sende- und Empfangsoptik dicht nebeneinander. In Abb. 4.34 ist die optische Charakteristik dieser Lichtschranke wiedergegeben.

Abb. 4.33 Aufbau einer
Reflexionslichtschranke

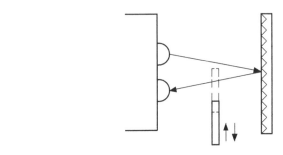

Abb. 4.34 Optische
Charakteristik einer
Reflexionslichtschranke

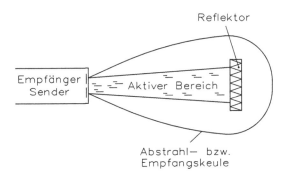

Die Reichweite für eine Reflexionslichtschranke entspricht dem Abstand zwischen Gerät und Reflektor. In der Praxis muss aber zwischen Betriebsreichweite und Grenzreichweite unterschieden werden. Lichtschranken, deren technische Daten diese Trennung nicht aufweisen, sind in der Regel nicht auf Dauer für die angegebenen Reichweiten verwendbar, denn in der Praxis müssen die Verschmutzung der Linsen, die Alterung einiger Bauelemente und auch die nicht optimale Ausrichtung der Anlage berücksichtigt werden. Bei größeren Entfernungen ist statt eines einfachen Planspiegels ein Tripelspiegel sinnvoll, da dieser nicht ausgerichtet werden muss, sondern das Licht immer in dieselbe Richtung zurückwirft, aus der es kommt. Er besteht aus drei rechtwinklig zueinanderstehenden Spiegelflächen (Würfelecke). Abb. 4.35 zeigt die Arbeitsweise.

In der Praxis werden solche Tripelspiegel oder Tripelreflektoren nicht aus drei Einzelspiegeln zusammengesetzt, sondern als ganzer transparenter Körper (Glas oder Kunststoff) hergestellt, wobei die Reflexionen als Totalreflexionen stattfinden. Vielfach werden solche Tripelflächen auch aus mehreren kleinen Tripelelementen zusammengesetzt, die dann meist aus Kunststoff gespritzt oder in Folie geprägt werden („Katzenauge").

4.4.4 Reflexionslichttaster

Hier trifft das gepulste Licht der Sendediode auf ein Objekt beliebiger Form und Farbe. Daran wird es diffus reflektiert, und ein Teil davon gelangt auf den im gleichen Gehäuse

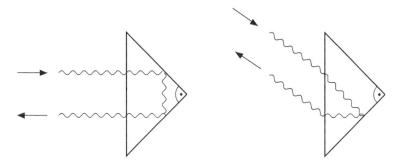

Abb. 4.35 Arbeitsweise eines Tripelspiegels

befindlichen Lichtempfänger. Bei genügender Empfangsstärke schaltet der Ausgang. Die erzielbare Reichweite hängt von der Lichtstärke des Senders, von Größe, Farbe und Oberflächenbeschaffenheit des Objekts und von der Empfindlichkeit des optischen Empfängers ab. Diese lässt sich mit einem eingebauten Potentiometer in weiten Grenzen verändern. Sie ist so einzustellen, dass der Empfänger bei Anwesenheit eines Objekts sicher anspricht, nach Entfernen aber wieder abfällt.

Sind in der Umgebung des Objekts reflektierende Flächen vorhanden, kann deren störende Wirkung durch Einsatz eines dafür vorgesehenen Polarisationsfilters reduziert werden. Abb. 4.36 erläutert die Funktionsweise eines Reflexionslichttasters.

Grundsätzlich sind heute Lichtschranken durch die Verwendung von Wechsellicht sehr unempfindlich gegen Fremdlicht. Trotzdem besteht eine obere Grenze für die Intensität externer Strahlung, die man als Fremdlichtgrenze bezeichnet. Gemessen wird diese als Beleuchtungsstärke auf der Lichteintrittsfläche. Sie wird angegeben für Sonnenlicht (unmoduliertes Licht) und für Lampenlicht (mit der doppelten Netzfrequenz moduliertes Licht). Bei Beleuchtungsstärken oberhalb der jeweiligen Fremdlichtgrenze ist ein sicherer Betrieb der Geräte nicht mehr möglich.

Bei einem optischen Näherungsschalter sind Sender und Empfänger im gleichen Gehäuse untergebracht, und das zu detektierende Objekt wirkt selbst als Reflektor. Der aktive Bereich in Abb. 4.37 ist die Zone, in welcher der Schalter auf ein Objekt anspricht. Dabei ist die Größe dieses Bereiches sehr stark von Farbe, Oberfläche und

Abb. 4.36 Aufbau eines
Reflexionslichttasters

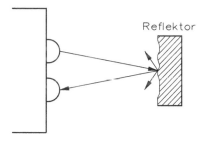

Reflektor

Abb. 4.37 Optische
Charakteristik eines
Näherungsschalters

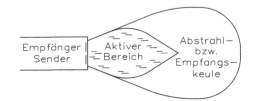

Größe des Abtastobjekts abhängig. In Abb. 4.36 und 4.37 sind die Schaltkurven zu dem jeweiligen Näherungsschalter eingezeichnet. Die speziellen Tastweiten für die Reflexionslichttaster werden mit den angegebenen Flächen unter Verwendung von mattweißem Standardpapier erzielt. Für andere Oberflächen sind die in Tab. 4.5 aufgeführten Korrekturfaktoren zu beachten.

Die Funktionsreserve ist diejenige überschüssige Strahlungsleistung, die auf die Lichteintrittsfläche fällt und vom Lichtempfänger bewertet wird. Durch Verschmutzung, Änderung des Reflektionsfaktors des Objekts und Alterung der Sendediode kann sie im Laufe der Zeit abnehmen, sodass ein sicherer Betrieb nicht mehr gewährleistet ist.

Einige Lichtschranken verwenden deshalb eine zweite LED, die aufleuchtet, wenn höchstens 80 % der verfügbaren Reichweite genutzt wird. Darüber hinaus gibt es Ausführungen, bei denen dieses Signal auf einen der Ausgänge geschaltet ist. So lässt sich rechtzeitig ein nicht mehr genügend betriebssicherer Zustand erkennen.

Tab. 4.5 Korrekturfaktoren für Reflexionslichttaster

Richtwerte	
Testkarte (Richtwert)	100 %
Weißes Papier	80 %
PVC grau	57 %
Bedruckte Zeitung	60 %
Helles Holz	73 %
Kork	65 %
Weißer Kunststoff	70 %
Schwarzer Kunststoff	22 %
Neopren, schwarz	20 %
Autoreifen	15 %
Aluminiumblech roh	200 %
Aluminiumblech schwarz eloxiert	150 %
Aluminium matt (gebürstet)	120 %
Stahl INOX poliert	230 %

4.4.5 Erfassung glänzender Objekte

Hochglänzende Objekte wie Glasflächen oder spiegelnde Metallteile können von Standard-Reflexionslichtschranken leicht übersehen werden. Die Objekte unterbrechen zwar den Lichtweg zum Reflektor, werfen aber oft selbst das Sendelicht zum Empfänger zurück, sodass dieser genauso Licht empfängt wie bei einem ununterbrochenen Lichtstrahl. Arbeiten Reflexionslichtschranken dagegen mit polarisiertem Licht, wie Abb. 4.38 zeigt, werden diese Probleme vermieden.

Natürliches Licht ist unpolarisiert, und es bevorzugt keine bestimmte Schwingungsebene. Schickt man es durch ein Polarisationsfilter, so lässt dieses nur den Schwingungsanteil einer bestimmten Polarisationsebene passieren. Danach schwingt das Licht nur auf einer Ebene. Mit einem zweiten Polarisationsfilter lässt sich dieses polarisierte Licht stufenlos in seiner Intensität variieren. Haben beide Filter die Polarisationsebenen in gleicher Richtung, so kann alles Licht passieren. Verdreht man jedoch das eine Filter, so reduziert sich die Intensität des durchgelassenen Lichts. Bei einem Verdrehungswinkel von 90° geht kein Licht mehr durch.

In der Praxis sieht das dann so aus: Der Lichtschranken-Hersteller rüstet seinen Sender und Empfänger der Reflexionslichtschranken mit je einem Polarisationsfilter

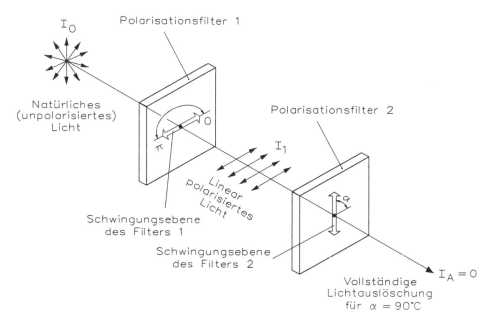

Abb. 4.38 Mit zwei Polarisationsfiltern lässt sich die Intensität von polarisiertem Licht stufenlos variieren. Wenn die Polarisationsebene des zweiten Filters senkrecht zur der des ersten steht, geht kein Licht mehr hindurch

aus, das in die Optik integriert ist. Die Polarisationsebenen dieser beiden Filter stehen senkrecht zueinander. Wird das linear polarisierte Licht von einem spiegelnden Gegenstand zurückgeworfen, so ist der Empfänger dafür „blind", weil in diesem Fall die ursprüngliche Polarisationsebene des Sendelichts erhalten bleibt. Der Reflektor hingegen depolarisiert das Licht, es hat jetzt eine Komponente mit um 90° gedrehter Polarisationsebene. Der Empfänger erkennt nur dieses Licht vom Reflektor, und dieser lässt sich nicht durch das „falsche" Reflexionslicht täuschen.

4.4.6 Lichttaster mit Hintergrundausblendung

Eine konkrete Anwendung für Reflexionslichttaster sind beispielsweise Warenlager. Lagerraum ist kostbar, darum findet man in der Praxis immer mehr Doppellager, bei denen zwei Paletten hintereinander stehen, Um die hintere Palette sicher zu erkennen, müssen die Reflexionslichttaster eine große Reichweite haben. Die Hersteller bieten seit neuestem auch für diese Entfernungen Geräte an, bei denen Fehlersignale durch Hintergrundreflexe so gut wie ausgeschlossen sind. Eine spezielle Optik begrenzt die Reichweite auf einen definierten Bereich.

Die Arbeitsbedingungen sind für die Taster nicht immer ideal. Die Schwierigkeiten hängen meist mit ihrer Funktionsweise zusammen, da sie das Licht auswerten, das ein Objekt selbst reflektiert. Oft ist der Raum hinter dem Objekt jedoch nicht frei, weil sich dort vielleicht ein glänzendes Maschinenteil befindet. In diesem Fall ist es für einen normalen Reflexionslichttaster nicht möglich, zu unterscheiden, ob das Reflexionslicht vom Objekt oder vom Hintergrund zurückgestrahlt wird. Ein Gegenstand, der z. B. auf einem Transportband liegt, kann von oben mit einem solchen Gerät nur dann erkannt werden, wenn der Kontrast gegenüber dem Band ausreichend groß ist.

Bei Reflexionslichttastern mit Hintergrundausblendung ist dagegen die Sicht auf einen definierten Entfernungsbereich begrenzt. Alles, was dahinter liegt, wird ignoriert. Die Grenze zwischen Erkennen und Nicht-Erkennen ist dabei außerordentlich scharf und sehr wenig von der Farbe und den Reflexionseigenschaften der Oberflächen abhängig. Sogar Objekte mit geringstem Remissionsvermögen, z. B. schwarze oder matte Materialien, lassen sich problemlos erkennen.

Nicht immer liegt die genaue Tastweite schon fest, wenn der Anwender sich für einen bestimmten Taster entscheidet. Oft ist es daher ein großer Vorteil, wenn man das Gerät nachträglich vor Ort auf die gewünschte Entfernung einstellen kann. Einige Hersteller bieten deshalb als Programmergänzung einstellbare Tasten mit Hintergrundausblendung an.

Ein Reflexionslichttaster mit Hintergrundunterdrückung arbeitet mit zwei Empfängerelementen, dem Nahelement (a) und dem Fernelement (b), wie Abb. 4.39 verdeutlicht. Nähert sich die Reflexebene, wandert der Lichtfleck vom Fernelement zum Nahelement. Das Signal des Nahelements wird dadurch größer. Ein Komparator vergleicht die Signale beider Empfängerelemente und aktiviert den Ausgang des Tasters, wenn ein bestimmter

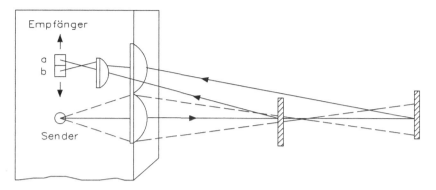

Abb. 4.39 Reflexionslichttaster mit Hintergrundunterdrückung arbeiten mit zwei Empfänger-elementen, dem Nahelement (**a**) und dem Fernelement (**b**)

Schwellenwert erreicht ist. Um den unterschiedlichen Anforderungen der Praxis gerecht zu werden, bieten die Hersteller gleich eine ganze Reihe solcher Taster mit unterschied-lichen Reichweiten an. Die Geräte eignen sich daher ebenso für Distanzdiagnosen im Millimeterbereich wie für große Distanzen in Metern.

Insgesamt decken die einstellbaren Taster mit Hintergrundausblendung einen Erkennungsbereich von 50 bis 2000 mm ab. Je nach Anwendungsfall hat man die Wahl zwischen maximalen Reichweiten von 300, 800 und 2000 mm. Mit dieser großen Tast-weite ist auch eine „Fach belegt"-Erkennung in Doppelpaletten-Lagern möglich.

4.4.7 Bohrerbruchkontrolle mittels Lichtschranke

Lichtschranken in maschinenbaugerechten Ausführungen sind für den Einsatz in der Metall-bearbeitung seit langer Zeit bereits Standard. Untergebracht in robusten Metallgehäusen nehmen sie raue Umgebungsbedingungen so schnell nicht übel und erfüllen auch hier zuverlässig ihre Funktionen. Sollte es einmal wirklich zu „ruppig" zugehen, ist auch das meist kein Problem: Lichtschranken können relativ große Entfernungen überbrücken und lassen sich oft einfach außerhalb des Gefahrenbereichs montieren. Bei einigen Fabrikaten sind zudem die Sensoren in der Schutzart IP65 (staubdicht und schwallwassergeschützt) lieferbar. Ein wasserdichtes Steckergehäuse ermöglicht eine einfache Montage.

Fehlende oder abgebrochene Werkzeuge sind bei der Metallbearbeitung eine erheb-liche Gefahrenquelle. Sie können nachfolgende Werkzeuge oder teure Werkstücke zer-stören und in schlimmen Fällen sogar die Werkzeugmaschine beschädigen. Mit dem menschlichen Auge lassen sich automatisierte Vorgänge kaum noch überwachen. Kein Mitarbeiter kann sich beispielsweise neben eine flexible Fertigungszelle stellen und den Werkzeugwechsel oft nur Millimeter dünner Bohrer mit „Argusaugen" überwachen. Eine zuverlässige Werkzeugbruchkontrolle ist daher unbedingt sinnvoll. Abb. 4.40 erläutert, wie das mithilfe einer Lichtschranke realisiert werden kann.

Abb. 4.40 Optische
Werkzeugbruchkontrolle
mittels Lichtschranke

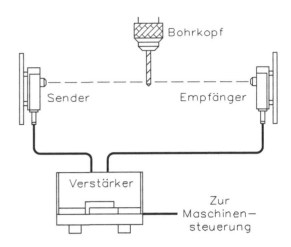

Bei Bohrern und Gewindebohrern ist eine optische Überwachung am sinnvollsten, denn ein Lichtstrahl kann sich im Gegensatz zu einem mechanischen Fahnenschalter nicht verbiegen. Außerdem arbeitet er auch über weite Distanzen; Bohrspitzen mit einem Durchmesser von 2 mm lassen sich noch problemlos erkennen.

Die heutigen Lichtschranken lassen sich ohne Schwierigkeiten in das Programm einer speicherprogrammierbaren Steuerung (SPS) einbinden. Gemessen an den Maschinenzeiten ist die Messzeit der Lichtschranke vernachlässigbar. Abb. 4.41 zeigt eine optische Werkzeugbruchkontrolle mittels Reflexionslichtschranke. Damit lassen sich Bohrspitzen auch mit sehr kleinen Durchmessern abtasten. Der vom Sender ausgehende Lichtstrahl wird durch das Werkzeug reflektiert und vom Empfänger erfasst. Fehlt das Werkzeug oder ist es abgebrochen, wird der Lichtstrahl nicht mehr reflektiert. Diese Informationen werden über den Verstärker an die Maschinensteuerung weitergeleitet.

Abb. 4.41 Optische
Werkzeugbruchkontrolle
mittels Reflexionslichtschranke

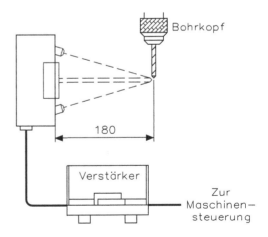

Als „Auge" für eine Werkzeugbruchkontrolle kann man die beiden Lichtschranken einsetzen. Diese kontrollieren bei jedem Wechsel, ob der Bohrer unbeschädigt ist. Bei einer Fehlermeldung tauscht der Maschinenwechsel jetzt automatisch das Werkzeug aus; man muss die Anlage hierzu nicht abschalten. Damit Kühlmittel und Bohrspäne die Lichtschrankenoptik nicht verschmutzen, bringt man zweckmäßigerweise vor der Lichtschranke einen kleinen Schieber an, der bei jeder Messung geöffnet wird.

4.4.8 Optische Entfernungsmessung

Je schneller heutige Produktionsanlagen arbeiten und je höher die Anforderungen an die Produktionsqualität steigen, umso weniger ist das menschliche Auge noch dazu in der Lage, die Objekte zu prüfen; es ist viel zu langsam und zu ungenau. Abmessungen, Konturen oder Profile der Objekte werden deshalb optisch erfasst, geprüft und verglichen. Die automatische Vermessung ist deshalb in der Qualitätssicherung und -kontrolle immer mehr im Kommen.

Optische Verfahren bieten dabei gegenüber mechanischen Lösungen etliche Vorteile. Sie arbeiten berührungslos, also ohne mechanischen Verschleiß. Die Genauigkeit bleibt dadurch über die gesamte Lebensdauer konstant. Beim berührungslosen Vermessen mit LED- oder Laserlicht spielt außerdem die Oberflächenreflexion in weiten Bereichen eine untergeordnete Rolle. Die Oberfläche darf klebrig, berührungsempfindlich oder leicht verformbar sein.

Große praktische Bedeutung haben optische Distanzsensoren. Im Gegensatz zu mechanischen Lösungen können sie den Bewegungsabläufen trägheitslos folgen. Auch bei Kamerasystemen sind sie in vielen Fällen überlegen; diese erkennen zwar sehr gut Umrisse, nicht aber Erhebungen oder Vertiefungen in der Aufsichtrichtung.

Optoelektronische Distanzsensoren arbeiten teils mit LEDs, teils mit Laserdioden. Sie verwenden meist das sog. Triangulationsverfahren, das Abb. 4.42 erläutert. Ein Lichtpunkt wird mithilfe der Senderoptik auf das Messobjekt projiziert; dessen Oberfläche reflektiert einen Teil des Sendelichts diffus zum Sensor. Die Empfängeroptik bildet diesen Fleck auf einem ortsauflösenden PSD-Element (Position Sensitive Detector) ab. Aus dem Auftreffpunkt des Lichtflecks auf dem Element lässt sich auch die Entfernung des Messobjekts ermitteln. Das PSD-Element ist im Prinzip eine Photodiode mit zwei Stromausgängen.

Das Verhältnis der beiden Ströme zueinander hängt von der Lage des auftreffenden Lichtpunktes ab. Die Steuerelektronik erzeugt daraus ein entfernungsproportionales analoges Signal. Da die Lichtposition und nicht die Lichtintensität zur Entfernungsmessung benutzt wird, ist das Verfahren weitgehend unabhängig von den Reflexionseigenschaften der Objektoberfläche. Auch Objekte mit geringem Reflexionsvermögen (mind. 10 %) lassen sich sicher messen. Ein interner Intensitätsregler passt die Leistung der Sendequelle automatisch an das jeweilige Reflexionsvermögen an.

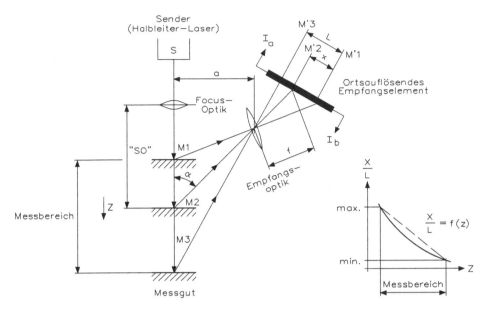

Abb. 4.42 Berührungslose und optische Entfernungsmessung nach dem Triangulationsverfahren

Distanzsensoren mit einer Laserdiode als Sendequelle lassen sich für alle Anwendungen nutzen, bei denen große Genauigkeit und Schnelligkeit gefordert sind. Ein Hersteller hat beispielsweise einen Typ entwickelt, der mit vier unterschiedlichen Optiken die Messbereiche von 2 mm bis 100 mm abdeckt. Die Auflösung liegt bei 0,05 % des Messbereichs, die maximale Messfolgefrequenz ist 10 kHz. Bei einem Temperaturkoeffizienten von 0,01 %/K dürfte die Temperaturdrift des Messwerts normalerweise unter der thermischen Längenänderung des Messobjekts liegen. Im Interesse der Genauigkeit und Reproduzierbarkeit muss man jedoch die Betriebstemperatur innerhalb des zulässigen Bereichs zwischen 5 °C und 40 °C konstant halten. Damit ist das Messsystem für eine Vielzahl unterschiedlicher Anwendungen in Industrie und Forschung für Dicke- oder Schichtmessungen und Profilabtastungen bei Kunststoffen, Blechen, Holz oder Textilien bestens geeignet.

Ein weiteres wichtiges Einsatzgebiet für diese genauen Messsysteme ist die Automobilfertigung. Der Laser-Distanzsensor eignet sich für Unwuchtmessungen ebenso wie für Schwingungsmessungen oder Maschinenüberwachungen. Weitere typische Anwendungsmöglichkeiten sind u. a. dynamische Spurspielmessungen bei Bahnen, die Huberfassung von dynamischen, mechanischen Vorgängen oder das Zählen von Objekten mit variablen Transporthöhen.

Ein typisches Laser-Distanzmesssystem besteht nur aus dem Sensor in Zigarettenschachtelgröße und einer Stromversorgung, die sich bis zu 10 m vom Sensor entfernt installieren lässt. Eine eingebaute LED-Balkenanzeige in der Stromversorgung gibt Auskunft über die jeweilige Lage des Messobjekts und dient als Ausrichthilfe. Am

Ausgang gibt der Sensor ein entfernungsproportionales Stromsignal von 4…20 mA ab. Als Option sind Messadapter zur Ausgangsspannungsanpassung mit Tiefpassfiltern und Offsetfunktion zum Verschieben des Messbereichs und zur Nullpunkteinstellung erhältlich.

Wenn man die hohe Auflösung, Genauigkeit und Geschwindigkeit der Laser-Distanzsensoren nicht benötigt, gibt es hierzu eine preiswerte Alternative mit dem LED-Sendeelement, das ebenfalls nach dem Triangulationsverfahren arbeitet. Die Messfolgefrequenz des Gerätes liegt aber nur bei 100 Hz.

Bei einer hochreflektierenden Oberfläche ist – nach Abb. 4.43 – auch das Messprinzip möglich. Bei dieser Variante der Triangulation liegt die Tatsache zugrunde, dass in einem gleichschenkligen Dreieck bei gegebener Basis b und dem Winkel f zwischen Basis und Schenkel auch die Dreieckshöhe eindeutig bestimmt ist. Ein solches gleichschenkliges Dreieck entsteht, indem ein Lichtstrahl der LED gegen die reflektierende Oberfläche (nicht im Lot zu dieser) gerichtet wird, von dort gemäß der Gesetzmäßigkeit „Einfallswinkel gleich Ausfallswinkel" zurückgeworfen und anschließend auf den Empfänger fällt. Die Verbindung Sender-Empfänger bildet die Dreiecksbasis b, der Lichtstrahl vor und nach der Reflexion je einen Schenkel. Die Dreieckshöhe h (von der Basis ausgehend) gibt nun die gewünschte Entfernung wieder.

Verändert man den Abstand zur reflektierenden Oberfläche, so ändert sich damit auch die Basis und die Höhe im Dreieck, d. h. die Entfernung. Um aus der jeweiligen Basis die Höhe zu bestimmen, berücksichtigt man, dass bei variierendem Abstand ähnliche Dreiecke entstehen, die alle die Bedingung

$$\frac{h}{b} = c = \text{konstant}$$

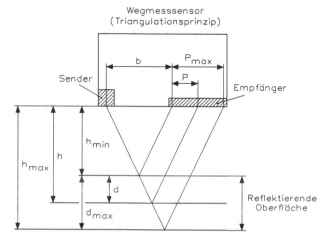

Abb. 4.43 Wegmessung nach dem Triangulationsverfahren

erfüllen, wobei das konstante Verhältnis c zwischen Höhe und Basis nur vom Abstrahl-winkel φ abhängt und den Wert

$$c = \frac{\tan \varphi}{b}$$

annimmt. Die trigonometrische Beziehung taucht in den praktischen Berechnungen jedoch nicht mehr auf, da die Proportionalität zwischen b und h hinreichend für die Beziehung

$$d = c \cdot p$$

ist, d. h. der Messbereich (0 bis p_{max}) des Empfängers lässt sich linear auf den Ent-fernungsmessbereich (0 bis d_{max} bzw. h_{min} bis h_{max}) übertragen. Damit überträgt sich auch das Auflösungsvermögen des Empfängers direkt auf das Auflösungsvermögen der Entfernungsmessung selbst. Die Auflösung selbst wird mit < 1 ‰ spezifiziert.

Für bereichsvariable Messungen kann der Abstrahlwinkel φ geeignet gewählt und die Konstante c entweder durch Referenzmessungen oder bei hinreichend genau gegebenem Winkel φ errechnet werden. Ist dagegen im voraus bekannt, in welchem Bereich die Entfernungen gemessen werden sollen, so ist es vorteilhaft, Sender und Empfänger zu einer Einheit zusammenzufassen. Die heutigen Distanzsensoren sind in einem kompakten Gehäuse untergebracht und eignen sich bei einem Abstrahlwinkel φ von 70° für Messungen im Nahbereich (50...70 mm). Die Anwendungen beschränken sich dabei keinesfalls auf die reine Entfernungsmessung, sondern gestatten auch die Aufzeichnung der Bewegung eines Objekts, speziell von Schwingungen. Eine Schwingungsmessung mit einem optischen Distanzsensor zeigt Abb. 4.44.

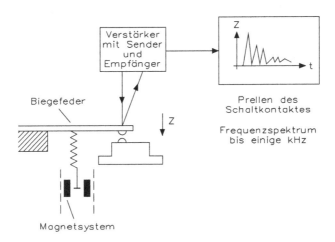

Abb. 4.44 Schwingungsmessung mittels eines optischen Distanzsensors

Der innere Aufbau eines optischen Distanz- bzw. Wegmesssensors ist Abb. 4.44 zu entnehmen. Als Lichtsender dient ein Infrarot-Halbleiterlaser mit einer Lichtleistung von $1,5\ldots2$ mW, als positionssensitiver Empfänger ein PSD-Element, das mit sehr hoher Genauigkeit die Auftreffposition des Lichtpunktes erfasst. Das erzeugte Analogsignal wird in einer Auswerteeinheit zunächst aufbereitet und mit einem AD-Wandler digitalisiert.

In der weiteren Verarbeitung wird aus den gemessenen Werten die eigentliche Entfernung errechnet. Je nach konkret vorliegender Aufgabe lassen sich die Werte dann zu anderen Systemkomponenten weiterleiten. Eine dynamische Aufzeichnung der Entfernungsdaten mit einer vorgebbaren Abtastfrequenz (Grenzfrequenz 50 kHz) ermöglicht es, die Bewegung über ein bestimmtes Zeitintervall zu erfassen. Falls es sich dabei um Bewegungen handelt, die ein gewisses periodisches Verhalten zeigen, bietet sich eine anschließende grafische Darstellung sowie FFT-Analyse an, die Aufschluss über die beteiligten Frequenzen gibt.

4.5 Optische Drehwinkel- und Positionserfassung

Im automatisierten Maschinenbereich – vor allen bei Robotern – müssen ständig geometrische Größen wie absolute Position, zurückgelegter Weg, Drehwinkel oder Drehzahl von Maschinenteilen oder Werkstücken erfasst werden. Diese Aufgaben übernehmen entsprechende Messsysteme, die in geeigneter Weise mit den Maschinenachsen bzw. anderen beweglichen Teilen verbunden sind.

Die hier verwendeten Sensoren arbeiten sehr häufig auf optoelektronischem Wege. Die gewonnenen Messwerte werden dem Rechner zugeleitet, der die Positions-Istwerte mit den vom Programm vorgegebenen Sollwerten vergleicht und entsprechende Steuermaßnahmen für Motoren und andere Aktoren einleitet.

Sehr weite Verbreitung haben vor allem die Drehwinkelgeber gefunden. Bei diesen ist zwischen absoluten und inkrementalen Ausführungen zu unterscheiden.

4.5.1 Absolut-Drehwinkelgeber

Zur Erfassung der Winkelposition eines drehenden Teils dient ein sogenannter Absolut-Drehwinkelgeber Im Prinzip stellt er eine Art AD-Wandler dar, der einen mechanischen Analogwert in ein digitales elektrisches Signal umformt – ein Wort aus mehreren Bits, das parallel am Geberausgang steht und den absoluten Winkelwert repräsentiert. Der Vorteil dieses Typs besteht darin, dass der Wert beim Einschalten der Stromversorgung sofort zur Verfügung steht – im Gegensatz zu den später noch zu besprechenden inkrementalen Drehwinkelgebern, die erst eine Referenzmarke anfahren müssen. Damit ist das Messsystem weitgehend unempfindlich gegen Störungen wie Stromausfällen. Dies wird jedoch mit höherem Aufwand für Messwerterfassung, Übertragung und Auswertung erkauft. Deshalb werden Absolut-Drehgeber in solchen Industrie- und Robotik-Anwendungen eingesetzt, die besonders hohe Sicherheit erfordern.

Abb. 4.45 zeigt den Aufbau eines Absolut-Drehgebers mit nachgeschalteter Elektronik. Die Abtastung erfolgt berührungslos und verschleißfrei auf optischem Wege. Das Licht einer Infrarot-Leuchtdiode durchstrahlt eine drehbare Codescheibe aus Glas und eine feststehende Blende. Dahinter entsteht ein Hell-Dunkel-Muster, das von einer Reihe von Photodioden in elektrische Signale umgewandelt wird. Der Code wiederholt sich erst nach einer ganzen Umdrehung. Solche Ausführungen bezeichnet man auch als „Singleturn"-Drehgeber. Wie sich die binären Wörter von Schritt zu Schritt ändern, definiert man als „Codeart". Der „normale" Binärcode nach dem Prinzip der Dualzahlen ist hier ungünstig, weil er ein mehrschrittiger Code ist, bei dem sich beim Übergang von einem Schritt zum nächsten häufig mehrere Bits gleichzeitig ändern. Wegen eventueller mechanischer Fertigungstoleranzen zwischen verschiedenen Spuren und elektrischer Laufzeitverzögerungen in den einzelnen Kanälen kann es zu geringfügigen zeitlichen Verschiebungen kommen, die dann für einen kurzen Moment zu falschen digitalen Daten führen (sog. „glitches"). Sehr viel sicherer ist hier ein „einschrittiger" Code, bei dem beim Übergang von einem binären Wort auf das folgende immer nur ein einziges Bit wechselt – auch beim Nulldurchgang. Wenn sich der Übergang auf der Codescheibe nicht exakt in der richtigen Winkelposition befindet, verschiebt sich höchstens der Schaltpunkt von einem binären Wort zum nächsten etwas. Es wird aber immer der korrekte Wert gelesen, und es treten keine falschen Zwischenkombinationen auf. Diese Bedingung der Einschrittigkeit erfüllt der sogenannte Gray-Code von Abb. 4.46. Er wird bei den meisten Absolut-Drehgebern eingesetzt. Die Zwischenspeicherung und eine nachträgliche elektrische Codewandlung stellen sicher, dass Flankenverzögerungen keine Fehlinformationen ergeben. Dies erfordert allerdings einen relativ hohen elektronischen Aufwand.

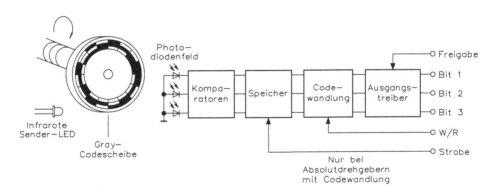

Abb. 4.45 Aufbau eines optischen Absolut-Drehgebers mit nachgeschalteter Elektronik

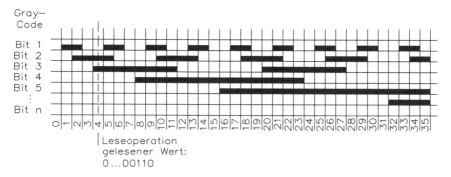

Abb. 4.46 Aufbau eines einschrittigen Codes nach Gray

Durch Invertieren des höchstwertigen Bits lässt sich der Gray-Code sehr einfach umkehren. Dies bedeutet, dass man bei der Verarbeitung frei entscheiden kann, ob der Code bei Rechtsdrehung im Zahlenwert steigt oder fällt. Diese Möglichkeit erreicht man durch die Reflektierbarkeit des einschrittigen Codes, welche auch für den symmetrisch gekappten Gray-Code gültig ist. Dies ist ein bestimmter Ausschnitt aus einem vollständigen Gray-Code; er gestattet es, beliebige geradzahlige Schrittteilungen aufzubringen, ohne die Einschrittigkeit und die Reflektierbarkeit zu verlieren, Nach der Codewandlung vom symmetrisch gekappten Gray- zum natürlichen Binärcode ist letzterer mit einem Offset behaftet, der dann per Software beseitigt werden kann.

Das in den Absolut-Drehwinkelgebern verwendete Prinzip wird auch zur Bestimmung von Linearpositionen verwendet. An die Stelle der Scheibe tritt hier ein „Lineal" mit Gray-codierten Abschnitten.

4.5.2 Gabellichtschranken

Über Lichtschranken wurde in Abschn. 4.4 bereits ausgiebig berichtet. Zur Drehzahl- und inkrementalen Drehwinkelerfassung dient eine miniaturisierte Bauform davon: Bei der sogenannten Gabellichtschranke handelt es sich um eine Einweg-Lichtschranke bei der optischer Sender und Empfänger nur wenige mm Abstand haben und sich in einem gemeinsamen Gehäuse befinden. Zusätzliche Linsen und Blenden optimieren den Strahlengang und verbessern so die Auflösung. Durch den Schlitz läuft eine Scheibe mit lichtdurchlässigen und lichtundurchlässigen Segmenten (Abb. 4.47). Eine Variante gibt Abb. 4.48 wieder: Hier zeigen Sender und Empfänger nicht aufeinander, sondern in dieselbe Richtung; die Scheibe hat reflektierende und schwarze Segmente.

Bei Drehung der Scheibe ändert sich der auf den Empfänger auftreffende Lichtstrom periodisch. Daraus resultiert ein elektrisches Wechselsignal, das verstärkt und mittels eines Schmitt-Triggers zu einem digital auswertbaren Rechtecksignal geformt wird. Abb. 4.48 zeigt das Prinzip der Gabellichtschranke mit der Auswerteelektronik.

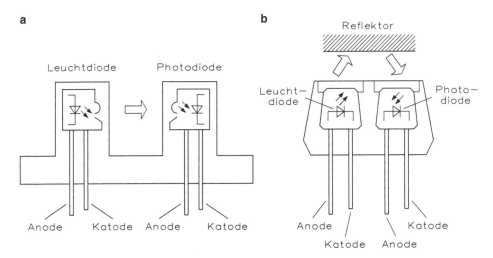

Abb. 4.47 Prinzipieller Aufbau von transmissiven (**a**) und reflektiven (**b**) Gabellichtschranken

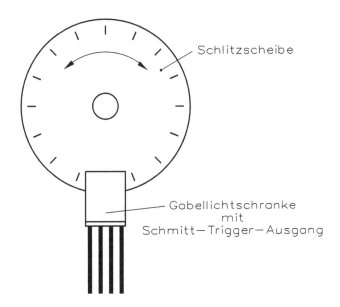

Abb. 4.48 Drehzahlmessung mit einer Gabellichtschranke

Die Frequenz des Signals ist proportional zur Drehzahl. Durch Zählen der Impulse pro Zeiteinheit erhält man einen Drehzahlsensor (Abb. 4.49). Sein Messbereich ist im Prinzip nur durch die Reaktionsgeschwindigkeit der Photodiode begrenzt.

Eine solche Anordnung mit nur einer Lichtschranke liefert noch keine Information über die Drehrichtung. Eine Richtungsänderung wird nicht erkannt und führt unmittelbar

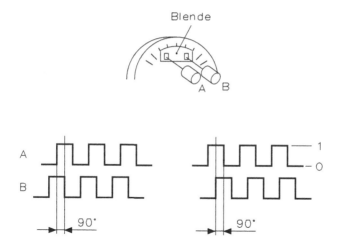

Abb. 4.49 Aufbau eines zweikanaligen Drehgebers mit Impulsdiagramm für die Erkennung der Drehrichtung

zu fehlerhaften Ergebnissen. Abhilfe schafft hier die zweikanalige Lichtabtastung gemäß Abb. 4.51 mit zwei Empfängern E1 und E2, einem Raster R und einem Sender S mit möglichst parallelem Lichtstrom P in Richtung der Empfänger. Für eine einwandfreie Funktion ist die Einhaltung gewisser geometrischer Relationen notwendig.

Die Drehrichtung ergibt sich aus der Phasenverschiebung zwischen den beiden Ausgangssignalen. Man macht das Verhältnis von Segmentabstand auf der Scheibe zum Abstand der Photodioden zweckmäßigerweise so, dass die Phasenverschiebung zwischen beiden Signalen gerade 90° beträgt. In Abb. 4.50 ist ein derartiger zweikanaliger Drehgeber dargestellt. Hat hier bei einer steigenden Flanke im Kanal A der Kanal B bereits ein „1"-Signal, dreht sich die Achse im Uhrzeigersinn; hat dagegen bei steigender Flanke im Kanal A dieser ein „0"-Signal, dreht sich die Achse gegen den Uhrzeigersinn.

Die Breite jedes der beiden gleichartigen, lichtempfindlichen Elemente E1 und E2 ist mit B bezeichnet. Der Abstand zwischen den beiden mit A; das lichtundurchlässige

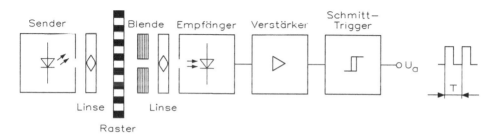

Abb. 4.50 Prinzip der Gabellichtschranke mit der nachgeschalteten Auswerteelektronik

Segment des Abtasters hat die Breite U und das durchlässige die Breite D. Eine zuverlässige Richtungserkennung bei paralleler Lichtabgabe basiert nun auf der Phasenverschiebung φ der beiden nach dem Gabellichtschranken-Prinzip einzeln aufbereiteten
Signale Q_A und Q_B (unten in Abb. 4.51). Diese muss lediglich der Relation

$$0 < \varphi < \pi$$

genügen, was durch die folgende Geometriebedingung gewährleistet wird:

$$A + B < U, D$$

Die Weiterverarbeitung der so gewonnenen Abtastfolgen geschah bisher meist aufwendig
durch Logikbausteine oder durch die Peripherieschaltungen eines Mikroprozessors oder
Mikrocontrollers. Das Problem besteht dabei stets darin, vor dem jeweiligen Zählimpuls
über eine gesicherte Richtungsinformation zu verfügen und Impulsfehler auszuschließen.

Seit 1991 sind Gabellichtschranken (Abb. 4.51) erhältlich, die dieses Problem
direkt durch eine interne Logik lösen können. In diesen Bausteinen befindet sich eine
integrierte Auswertelogik zur Richtungserkennung. Der mechanische Aufbau ist mit

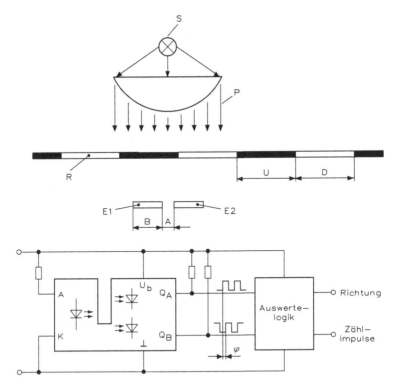

Abb. 4.51 Aufbau einer zweikanaligen Gabellichtschranke: *oben* der funktionelle Aufbau, *unten*
der elektrische Teil

der herkömmlichen Lichtschranke identisch, jedoch wurde die interne Logik erheblich verbessert. Als Sender dient eine GaAlAs-LED, deren Lichtstrom mithilfe einer angespitzten Linse quasi parallel auf den Empfänger gelenkt wird.

Fehler durch alterungsbedingt unterschiedliche Änderung der Lichtabgabe, wie sie bei Gabellichtschranken mit zwei Sendern auftreten können, sind dadurch ausgeschlossen. Die in einem weiten Aussteuerungsbereich betreibbaren Empfänger mit Tageslicht-Sperrfilter machen eine Nachregelung der Sender entbehrlich. Die Empfangsgruppe besteht aus zwei schmalen, dicht nebeneinanderliegenden Photodioden, die für einen gewissen Toleranzbereich beliebige Rasterteilungen bis herab zu 0,85 mm (1/30-Zoll) ermöglichen.

Neben den Photodioden enthalten diese Gabellichtschranken eine integrierte Empfängerschaltung mit allen notwendigen Signalaufbereitungskomponenten. Die Logik zur Generierung der Signale für Richtung und Inkrement ist so ausgelegt, dass die Richtungsinformation in jedem Fall zuverlässig vor dem Zählimpuls (etwa 1 µs) ausgegeben wird. Die Breite der Zählimpulse ist unabhängig von der Hell-Dunkel-Wechselfrequenz und beträgt typisch 10 µs. Lichtschrankenbedingte Zählfehler, z. B. bei Richtungswechsel oder Pendelbewegungen, sind ausgeschlossen, so lange sie die Rasterteilung von 0,85 mm nicht unterschreiten und auch die empfohlene geometrische Anordnung eingehalten wird.

4.5.3 Inkrementale Drehgeber

Die sogenannten inkrementalen Drehgeber bestehen im Prinzip aus einer Gabellichtschranke und einer Scheibe mit lichtdurchlässigen und -undurchlässigen bzw. reflektierenden und nicht reflektierenden Segmenten. Sie haben zunächst einmal nur einen Datenausgang, an dem beim Drehen der Geberachse trapez- bis annähernd sinusförmige elektrische Impulse erscheinen, die der Zahl der überstrichenen Winkelinkremente entsprechen. Mit einem elektronischen Zähler ist es nun möglich, diese Impulse aufzusummieren und damit den durchlaufenen Drehwinkel zu ermitteln. Um auch die Drehrichtung zu erfassen, ist noch ein weiterer Ausgang notwendig, der um 90° phasenversetzte Impulse liefert. Eine einfache Logikschaltung oder ein Programm erkennt aus diesen beiden Signalen dann die Drehrichtung.

Der Nachteil des inkrementalen Drehwinkelsensors ist, dass nach einem Spannungsausfall oder beim Einschalten keine Information über die momentane Position vorhanden ist. Dazu ist noch eine Referenzmarke notwendig. Hierfür haben sie eine zusätzliche Abtastspur, die nur einen Impuls pro Umdrehung liefert. Beim Einrichten der Maschine muss der Referenzpunkt einmal überfahren werden, um die Zählung von einem definierten Ausgangswert aus zu beginnen.

Die einfachste Impulsformer-Elektronik besteht aus drei Komparatoren, mit denen die zunächst analogen Signale in binäre zur digitalen Weiterverarbeitung umgeformt werden. Wenn die Signale der Photoempfänger einen sauberen Sinusverlauf haben, dann enthalten sie jedoch wesentlich mehr an Informationen. So lässt sich eine Periode interpolieren, d. h. in eine bestimmte Zahl von Messschritten unterteilen, um die Auflösung zu erhöhen.

Von entscheidender Bedeutung für Genauigkeit und Störsicherheit des Drehgebers ist die richtige Montage. Dies betrifft in gleichem Maße sowohl die mechanische Kopplung an die Maschinenachse als auch die elektrische Schnittstelle zur Folgeelektronik und weiter zur SPS-Anlage oder zum PC-System. Zum Ausgleich von Axialversatz, Winkelfehler und Radialversatz beim Einbau des Gebers werden flexible Verbindungselemente zwischen Maschinen- und Geberachse eingefügt. Für normale Anforderungen genügt eine Metallbalgkupplung, während für hochauflösende Drehgeber bereits Präzisions-Membrankupplungen erforderlich sind.

Zur störsicheren elektrischen Signalübertragung sind die Impulsausgänge mit Differenz-Leitungstreibern bestückt. Das Signal für die Datenübertragung wird direkt und negiert übertragen und wird dadurch weitgehend unempfindlich gegen in das Kabel eingestreute Gleichtaktstörungen. Eine RC-Kombination sorgt für die richtige Abschlussimpedanz, um Reflexionen auf dem Kabel zu verhindern. Für eine Drahtbruchüberwachung sind am Eingang des Operationsverstärkers spezielle Widerstände angeordnet, die ein Durchschalten des Empfängers im Fehlerfall verhindern.

Das Prinzip wird auch zur Erfassung von translatorischen Bewegungen angewendet. An die Stelle der Scheibe tritt dann ein Rasterlineal mit lichtdurchlässigen und -undurchlässigen Streifen. Die Signalauswertung ist im Prinzip die gleiche. Auch hier sind Referenzmarken erforderlich, die nach dem Einschalten zunächst angefahren werden müssen.

4.5.4 Signalauswertung

Als wichtigster statischer Kennwert gilt der Messschritt, der einerseits durch die Zahl der Striche auf der Teilscheibe, andererseits durch die elektronische Signalauswertung bestimmt wird. Die Strichzahl des Gebers kann je nach Anwendungsfall in einem weiten Bereich von 50 bis 36.000 liegen. Die elektronische Auswertung umfasst im Wesentlichen zwei verschiedene Verfahren: Flankenauswertung und Interpolation.

Bei der Flankenauswertung wird ausgenutzt, dass eine Periode genau vier Flanken (zwei des unverschobenen und zwei des um 90° verschobenen Signals) umfasst, die zwar primär der Richtungserkennung dienen, sich aber auch für eine Verfeinerung durch eine Flankenauswerteschaltung um den Faktor 2 oder 4 eignen. Die Signalauswertung erfolgt bei „grober" Auflösung bis herab zu 0,1° (entsprechend 3600 Schritten pro Umdrehung) direkt, d. h. ohne Interpolation. Durch Interpolation der sinusförmigen Abtastsignale, nachfolgende Rechteckwandlung und Flankenauswertung ist eine weitere Steigerung der Auflösung möglich. Üblicherweise wird die Unterteilung einer Periode in 5, 10 oder 25 gleiche Abschnitte gewählt.

Ein Drehgeber mit 9000 Strichen, Fünffach-Interpolation und Vierfach-Flankenaus-
wertung liefert demnach $9000 \cdot 4 = 36.000$ Schritte/Umdrehung, was einer Auflösung von
$0{,}01°$ entspricht.

Die dynamischen Kennwerte von inkrementalen Drehgebern hängen im Wesentlichen von den Eigenschaften der photoelektrischen Aufnehmer und der zulässigen
Eingangsfrequenz der Auswerteschaltung ab. Letztere besteht im einfachsten Fall
aus Komparatoren. Der Standardwert für die maximale Abtastfrequenz liegt bei
$f_{max} = 750$ kHz, bei teuren Spezialabtastern kann er bis zu 10 MHz betragen.

Die wichtigste Kenngröße für den Anwender ist die maximale Drehzahl n_{max}. Diese
lässt sich mit der Beziehung

$$n_{max} \, [\text{min}^{-1}] = \frac{f_{max}}{\text{Strichzahl}} \cdot 60$$

aus der Strichzahl berechnen, wobei f_{max} je nach Typ zwischen 125 kHz und 10 MHz
liegt.

Die maximale Drehzahl für einen Drehgeber mit 2500 Strichen und der maximalen
Abtastfrequenz von 1 MHz berechnet sich beispielsweise zu

$$n_{max} = \frac{1 \cdot 10^6}{2500} \cdot 60 \, [\text{min}^{-1}] = 24.000 \, \text{min}^{-1}$$

Entscheidend für die Genauigkeit der Drehgeber ist neben einer sauber ausgeführten
Mechanik die Winkelmaßverkörperung, d. h. die Präzision der Radialgitterverteilung.
Heutige Teilungen werden nach dem gleichen photolithografischen Verfahren hergestellt
wie moderne Halbleiterbauelemente und daher sind sie äußerst exakt.

Der verbleibende Fehler wird als Richtungsabweichung in Winkelgraden angegeben.
Er enthält neben den mechanischen Fehlern die Fehler der Teilung, die Unterteilungs-
fehler und Fehler der Kupplung, die bei der Messung verwendet wird. Für Drehgeber mit
weniger als 9000 Strichen ist der Richtungsfehler geringer als die Auflösung bei Fünffach-Interpolation und Vierfach-Auswertung: Dieser Fehler liegt damit innerhalb eines
Bereiches von $\pm 1/20$ der Teilungsperiode und lässt sich durch die einfache Beziehung

$$\text{maximale Richtungsabweichung} = \pm \frac{18}{\text{Strichzahl}}$$

in Winkelgraden definieren. Bei höheren Strichzahlen wird diese Abweichung als
absolutes Maß angegeben, um mit der Systemgenauigkeit verträglich zu sein.

Feuchtesensoren

5

Zusammenfassung

Eine in der Praxis sehr wichtige Messgröße ist die Feuchte von Gasen, insbesondere von Luft. Zuviel oder zuwenig Feuchte kann nicht nur Pflanzen, sondern auch Menschen schädigen und die Funktion technischer Geräte stören. Feuchtesensoren und die zugehörigen Messsysteme helfen, das Wohlbefinden und die Sicherheit zu erhöhen. Es stehen heute zahlreiche Ausführungen zur Verfügung, die zuverlässig, schnell und wirtschaftlich in einer Vielzahl von Gasen die Feuchte und auch den Wassergehalt in nicht wässrigen Flüssigkeiten (Öl, Benzin usw.) ermitteln.

Eine in der Praxis sehr wichtige Messgröße ist die Feuchte von Gasen, insbesondere von Luft. Zuviel oder zu wenig Feuchte kann nicht nur Pflanzen, sondern auch Menschen schädigen und die Funktion technischer Geräte stören. Feuchtesensoren und die zugehörigen Messsysteme helfen, das Wohlbefinden und die Sicherheit zu erhöhen. Es stehen heute zahlreiche Ausführungen zur Verfügung, die zuverlässig, schnell und wirtschaftlich in einer Vielzahl von Gasen die Feuchte und auch den Wassergehalt in nicht wässrigen Flüssigkeiten (Öl, Benzin usw.) ermitteln. In der Feuchtemesstechnik sind folgende Angaben in Gebrauch:

- relative Feuchte in Prozent (% r. F.)
- absolute Feuchte (Gramm Wasser pro Kubikmeter Luft, g/m^3)
- Taupunkt (°C)
- ppmv (Teile pro Million volumenbezogen)
- ppmw (Teile pro Million gewichtsbezogen)

© Springer Fachmedien Wiesbaden GmbH, ein Teil von Springer Nature 2024
H. Bernstein, *Messelektronik und Sensoren,*
https://doi.org/10.1007/978-3-658-38929-1_5

Während die Angaben % r.F. und g/m^3 in der Praxis nur bei Gasen verwendet werden, sind Taupunktangaben in °C und relative Anteile in ppmv und ppmw auch bei Flüssigkeiten üblich.

5.1 Physikalische Messverfahren

Für den Begriff der Feuchte existiert keine allgemein gültige Definition. Oft beeinflusst das zur Feuchtebestimmung verwendete physikalische Messprinzip die Definition. Der folgende Abschnitt beschreibt die Feuchte, wie sie im Zusammenhang mit thermischen (trockenen) Bestimmungsmethode zustande kommt.

Die Feuchte eine Materials umfasst all jene Stoffe, die sich beim Erwärmen verflüchtigen und zu einem Gewichtsverlust der Probe führen. Der Gewichtsverlust wird mit einer Waage erfasst und als Feuchtegehalt interpretiert. Es wird also nicht zwischen Wasser und anderen flüchtigen Bestandteilen unterschieden wie zum Beispiel bei einem Lösungsmittel.

Bei der Feuchtebestimmung ist zu beachten, dass Wasser in Feststoffen (Abb. 5.1) unterschiedlich gebunden sein kann: Mit zunehmender Bindungsstärke als

- freies Wasser an der Oberfläche der Probensubstanz
- Wasser in großen Poren, Hohlräumen oder Kapillaren der Probensubstanz

Abb. 5.1 Art der Bindung von Feuchtigkeit

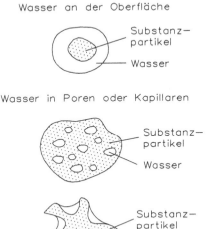

Wasser an der Oberfläche

Substanz–partikel

Wasser

Wasser in Poren oder Kapillaren

Substanz–partikel

Wasser

Substanz–partikel

Wasser

Kristallwasser

Gips: $Ca = SO_4 \cdot 2H_2O$

- adhäsives Wasser an der Oberfläche von polaren Makromolekülen haftend
- in Gitterionen eingeschlossenes oder an Ionen koordiniertes Kristallwasser

Kristallwasser sowie adhäsiv gebundenes Wasser kann mit thermischen Verfahren gelegentlich nur bei gleichzeitiger Produktzerlegung abgetrennt werden.

5.1.1 Zweckmäßige Messmethoden

Die Wahl einer zweckmäßigen Messmethode ist im Wesentlichen von folgenden Größen abhängig:

- Anforderungen an Genauigkeit, Messbereich, Wiederholbarkeit, Empfindlichkeit
- Art der Bindung des Wassers
- Gewünschte Information: Wasser- oder Feuchtegehalt
- Messgeschwindigkeit
- Probenmenge
- Physikalische Eigenschaften der Probe (z. B. Zersetzungstemperatur)
- Kosten
- Einfachheit (Bedienung oder Funktionalität)
- Gesetzliche Vorschriften (Referenzverfahren)
- Automatisierbarkeit
- Kalibrierbarkeit

Feuchte ist in den meisten Naturprodukten vorhanden. Der Wassergehalt an sich ist selten von Interesse. Vielmehr wird angezeigt, ob ein Produkt bestimmte für Handel und Produktion maßgebende Eigenschaften besitzt, wie zum Beispiel:

- Lagerfähigkeit
- Klumpenbildung bei Pulvern
- Mikrobiologische Stabilität
- Fließeigenschaften, Viskosität
- Trockensubstanzgehalt
- Konzentration oder Reinheit
- Handelsqualität (Einhaltung von Qualitätsvereinbarungen)
- Ernährungstechnischer Wert des Produkts
- Gesetzliche Konformität (Lebensmittelverordnung)

Handel und Industrie interessieren sich für den Trockensubstanzanteil von Handelswaren. Das im Produkt vorhandene Wasser wird bei der Preisfestlegung miteinbezogen. Gesetzliche Bestimmungen sowie Produktdeklarationen definieren den Unterschied zwischen natürlicher und dem Produkt zugefügter Feuchte.

Feuchtebestimmungen müssen schnell und zuverlässig durchgeführt werden können, um rasch in den Produktionsprozess eingreifen zu können und um längere Produktionsstillstandszeiten zu vermeiden. Viele Hersteller bestimmen deshalb heute den Feuchtegehalt von Rohstoffen, Zwischenprodukten und Fertigprodukten direkt an der Produktionslinie, ganz im Sinne der Qualitätssicherung.

5.1.2   Methoden der Feuchtegehaltsbestimmung

Der Feuchtegehalt beeinflusst die physikalischen Eigenschaften einer Substanz wie Gewicht, Dichte, Viskosität, Brechungsindex, elektrische Leitfähigkeit und viele mehr. Im Laufe der Zeit sind verschiedenartige Methoden entwickelt worden, um diese physikalischen Größen zu messen und als Feuchtegehalt zum Ausdruck zu bringen.

Die Messmethoden lassen sich logisch nach folgenden Verfahren einteilen

- thermogravimetrische
- chemische
- spektroskopische
- andere

Die thermogravimetrischen Verfahren sind im Prinzip Wäge-Trocknungs-Methoden, bei denen die Proben bis zum Erreichen einer Massenkonstanz getrocknet werden. Die Massenänderung wird als abgegebene Feuchtigkeit interpretiert.

Die Trocknung endet beim Erreichen eines Gleichgewichtszustandes, d. h. wenn der Dampfdruck des feuchten Stoffes dem Dampfdruck der Umgebung gleich ist. Je geringer der Dampfdruck der Umgebung ist, desto geringer die im Gleichgewichtsfall im Stoff verbleibende Restfeuchte. Durch Druckverminderung lässt sich der Umgebungsdampfdruck verringern und damit die Trocknungsbedingungen beschleunigen.

Für reproduzierbare thermogravimetrische Feuchtebestimmungen sind die Trocknungstemperatur und die Trocknungsdauer von großer Bedeutung. Diese beeinflussen das Messresultat. Der Einfluss von Luftdruck und Luftfeuchtigkeit ist von sekundärer Bedeutung. Diese müssen aber bei hochpräzisen Analysen mitberücksichtigt werden.

Die thermogravimetrischen Verfahren sind die klassischen Methoden für die Feuchtebestimmungen. Aus historischen Gründen sind sie oft Bestandteil der Gesetzgebung (Lebensmittelverordnung usw.).

Die Feuchte wird bei thermogravimetrischen Verfahren immer im Sinne der in der Einleitung getroffenen Definition abgetrennt. Es wird also nicht zwischen Wasser und anderen nicht flüchtigen Produktkomponenten unterschieden.

Thermogravimetrische Verfahren eignen sich praktisch für alle thermischen Substanzen mit einem Feuchtegehalt > 0,1 %.

Bei chemischen Methoden findet man bei Bestimmung der Feuchte zwei Verfahren:

- Karl-Fischer-Titration
- Kalziumcarbidverfahren

Das Karl-Fischer-Verfahren wird im Prinzip für viele Substanzen als Referenzmethode verwendet. Es handelt sich um ein chemisch-analytisches Verfahren, welches auf der Oxidation von Schwefeldioxid in methanolisch-basischer Lösung durch Jod beruht. Im Prinzip läuft folgende chemische Reaktion ab:

$$H_2O + I_2 + SO_2 + CH_3OH + 3RN \rightarrow [RNH]SO_4CH_3 + 2[RNH]I$$

Die Titration kann volumetrisch oder coulometrisch erfolgen. Beim volumetrischen Verfahren wird solange eine jodhaltige Karl-Fischer-Lösung zugesetzt, bis eine erste Spur an überschüssigem Jod vorhanden ist. Die umgesetzte Jodmenge wird aus dem Volumen der jodhaltigen Karl-Fischer-Lösung mittels Bürette ermittelt. Beim coulometrischen Verfahren wird das an der Reaktion beteiligte Jod durch elektrochemische Oxidation von Jodid direkt in der Titrierzelle erzeugt, bis ebenfalls eine Spur an nicht abreagierendem Jod vorliegt. Aus der dazu benötigten Strommenge kann über das Faradaysche Gesetz die erzeugte Jodmenge errechnet werden.

Die Karl-Fischer-Titration ist eine wasserspezifische Feuchtebestimmungsmethode, welche für Proben mit hohem Feuchtegehalt (Volumetrie), aber auch für Proben mit Wasseranteilen im ppm-Bereich (Coulometrie) geeignet ist. Ursprünglich wurde sie für nicht wässrige Flüssigkeiten konzipiert, eignet sich aber auch für Feststoffe, sofern diese lösbar sind oder wenn ihnen das Wasser durch Ausheizen im Gasstrom oder durch Extraktion entzogen werden kann.

Die Vorteile sind ein genaues Referenzverfahren. Coulometrie ist auch für die Spurenanalytik und Wasserdetektion geeignet.

Als Einschränkung gilt, dass die Arbeitstechnik der jeweiligen Probe angepasst werden muss.

Beim Kalziumcarbidverfahren mischt man eine Probe des feuchten Stoffes sorgfältig mit Kalziumcarbid im Überschuss, wobei folgende Reaktion stattfindet:

$$CaC_2 + 2H_2O \rightarrow Ca(OH)_2 + C_2H_2$$

Die Menge des entstehenden Azetylens wird entweder durch die Messung seines Volumens oder durch den Druckanstieg in einem geschlossenen Gefäß bestimmt.

Das Verfahren ist kostengünstig.

Nachteil für dieses Verfahren ist, dass eine Eichung erforderlich ist, da nicht das ganze in der Probe enthaltene Wasser an der Reaktion beteiligt ist. Das Entstehen der explosionsgefährlichen Stoffe Wasserstoff oder Azetylen ist der Grund, warum diese Methode der Wasserbestimmung nicht sehr verbreitet ist.

5.1.3 Indirekte Messverfahren

Spektroskopische Feuchtebestimmungsmethoden sind indirekte Messverfahren. Alle diese Verfahren bedürfen einer Kalibrierung, die den Zusammenhang zwischen Anzeige des Spektrometers (primäre Messgröße) und dem mittels Referenzverfahren ermittelten Wert herstellt.

Auch die mittels Spektrometer gemessene Größe ist nie eine Funktion der Feuchte allein, sondern von weiteren Parametern wie Dichte, Temperatur und Materialeigenschaften abhängig.

Die Einschränkung ist, damit man einen eindeutigen Zusammenhang zwischen Feuchte und physikalischer Messgröße erreicht, und es müssen alle übrigen Parameter konstant gehalten werden. Da die Messgüter jedoch nie vollständig homogen und konstant in ihren Eigenschaften sind, weisen alle Kennlinien eine mehr oder weniger ausgeprägte Streuung auf. Für die Kalibrierung ist daher eine große Zahl an Proben notwendig, die für den vorgesehenen Anwendungsfall repräsentativ sind.

Die Infrarotspektroskopie dient zur Bestimmung der Oberflächenfeuchte. Bei dieser Feuchtebestimmungsmethode wird ausschließlich die Oberflächenfeuchte erfasst. Eine Probe wird mit Licht (elektromagnetische Strahlung) bestrahlt. Die Intensität des reflektierten Spektrums liefert die Basis für die Ermittlung des Feuchtegehalts. Der verwendete nahe Infrarotbereich umfasst im elektro-magnetischen Spektrum Wellenlängen zwischen 800 und 2500 nm. In diesem Bereich besitzt das dreiatomige Wasser (H_2O) zwei ausgeprägte Absorptionsbanden bei den Wellenlängen 1475 und 1,94 μm.

Wird eine feuchte Probe mit Licht dieser Wellenlängen bestrahlt, so wird ein Teil des Lichts absorbiert, ein zweiter Teil diffus reflektiert und ein dritter Teil durchdringt die Probe (Transmission). Gemessen wird die diffus reflektierte Intensität (Spektrum), die proportional (nicht linear) zur Wasserkonzentration an der Oberfläche ist. Gelegentlich wird bei dünnen Proben auch das Spektrum der Transmission ausgewertet. Abb. 5.2 zeigt das Prinzip für die Infrarotspektroskopie zur Bestimmung der Oberflächenfeuchte.

I_O = eingestrahlte Intensität

I_R = reflektierte Intensität

I_{absorb} = in der Probe absorbierte Intensität I_R

I_{Trans} = die Probe durchdringende Intensität I_R

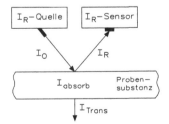

Abb. 5.2 Infrarotspektroskopie zur Bestimmung der Oberflächenfeuchte

Vorteile sind die kurze Messdauer im Sekundenbereich sowie die Möglichkeit, Mehr-komponentenanalysen und Echtzeit-Messungen durchzuführen.

Die Einschränkung ist, dass eine vorherige stoffspezifische Kalibration notwendig ist.

Die Mikrowellenspektroskopie dient zur Bestimmung der Gesamtfeuchte. Wegen der außerordentlich hohen Dielektrizitätskonstante des Wassers (DK = 81) werden Mikrowellen in feuchten Stoffen absorbiert, reflektiert und gestreut. Daraus lassen sich Messverfahren für die Feuchte ableiten, die sich in Anpassung an die Messaufgabe als Transmissions-, Reflexions- oder Resonatorverfahren realisieren lassen.

Das Transmissions- und das Reflexionsverfahren sollen hier nicht weiter beschrieben werden, da es sich um eine Abwandlung der NIR-Feuchtebestimmungsmethode handelt und ähnliche Vor- und Nachteile bietet.

5.1.4 Labormessverfahren höherer Genauigkeit

Das Resonatorverfahren ist ein diskontinuierliches Labormessverfahren höherer Genauigkeit. Bei diesem Verfahren wird das Messgut in einen Hohlraumresonator geschoben und mit Mikrowellen zum „Schwingen" gebracht. Die vorhandenen polaren Wassermoleküle absorbieren einen Teil der Energie und verändern das Mikrowellenfeld. Messbar sind eine Verschiebung der Resonanzfrequenz sowie eine Amplitudenänderung der Schwingung. Diese Verschiebung ist nicht linear proportional zum Wassergehalt der Substanz, wobei die Temperatur und das Probegewicht zwecks Kompensation bekannt sein müssen.

Sowohl für die Transmissionsmessungen als auch für die Resonatormethode ist eine substanzspezifische Kalibrierung des Messsystems erforderlich. Kontinuierliche Messungen können mit dem Transmissions- oder Reflexionsverfahren durchgeführt werden.

Die NMR-Spektroskopie (Nuclear Magnetic Resonance) arbeitet mit einer hohen Genauigkeit. Die 1 H-NMR-Spektroskopie bestimmt die Anzahl der Wasserstoffkerne in einer Substanz. Anhand dieser wird dann auf die Wassermenge in der Probe geschlossen. Grundsätzlich werden für die Feuchtegehaltsbestimmung zwei verschiedene Arten der 1 H-NMR-Spektroskopie eingesetzt.

Bei der ersten Art wird die zu untersuchende Substanz einem hochfrequenten magnetischen Wechselfeld ausgesetzt. Das Resonanzverhalten der Wasserstoffkerne (Spin der Protonen) ist ein Maß für den Wassergehalt in der Substanz. Bei der zweiten Art werden Wasserstoffkerne (Protonen) durch einen magnetischen Puls ausgelenkt. Das Rückspringen des Spins der Protonen induziert in einer Empfangsspule eine Spannung. Durch mathematische Weiterverarbeitung des Messsignals gelangt man zu einem NMR-Spektrum, welches Aufschluss über in der Probe vorhandene Wasserstoffatome gibt.

Das Verfahren hat einige Einschränkungen. Zu beachten ist, dass die NMR-Spektro-skopie alle in der Probe vorhandenen H-Atome erfasst. Angezeigt werden auch die

nicht zum Wassermolekül gehörenden Wasserstoffatome, aber die Bindungsverhält-
nisse sind im Spektrum ersichtlich. NMR-Signale müssen daher auf die zu messenden
Komponenten kalibriert und auf die Struktur der Substanzen abgeglichen werden. Eine
substanzspezifische Kalibrierung wie in der NIR-Spektroskopie ist aber nicht notwendig.

Ein Vorteil der Kernresonanzspektroskopie ist die hohe Genauigkeit. Sie erfasst,
unabhängig der Bindungsstärke, alle Formen von Wasser.

Hauptnachteile sind der erhebliche apparative Aufwand und die damit verbundenen
hohen Kosten. Auch die geringe Probengröße kann für qualitätssichernde Anwendungen
in der Industrie nachteilig sein.

Bei den in diesem Kapitel beschriebenen Wasserbestimmungsmethoden werden
meistens physikalische Produkteigenschaften geprüft, welche bei einfacher Zusammensetzung der Probensubstanz ausschließlich vom Wassergehalt abhängig sind. Diese
Methoden bedürfen oft einer Kalibrierung und sind nur anwendbar, wenn eine einfache Analysenmatrix (die komponentenmäßige Zusammensetzung der Probe) vorliegt
und die neben dem Wasser vorhandenen Komponenten eine Störung der Messgröße
ausschließen.

Ein weiteres Verfahren ist die Erfassung der primären Messgröße bei der Kondukto-
metrie durch den elektrischen Widerstand. Dieser ist desto größer, je weniger Ladungsträger (abhängig vom Wassergehalt) zum Ladungstransport vorhanden sind. Der
elektrische Widerstand ist demnach ein Maß für den Wassergehalt der Probe.

Dieses Verfahren ist für Stoffe geeignet, die im trockenen Zustand eine sehr
geringe Leitfähigkeit haben. Sie weisen eine wesentliche Temperaturabhängigkeit aus,
welche aber durch eine Temperaturmessung korrigiert werden kann. Es existieren dis-
kontinuierliche Messzellen, in welche das Messgut eingebracht werden muss, die Steck-
elektroden zum Messen der Leitfähigkeit sind zu befestigen und für die Messung müssen
kontinuierlich messende Einrichtungen vorhanden sein.

Bei der Refraktometrie handelt es sich um ein optisches Messverfahren. Gemessen
wird der Brechungsindex, der (z. B. bei gelöstem Zucker in Wasser) in einem nicht
linearen Verhältnis zur Zuckerkonzentration steht. Eine direkte Wassergehalts-
bestimmung an sich wird also nicht vorgenommen. Der gemessene Wert definiert lediglich die nebst Zucker vorhandene Analysenmatrix (in diesem Fall Wasser). Abb. 5.3
zeigt die Wirkungsweise der Refraktometrie.

Diese Methode der Feuchtebestimmung hat vor allem für zuckerhaltige Produkte
eine Bedeutung. Refraktometrische Methoden können auch für die Wasserbestimmung
anderer Reinsubstanzen, wie beispielsweise für Glykollösungen, verwendet werden.

Eine weitere Messmethode ist die Bestimmung über die Dichte. Diese Analysenmethode wird meist nur für reine Lösungen angewandt, wobei die Dichte ein Maß für
die in einer wässrigen Lösung vorhandene Konzentration eines Stoffes ist (z. B. NaOH,
Zuckerlösungen, Alkohol-Wasser-Gemisch). Auch hier wird die Restmatrix des unter-
suchten Stoffes als Wassergehalt interpretiert.

Vorteil ist bei dieser einfachen Methode, dass die Resultate bei 2-Stoff-Gemischen
direkt aus Tabellen ablesbar sind.

Abb. 5.3 Wirkungsweise der
Refraktometrie

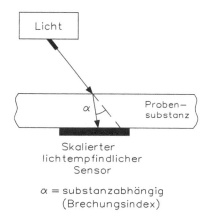

Diese Methode ist in der Regel schnell und die Analyse kann oft direkt im Probengut durchgeführt werden. Sie eignet sich daher vor allem für schnelle Stichprobenkontrollen und Trendanalysen. Ihre Aussagekraft bezüglich des Wassergehaltes ist im Wesentlichen abhängig vom Dichteunterschied und von der Anzahl der Substanzkomponenten. Die meist verbreiteten Methoden zur Dichtebestimmung sind:

- Bestimmung mittels Aräometer
- Bestimmung mittels Pyknometer
- Messung der archimedischen Auftriebskraft mittels Waage (Kraftmesser)
- Prinzip der oszillierenden Stimmgabel

Kurzbeschreibung des Funktionsprinzips (Abb. 5.4) der Stimmgabel: Die hohlen Schenkel eines stimmgabelförmigen Schwingkörpers werden mit der Probensubstanz gefüllt. Die Eigenfrequenz der Stimmgabel ist abhängig von der Dichte der Substanz.

Bei der Gaschromatografie muss das Probengemisch zunächst zersetzungsfrei verdampfbar sein, damit dieses anschließend gasförmig mittels eines inerten Trägergases durch eine Trennsäule transportiert werden kann. In dieser trennen sich die einzelnen Probenkomponenten aufgrund ihrer unterschiedlichen Siedetemperatur sowie aufgrund zwischenmolekularer Wechselwirkungen zwischen der flüssigen, stationären Phase in der Trennsäule und den Probenkomponenten in der mobilen Gasphase. Die Detektion

Abb. 5.4 Prinzip der
oszillierenden Stimmgabel zur
Dichtebestimmung

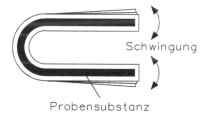

der einzelnen aus der Trennsäule austretenden Gasfraktionen erfolgt in der Regel über Wärmeleitfähigkeit (WLD).

Die Gaschromatografie eignet sich für flüssige Proben mit mäßigem Feststoffanteil und einem Wassergehalt über 5 % sowie für Proben, denen das Wasser durch Extraktion entzogen werden.

Der Vorteil bei dieser Analysenmethode ist, dass sich mehrere flüssige Proben-komponenten gleichzeitig analysieren lassen.

Die Einschränkungen sind, dass man sie nur für Wassergehaltsbestimmungen ein-setzen kann. Auch wegen ihres hohen apparativen Aufwandes in der Regel nur, sofern weitere Probenkomponenten interessieren oder sofern Inhaltsstoffe bei der Karl-Fischer-Titration zu störenden Nebenreaktionen führen.

Das Verfahren mit der Osmometrie ist die Messung des Dampfdrucks, der Informationen über den Feuchtegehalt der Probe liefert.

5.2   Physikalische Zusammenhänge

Zur Erläuterung der verschiedenen Messgrößen soll in den nachfolgenden Abschnitten auf die physikalischen Zusammenhänge eingegangen werden. In der praktischen Feuchtemesstechnik unterscheidet man u. a. zwischen

- der absoluten Feuchte
- die Sättigungsfeuchte
- der relativen Feuchte

Die absolute Feuchte F_{abs} gibt diejenige Wassermenge an, die in einem bestimmten Luftvolumen enthalten ist. Es gilt:

$$F_{abs} = \frac{\text{Masse des Wassers}}{\text{Luftvolumen}} \quad \left[\frac{g}{m^3}\right]$$

Die Sättigungsfeuchte $F_{sät}$ gibt die maximal mögliche Wassermenge an, die in einem bestimmten Luftvolumen enthalten sein kann. $F_{sät}$ ist von der Temperatur abhängig und steigt mit dieser stark an:

$$F_{sät}(T) = \frac{\text{maximale Masse des Wassers}}{\text{Luftvolumen}} \quad \left[\frac{g}{m^3}\right]$$

Die relative Feuchte F_{rel} ist eine Angabe, die sich aus dem Verhältnis von absoluter Feuchte zur Sättigungsfeuchte ergibt:

$$F_{rel}(T) = \frac{F_{abs}}{F_{sät}(T)} \cdot 100\,\%$$

Die Angabe der relativen Feuchte ist sehr verbreitet. Die Messung ist gerechtfertigt, da viele durch die Luftfeuchtigkeit ausgelösten Reaktionen in erster Linie mit der relativen Feuchte verknüpft sind (Rostbefall, Schimmelbildung, körperliches Befinden usw.).

5.2.1 Definition des Wasserdampf-Partialdrucks

Der Druck, den ein in ein Volumen V eingeschlossenes Gas aus N Teilchen auf die Wandung ausübt, lässt sich durch folgende Gleichung beschreiben:

Ohne d und [b]

$$dp = [b]\frac{N}{V} \cdot k_B T \quad \begin{aligned}p &= \text{Druck}\end{aligned}$$

$N = $ Anzahl der Gasteilchen

$V = $ Volumen des Gases

$k_B = $ Boltzmann-Konstante

$T = $ Temperatur des Gases

Der atmosphärische Druck der Umgebungsluft setzt sich aus den Einzeldrücken der einzelnen Bestandteile der Raumluft zusammen, auch Partialdrücke genannt. Die Luft besteht hauptsächlich aus folgenden Gasen:

- Stickstoff (p_1)
- Sauerstoff (p_2)
- Edelgase (p_3)
- Spurengase (p_4)
- Wasserdampf (p_W)

So ergibt sich der Gesamtdruck der atmosphärischen Luft aus der Addition der einzelnen Partialdrücke:

$$p_G = p_1 + p_2 + p_3 + p_4 + p_W$$

Fasst man nun p_1 bis p_4 als Gesamtpartialdruck p_L der trockenen Luft zusammen, so ergibt sich der Gesamtdruck p_G der Atmosphäre zu:

$$p_G = p_L + p_W$$

Unter Normalbedingungen beträgt $p_G = 1013$ mbar; dies ist der durchschnittliche atmosphärische Druck. Angenommen, der in der Umgebungsluft enthaltene Wasserdampf übt einen Partialdruck von 13 mbar aus, dann ergeben sich bezogen auf $1\,m^3$ Luft rechnerisch folgende Mengenverhältnisse:

$$N = 2{,}665 \cdot 10^{25} \text{ Moleküle der trockenen Luft}$$

$$n = 3{,}461 \cdot 10^{23} \text{ Wassermoleküle}$$

Normiert man diese auf 10^6 Moleküle der Gesamtluft, so ergeben sich ca.12.835 Moleküle Wasserdampf, d. h. die Luft hat einen Feuchtigkeitsgehalt von 12.835 ppmv (Teile pro Million volumenbezogen). Wird ein Gasvolumen nun komprimiert, also verdichtet, so steigen zwangsläufig die einzelnen Partialdrücke an. Rechnerisch ergibt sich dann der Feuchteanteil in ppmv in Gasen aus dem Verhältnis von Wasserdampf-Partialdruck p_W zu Gesamtdruck des Systems p_T multipliziert mit 10^6:

$$\text{ppmv} = \frac{p_W}{p_T} \cdot 10^6$$

5.2.2 Taupunkt

Eine weitere sehr wichtige Größe in der Feuchtemesstechnik ist die Taupunkttemperatur. Ein Gas kann bei einer bestimmten Temperatur nicht beliebig viel Wasserdampf aufnehmen. Sobald der sogenannte Sättigungswert erreicht ist, fällt er als Kondensat aus. Wenn man ein feuchtes Gas abkühlt, bildet sich Tau, daher auch die Bezeichnung „Taupunkttemperatur". Sobald es zur Kondensation kommt, ist der maximale Sättigungswert für den Wasserdampf im Gas überschritten bzw. der Taupunkt erreicht.

Was sich hier etwas abstrakt darstellt, ist in der Praxis eines der alltäglichsten Dinge im Leben. Den Effekt kennt, mehr oder weniger bewusst, jeder Brillenträger, der in der kalten Jahreszeit einen beheizten Raum betritt: Die Brille beschlägt, denn an den kalten Brillengläsern ist der Sättigungswert für Wasserdampf in der Luft überschritten.

Wie die absolute Feuchte ist die Taupunkttemperatur nicht druckabhängig. Jedoch unterscheidet man zwischen den Begriffen „atmosphärischer Taupunkt" bzw. „Drucktaupunkt". In Druckluftnetzen ist die Taupunkttemperatur eine bedeutende Größe für die Qualität der Druckluft. Für den Betreiber von Druckluftanlagen ist immer der Drucktaupunkt für den sicheren Betrieb des Versorgungsnetzes maßgeblich. Wird ein Gasvolumen komprimiert, so steigt, wie bereits erwähnt, der Wasserdampf-Partialdruck. Dies hat zwangsläufig eine höhere Taupunkttemperatur zur Folge.

Für die Praxis bedeutet dies: Ergibt sich messtechnisch unter atmosphärischen Bedingungen ein Taupunkt von ca. $-50\,^{\circ}\text{C}$, so würde sich unter einem Betriebsdruck von 10 bar ein Drucktaupunkt von ca. $-30\,^{\circ}\text{C}$ einstellen. Den Zusammenhang zwischen atmosphärischem Taupunkt und Drucktaupunkt gibt das Diagramm von Abb. 5.5 wieder. In dieser Darstellung sind verschiedene Systemdrücke von 1 bis 51 bar zur Umrechnung von atmosphärischem Taupunkt auf Drucktaupunkt und umgekehrt vorgegeben.

Zur Umrechnung der Taupunkttemperatur in ppmv (ppm(Vol)) dient Abb. 5.6. Hierbei ist ein Systemdruck von 1013 mbar als Bezugsgröße gewählt.

5.2.3 Relative Feuchte in Gasen

Eine wichtige Feuchtemessgröße bei der Bestimmung des Feuchtegehaltes in Gasströmen ist die relative Feuchte (r. F.) in Prozent. Sie trifft eine Aussage über die

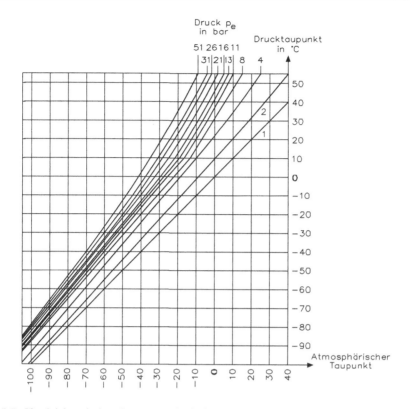

Abb. 5.5 Vergleich zwischen dem atmosphärischen Taupunkt und dem Drucktaupunkt

prozentuale Sättigung eines Gases mit Wasserdampf bei einer bestimmten Temperatur. Diese Messgröße ergibt sich aus dem Verhältnis Wasserdampf-Partialdruck p_W zum Sättigungsdampfdruck p_S bei einer bestimmten Temperatur

$$r.F. = \frac{p_W}{p_S} \cdot 100\%$$

Die relative Feuchte wird in der Regel bei atmosphärischen Druckverhältnissen angewandt. Da der Sättigungsdampfdruck proportional zur Gastemperatur ist, ergibt sich folglich, dass sie stark von der Temperatur abhängig ist. Der Zusammenhang zwischen Tautemperatur zur relativen Feuchte, unter Berücksichtigung der Gastemperatur ist in Abb. 5.7 wiedergegeben.

5.2.4 Relative Feuchte in Flüssigkeiten

Wie auch bei der Feuchtemessung in Gasen wird der Wassergehalt in nicht wässrigen Flüssigkeiten (Öl, Benzin usw.) häufig in ppm angegeben, jedoch hier gewichtsbezogen.

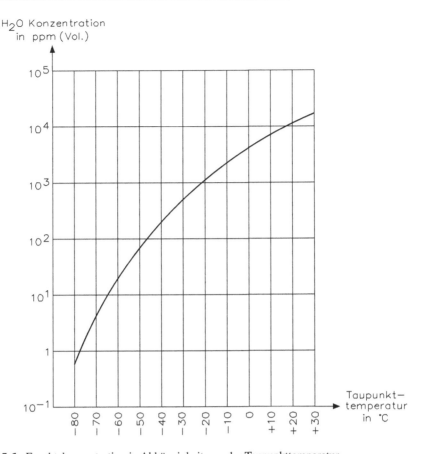

Abb. 5.6 Feuchtekonzentration in Abhängigkeit von der Taupunkttemperatur

Rechnerisch ergibt sich die Absolutfeuchtemessgröße aus folgendem mathematischen Zusammenhang:

Ohne [b]

$$\text{ppmw} = [b]\frac{C_S}{p_S} \cdot p_W \qquad C_S = \text{Sättigungskonzentration bei gegebener Temperatur}$$

$p_S = $ Sättigungsdampfdruck bei gegebener Temperatur

$p_W = $ Wasserdampf-Partialdruck

Die Sättigungskonzentration ist je nach Flüssigkeit unterschiedlich und steigt mit zunehmender Temperatur an. Tab. 5.1 listet verschiedene Flüssigkeiten mit deren Wasser-Sättigungskonzentration in ppmw bei gegebener Temperatur auf.

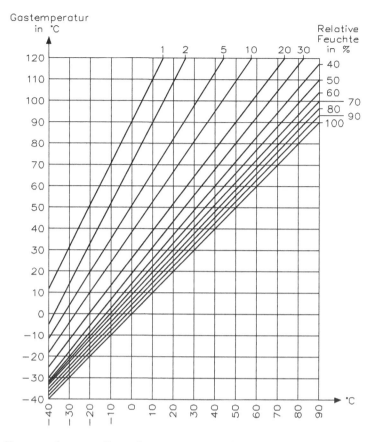

Abb. 5.7 Zusammenhang von Taupunkttemperatur und relativer Feuchte unter Berücksichtigung der Gastemperatur

Tab. 5.1 Flüssigkeiten und ihre Wasser-Sättigungskonzentration in ppmw bei gegebener Temperatur

Flüssigkeit	0°C	10°C	20°C	30°C	40°C
Benzin		454	639	870	1178
Heptan	27	54	96	172	308
Hexan			101	179	317
Oktan		51	160	184	315

5.2.5 Aufbau und Funktionsweise eines Aluminiumoxid-Feuchtesensors

Ursprünglich wurde der Aluminiumoxid-Feuchtesensor zu Forschungszwecken in den oberen Regionen der Atmosphäre bzw. bei Weltraumflügen entwickelt. Da er sich unter diesen extremen Bedingungen bewährte, war es naheliegend, ihn für die kaum minder harten Anforderungen der Verfahrenstechnik zu verwenden. Abb. 5.8 zeigt den Aufbau.

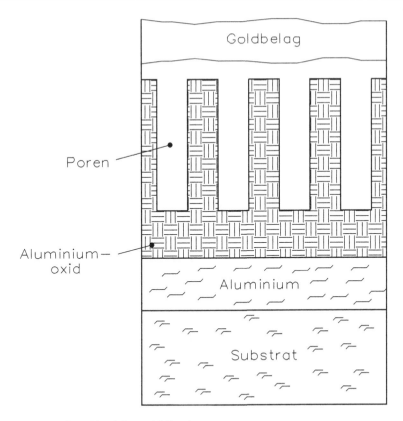

Abb. 5.8 Aufbau eines Aluminiumoxid-Feuchtesensors

Der kritische Punkt bei der Herstellung eines Sensors zur Messung des Wasserdampf-Partialdrucks ist die Einhaltung der richtigen Stärke des Aluminiumoxidfilmes. Durch eine kontinuierliche Weiterentwicklung gelang es, Sensoren zu entwickeln, die Absolutwerte messen und frei von Temperatur- und Hystereseeffekten sind. Sie sprechen auf schwankende Feuchtekonzentrationen schnell an und bieten ein Höchstmaß an Stabilität. Damit kann der Wasserdampf-Partialdruck in gasförmigen und flüssigen Medien problemlos gemessen werden.

Der Feuchtesensor besteht aus einem Aluminiumstreifen, auf den durch ein spezielles elektrolytisches Verfahren eine hauchdünne Oxidschicht mit definierter Stärke aufgebracht ist. Ein aufgedampfter feiner Goldbelag bildet die äußere Elektrode des so zwischen dem Aluminium und der Goldschicht entstandenen Kondensators.

Obwohl elektrisch leitfähig, ist der Goldbelag so wasserdampfdurchlässig, dass sich in kurzer Zeit ein Gleichgewicht zwischen der Feuchte des umgebenden Mediums und dem Wassergehalt der Aluminiumoxidporen einstellen kann. In Abb. 5.9 ist die elektrische Ersatzschaltung dieses Sensors dargestellt. Der Wasserdampf durchdringt die Goldschicht und lagert sich innerhalb der porösen Wandung des Aluminiumoxids

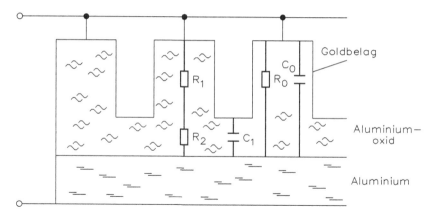

Abb. 5.9 Querschnitt und elektrische Ersatzschaltung eines Aluminiumoxid-Fühlers mit Gold-belag

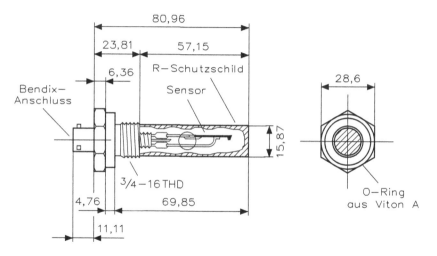

Abb. 5.10 Aluminiumoxid-Feuchtesensor für Gase und Flüssigkeiten

ab. Die Anzahl der Wassermoleküle, welche hier absorbiert werden, bestimmt die Leitfähigkeit und die Dielektrizitätskonstante des Aluminiumoxids. Somit verändert sich die elektrische Impedanz der Anordnung etwa proportional zum Wassergehalt des umgebenden Mediums, unabhängig davon, ob es sich dabei um ein Gas oder eine Flüssigkeit handelt. Abb. 5.10 zeigt einen Aluminiumoxid-Feuchtesensor für bestimmte Gase und Flüssigkeiten.

Weil die Poren des Aluminium-Sensors so klein sind, dass wesentlich größere Moleküle als Wasser nicht eindringen können, lässt sich Wassergehalt von organischen Flüssigkeiten in der gleichen Art und Weise messen wie der Wasserdampf-Partialdruck in Gasen.

5.2.6 Anwendung von Aluminiumoxid-Feuchtesensoren

Feuchtesensoren eignen sich zur Bestimmung des Taupunktes über einen Bereich von -110 bis $+60°C$. Dies entspricht einem Feuchtegehalt von ca.0,001 bis 200.000 ppmv (Teilchen pro Million volumenbezogen) unter atmosphärischen Bedingungen. Prinzipiell gilt dieser Messbereich auch für Flüssigkeiten, lässt sich aber prozessbedingt niemals voll ausschöpfen.

Die Sensoren werden direkt im Prozessstrom installiert, genau dort, wo die Messung notwendig ist (Abb. 5.11). Für andere Systeme mit vergleichbaren Eigenschaften muss in der Regel ein Teilstrom entnommen werden. Der Bedarf an Rohrleitungen, Verzweigungen, Durchfluss- und Druckreglern beschränkt sich dadurch auf ein Minimum. Die Möglichkeit, direkt im Medium zu messen, ist besonders bei niedrigen Feuchtewerten und schnellen Feuchteänderungen wichtig.

Jedes Messsystem, bei dem ein eventuell genau definierter Gasstrom benötigt wird, leidet bei sonst idealer Genauigkeit und Ansprechgeschwindigkeit unter den Einflüssen einer Bypass-Messung, da die Ansprechgeschwindigkeit und somit der momentane Messwert vom jeweilig erreichten Feuchtegleichgewichtszustand in den Rohrleitungen abhängig ist. Gasdruck, Durchsatz, verwendete Materialien, Länge und lichte Weite der Rohrleitung usw. sind Störfaktoren, welche das Zeitverhalten und die zu prüfenden Feuchtewerte bei einer Bypass-Messung beeinflussen.

Da es nicht erforderlich ist, den Prozessstrom dem Analysengerät zuzuführen, werden hierdurch auftretende Totzeiten sowie mögliche Störeinflüsse durch Leckagen vermieden. Dies ist besonders wichtig bei Feuchteanalysen im Spurenbereich bzw. bei Verfahrensprozessen, bei denen sich die Feuchte schnell ändert. Die Erzeugung

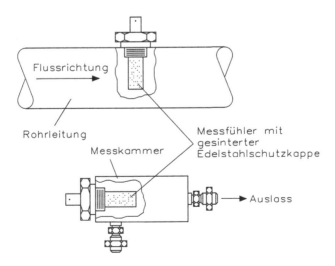

Abb. 5.11 Messfühler im Inline- und Messzellen-Einsatz

der definierten Feuchte sowie die Weiterverarbeitung der Messwerte wird über ein Computersystem gesteuert. Wenn ein Produktionsstrom leitfähige oder korrosive Partikel enthält oder wenn der erwartete Taupunkt hoch genug ist, um eine Kondensation im System zu bewirken, ist eine Aufbereitung des Messgasstromes notwendig.

Der Sensor kann also vor Ort eingesetzt werden, d. h. man muss keine Proben mehr entnehmen und diese dann zur Analyse ins Labor bringen. In den Beschreibungen verschiedener Analysemethoden zur Feuchtebestimmung wird immer wieder darauf hingewiesen, dass das Hauptproblem in der Änderung der Wasserkonzentration in organischen Flüssigkeiten zwischen der Probeentnahme und der Laboranalyse liegt. Die Ursache hierfür ist durch das „Henry'sche" Gesetz leicht erklärbar. Wenn das Gasvolumen über der Flüssigkeit feuchter ist oder eine andere Temperatur hat, stellt sich ein neues Gleichgewicht zwischen dem Gas und der Flüssigkeit ein, wodurch sich zwangsläufig der Wassergehalt in der Flüssigkeit ändert.

Bedingt durch die Druck- und Strömungsunabhängigkeit des Aluminiumoxid-Feuchtesensors ist dieser besonders geeignet zum direkten Einbau in ein Rohrleitungssystem, so z. B. in Druckluftnetze oder geschlossene Prozesssysteme. Das bedeutet für den Anwender letztlich schnelles Erkennen von Veränderungen sowie unverfälschte Messergebnisse. Manchmal ist es jedoch unumgänglich, den Messfühler im Bypass zu betreiben. Hierfür können folgende Gründe ausschlaggebend sein:

- zu hohe Mediumtemperaturen
- unzulässig hohe Strömungsgeschwindigkeiten im Rohrleitungssystem
- stark verunreinigte Gase bzw. Flüssigkeiten

Ein weiterer Grund mit einem sogenannten Probeentnahmesystem zu arbeiten, ist die Tatsache, dass es bei einem direkten Einbau des Feuchtesensors in ein geschlossenes System notwendig sein kann, den Prozessstrom teilweise oder auch vollständig stillzulegen, um den Feuchtesensor auszubauen. Hier empfiehlt es sich auf jeden Fall, den Fühler im Bypass-System zu betreiben.

Ein solches relativ einfaches System zeigt Abb. 5.12; es lässt sich realisieren mit einem Anschlussstutzen in der Hauptleitung, einem Nadelventil, einer Messkammer zur Aufnahme des Feuchtesensors und einer Edelstahlspirale zur Verhinderung der Rückdiffusion.

Je nach der gestellten Messaufgabe kann ein solches Probeentnahmesystem auch etwas komplexer aufgebaut sein. Probeentnahmesysteme eignen sich generell, um

- unzulässig hohe Mediumtemperaturen abzusenken
- Feststoffpartikel auszufiltern
- Durchflussmengen zu regulieren
- Drücke zu mindern
- Messmedien bei drucklosen Systemen anzusaugen
- mehrere Messstellen zentral zusammenzufassen

Abb. 5.12 Feuchtemessfühler
in einem Bypass-System

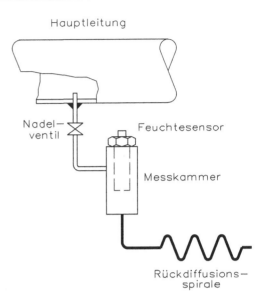

Schon kleinste Undichtigkeiten in einem System, in dem geringste Feuchtegehalte
bzw. niedrige Taupunkttemperaturen gemessen werden sollen, führen zu erheblichen
Messwertverfälschungen. Man sollte unbedingt darauf achten, dass alle verwendeten
Verschraubungen, insbesondere Klemmringverschraubungen, den Herstellerangaben
entsprechend ordnungsgemäß festgezogen sind. Des weiteren ist darauf zu achten, dass
man besonders in tiefen Taupunktbereichen keine Gummi- bzw. Kunststoffschläuche
als Zuleitungsmaterial einsetzt. Obwohl einige hochwertige Kunststoffarten den Eindruck vermitteln, dass keine Feuchtigkeit in die Schläuche eindringen kann, diffundieren
dennoch Wassermoleküle durch die Schlauchwandung in das Innere und verfälschen
somit das Messergebnis. Um ein Höchstmaß an Messsicherheit zu gewährleisten, ist es
erforderlich, dass alle mediumberührenden Teile aus Edelstahl gefertigt sind, wie Nadel-
ventile, Rohrleitungen, Messkammern, Filter usw. Wird der Feuchtesensor im Bypass
betrieben und das zu messende Gas gegen Raumluft abgelassen, so ist es unumgänglich,
eine Spirale zur Verhinderung der Rückdiffusion in den Ausgang der Messstrecke zu
montieren.

Die Reaktionszeit des Sensors auf Feuchteänderungen ist mit sieben Sekunden für
63 % des Endwertes spezifiziert. Diese Zeit kann selbstverständlich nur dann erreicht
werden, wenn der Sensor direkt im Rohr sitzt bzw. bei Verwendung eines Bypass-
Systems die Entfernung zwischen Entnahmestelle (Toträume) und Sensor so gering wie
möglich gehalten wird. Ferner ist zu beachten, dass Adsorptions- und Desorptionsvor-
gänge an den Zuleitungswänden usw. die Ansprechgeschwindigkeit des Feuchtesensors
stark beeinträchtigen können. Die Ansprechgeschwindigkeit ist gleichermaßen abhängig
von der Strömungsgeschwindigkeit, d. h. wird ein feuchtes System mit einem trockenen
Gas bzw. Flüssigkeit beaufschlagt, so vermindert sich das Einstellen des Endzustandes

mit Erhöhung der Strömungsgeschwindigkeit, da das System schneller trocken gespült wird.

Der Sensor lässt sich in einem großen, dynamischen Durchflussmengenbereich einsetzen. So lassen sich Feuchtegehalte in Gasen bei Durchflussgeschwindigkeiten von statischen Verhältnissen bis 10 m/s unter atmosphärischem Druck, bzw. in Flüssigkeiten bei statischen Verhältnissen bis 10 m/s, bei einer Dichte von 1 g/m^3 messen. Der Sensor weist keine Durchflussabhängigkeit auf, jedoch begünstigen höhere Strömungsgeschwindigkeiten ein schnelleres Austrocknen des feuchten Systems und ermöglichen somit ein schnelleres Einstellen des Endfeuchtewertes.

Der oft beobachtete Effekt, dass sich bei Erhöhung der Strömungsgeschwindigkeit der Messwert ändert, ist nicht auf eine Durchflussabhängigkeit zurückzuführen, vielmehr werden Wassermoleküle, die an den Rohrwandungen haften, schneller abgerissen und mitgespült und vermitteln somit den Eindruck eines höheren Messwertes.

5.2.7 Temperatur- und Druckverhalten

Der Aluminiumoxid-Fühler ist bei Temperaturen bis zu +70°C einsetzbar. Höhere Temperaturen führen unweigerlich zur Zerstörung des Messelements. Bedingt dadurch, dass die Adsorptionsneigung der Wassermoleküle stark temperaturabhängig ist, werden die unerwünschten Adsorptionseffekte durch Beheizung der Messstrecke erheblich herabgesetzt.

Generell sollte die Mediumtemperatur weitgehend konstant gehalten werden, unbedingt durch das temperaturabhängige Adsorptionsverhalten der Wassermoleküle – keine Änderungen im Feuchteprofil zu erhalten. Dieser Effekt stellt sich bei Freilandleitungen im Tag-Nacht-Betrieb ein, d. h. bei konstanten Feuchteverhältnissen ändert sich der Feuchtegehalt mit der Temperatur, dies ist jedoch ausschließlich systembedingt.

Ist es erforderlich, Gase mit sehr hohen Temperaturen auf ihren Feuchtegehalt zu untersuchen, muss das Messgas vor dem Messfühler gekühlt werden. Hierzu genügt in der Regel, vor dem Sensor eine Kühlspirale zu installieren. Damit lassen sich Gastemperaturen von ca. 2000°C bis auf Raumtemperatur absenken; jedoch ist darauf zu achten, dass bei der Abkühlung keine Taupunktunterschreitung auftritt.

Eine Taupunktunterschreitung entsteht, sobald die Differenz zwischen Taupunkttemperatur und Mediumtemperatur zu gering wird und es zur Kondensation im System kommt. Um diesen ungewollten Effekt zu vermeiden, sollte man eine Mindestdifferenz von ca. 10°C zwischen der Taupunkttemperatur und der Mediumtemperatur einhalten.

Zwar ist dieser Sensor je nach mechanischer Ausführung bis zu Drücken von 350 bar verwendbar, es muss jedoch beachtet werden, dass er nicht schlagartig höheren Drücken ausgesetzt wird, gleichermaßen ist ein abruptes Entspannen des Systems zu vermeiden. Der Druckauf- bzw. -abbau sollte möglichst langsam geschehen, um den Sensor vor mechanischer Zerstörung durch Druckwellen zu schützen. Bei Messungen des Taupunktes ist zu beachten, dass das Messergebnis den Drucktaupunkt wiedergibt, d. h. die tatsächliche Taupunkttemperatur bei dem vorhandenen Systemdruck.

5.3   Realisierung von Feuchtemessung

Für die Messung der Luftfeuchte besteht ein vielfältiges Interesse. Im Wetterbericht ist immer von der relativen Feuchte die Rede. Diese gibt den auf die Sättigungsfeuchte bezogenen Prozentsatz an. Beispiel: Es herrscht eine Lufttemperatur von 25°C und die Luft kann ca. 25 g Wasser pro m ^{3} aufnehmen. Misst man absolut 15 g/m^3, dann entspricht das bei dieser Temperatur 60 % des möglichen Maximums, also einer relativen Feuchte von 60 %.

Neben der rein informatorischen Feuchtemessung, wie sie beispielsweise in vielen privaten Haushalten, in Büros und Geschäftsräumen vorgenommen wird, steht die Messung eines genauen Wertes, der in automatisierten Anlagen benötigt wird, die selbsttätig eine bestimmte Luftfeuchte herstellen und dadurch ein Regelungssystem aufrechterhalten. Im ersten Fall benutzt man häufig das bekannte Haarhygrometer, welches rein mechanisch arbeitet und nicht sehr genau ist. Im zweiten Fall ist ein präziser Feuchtesensor erforderlich, der ein zur jeweiligen Feuchte möglichst proportionales Signal abgibt. Es gibt mehrere verschiedene Prinzipien zur Messung der Luftfeuchte. Entsprechend unterschiedlich sind auch die Sensoren und der damit verbundene Aufwand.

5.3.1   Einfache Messschaltung mit Feuchtesensor

Der hier verwendete Feuchtesensor besteht aus einer beidseitig mit Goldfilm bedampften Spezialfolie. Diese stellt das Dielektrikum eines Plattenkondensators dar, die beiden Goldfilme bilden dessen Elektroden. Unter dem Einfluss der Luftfeuchte ändert sich die Dielektrizitätskonstante der Folie und damit die Kapazität des Kondensators. Mithilfe einer einfachen Messschaltung wird die Kapazität bzw. deren Änderung erfasst und in eine Gleichspannung umgewandelt. Diese lässt sich dann zur direkten Anzeige der relativen Feuchte oder als Istwert für eine Anlage zur selbsttätigen Luftfeuchteregelung verwenden.

Das Sensorelement ist in ein perforiertes Kunststoffgehäuse eingebaut (Abb. 5.13), das sich zur direkten Montage auf einer Platine eignet.

Abb. 5.14 zeigt die Abhängigkeit der Kapazität C_s des Sensors von der relativen Feuchte, sie ist nicht linear. Eine direkte Messwertanzeige erfordert daher entweder ein Messgerät mit entsprechend abgestimmter Skala oder eine Linearisierung der Anzeige durch schaltungstechnische Maßnahmen.

Die Umwandlung der Kapazitätsänderung in ein entsprechendes elektrisches Signal ist nach verschiedenen Prinzipien möglich. In der Praxis verwendet man häufig eine Messbrücke wie in Abb. 5.15.

Ein Oszillator, der beispielsweise auf einer Frequenz von 100 kHz schwingt, erzeugt die Betriebsspannung für die Messbrücke. In einem Brückenzweig liegt der Sensor mit der Kapazität $C_s = C_0 + \Delta C$. Der Wert C_0 ist dabei der feste, ΔC der von der Luftfeuchte abhängige Kapazitätsanteil. Der Abgleichkondensator C_A muss so eingestellt sein, dass

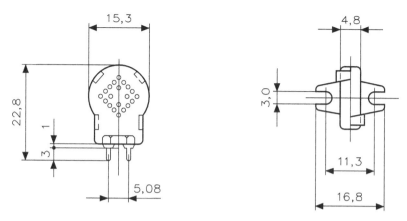

Abb. 5.13 Abmessungen des Feuchtesensors

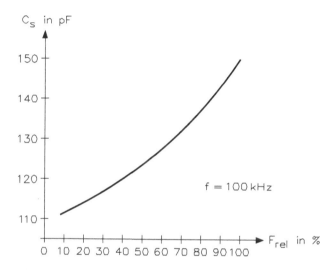

Abb. 5.14 Kapazität C_s des Sensors in Abhängigkeit der relativen Feuchte

für $\Delta C = 0$ die Brückendifferenzspannung ΔU ebenfalls gleich Null ist. Der sich für eine bestimmte Feuchte einstellende Wert für ΔU ist dann nur von ΔC abhängig. ΔU wird gleichgerichtet und verstärkt, anschließend angezeigt oder als Istwert für eine Steuerung oder Regelung verwendet.

Die Kapazität $C_s = C_0 + \Delta C$ des Sensors ist in geringem Maße von der Messfrequenz abhängig. In Tab. 5.2 sind für vier Frequenzen die Kapazitätswerte von C_s bei $F_{rel} = 0\,\%$ (hier als C_0 bezeichnet) und für C_s bei $F_{rel} = 12\,\%$ sowie der Kapazitätsunterschied ΔC zwischen $F_{rel} = 0\,\%$ und $F_{rel} = 100\,\%$ angegeben.

Es handelt sich bei den Zahlen in der Tabelle um typische Werte; aufgrund der Fertigungsstreuungen können diese im Rahmen der zugelassenen Toleranzen abweichen.

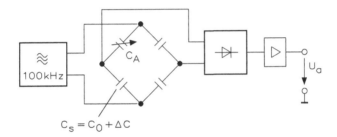

Abb. 5.15 Prinzipschaltung einer Messbrücke zur Erfassung der Kapazitätsänderungen des Feuchtesensors

Tab. 5.2 Kapazitätswerte des Feuchtesensors für verschiedene Frequenzen

Frequenz	C_0 ($F_{rel}=0\,\%$)	C_s ($F_{rel}=12\,\%$)	ΔC ($F_{rel}=0\dots100\,\%$)
1 kHz	116,1 pF	119,7 pF	45,5 pF
10 kHz	112,7 pF	116,2 pF	44,2 pF
100 kHz	109,0 pF	112,3 pF	42,7 pF
1 MHz	104,6 pF	107,9 pF	41,0 pF

Die relative Änderung dieser Werte durch die Frequenz sind jedoch praktisch gleich den relativen Änderungen der typischen Werte.

Abb. 5.16 zeigt eine Messschaltung mit fünf NOR-Gattern, enthalten in zwei CMOS-Bausteinen vom Typ 4001. Die Schaltung arbeitet nach dem Prinzip der differentiellen Impulsmessung. Der Bereich der Betriebsspannung kann zwischen 4,5 und 9 V liegen, der Stromverbrauch beträgt bei einer mittleren Feuchte um 100 pA.

Die vier NOR-Gatter $G_1, \dots, G_4$ bilden zwei Rechteckgeneratoren M_1 und M_2. Rechteckgenerator M_1 schwingt frei mit einer Frequenz, die durch den 470-kΩ-Widerstand und die Gesamtkapazität der beiden Kondensatoren C_1 und C_2 bestimmt wird. In diesem Beispiel wird eine Frequenz von 10 kHz erzeugt. Rechteckgenerator M_2 wird durch M_1 synchronisiert, arbeitet also mit der gleichen Frequenz wie M_1. Die Impulsdauer von Abb. 5.17 ist von der Kapazität $C_0+\Delta C$ des Sensors und damit von der Feuchte abhängig. Zwischen den beiden Rechteckgeneratoren, die über das NOR-Gatter G_5 verknüpft sind, treten Differenzimpulse mit der Dauer $t_3=t_2-t_1 \approx \Delta C$ auf, wenn für beide der gleiche Proportionalitätsfaktor gilt. Wählt man die Periodendauer T der Rechteckspannungen beispielsweise zu $T=2 \cdot t_1$ und verwenden alle Impulse die Amplitude, dann gilt für den arithmetischen Mittelwert der Ausgangsspannung U_0

$$U_{0(AV)} = \frac{t_3}{T} \cdot U_b = \frac{\Delta C}{2 \cdot C_0} \cdot U_b$$

Die Temperatur- und Spannungsabhängigkeit des Verhältnisses t_3/T ist sehr gering, wenn

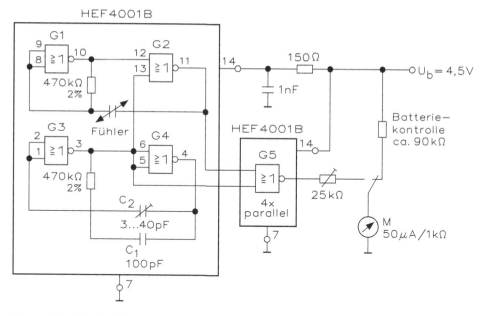

Abb. 5.16 Einfache Messschaltung zur Erfassung der Feuchte

Abb. 5.17 Impulsdiagramm
der Differenzbildung für die
Schaltung von Abb. 5.16

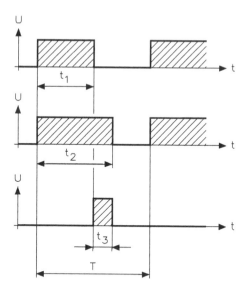

- die Eigenschaften beider Rechteckgeneratoren weitgehend identisch sind, z. B. wenn
  man den CMOS-Baustein 4001 verwendet
- die Sensor-Kapazität $(C_0 + \Delta C)$ und der Trimmkondensator (C_2) den gleichen
  Temperaturkoeffizienten aufweisen

Tab. 5.3 Skalisierung des Feuchtesensors im Frequenzbereich von 10 kHz bis 1 MHz

F_{rel} [%]	0	10	20	30	40	50	60	70	80	90	100
Anzeige [%]	0	6,6	13,2	20,5	29,0	36,8	46,0	56,6	67,6	81,6	100

Die in den beiden Rechteckgeneratoren erzeugten Impulse gelangen an die Eingänge eines weiteren CMOS-Bausteines, der in Abhängigkeit von der Differenz der Impulse gesteuert wird. Die vier NOR-Gatter dieses zweiten Bausteins sind parallel geschaltet, sodass man einen relativ niederohmigen Ausgang erhält, an den über ein Potentiometer von 25 kΩ das Anzeigeinstrument (50 μA, 1 kΩ) angeschlossen ist.

Wegen des nicht linearen Zusammenhangs von Sensor-Kapazität und relativer Feuchte ist ein Anzeigeinstrument mit spezieller Skaleneinteilung erforderlich. Für den Frequenzbereich von 10 kHz bis 1 MHz gilt die Skalisierungstabelle Tab. 5.3.

Durch zusätzliche schaltungstechnische Maßnahmen ist es möglich, eine weitgehende Linearisierung der Anzeige zu erreichen und ein Instrument mit linearer Skaleneinteilung zu verwenden. Abb. 5.18 bringt die Linearisierungsschaltung, die am Ausgang des NOR-Gatters angeschlossen wird.

Die Schaltung von Abb. 5.18 liegt in zwei Versionen vor und zwar

- für den Betrieb eines Anzeigeinstruments (50 μA, 1 kΩ)
- mit Spannungsausgang (0 … 1 V)

Im Prinzip arbeitet die Linearisierungsschaltung nach folgendem Prinzip: Die in der Messschaltung gebildeten Ausgangsimpulse laden über die Diode D (1N4148) und den Widerstand R_1 den Kondensator C auf, während gleichzeitig ein zur Kondensatorspannung proportionaler Entladestrom über R_2 fließt. Die am Kondensator auftretende Ausgangsspannung U_0' ist zum arithmetischen Mittelwert der Impulsausgangsspannung $U_{0(AV)}$ nicht proportional. Durch geeignete Dimensionierung der Bauteile C, R_1 und R_2 in Verbindung mit einem zusätzlichen Strom über R_3 lässt sich die Funktion $U_0' = f(U_0)$

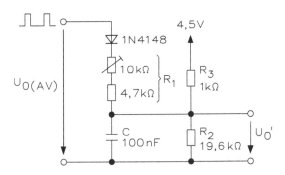

Abb. 5.18 Linearisierungsschaltung für den Feuchtesensor

so gestalten, dass der Zusammenhang zwischen der Ausgangsspannung U_0' und der Messgröße F eine wesentlich verbesserte Linearität aufweist.

In den Messwert $U_{0(AV)}$ geht die Betriebsspannung direkt ein; diese muss daher gegebenenfalls stabilisiert werden. Die einfache Schaltung lässt sich sehr preisgünstig aufbauen, sie arbeitet zuverlässig und mit einer für viele Anwendungsfälle ausreichenden Genauigkeit. Bei Versorgung durch drei Mignonzellen ist ein Dauerbetrieb von etwa einem Jahr möglich.

Der Abgleich der Schaltung wird bei einer Betriebsspannung von $+4,5$ V vorgenommen; anstelle des Feuchtesensors verwendet man für den Grundabgleich einen Kondensator von 118 pF. Danach wird C_2 auf die minimale Anzeige bzw. Ausgangsspannung abgeglichen. Anschließend wird der 118-pF-Kondensator gegen einen mit 159 pF ausgetauscht, und die Schaltung wird mit dem 10-kΩ- oder 25-kΩ-Einsteller auf Vollausschlag des Zeigerinstruments bzw. auf eine Ausgangsspannung von 1 V abgeglichen. Erst jetzt kann man den Feuchtesensor einbauen. Anschließend wird mit C_2 abgeglichen, bis der Sollwert der vorliegenden Feuchte (zweckmäßigerweise bei $F_{rel} \approx 50$ %) angezeigt wird bzw. die entsprechende Ausgangsspannung erscheint.

Nimmt man den Abgleich der Schaltung bei einer mittleren Feuchte vor, ergibt sich in diesem wichtigen Bereich die höchste Messgenauigkeit, aber an den Bereichsenden wird der mögliche Fehler größer. Anhand der angegebenen Messwertergebnisse dürfte der Messfehler unter ungünstigsten Bedingungen bei der stabilisierten Schaltung in Bereichsmitte etwa 5 % und bei 10 % bzw. 90 % Feuchte etwa 8 % betragen. Bei einer unstabilisierten Betriebsspannung geht man von den doppelten Werten aus. Im Normalfall, d. h. bei Zimmertemperatur und der Nennbetriebstemperatur, die bei der außerordentlich geringen Stromaufnahme für den größten Abschnitt der Betriebszeit vorliegt, dürften die Anzeigefehler deutlich unter diesen Grenzwerten liegen.

Zum Justieren oder Eichen der Feuchtesensor-Schaltung eignen sich gesättigte Salzlösungen. Hierbei nutzt man die Tatsache (siehe DIN 40046), dass die relative Feuchte der Luft, die sich in einem geschlossenen Behälter über einer darin enthaltenen gesättigten Salzlösung einstellt, einen bestimmten, nur von der Temperatur abhängigen Wert hat. Hierbei ordnet man den Sensor in einem luftdicht verschlossenen Behälter so an, dass dessen Anschlussstifte durch die Behälterwandung geführt und von außen mit der Schaltung kontaktiert werden können. Dann legt man einen mit der gesättigten Lösung getränkten Wattebausch in den Behälter und verschließt ihn luftdicht. Nach einer Wartezeit von mindestens 30 min bei konstanter Temperatur kann die Schaltung abgeglichen werden.

5.3.2 Feuchteabhängige Steuerung

Für eine feuchteabhängige Steuerung wird häufig eine Schaltung benötigt, die bei einer vorgegebenen relativen Feuchte einen Schaltvorgang auslöst. Wird die vom Feuchtesensor gemessene relative Luftfeuchte überschritten, so zieht ein Relais an.

Bei Unterschreiten dieses Wertes fällt das Relais wieder ab. Dabei ist die Schalthysterese einstellbar. Zwei Leuchtdioden für die Betriebsspannung und das Relais signalisieren die Betriebszustände.

Die Schaltung von Abb. 5.19 lässt sich als Detektor, Melde- oder Warneinrichtung für Schwitzwasser und Feuchtigkeit verwenden. Die Ansprechschwelle ist stufenlos einstellbar. Die Schaltung ist nicht für eine Anzeige der Luftfeuchte gedacht. Der Sensor hat eine gewisse Reaktionszeit. Bei schlagartigen Änderungen der Feuchte (etwa beim Transport in eine andere Umgebung) muss man daher einige Minuten warten, bis das Messsignal nachkommt.

Der Sensor hat bei einer Feuchte von $0\,\%$ eine Kapazität von ca. $105\ldots115\,\text{pF}$, bei einer Feuchte von $100\,\%$ ca. $145\ldots160$ pF. Der Variationsbereich ist also etwa $40\ldots45\,\text{pF}$ oder ca. $40\,\%$ bezogen auf die Grundkapazität.

Solche Variationen kann man recht einfach auf indirektem Wege erfassen. Man baut dazu mit dem veränderlichen Kondensator einen Oszillator auf und detektiert dessen Frequenzänderungen. Die Schaltung von Abb. 5.19 arbeitet folgendermaßen: Der mit drei CMOS-NICHT-Gattern aufgebaute RC-Oszillator liefert als Referenzsignal eine Rechteckfrequenz von ca. 300 kHz. Dieser Ausgang ist mit „Int" bezeichnet. Der nachgeschaltete vierstufige Binärzähler teilt diese Frequenz durch 16, sodass am Punkt 2 etwa 20 kHz anliegen, entsprechend einer Periodendauer von 50 µs.

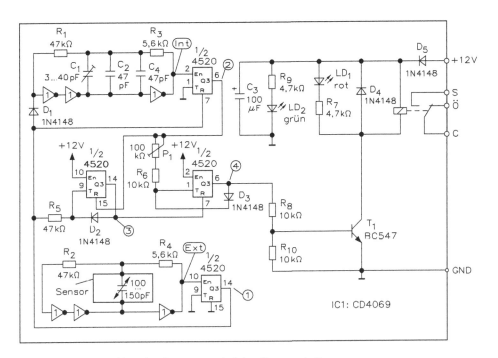

Abb. 5.19 Feuchteabhängige Steuerung mit Schwellwertverhalten

Der identische RC-Oszillator unten links verwendet als frequenzbestimmendes Element die variable Sensor-Kapazität. Hier wird das Rechtecksignal „Ext" erzeugt, das ebenfalls mit ca. 300 kHz schwingt und am Punkt 1 wiederum mit etwa 20 kHz ansteht. Der Ext-Oszillator (und Punkt 1) läuft permanent durch und taktet auch den 4-Bit-Zähler IC3.1 (CMOS-Baustein 4520). Dieser sperrt sich selbst und seinen Nachbar IC3.2 (4520), wenn nach acht CLK-Impulsen der Ausgang Q3 (Punkt 3) auf 1-Signal schaltet. Ist dies der Fall, befindet sich Punkt 4 kontinuierlich auf 0-Signal und der Transistor mit seinem Relais sperrt.

Durch das Setzen von Punkt 3 kann der Int-Oszillator verhindern, wenn nämlich der Ext-Ausgang schneller ist, also auf einer höheren Frequenz schwingt. Ist dies der Fall, setzt er den Zähler 4520 kurz vor Erreichen des achten Impulses auf 0 zurück, durch ein 1-Signal von Punkt 2, der mit RESET verbunden ist. Gleichzeitig zählt der Punkt-2-Takt den Zähler 4520 hoch (über P_1 und R_6), und nach dem achten CLK-Impuls geht der Punkt 4 auf 1-Signal. Die Diode D_3 sperrt nun den eigenen Takteingang und jetzt bekommt der Transistor über den Widerstand R_8 den nötigen Basisstrom. Dieser wird verstärkt und schaltet das Relais ein. Der Fall tritt auf, wenn die Int-Frequenz größer ist als die Ext-Frequenz.

Wie bereits erwähnt, nimmt die Kapazität des Sensors mit steigender Feuchte zu, sodass die Oszillatorfrequenz damit sinkt. Übersteigt die Feuchtigkeit einen bestimmten Wert, schaltet das Relais ein. Der obere Oszillator kann nur während der 0-Signal-Zeiten von Punkt 1 schwingen, weil er bei 1-Signal an 1 über die Diode D_1 gesperrt wird. Damit werden das definierte Anschwingen und die Synchronisation zwischen beiden Oszillatoren hergestellt. Die acht Impulse am 16er-Teiler kommen dadurch zustande, dass der letzte Ausgang acht Impulse lang auf 1-Signal und acht Impulse auf 0-Signal liegt.

Der CMOS-Baustein 4520 enthält zwei komplette 4-Bit-Zähler. Über den T-Eingang (Pin 1 und 9) liegt das jeweilige Taktsignal an. Die internen Flipflops arbeiten mit der positiven Taktflanke am T-Eingang. Hat der E_n-Eingang (Pin 2 und 10) ein 1-Signal, können die Taktimpulse den internen Zähler erreichen. Bei einem 0-Signal ist der jeweilige T-Eingang gesperrt. Man kann aber auch den E_n-Eingang als Frequenzeingang verwenden, dann lässt sich über den eigentlichen T-Eingang der Frequenzeingang sperren, wie dies hier der Fall ist. Gibt man auf den R-Eingang (Pin 7 und 15) ein 1-Signal, werden die internen Flipflops des jeweiligen Zählers auf 0 zurückgesetzt, d. h. die vier Ausgänge eines Zählers weisen dann ein 0-Signal auf. Die Ausgänge Q_0 (Pin 3 und 11), Q_1 (Pin 4 und 12) und Q_2 (Pin 5 und 13) werden in dieser Anwendung nicht benötigt, sondern nur die Ausgänge Q_0 (Pin 6 und Pin 14).

Der Einsteller P_1 ist ein analoger „Kunstgriff" inmitten der digitalen Umgebung. Er bildet zusammen mit der parasitären Eingangskapazität des CMOS-Bausteins ein RC-Glied, das die Flanken an CLK (Pin 1) verschleift und abschwächt. Bei einem größeren Widerstandswert des Einstellers wirkt deshalb nicht jeder CLK-Impuls, sondern nur ein Teil davon, nach entsprechender Integration. Punkt 4 kippt daher nicht sofort nach dem achten Takt, sondern erst entsprechend später, und das lässt sich als Hysterese ausnutzen. Die Schaltung hat kein undefiniertes Hin- und Herkippen im Umschaltaugenblick.

Nach dem Aufbau der Schaltung schließt man an die mit F-Sensor bezeichneten Stifte den Feuchtesensor an. Eine längere Kabelverbindung zwischen Sensor und Messschaltung sollte möglichst vermieden werden, da sich die Schaltungskapazität erhöht und zu einer Verringerung des Tastverhältnisses führt. Wenn man eine Leitung zwischen Sensor und Platine einfügen muss, so ist eine Referenzkapazität einzuführen.

Für den Abgleich dreht man den Schleifer des Einstellers P_1 an den linken Anschlag. Schaltet man jetzt die Betriebsspannung ein, muss die grüne Leuchtdiode Licht emittieren. Den Drehkondensator C_1 darf man nur mit einem Plastik-Schraubendreher verstellen, da ein metallischer die Kapazität stark verfälschen würde. Man verstellt den Kondensator C_1 so lange, bis das Relais abfällt, danach bringt man die Schaltung in eine Umgebung, in der diejenige Feuchte herrscht, die es zu messen gilt. Nach einer Wartezeit von drei bis fünf Minuten justiert man durch Verdrehen des Drehkondensators C_1 den Schaltpunkt und bringt den Einsteller anschließend in Mittelstellung. Sollte das Ansprechverhalten im Umschaltaugenblick zu unruhig oder zu träge sein, lässt sich das mit dem Einsteller entsprechend korrigieren.

Einen sehr genauen Referenzpunkt kann man im Übrigen mit einem abgeschlossenen Behälter herstellen, in dem sich eine gesättigte Natriumchlorid-Lösung befindet (Kochsalz). Die Luft in diesem Behälter nimmt im Bereich von 25 bis 50°C konstant eine relative Feuchte von 75 % an.

USB-Oszilloskop

6

Zusammenfassung

Ein USB-Oszilloskop ist ein Messgerät, das aus einem Hardware-Oszilloskopmodul mit den Messeingängen und einer Oszilloskop-Software besteht, das auf einem PC oder Laptop ausgeführt wird. Oszilloskope waren ursprünglich eigenständige Geräte ohne zusätzlicher Signalverarbeitung und erweiterten Messfunktionen, bei denen die Erweiterungen nur als teure Zusatzausstattung zur Verfügung standen. Oszilloskope ab 1990 verwendeten digitale Technologien, um zusätzliche Funktionen zu bieten.

Ein USB-Oszilloskop ist ein Messgerät, das aus einem Hardware-Oszilloskopmodul mit den Messeingängen und einer Oszilloskop-Software besteht, das auf einem PC oder Laptop ausgeführt wird. Oszilloskope waren ursprünglich eigenständige Geräte ohne zusätzlicher Signalverarbeitung und erweiterten Messfunktionen, bei denen die Erweiterungen nur als teure Zusatzausstattung zur Verfügung standen. Oszilloskope ab 1990 verwendeten digitale Technologien, um zusätzliche Funktionen zu bieten. PC-Oszilloskope sind der neueste Schritt in der Entwicklung von Oszilloskopen und vereinen die Messleistung der Oszilloskopmodule mit dem Komfort des PC oder Laptops, der bereits auf dem Schreib- oder Labortisch steht. Abb. 6.1 zeigt einen Laptop mit einem USB-Oszilloskop.

Der USB-Bus (Universal Serial Bus) ist ein verbreiteter Standard, der dem bisherigen Schnittstellen-Wirrwarr ein Ende bereiten soll. Bisher wurde die Maus über die serielle Schnittstelle RS232C oder den PS/2-Anschluss angeschlossen. Drucker, Scanner und externe CD-Laufwerke werden mit dem Parallelport verbunden, und die Tastatur verwendet wieder einen eigenen Anschluss. Externe Lautsprecher schließt man an der Soundkarte an und beim Monitor führt das Kabel zur Grafikkarte. Damit wird dieser Nachteil mit der USB-Technik minimiert, denn alle Geräte lassen sich zusammen an eine Schnittstelle anschließen. Das funktioniert natürlich nur bei Mainboards oder Geräten, die einen USB-Anschluss besitzen.

© Springer Fachmedien Wiesbaden GmbH, ein Teil von Springer Nature 2024   349
H. Bernstein, *Messelektronik und Sensoren*,
https://doi.org/10.1007/978-3-658-38929-1_6

Der Anschluss der Geräte ist einfach und man muss das Gerät nur über ein USB-Kabel mit dem Rechner verbinden. Das Betriebssystem erkennt die neue Peripherie automatisch und fordert den Benutzer zur Installation eines Treibers auf. Dieser wird vom Hersteller auf CD mit dem Gerät zusammen ausgeliefert. In einigen Fällen muss man den Treiber auch vor dem ersten Betrieb des Gerätes installieren. Auf diese Weise kann man bis zu 127 USB-Geräte am PC oder Laptop anschließen. Am PC oder Laptop befinden sich normalerweise nur zwei USB-Anschlüsse. Wenn mehrere Geräte gleichzeitig laufen sollen, muss man zusätzlich einen oder mehrere USB-Hubs erwerben. Abb. 6.2 zeigt die USB-Schnittstellen USB2 und USB3, USB4 ist am Stecker blau.

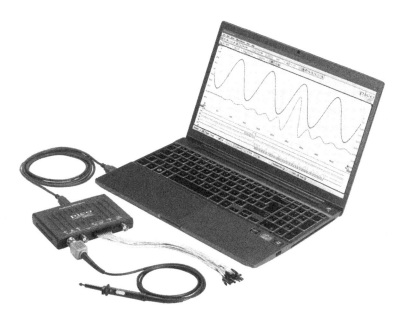

Abb. 6.1 Laptop mit einem USB-Oszilloskop

Abb. 6.2 USB-Schnittstellen von USB2, USB3 und USB4

Tab. 6.1 Übersicht der Schnittstellen von USB2, USB3 und USB4

Bezeichnung		Datenrate (brutto)	Datenrate (netto)	Stromstärke (max.)	Leistung (max.)	Jahr
USB1.0/1.1	Low Speed	1,5 Mbit/s	130 kbit/s	0,1 A	0,5 W	1998
	Full Speed	12 Mbit/s	1 Mbit/s	0,1 A	0,5 W	1998
USB2.0	High Speed	480 Mbit/s	40 Mbit/s	0,5 A	2,5 W	2000
USB3.0	Gen1	5 Gbit/s	450 Mbit/s	0,9 A	4,5 W	2008
USB3.1	Gen2	10 Gbit/s	800 Mbit/s	0,9 A	4,5 W	2013
USB3.2	Gen2 × 2	20 Gbit/s	2 Gbit/s	3 A	15 W	2017
USB4	Gen3 × 2	40 Gbit/s	4 Gbit/s	3 A	15 W	2019

Die maximale Übertragungsrate für USB2 liegt bei 12 Mbit/s. Das genügt für alle erwähnten Geräte (Maus, Scanner, CD-ROM usw.). Der Vorteil von USB liegt, neben der Verwendung eines einheitlichen Kabels, vor allem in der „hot-plug"-Fähigkeit. Damit ist gemeint, dass man das USB-Gerät während des Betriebs anschließen oder abklemmen kann. Das ist bei bisherigen Peripherie-Geräten in der Praxis nicht ohne weiteres möglich oder sogar gefährlich. Im Normalfall muss man alle Geräte an einen PC im ausgeschalteten Zustand anschließen, sonst kann die USB-Schnittstelle Schaden nehmen.

Tab. 6.1 zeigt eine Übersicht des Universal Seriellen Busses (USB).

Ein USB-Oszilloskop bietet eine Zeitbasis von 10 ns bis 5000 s/Div und eine vertikale Ablenkung von 10 mV bis 4 V/Div. Die Eingangsimpedanz beträgt 1 MΩ und die Eingangsspannung maximal 100 V. Die Anzahl der analogen Eingänge hängt von dem verwendeten USB-Oszilloskop ab und je nach Typ sind bis zu 16 Eingangskanäle vorhanden.

6.1 Messungen mit USB-Oszilloskop

Dieses Kapitel erläutert die grundlegenden Konzepte, die man kennen muss, bevor man ein USB-Oszilloskop in Betrieb nimmt und mit diesem arbeitet. Wenn man bereits mit einem Oszilloskop gearbeitet hat, ist man weitgehend mit der speziellen Arbeitsweise vertraut.

Ein Oszilloskop ist ein Messgerät, das eine Spannungskurve über die Zeit anzeigt. Die Abb. 6.3 zeigt z. B. eine typische Anzeige auf einem Oszilloskopbildschirm, wenn eine veränderliche Spannung an einen der Eingangskanäle angelegt wird.

Oszilloskopanzeigen werden immer von links nach rechts gelesen. Die Spannungs-Zeit-Kennlinie des Signals wird als Linie gezeichnet, die man als Kurve bezeichnet. In diesem Beispiel ist die Kurve blau und beginnt bei Punkt A. Links neben diesem Punkt bezeichnet man den Wert 0.0 auf der Spannungsachse, der angibt, dass die Spannung 0,0 V (Volt) beträgt. Unterhalb von Punkt A sieht man einen weiteren Wert 0.0, diesmal auf der Zeitachse, der angibt, dass die Zeit an diesem Punkt 0,0 ms beträgt.

Abb. 6.3 Arbeiten mit einer
Spannungs-Zeit-Kennlinie

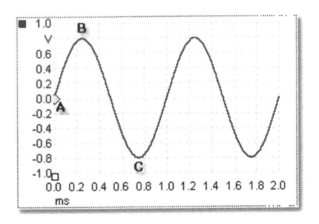

An Punkt B ist die Spannung 0,25 ms später auf eine positive Spitze von 0,8 V angestiegen. Am Punkt C hat die Spannung 0,75 ms und die negative Spitze hat sich reduziert auf −0,8 V. Nach 1 ms ist die Spannung wieder auf 0,0 V angestiegen und ein neuer Zyklus beginnt. Diese Art Signal wird als Sinuswelle definiert und zählt zu dem nahezu unbegrenzten Repertoire an Signaltypen, die man messen bzw. verarbeiten und aufzeichnen kann.

Die meisten Oszilloskope ermöglichen es, die vertikale und horizontale Skalierung der Anzeige anzupassen. Die vertikale Skalierung wird als Spannungsbereich bezeichnet, zumindest in diesem Beispiel, und es sind auch Skalierungen in anderen Einheiten wie Milliampere möglich. Die horizontale Skalierung wird als Zeitbasis bezeichnet und in Zeiteinheiten s, ms oder µs gemessen.

Ein PC-Oszilloskop ist ein Messgerät, das aus einem Hardware-Oszilloskopmodul und einem Oszilloskopprogramm besteht, das auf einem PC ausgeführt wird. Oszilloskope waren ursprünglich eigenständige Geräte ohne Signalverarbeitungs- oder Messfunktionen, bei denen der Messspeicher nur als teure Zusatzausstattung zur Verfügung stand. Bei neueren Oszilloskopen begann man, neue digitale Technologie zu verwenden, um zusätzliche Funktionen zu bieten – blieben jedoch den hoch spezialisierten und teuren Geräte vorbehalten. USB-Oszilloskope sind der neueste Schritt in der Entwicklung von Oszilloskopen und vereinen die Messleistung der Oszilloskopmodule mit dem Komfort des PC, der bereits auf dem Labor- oder Schreibtisch steht.

6.1.1 Aufzeichnungsarten

Ein PC-Oszilloskop lässt sich in drei Aufzeichnungsarten betreiben: Oszilloskopmodus, Spektralmodus und Persistenzmodus. Der Modus wird mit den Schaltflächen in der Symbolleiste „Aufzeichnung einrichten" ausgewählt.

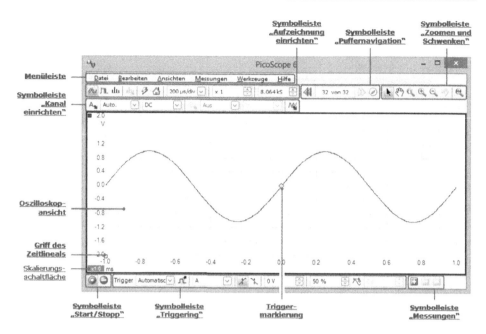

Abb. 6.4 Messen im Spektralmodus

Im Oszilloskopmodus zeigt das USB-Oszilloskop eine Haupt-Oszilloskopansicht an, optimiert die Einstellungen zur Verwendung als PC-Oszilloskop und ermöglicht, die Aufzeichnungsdauer direkt einzustellen. Man kann dennoch eine oder mehrere sekundäre Spektralansichten anzeigen.

Im Spektralmodus zeigt USB-Oszilloskop eine Haupt-Spektralansicht an, optimiert die Einstellungen für die Spektralanalyse und ermöglicht es, den Frequenzbereich ähnlich wie für einen spezifischen Spektrumanalysator einzustellen. Man kann dennoch eine oder mehrere sekundäre Oszilloskopansichten anzeigen, wie Abb. 6.4 zeigt.

Im Persistenzmodus zeigt das USB-Oszilloskop eine einzelne oder modifizierte Oszilloskopansicht an, in der alte Kurven in verblassenden Farben auf dem Bildschirm verbleiben, während neue Kurven in helleren Farben gezeichnet werden. So erkennt so man bereits Störungen im Persistenzmodus und diese werden im Dialogfeld „Persistenzoptionen" ausgegeben.

Wenn man Wellenformen und Einstellungen misst, speichert das USB-Oszilloskop nur Daten des aktuell verwendeten Modus auf. Wenn man Einstellungen für beide Aufzeichnungsmodi speichern möchte, muss man in den anderen Modus wechseln und die Einstellungen erneut speichern. Die Schaltflächen für die Aufzeichnungsarten sind:

Schaltflächen für die Aufzeichnungsart

Die Aufzeichnungsart teilt dem USB-Oszilloskop mit, ob man primär Wellenformen (Oszilloskopmodus) oder Frequenzdarstellungen (Spektralmodus) betrachten möchte. Wenn man eine Aufzeichnungsart wählt, richtet USB-Oszilloskop die Hardware entsprechend ein und zeigt eine Ansicht an, die der Aufzeichnungsart entspricht d. h. eine Oszilloskopansicht, wenn man den Oszilloskopmodus, Persistenzmodus, Spektralansicht oder wenn man den Spektralmodus auswählt.

Sobald das USB-Oszilloskop die erste Messung angezeigt hat, kann man bei Bedarf unabhängig von der aktuellen Aufzeichnungsart weitere Oszilloskop- oder Spektralansichten hinzufügen. Man kann dann so viele zusätzliche Ansichten wie man möchte hinzufügen, solange eine davon der Aufzeichnungsart entspricht, wie Abb. 6.5 zeigt.

Die Beispiele zeigen, wie man in USB-Oszilloskop die Aufzeichnungsart auswählen und zusätzliche Ansichten öffnen kann. Oben: Persistenzmodus (nur eine Ansicht), Mitte: Oszilloskopmodus und unten: Spektralmodus.

Wenn man einen sekundären Ansichtstyp verwendet (eine Spektralansicht im Oszilloskopmodus oder eine Oszilloskopansicht im Spektralmodus), werden die Daten

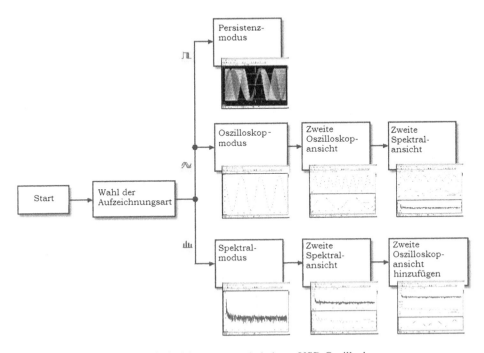

Abb. 6.5 Ansichten der drei Aufzeichnungsarten bei einem USB-Oszilloskop

möglicherweise nicht übersichtlich wie in einer primären Ansicht, sondern horizontal komprimiert angezeigt. Zusätzlich kann man die Darstellung in der Regel durch Zoom-Werkzeuge optimieren.

6.1.2 USB-Oszilloskop-Fenster

Das USB-Oszilloskop-Fenster von Abb. 6.6 zeigt einen Datenblock, der vom Oszilloskopmodul erfasst wurde. Wenn man das USB-Oszilloskop erstmals öffnet, erhält man eine Oszilloskopansicht. Man kann jedoch weitere Ansichten hinzufügen, indem man auf die Ansicht im Menü „Ansichten" klickt. Der Screenshot zeigt die Hauptfunktionen des USB-Oszilloskop-Fensters. Wenn man auf die unterstrichenen Beschriftungen klickt, werden weitere Informationen angezeigt.

Wenn das USB-Oszilloskop-Fenster mehrere Ansichten enthält, ordnet man das USB-Oszilloskop in einem Raster an. Dies erfolgt automatisch und die Anordnung passt sich an. Die rechteckigen Bereiche in diesem Raster werden als Ansichtsfenster bezeichnet. Man kann eine Ansicht mit dem Kartenreiter in ein anderes Ansichtsfenster ziehen, jedoch nicht außerhalb des USB-Oszilloskop-Fensters liegen. Man kann auch mehrere Ansichten in einem Ansichtsfenster platzieren, indem man in das Ansichtsfenster zieht und übereinander ablegt.

Um weitere Optionen anzuzeigen, klickt man mit der rechten Maustaste, um das Menü „Ansicht" zu öffnen, oder man wählt die Ansicht in der Menüleiste und dann eine der Menüoptionen zum Anordnen der Ansichten aus.

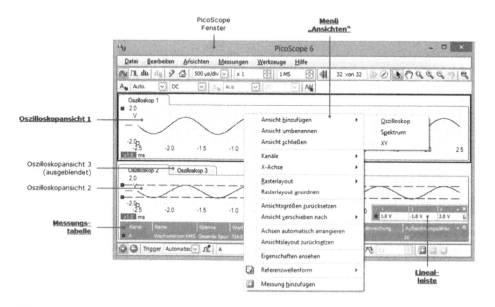

Abb. 6.6 Informationsfenster des USB-Oszilloskops

Eine Oszilloskopansicht zeigt die Daten, die vom Oszilloskop erfasst werden, als Diagramm der Signalamplitude über die Zeit. Das USB-Oszilloskop wird mit einer einzelnen Ansicht geöffnet und man kann weitere Ansichten über das Menü „Ansichten" hinzufügen. Ähnlich wie auf dem Bildschirm eines herkömmlichen Oszilloskops zeigt eine Oszilloskopansicht eine oder mehrere Wellenformen mit einer gemeinsamen horizontalen Zeitachse, während der Signalpegel auf einer oder mehreren vertikalen Achsen angezeigt wird. Jede Ansicht kann so viele Wellenformen umfassen, wie das Oszilloskop Kanäle hat. Klickt man unten auf eine der Beschriftungen, kann man über diese Funktion mehr erfahren. Abb. 6.7 zeigt die Ansichten mit dem USB-Oszilloskop.

Oszilloskopansichten sind unabhängig davon verfügbar, welcher Modus – Oszilloskopmodus oder Spektralmodus – aktiv ist.

Wenn die Software eine Überspannung (ein Signal außerhalb des Messbereichs) erkennt, wird das rote Warnsymbol (!) in der oberen Ecke des USB-Oszilloskop-Bildschirms neben der vertikalen Achse des betreffenden Kanals angezeigt.

Nur für Oszilloskope mit potentialfreien Eingängen: Wenn die Spannung am BNC-Leiter zum Fahrgestell die Messgrenze überschreitet, leuchtet die Kanal-LED durchgehend rot, und das gelbe Warnsymbol (W) erscheint in der oberen Ecke des USB-Oszilloskop-Bildschirms neben der vertikalen Achse des betreffenden Kanals. Wenn die. Messgrenze überschritten wird, fehlen außerdem Teile der Wellenform.

6.1.3 MSO-Ansicht für Mixed-Signal-Oszilloskop

Die MSO-Ansicht (Mixed-Signal-Oszilloskop) zeigt gemischte analoge und digitale Daten mit der gleichen Zeitbasis an, wie Abb. 6.8 zeigt.

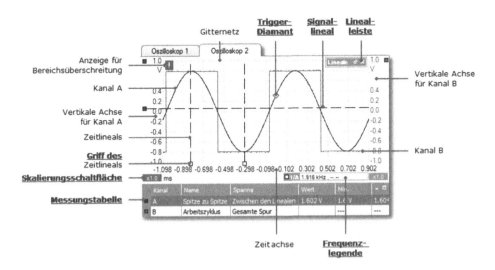

Abb. 6.7 Ansichten mit dem USB-Oszilloskop

Schaltfläche (Digitaleingänge): Schaltet die digitale Ansicht in der Anzeige ein oder aus und öffnet das Dialogfeld (digitale Einrichtung).

- Analoge Ansicht: Zeigt die analogen Kanäle an und diese entspricht der Standard-Oszilloskopansicht.
- Digitale Ansicht: Zeigt die digitalen Kanäle und Gruppen an.
- Teiler: Man zieht den Teiler nach oben oder nach unten, um die Partition zwischen analogen und digitalen Abschnitten zu bewegen.

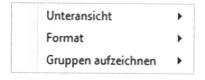

Hinweis 1:   Man kann auf die digitale Ansicht rechts klicken, um das digitale Kontext-menü zu öffnen.

Hinweis 2:   Wenn die digitale Ansicht bei Bedarf nicht angezeigt wird, prüft man, dass a) die Schaltfläche „Digitaleingänge" aktiviert ist und b) mindestens ein

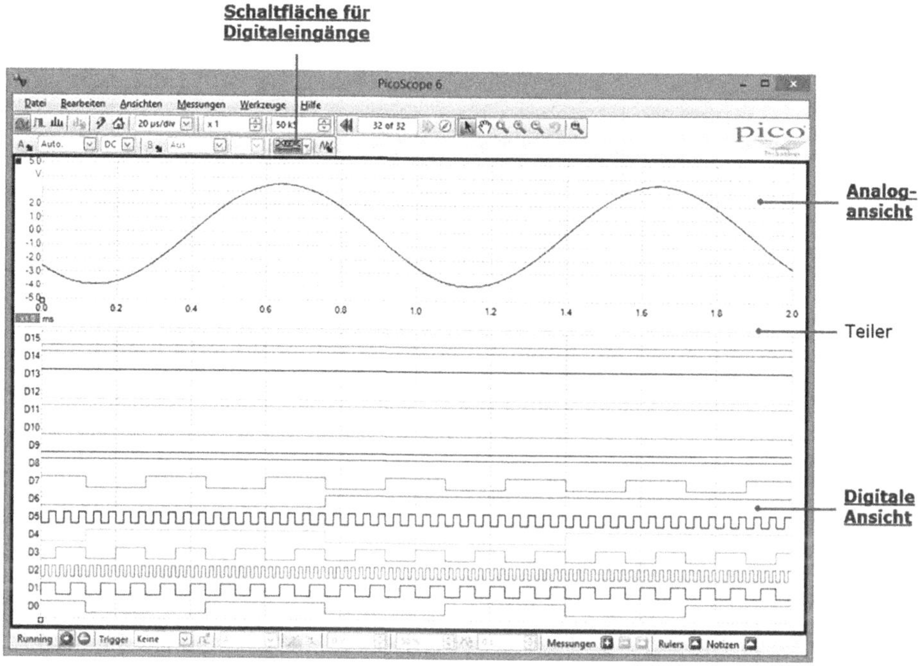

Abb. 6.8 Darstellung von analogen und digitalen Daten

digitaler Kanal zur Anzeige im Dialogfeld „Digital Setup" (digitale Einrichtung) ausgewählt ist.

- Digitale Gruppe: Werden in der Reihenfolge angezeigt, in der man im Dialogfeld „Digitale Einrichtung" diese definiert, in dem man diese umbenennt.
- Gruppen werden im Dialogfeld „Digitale Einrichtung" erstellt und benannt. Man kann in der digitalen Ansicht mit den Schaltflächen – und + erweitern oder reduzieren.

Ein Rechtsklick auf die digitale Ansicht für das digitale Kontextmenü und es erscheinen drei Möglichkeiten, Unteransicht, Format und Gruppen aufzeichnen.
Diese werden in zwei Unteransichten aufgeteilt:

Unteransicht Analog: Ein- oder Ausblenden der analogen Oszilloskopansicht.
Unteransicht Digital: Ein- oder Ausblenden der digitalen Oszilloskopansicht.

Beide Funktionen sind auch verfügbar im Menü „Ansichten".

Format: Das numerische Format Hex, Binary, Decimal oder Signed wird in dem Gruppenwert in der digitalen Oszilloskopansicht angezeigt.

Zeichnungsgruppen:	Nach Werten	By Values (nach Werten): Zeichnet Gruppen mit Übergängen
	Nach Werten	Nur dort, wo der Wert sich ändert G1 00 02 04 06
	Nach Dauer	By Time (nach Zeit): Zeichnet Gruppen mit gleichmäßig über die Zeit Verteilten Übergängen, einen pro Abtastzeitraum. Man muss die Ansicht in der Regel vergrößern, um die einzelnen Übergänge zu sehen G1 00.00.00.00.00.00.00.00.00.00.
	Nach Niveau	By Level (nach Ebene): Zeichnet Gruppen anhand von analogen Ebenen, die aus den digitalen Daten abgeleitet werden G1

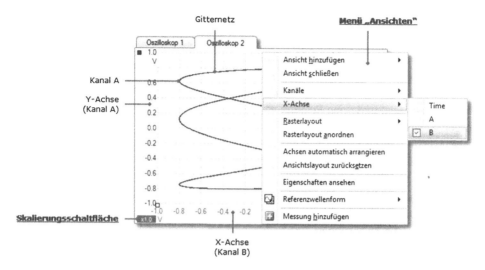

Abb. 6.9 XY-Ansicht für Lissajous-Figuren

Eine XY-Ansicht in der einfachsten Form zeigt ein Diagramm eines Kanals relativ zu einem anderen. Der XY-Modus eignet sich für die Darstellung von Verhältnissen zwischen periodischen Signalen (mithilfe von Lissajous-Figuren) und zur Darstellung von I-V-Merkmalen (Strom/Spannung) von elektronischen Komponenten, wie Abb. 6.9 zeigt.

Im Beispiel von Abb. 6.9 wurden zwei unterschiedliche periodische Signale in die beiden Eingangskanäle eingespeist. Die sanfte Krümmung der Kurve zeigt uns, dass die Eingänge in etwa oder exakte Sinuswellen sind. Die drei Schleifen in der Kurve zeigen, dass Kanal B etwa die dreifache Frequenz von Kanal A hat. Das Verhältnis ist nicht exakt drei, da sich die Kurve langsam dreht, obwohl man dies in dieser statischen Abbildung nicht sehen kann. Da eine XY-Ansicht keine Zeitachse besitzt, erkennt man keine Informationen über die absoluten Frequenzen der Signale. Um die Frequenz zu messen, muss man eine Oszilloskopansicht öffnen. Man erstellt eine XY-Ansicht und es gibt zwei Möglichkeiten, eine XY-Ansicht zu erstellen.

Man verwendet den Befehl „Ansicht hinzufügen" > XY im Menü „Ansichten". Dadurch wird dem USB-Oszilloskop-Fenster eine neue XY-Ansicht hinzugefügt, ohne dass man die Original-Oszilloskop- oder Spektralansicht verändert. Die Software wählt die beiden am besten geeigneten Kanäle, die auf der X- und Y-Achse platziert werden sollen, automatisch aus. Optional kann man die Zuordnung des Kanals für die X-Achse mit dem Befehl X-Achse ändern.

Man verwendet auch den Befehl X-Achse im Menü „Ansichten". Dieser konvertiert die aktuelle Oszilloskopansicht in eine XY-Ansicht. Die bestehenden Y-Achsen bleiben erhalten, und man kann einen beliebigen verfügbaren Kanal für die X-Achse wählen. Mit dieser Methode könnte man der X-Achse sogar einen Rechenkanal oder eine Referenzwellenform zuordnen.

6.1.4 Triggermarkierung

Die Triggermarkierung zeigt die Ebene und das Timing des Trigger-Punktes, wie Abb. 6.10 zeigt.

Die Höhe der Markierung auf der vertikalen Achse zeigt die Ebene, auf die der Trigger gesetzt ist, und seine Position auf der Zeitachse zeigt den Zeitpunkt, wo er dann ausgelöst wird.

Man kann die Triggermarkierung mit der Maus ziehen oder, um präziser zu verschieben, die Schaltflächen in der Symbolleiste „Triggerung" verwenden.

Wenn die Oszilloskopansicht gezoomt und geschwenkt wird, sodass sich der Triggerpunkt sich außerhalb des Bildschirms befindet, wird die Off-Screen-Triggermarkierung neben dem Gitternetz angezeigt, um die Trigger-Ebene anzugeben.

Bei aktivierter Nachtriggerverzögerung wird die Triggermarkierung vorübergehend durch den Nachtriggerpfeil ersetzt, während man die Nachtriggerverzögerung anpasst.

Wenn erweiterte Triggertypen verwendet werden, ändert sich die Triggermarkierung

Abb. 6.10 Triggermarkierung für das Timing des Trigger-Punktes

zu einer Fenstermarkierung, die den oberen und unteren Trigger-Schwellenwert angibt.

Abb. 6.11 Nachtriggerpfeil
für eine Triggermarkierung

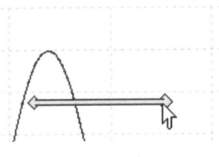

Abb. 6.12 Bezugspunkt des
Triggers

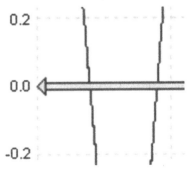

Der Nachtriggerpfeil ist eine modifizierte Form der Triggermarkierung, die vorübergehend in einer Oszilloskopansicht angezeigt wird, während man eine Nachtriggerverzögerung einrichtet oder die Triggermarkierung verschiebt, nachdem man eine Nachtriggerverzögerung eingerichtet hat, wie Abb. 6.11 zeigt.

Das linke Ende des Pfeils gibt den Triggerpunkt an und ist auf den Nullpunkt der Zeitachse ausgerichtet. Wenn sich der Nullpunkt auf der Zeitachse außerhalb der Oszilloskopansicht befindet, sieht man das linke Ende des Nachtriggerpfeils, wie Abb. 6.12 zeigt.

Das rechte Ende des Pfeils (der vorübergehend die Triggermarkierung ersetzt) gibt den Bezugspunkt des Triggers an.

Man verwendet die Schaltflächen in der Symbolleiste „Triggerung" um eine Nachtriggerverzögerung festzulegen.

6.1.5 Spektralansicht

Eine Spektralansicht ist eine Darstellung der Daten eines Oszilloskops. Ein Spektrum ist ein Diagramm des Signalpegels auf einer vertikalen Achse relativ zur Frequenz auf der horizontalen Achse. Ein USB-Oszilloskop wird mit einer einzelnen Oszilloskopansicht geöffnet. Man kann jedoch über das Menü „Ansichten" eine Spektralansicht hinzufügen. Ähnlich wie der Bildschirm eines herkömmlichen Spektrumanalysators zeigt eine Spektralansicht eines oder mehrere Spektren mit einer gemeinsamen Frequenzachse. Jede Ansicht kann so viele Spektren umfassen, wie das Oszilloskop Kanäle hat. Klickt

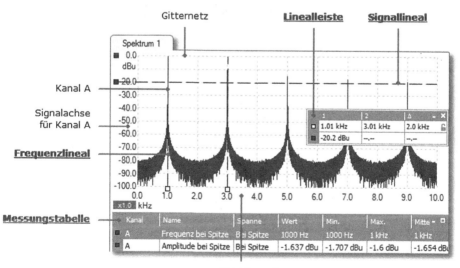

Abb. 6.13 Spektralansicht

man unten auf eine der Beschriftungen, kann man mehr über eine Funktion erfahren. Abb. 6.13 zeigt die Spektralansicht.

Anders als in der Oszilloskopansicht werden die Daten in der Spektralansicht an den Rändern des auf der vertikalen Achse angezeigten Bereichs nicht abgeschnitten, sodass man die Achse skalieren oder einen Offset darauf anwenden kann, um mehr Daten zu sehen. Es werden keine Beschriftungen für Daten außerhalb des „nützlichen"

Bereichs angezeigt, die Lineale funktionieren jedoch auch dort.

Die Spektralansichten sind unabhängig davon verfügbar, welcher Modus – Oszilloskopmodus oder Spektralmodus – aktiv ist.

6.1.6   Persistenzmodus

Der Persistenzmodus überlagert mehrere Wellenformen in derselben Ansicht mit häufiger auftretenden Daten oder neuen Wellenformen in derselben Ansicht, die in helleren Farben als die älteren angezeigt werden. Dies ist nützlich zur Erkennung von Störungen, wenn man ein selten auftretendes Fehlerereignis in einer Serie von wiederholten normalen Ereignissen sehen muss.

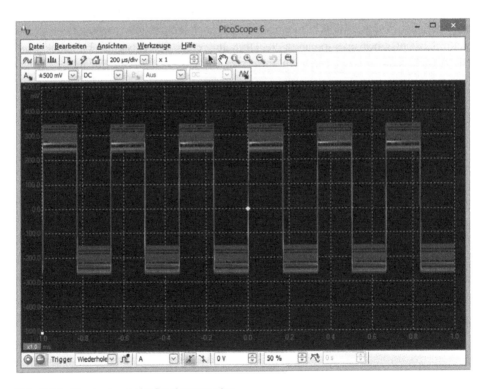

Abb. 6.14 Standardwerte im Persistenzmodus

Man aktiviert den Persistenzmodus, indem man auf die Schaltfläche „Persistenz-modus" in der Symbolleiste „Aufzeichnung einrichten" klickt. Mit den Persistenz-optionen auf hat man einen Standardwert auf dem Bildschirm, wie Abb. 6.14 zeigt.

Die Farben geben die Frequenz der Daten an. Rot wird für die Daten mit der höchsten Frequenz verwendet, gelb für Farben mit mittlerer Frequenz und blau für die Daten mit der geringsten Frequenz. Im Beispiel bleiben die Wellenformen die meiste Zeit im roten Bereich, Störungen führen jedoch dazu, dass man gelegentlich in den blauen und gelben Bereich wandern kann. Dies sind die Standardfarben, die man jedoch im Dialogfeld „Persistenzoptionen" ändern kann.

Dieses Beispiel zeigt den Persistenzmodus in seiner grundlegendsten Form. Im Dialogfeld „Persistenzoptionen" findet man Verfahren, um die Anzeige für der Anwendung anzupassen und einen Abschnitt. So erkennt man Störungen mit dem Per-sistenzmodus mit einem praktischen Beispiel.

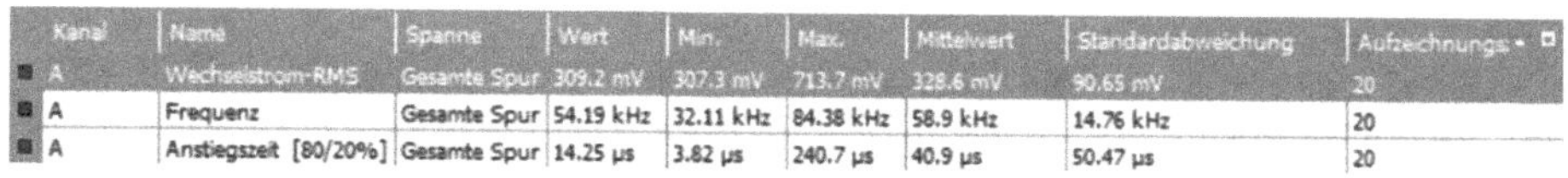

Kanal	Name	Spanne	Wert	Min.	Max.	Mittelwert	Standardabweichung	Aufzeichnungs▾ ▯
◼ A	Wechselstrom-RMS	Gesamte Spur	309.2 mV	307.3 mV	713.7 mV	328.6 mV	90.65 mV	20
◼ A	Frequenz	Gesamte Spur	54.19 kHz	32.11 kHz	84.38 kHz	58.9 kHz	14.76 kHz	20
◼ A	Anstiegszeit [80/20%]	Gesamte Spur	14.25 μs	3.82 μs	240.7 μs	40.9 μs	50.47 μs	20

Abb. 6.15 Aufbau und Befehle der Messtabelle

Tab. 6.2 Spalten der Messtabelle

Spalten der Messtabelle	
Name	Der Name der Messung, die man im Dialogfeld Messung hinzufügen oder Messung bearbeiten ausgewählt hat. Ein F nach dem Namen gibt an, dass mithilfe der Statistik diese Messung gefiltert wird
Spanne	Der Bereich der Wellenform oder des Spektrums, den man messen möchte. Standardmäßig auf „Gesamte Kurve" gesetzt
Wert	Der Live-Wert der Messung von der letzten Erfassung
Min.	Der Mindestwert der Messung seit Beginn der Messung
Max.	Der Höchstwert der Messung seit Beginn der Messung
Mittelwert	Der arithmetische Mittelwert der Messungen von den letzten n Auf-zeichnungen, wobei n auf der Seite Allgemein im Dialogfeld Vorein-stellungen festgelegt wird
σ	Die Standardabweichung der Messungen von den letzten n Auf-zeichnungen, wobei n auf der Seite Allgemein im Dialogfeld Vorein-stellungen festgelegt wird
Aufzeichnungszähler	Die Anzahl von Auszeichnungen, die zur Erstellung der obigen Statistik verwendet wurde. Man beginnt bei 0, wenn die Triggerung aktiviert wird, und steigt auf die Anzahl von Aufzeichnungen an, die auf der Seite Allgemein im Dialogfeld Voreinstellungen definiert wurde

6.1.7 Messtabelle

In einer Messtabelle werden die Ergebnisse von automatischen Messungen angezeigt.
Jede Ansicht kann eine eigene Tabelle besitzen, und man kann darin Messungen hinzufügen, löschen oder bearbeiten. Abb. 6.15 zeigt den Aufbau und Tab. 6.2 die Funktionen
der Messtabelle.

Man kann die Breite einer Messungsspalte ändern: Zuerst stellt man sicher, dass die
Option „Automatische Spaltenbreite" im Menü „Messungen nicht aktiviert" ist. Man
klickt bei Bedarf auf die Option, um diese zu deaktivieren. Man zieht dann den senkrechten Trennbalken zwischen Spaltenüberschriften, um die gewünschte.

Spaltenbreite herzustellen. Abb. 6.16 zeigt Aufbau und Befehle der Messtabelle.

So ändert man die Aktualisierungsrate der Statistik: Die Statistik (Min., Max.,
Mittelwert, Standardabweichung) basiert auf der Anzahl Aufzeichnungen, die in der
Spalte „Aufzeichnungszähler" angezeigt wird. Man kann die maximale Anzahl „Auf-

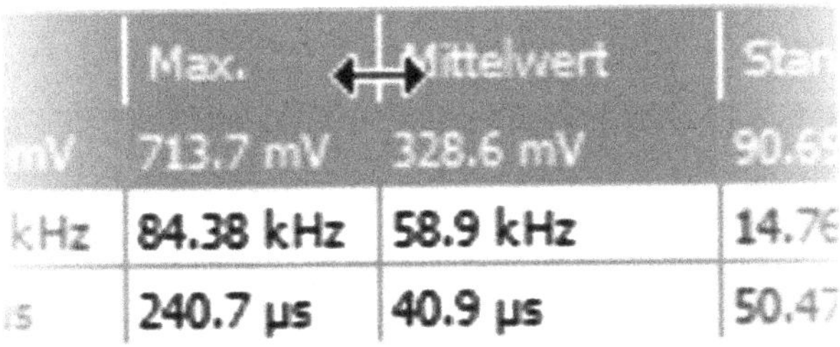

Abb. 6.16 Aufbau und
Befehle der Messtabelle

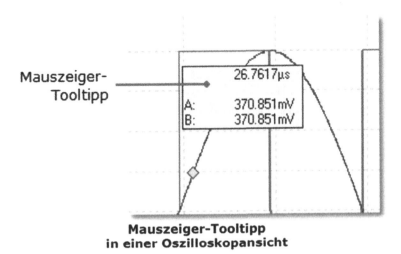

Mauszeiger-Tooltipp
in einer Oszilloskopansicht

Abb. 6.17 Funktionen des Mauszeigers

zeichnungen" mit dem Steuerelement Anzahl der aufgelaufenen Aufzeichnungen auf der Seite „Allgemein" im Dialogfeld Voreinstellungen festlegen.

Der Mauszeiger-Tooltipp ist ein Feld, das die Werte für die horizontale und vertikale Achse an der Position des Mauszeigers anzeigt. Er wird vorübergehend angezeigt, wenn man auf den Hintergrund einer Ansicht klickt. Es erscheint Abb. 6.17.

6.1.8 Signallineale

Die Signallineale (auch als Cursor bezeichnet) helfen dem Messtechniker, absolute und relative Signalpegel in einer Oszilloskop-, X- oder Spektralansicht zu messen. Abb. 6.18 zeigt die Funktionen des Signallineals.

In der Oszilloskopansicht sind die beiden farbigen Rechtecke links neben der vertikalen Achse und die Linealgriffe für den Kanal A. Zieht man einen davon aus der Ausgangsposition oben links nach unten und es wird ein Signallineal (eine horizontale gestrichelte Linie) erzeugt.

Wenn ein oder mehrere Signallineale verwendet werden, wird die Lineallegende angezeigt. Dies ist eine Tabelle, in der alle Signallinealwerte angezeigt werden. Wenn

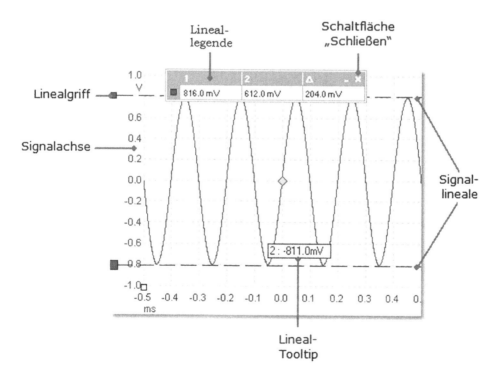

Abb. 6.18 Funktionen des Signallineals

man die Lineallegende mit der Schaltfläche „Schließen" schließt, werden alle Lineale gelöscht.

Signallineale lassen sich auch in den Spektral- und XY-Ansichten verwenden.

Wenn man den Mauszeiger über eines der Lineale hält, zeigt USB-Oszilloskop einen Tooltipp mit einer Linealnummer und dem Signalpegel des Lineals an. Ein Beispiel dafür sieht man in Abb. 6.18.

Die Zeitlineale misst die Zeit in einer Oszilloskopansicht oder eine Frequenz in einer Spektralansicht, wie Abb. 6.19 zeigt.

In der Oszilloskopansicht sind die beiden weißen Rechtecke auf der Zeitachse die Zeitlinealgriffe. Wenn man diese aus der unteren linken Ecke nach rechts zieht, werden vertikale gestrichelte Linien angezeigt, die als Zeitlineale bezeichnet werden. Die Lineale funktionieren auf dieselbe Weise in einer Spektralansicht, die Lineallegende zeigt ihre horizontalen Positionen, diese arbeitet jedoch nicht in Frequenz- und in Zeiteinheiten.

Wenn man den Mauszeiger über eines der Lineale hält, wie man im Beispiel von Abb. 6.18 sieht, zeigt USB-Oszilloskop einen Tooltipp mit einer Linealnummer und dem Zeitwert des Lineals an. Die Tabelle im oberen Bereich der Ansicht ist die Lineallegende. In diesem Beispiel zeigt die Tabelle, dass das Zeitlineal 1 sich bei 148,0 ms und Lineal 2 bei 349,0 ms befindet und die Differenz zwischen beiden 201,0 ms beträgt.

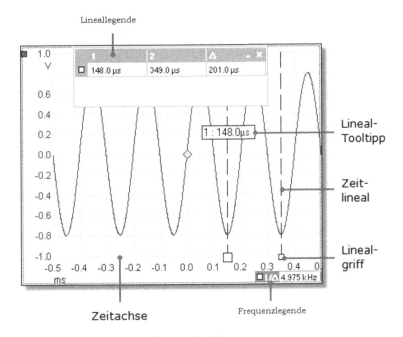

Abb. 6.19 Frequenzmessung in einer Spektralansicht

Wenn man auf die Schaltfläche „Schließen" in der Lineallegende klickt, werden auch alle Lineale gelöscht.

Die Frequenzlegende am unteren rechten Rand einer Oszilloskopansicht zeigt 1/Δ an, wobei Δ die Differenz zwischen den zwei Zeitlinealen ist. Die Genauigkeit dieser Berechnung hängt von der Genauigkeit ab, mit der man die Lineale platziert hat. Um bei periodischen Signalen eine höhere Genauigkeit zu erzielen, verwendet man die integrierte Funktion „Frequenzmessung" von USB-Oszilloskop.

Die Phasenlineale (in USB-Oszilloskop als Drehlineale bezeichnet) ermöglichen die Messung des Timings einer zyklischen Wellenform in einer Oszilloskopansicht. Anstatt relativ zum Triggerpunkt zu messen, wie es bei Zeitlinealen der Fall ist, messen Phasenlineale relativ zum Start- und Endpunkt eines vom Anwender festgelegten Zeitintervalls. Messwerte können in Grad, Prozent oder einer benutzerdefinierten Einheit angezeigt werden, die im Dialogfeld „Linealeinstellungen" ausgewählt wird.

Um die Phasenlineale zu verwenden, zieht man die beiden Phasenlinealgriffe aus ihrer inaktiven Position auf die Wellenform, wird in Abb. 6.20 unten dargestellt.

Wenn man die beiden Phasenlineale in Position gezogen hat, ergibt die Messung in der Oszilloskopansicht Abb. 6.21.

In der Oszilloskopansicht wurden die beiden Phasenlineale in Position gezogen, dies ergibt den Anfang und das Ende einen Zyklus zu markieren.

Die Standardwerte für die Start- und Endphase (0° und 360°) werden zwischen den Linealen angezeigt und lassen sich auf einen beliebigen benutzerdefinierten Wert ändern.

Die Phasenlineale bieten in Verbindung mit Phasenlinealen zusätzliche Funktionalität. Wenn beide Linealarten dargestellt zusammen verwendet werden, zeigt die Lineal-

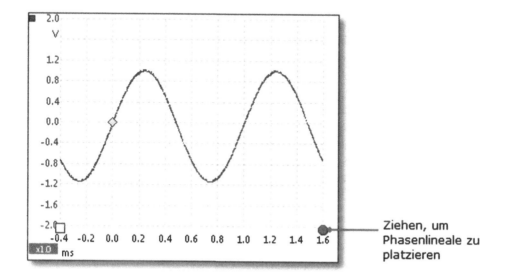

Abb. 6.20 Funktion eines Phasenlineals oder Drehlineals

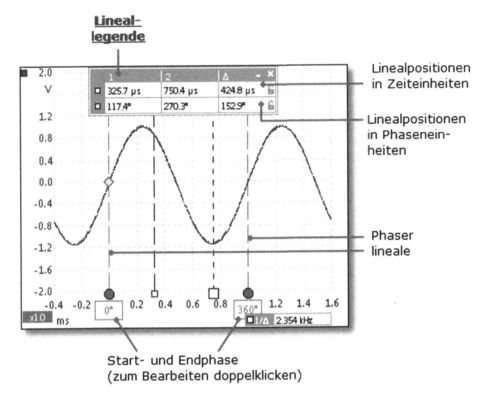

Abb. 6.21 Phasenlineal oder Drehlineal

legende die Positionen der Zeitlineale in Phaseneinheiten sowie Zeiteinheiten an. Wenn beide Zeitlineale positioniert sind, zeigt die Legende auch die Phasendifferenz dazwischen. Durch das Schließen der Lineallegende werden alle Lineale einschließlich der Phasenlineale verworfen.

Optionen für die Phasenlineale (Drehlineale) werden über das Dialogfeld „Linealeinstellungen" konfiguriert, das über die Schaltfläche „Lineale" in der Symbolleiste „Erweiterte Optionen" aufgerufen wird.

Im Feld „Linealeinstellungen" kann man das Verhalten der Zeitlineale und Phasenlineale (USB-Oszilloskop als Drehlineale bezeichnet) steuern, wie Abb. 6.22 zeigt.

Phasenlineale (Drehlineale) einbinden: Wenn dieses Kontrollkästchen aktiviert ist, werden Zeitlinealwerte außerhalb des durch die Phasenlineale (Drehlineale) festgelegten Bereichs wieder in diesen Bereich eingebunden. Wenn z. B. die Phasenlineale (Drehlineale) auf 0° und 360° eingestellt sind, ist der Wert eines Zeitlineals direkt rechts neben dem 360°-Phasenlineal (Drehlineal) 0° und der Wert eines Zeitlineals direkt rechts neben dem 0°-Phasenlineal (Drehlineal) 359°. Wenn das Kontrollkästchen deaktiviert ist, gibt es für die Linealwerte keine Beschränkungen.

Phasenlineal-Partition (Drehlineal-Partition): Die Erhöhung dieses Werts auf mehr als 1 führt dazu, dass der Raum zwischen den beiden Phasenlinealen (Drehlinealen) gleichmäßig in die angegebene Anzahl von Intervallen unterteilt wird. Die Intervalle

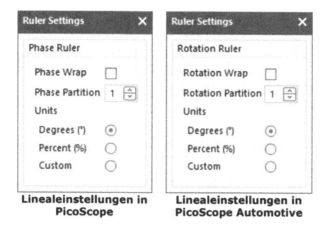

Linealeinstellungen in PicoScope

Linealeinstellungen in PicoScope Automotive

Abb. 6.22 Einstellmöglichkeiten für Zeitlineale und Phasenlineale

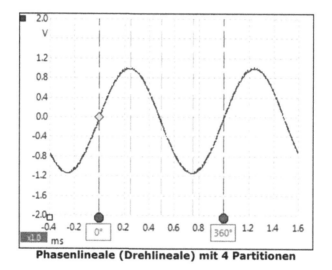

Phasenlineale (Drehlineale) mit 4 Partitionen

Abb. 6.23 Einstellmöglichkeiten eines Phasenlineals

sind durch unterbrochene Linien zwischen den Phasenlinealen (Drehlinealen) markiert. Diese Linien helfen einem, komplexe Wellenformen wie den Vakuumdruck eines Viertaktmotors mit der Ansaug-, Kompressions-, Zündungs- und Ausstoßphase oder eine kommutierte AC-Wellenform in einem Schaltnetzteil zu interpretieren.

Abb. 6.23 zeigt die Einstellmöglichkeiten eines Phasenlineals. Die Einheiten kann man zwischen Grad, Prozent und Benutzerdefiniert wählen. Mit Benutzerdefiniert kann man ein eigenes Einheitensymbol oder einen eigenen Namen eingeben.

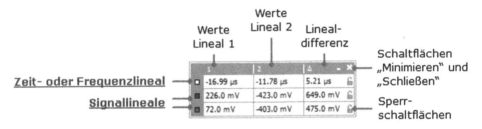

Abb. 6.24 Auswahlmöglichkeiten des Einstellfensters für die Lineallegende

Die Lineallegende ist ein Feld, in dem die Positionen aller Lineale angezeigt werden, die man in der Ansicht platziert hat. Sie wird automatisch angezeigt, wenn ein Lineal in der Ansicht platziert wurde. Das Einstellfenster zeigt Abb. 6.24.

Bearbeiten: Man kann die Position eines Lineals anpassen, indem diese einen Wert in den zwei ersten Spalten bearbeiten. Um ein griechisches µ (das Symbol für Mikro, d. h. ein Millionstel oder 10^{-6}) einzufügen, gibt man den Buchstaben u ein.

Verfolgungslineale: Wenn zwei Lineale auf einem Kanal platziert wurden, wird die Sperrschaltfläche neben diesem Lineal in der Lineallegende angezeigt. Wenn man auf diese Schaltfläche klickt, verfolgen sich die beiden Lineale gegenseitig. Wenn man eines zieht, folgt das andere, sodass ein fester Abstand erhalten bleibt. Die Schaltfläche ändert sich, wenn die Lineale gesperrt sind.

Phasenlineale (Drehlineale): Wenn Phasenlineale (in USB-Oszilloskop als Drehlineale bezeichnet) verwendet werden, zeigt die Lineallegende zusätzliche Informationen an.

Die Frequenzlegende wird angezeigt, wenn man zwei Zeitlineale in einer Oszilloskopansicht platziert hat. Diese zeigt 1/Δ in Hertz (die 51-Einheit der Frequenz, die Zyklen pro Sekunde entspricht), wobei Δ der Zeitunterschied zwischen zwei Linealen ist. Man kann diesen Wert verwenden, um die Frequenz einer periodischen Wellenform einzuschätzen, man erhält jedoch genauere Ergebnisse, wenn man eine Frequenzmessung mit der Schaltfläche „Messungen hinzufügen" in der Symbolleiste „Messungen" hinzufügt.

Für Frequenzen bis zu 1666 kHz kann die Frequenzlegende die Frequenz auch in U/min anzeigen (Umdrehungen pro Minute). Die U/min-Anzeige kann unter „Voreinstellungen" > Dialogfeld „Optionen" aktiviert oder deaktiviert werden.

6.1.9 Möglichkeiten der Eigenschaften des USB-Oszilloskops

Die Eigenschaften zeigt eine Übersicht der Einstellungen, die USB-Oszilloskop verwendet. Die Eigenschaften werden auf der rechten Seite des USB-Oszilloskop-Fensters angezeigt, wie Abb. 6.25 zeigt.

Abb. 6.25 USB-Oszilloskop-
Fenster für die Eigenschaften

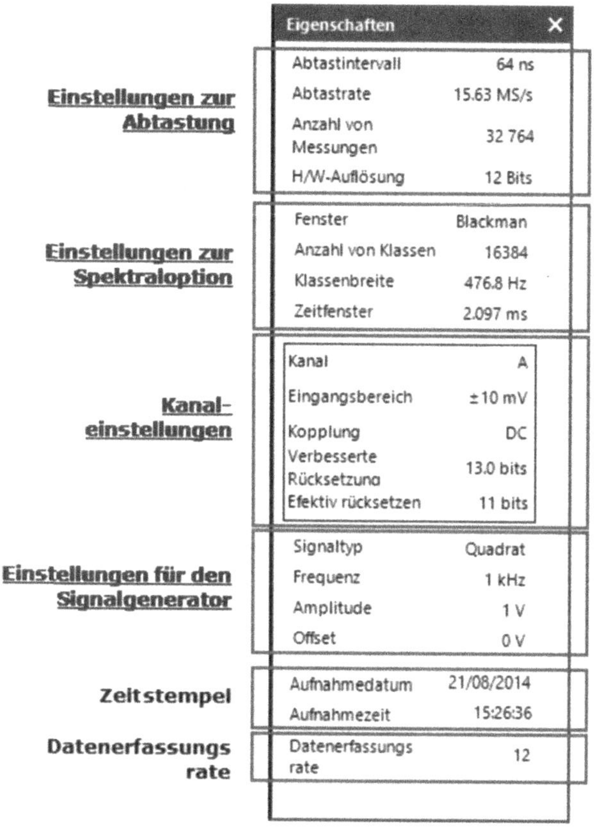

Eigenschaften		X

Einstellungen zur Abtastung

Abtastintervall	64 ns
Abtastrate	15.63 MS/s
Anzahl von Messungen	32 764
H/W-Auflösung	12 Bits

Einstellungen zur Spektraloption

Fenster	Blackman
Anzahl von Klassen	16384
Klassenbreite	476.8 Hz
Zeitfenster	2.097 ms

Kanal-einstellungen

Kanal	A
Eingangsbereich	±10 mV
Kopplung	DC
Verbesserte Rücksetzuna	13.0 bits
Efektiv rücksetzen	11 bits

Einstellungen für den Signalgenerator

Signaltyp	Quadrat
Frequenz	1 kHz
Amplitude	1 V
Offset	0 V

Zeitstempel

Aufnahmedatum	21/08/2014
Aufnahmezeit	15:26:36

Datenerfassungs rate

Datenerfassungs rate	12

Anzahl von Messungen: Die Anzahl von erfassten Messungen und diese kann geringer als die Anzahl im Steuerelement Maximum Samples (maximale Abtastungen) sein. Eine Zahl in Klammern ist die Anzahl von interpolierten Abtastungen, wenn die Interpolierung aktiviert wird.

Fenster: Die Fenster-Funktion, die auf die Daten angewendet wird, bevor das Spektrum berechnet wird und diese wird im Dialogfeld „Spektrumoptionen" ausgewählt.

Zeitfenster: Die Anzahl von Abtastungen, die USB-Oszilloskop verwendet, um ein Spektrum zu berechnen, entspricht der doppelten Anzahl von Bereichen. Dieser Wert wird als Zeitintervall ausgedrückt, den man als Zeitfenster bezeichnet und er wird vom Anfang der Aufzeichnung an gemessen.

Res-Enhancement (Auflösungsanhebung): Die Anzahl von Bits, einschließlich Auf-lösungsanhebung, die im Dialogfeld „Kanaloptionen" ausgewählt wird.

Effective Res (effektive Auflösung; gilt nur für Oszilloskope mit flexibler Auflösung): Das USB-Oszilloskop versucht, den vom Steuerelement die Hardware-Auflösung in der Symbolleiste „Aufzeichnung einrichten" als festgelegten Wert zu verwenden. Bei bestimmten Spannungsbereichen erreicht die Hardware jedoch nur eine geringere effektive Auflösung und dieser wird als verfügbare Auflösung im Datenblatt in dem Oszilloskopmodul angegeben.

Aufzeichnungsrate: Die Anzahl von Wellenformen, die pro Sekunde aufgezeichnet werden und wird nur im Persistenzmodus angezeigt.

Ein Tastkopf ist ein beliebiger Messwandler, ein Messgerät oder anderes Zubehör, den bzw. das sie an einen Eingangskanal Ihres Oszilloskops anschließen können. Ein USB-Oszilloskop umfasst eine integrierte Bibliothek von gängigen Tastkopftypen, z. B. die Spannungstastköpfe $\times 1$ und $\times 10$, die mit den meisten Oszilloskopen verwendet werden. Wenn der Tastkopf nicht in dieser Liste enthalten ist, kann man das Dialogfeld „Benutzerdefinierte Tastköpfe" verwenden, um einen neuen zu definieren. Benutzerdefinierte Tastköpfe lassen einen beliebigen Spannungsbereich innerhalb des Funktionsbereichs des Oszilloskops zu und beliebige Einheiten werden angezeigt, wenn sie lineare oder nicht lineare Eigenschaften aufweisen.

Benutzerdefinierte Tastkopfdefinitionen sind besonders nützlich, wenn Sie den Ausgang des Tastkopfes in anderen Einheiten als Volt anzeigen möchten oder lineare oder nicht lineare Korrekturen auf die Daten anwenden möchten.

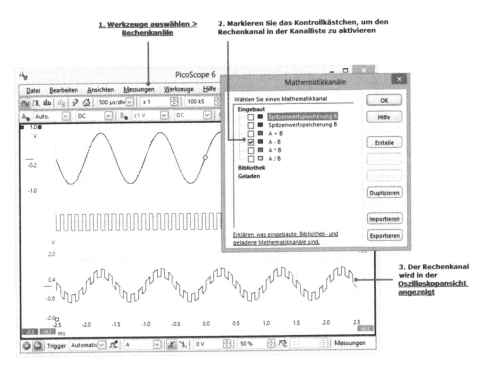

Abb. 6.26 Mathematische Funktion

6.1.10 Rechenkanäle

Ein Rechenkanal ist eine mathematische Funktion eines oder mehrerer Eingangssignale. Er kann in einer Oszilloskop-, XY- oder Spektralansicht auf dieselbe Weise wie ein Eingangssignal angezeigt werden und verfügt ebenfalls wie ein Eingangssignal über eigene Schaltflächen für die Messachse, Skalierung, Offset und Farbe. Ein USB-Oszilloskop verfügt über einen Satz integrierter Rechenkanäle für die wichtigsten Funktionen, darunter A invertieren, A + B und A − B. Man kann mit dem Gleichungseditor auch eigene Funktionen definieren oder vordefinierte Rechenkanäle aus Dateien laden.

In Abb. 6.26 findet man eine Anleitung zur Verwendung von Rechenkanälen in drei Schritten.

1. Man klickt auf diese Option „Werkzeuge" > Option „Rechenkanäle" um das Dialogfeld „Rechenkanäle" zu öffnen, das in Abb. 6.26 rechts oben angezeigt wird.
2. Dialogfeld „Rechenkanäle". In diesem Dialogfeld werden alle verfügbaren Rechenkanäle aufgelistet. In Abb. 6.26 sind nur die integrierten Funktionen aufgelistet.
3. Rechenkanal: Nachdem dieser aktiviert wurde, wird ein Rechenkanal in der ausgewählten Oszilloskop- oder Spektralansicht angezeigt. Man kann die Skalierung und den Offset wie bei jedem anderen Kanal ändern. In Abb. 6.26 ist der neue Rechenkanal (unten) definiert als A-B, die Differenz zwischen Eingangskanal A (oben) und B (Mitte).

Gelegentlich kann ein Warnsymbol !\ am unteren Rand der Rechenkanalachse angezeigt werden d. h., dass der Kanal nicht angezeigt werden kann, weil eine Eingangsquelle fehlt. Dies ist z. B. der Fall, wenn man die Funktion A + B aktiviert, Kanal B jedoch auf Off (Aus) gesetzt ist.

6.1.11 Referenzwellenformen in ausgewählter Oszilloskop- oder Spektralansicht

Eine Referenzwellenform ist eine gespeicherte Version eines Eingangssignals. Um eine zu erstellen, klickt man mit der rechten Maustaste auf die Ansicht. Man wählt die Option „Referenzwellenformen" und danach den zu kopierenden Kanal. Er kann in einer Oszilloskop- oder Spektralansicht auf dieselbe Weise wie ein Eingangssignal angezeigt werden und verfügt ebenfalls wie ein Eingangssignal über eigene Schaltflächen für die Messachse, Skalierung und den Offset sowie die Farbe. Die Referenzwellenform enthält möglicherweise weniger Abtastungen als das Original.

Weitere Einstellungen für Referenzwellenformen kann man im Dialogfeld „Reference Waveforms" (Referenzwellenformen) wie in Abb. 6.27 abgebildet vornehmen.

Schaltfläche „Referenzwellenformen": Man klickt auf diese Option, um das Dialogfeld „Reference Waveforms" (Referenzwellenformen) zu öffnen, das in Abb. 6.27 rechts
angezeigt wird.

Dialogfeld „Referenzwellenformen": In diesem Dialogfeld werden alle verfügbaren
Eingangskanäle und Referenzwellenformen aufgelistet. In Abb. 6.27 sind die Ein-
gangskanäle A und B aktiviert, sodass sie im Bereich Verfügbar angezeigt werden. Der
Bereich „Bibliothek" ist zunächst leer.

Schaltfläche „Duplizieren": Wenn man einen Eingangskanal oder eine Referenzwellenform auswählt und auf diese Schaltfläche klickt, wird das ausgewählte Element in
den Bereich Bibliothek kopiert.

Bereich „Bibliothek": Enthält alle Referenzwellenformen und jede verfügt über ein
Kontrollkästchen, das festlegt, ob die Wellenform angezeigt wird.

Referenzwellenform: Nachdem man diese aktiviert hat, wird eine Referenzwellen-
form in der ausgewählten Oszilloskop- oder Spektralansicht angezeigt. Man kann die
Skalierung und den Offset wie bei jedem anderen Kanal ändern. In Abb. 6.27 ist die neue
Referenzwellenform (unten) eine Kopie von Kanal A.

Schaltfläche „Achsensteuerung": Öffnet das Dialogfeld „Achsenskalierung", in dem
man die Skalierung, den Offset und die Verzögerung für diese Wellenform einstellen
kann.

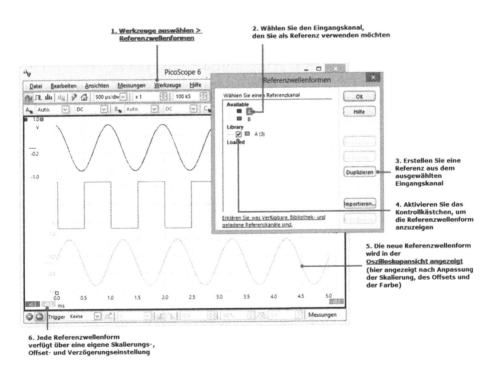

Abb. 6.27 Referenzwellenformen in der Oszilloskop- oder Spektralansicht

Man kann ein USB-Oszilloskop verwenden, um Daten von einem seriellen Bus zu messen oder auszuzeichnen. Im Gegensatz zu einem herkömmlichen Bus-Auswertungsgerät ermöglicht es das USB-Oszilloskop, neben den Daten gleichzeitig die hochauflösende elektrische Wellenform anzuzeigen. Die Daten sind in die Oszilloskopansicht integriert, sodass man sich nicht mit einem neuen Bildschirmlayout vertraut machen muss.

Verwendung der seriellen Entschlüsselung: Man wählt Werkzeuge > Menüeintrag „Serielle Entschlüsselung", füllt die Felder im Dialogfeld „Serielle Entschlüsselung" aus und wählt für die Datenanzeige „In Diagramm", die Tabelle oder beides.

Man kann mehrere Kanäle in verschiedenen Formaten gleichzeitig entschlüsseln und verwendet die Registerkarte „Serielle Entschlüsselung" unter der Datentabelle. In der Tabelle wird festgelegt, welcher Datenkanal in der Tabelle angezeigt wird.

6.1.12 Maskengrenzprüfung

Die Maskengrenzprüfung ist eine Funktion, die einem mitteilt, wenn eine Wellenform oder ein Spektrum sich außerhalb eines bestimmten Bereichs bewegt, der als Maske bezeichnet wird, die in der Oszilloskopansicht oder Spektralansicht gezeichnet

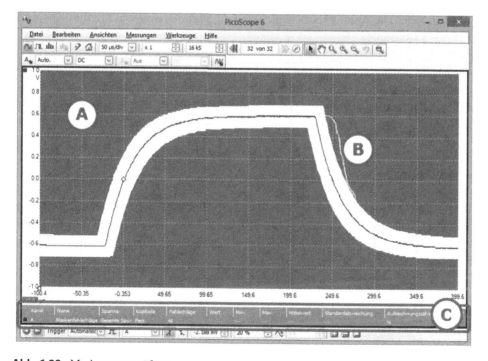

Abb. 6.28 Maskengrenzprüfung

wird. Ein USB-Oszilloskop kann die Maske automatisch zeichnen, in dem eine auf-
gezeichnete Wellenform dargestellt wird, oder man kann diese auch manuell zeichnen.
Die Maskengrenzprüfung ist nützlich zur Erkennung von vorübergehenden Fehlern
bei der Fehlerbehebung und zur Ermittlung von jeglichen mangelhaften Einheiten bei
Produktionsprüfungen.

Man geht zunächst zum USB-Oszilloskop-Hauptmenü und wählt „Werkzeug" >
„Masken hinzufügen". Daraufhin wird das Dialogfeld „Maskenbibliothek" geöffnet.
Wenn man eine Maske ausgewählt, geladen oder erstellt hat, sieht die Oszilloskopansicht
nach Abb. 6.28 aus.

a) Maske: Zeigt den zulässigen Bereich (in weiß) und den unzulässigen Bereich (in
   blau). Wenn man mit der rechten Maustaste auf den Maskenbereich klickt und die
   Option „Maske bearbeiten" wählt, gelangt man zum Dialogfeld „Maske bearbeiten".
   Um die Maskenfarben zu ändern, wählt man „Werkzeuge" > „Voreinstellungen"
   > Dialogfeld „Farben". Um Masken hinzuzufügen, zu entfernen und zu speichern.
   Man wählt das Menü „Masken", um die Masken ein- und auszublenden, man wählt
   Ansichten > Menü „Masken".
b) Fehlgeschlagene Wellenformen: Wenn die Wellenform in den unzulässigen Bereich
   gerät, wird sie als Fehlschlag erfasst. Der Teil der Wellenform, der den Fehlschlag
   verursacht hat, wird hervorgehoben und verbleibt in der Anzeige, bis die Aufzeichnung fortgesetzt wird.
c) Messtabelle: Die Anzahl Fehlschläge seit dem Start des aktuellen Oszilloskops wird
   in der

Messtabelle angezeigt. Man kann die Zählung zurücksetzen, indem man die Aufzeichnung stoppt und wieder fortsetzen mit der Schaltfläche „Start/Stopp". Die Messtabelle kann neben der Zählung der Maskenfehlschläge auch weitere Messungen
anzeigen.

6.1.13 Alarme

Alarme sind Aktionen, für deren Ausführung beim Auftreten bestimmter Ereignisse
das USB-Oszilloskop programmiert werden kann. Man verwendet den Befehl Werkzeuge > Alarme, um das Dialogfeld „Alarms" (Alarme) zu öffnen, das diese Funktion
konfiguriert.

Die Ereignisse, die einen Alarm auslösen können, sind:

Aufzeichnung – wenn das Oszilloskop eine vollständige Wellenform oder einen
Wellenformblock aufgezeichnet hat.

Buffers Full (Puffer voll): wenn der Wellenformpuffer voll ist.

Mask(s) Fail (Maske(n) fehlgeschlagen): Es besteht keine Wellenform für die Maskengrenzprüfung.

Die Aktionen, die USB-Oszilloskop ausführen kann, sind:
Piepton

Play Sound	(Ton abspielen)
Stop Capture	(Aufzeichnung stoppen)

Aufzeichnung neu starten

Run Executable	(Ausführbare Datei ausführen)

Aktuellen Puffer speichern

Save All Buffers	(Alle Puffer speichern)

Der Wellenformpuffer vom USB-Oszilloskop kann je nach dem verfügbaren Speicher des Oszilloskops bis zu 10.000 Wellenformen aufnehmen. Die Pufferübersicht ermöglicht schnell durch den Puffer zu navigieren, um die gewünschte Wellenform zu finden.

Man klickt auf die Registerkarte Pufferübersicht in der Symbolleiste „Puffernavigation". Das Programm öffnet daraufhin das Pufferübersicht-Fenster von Abb. 6.29.

Man klickt auf eine der sichtbaren Wellenformen, um sie in der Übersicht zur näheren Untersuchung im Vordergrund anzuzeigen, oder verwendet die folgenden Steuerelemente:

Anzuzeigende Puffer: Wenn auf einem Kanal eine Maske angewendet wurde, kann man den Kanal in dieser Liste auswählen. Die Pufferübersicht zeigt dann nur die Wellenformen, die die Maskenprüfung auf diesem Kanal nicht bestanden haben.

Start: Zu Wellenform Nr. 1 scrollen.

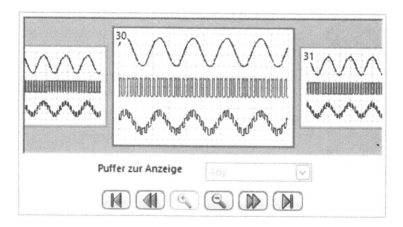

Abb. 6.29 Pufferübersicht-Fenster

Rückwärts: Nur nächsten Wellenform nach links blättern. Den Maßstab der Wellenformen in der Ansicht Pufferübersicht ändern.

Es gibt drei Zoomstufen:

Vergrößern:	Groß: Standardansicht und die Wellenform nimmt die gesamte Höhe des Fensters ein.
Mittelwert:	Eine Wellenform mittlerer Größe über einer Zeile mit kleinen Wellenformen.
Verkleinern:	Mittelwert: Eine Wellenform mittlerer Größe über einer Zeile mit kleinen Wellenformen.
Klein:	Ein Raster mit kleinen Wellenformen. Man klickt auf die obere oder untere Bildzeile, um im Raster nach oben oder unten zu navigieren.
Vorwärts:	Nur nächsten Wellenform nach rechts blättern.

Man klickt auf einen beliebigen Punkt im Fenster, um das Fenster „Pufferübersicht" zu schließen.

Abb. 6.30 Aufruf der einzelnen Menüs

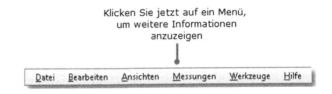

Abb. 6.31 Zugriff auf die Ein- und Ausgabefunktionen der Dateien

6.2 Menüs für USB-Oszilloskop

Menüs sind das schnellste Verfahren, um auf die Hauptfunktionen von USB-Oszilloskop zuzugreifen. Die Menüleiste wird immer im oberen Bereich des USB-Oszilloskop-Hauptfensters angezeigt, direkt unter der Titelzeile des Fensters. Man kann auf einen der Menüeinträge klicken, die Alt-Taste drücken und mit den Pfeiltasten zum Menü navigieren, oder man drückt die Alt-Taste und danach den unterstrichenen Buchstaben in einem der Menüeinträge. Abb. 6.30 zeigt die einzelnen Menüs.

Welche Elemente in der Menüleiste angezeigt werden, hängt von den Fenstern ab, die man im USB-Oszilloskop geöffnet hat.

6.2.1 Menü „Datei"

Das Menü bietet Zugriff auf Ein- und Ausgabefunktionen für Dateien, wie Abb. 6.31 zeigt.

Gerät verbinden: Diese Option wird nur angezeigt, wenn kein Oszilloskop angeschlossen ist. Man öffnet das Dialogfeld „Gerät verbinden", in dem man das Oszilloskop auswählt, wie man dieses verwenden möchte.

Öffnen: Ermöglicht die Datei auszuwählen, die man öffnen möchte. Das USB-Oszilloskop kann PSDATA- und PsD-Dateien öffnen, die sowohl Wellenformdaten als auch Oszilloskopeinstellungen enthalten, sowie PSSETTINGS- und pss-Dateien, die nur Oszilloskopeinstellungen enthalten. Man kann mit den Optionen „Speichern" und „Speichern unter" beschreiben, um eigene Dateien zu erstellen. Wenn die Datei mit einem anderen Oszilloskop gespeichert wurde, als derzeit angeschlossen ist, muss man das neue USB-Oszilloskop möglicherweise für die gespeicherten Einstellungen anpassen.

Tipp: Man verwendet die Bild-auf- und Bild-ab-Taste, um durch alle Wellenformdateien im gleichen Verzeichnis zu blättern.

Speichern: Speichert alle Wellenformen unter dem in der Titelzeile angezeigten Dateinamen. Wenn man noch keinen Dateinamen eingegeben hat, wird das Dialogfeld „Speichern unter" geöffnet, um die Eingabe des Dateinamens anzufordern.

Speichern unter: Öffnet das Dialogfeld „Speichern unter", in dem man die Einstellungen, Wellenformen, benutzerdefinierten Tastköpfe und Rechenkanäle für alle Ansichten in verschiedenen Formaten speichern.

kann. Nur die Wellenformen für den aktuell verwendeten Modus werden gespeichert.

Im Persistenzmodus heißt dieser Befehl „Persistenz speichern unter" und speichert nur die Daten für diesen Modus.

Wellenformbibliotheks-Browser: Öffnet den Wellenformbibliotheks-Browser.

Starteinstellungen: Öffnet das Menü „Starteinstellungen".

Abb. 6.32 Dialogfeld für verschiedene Anwendungen

Druckvorschau: Öffnet das Fenster „Druckvorschau", in dem man sehen kann, wie der Arbeitsbereich ausgedruckt wird, wenn man den Befehl „Drucken" auswählt.

Drucken: Öffnet ein Standard-Windows-Druckfenster, in dem man einen Drucker auswählt, die Druckoptionen festlegen und dann die ausgewählte Ansicht ausdrucken.

Zuletzt geöffnete Dateien: Eine Liste der zuletzt geöffneten oder gespeicherten Dateien. Die Liste wird automatisch zusammengestellt. Man kann die Inhalte jedoch auf der Seite Dateien im Dialogfeld „Voreinstellungen" löschen.

Beenden: Das USB-Oszilloskop schließen, ohne Daten zu speichern.

6.2.2   Dialogfeld „Speichern unter"

„Datei" > „Alle Wellenformen speichern unter" oder „Aktuelle Wellenform speichern unter". Dieses Dialogfeld ermöglicht es, Wellenformen und Einstellungen (einschließlich von benutzerdefinierten Tastköpfen und Rechenkanälen) in eine Datei in verschiedenen Formaten zu speichern. Abb. 6.32 zeigt die verschiedenen Anwendungen.

Man gibt den gewählten „Dateinamen" in das Feld „Dateiname" ein und wählt dann ein Dateiformat im Feld „Speichern unter" aus. Man kann Daten in den folgenden Formaten speichern:

Datendateien (.psdata): Speichert die Wellenformen und Einstellungen vom aktuellen Oszilloskopmodul. Man kann diese auf einem beliebigen Computer öffnen, auf dem USB-Oszilloskop ausgeführt wird.

Einstellungsdateien (.pssettings): Speichert alle Einstellungen (jedoch keine Wellenformen) vom aktuellen Oszilloskopmodul. Lässt sich auf einem beliebigen Computer öffnen, auf dem USB-Oszilloskop ausgeführt wird.

CSV-Dateien (kommagetrennt) (.csv): Speichert Wellenformen als Textdatei mit kommagetrennten Werten. Dieses Format eignet sich für den Import in Arbeitsblätter wie Microsoft Excel. Der erste Wert in jeder Zeile ist der Zeitstempel, gefolgt von einem Wert für jeden aktiven Kanal, einschließlich von aktuell angezeigten Rechenkanälen.

Textdateien (tabulatorgetrennt) (.txt): Speichert Wellenformen als Textdatei mit tabulatorgetrennten Werten. Die Werte sind dieselben wie die im CSV-Format.

Bitmap-Bilder (.bmp): Speichert ein Bild der Wellenformen, des Gitternetzes und der Lineale im Windows BMP-Format. Das Bild ist 800 Pixel breit und 600 Pixel hoch, besitzt 16 Mio. Farben und ist nicht komprimiert. BMP-Dateien eignen sich für den Import in DTP-Programme von Windows.

GIF-Bilder (.gif): Speichert die Wellenformen, das Gitternetz und die Lineale im Compuserve GIF-Format. Das Bild ist 800 Pixel breit und 600 Pixel hoch, besitzt 256 Farben und ist komprimiert. GIF-Dateien werden verbreitet zur Illustration von Webseiten verwendet.

Animiertes GIF-Bild (.gif): Erstellt ein animiertes GIF-Bild, das alle Wellenformen im Puffer nacheinander anzeigt.

Jede Wellenform ist wie im oben beschriebenen GIF-Format formatiert.

PNG-Bilder (.png): Speichert das Gitternetz, die Lineale und Wellenformen im PNG-Format. Das Bild ist.

800 Pixel breit und 600 Pixel hoch, besitzen 16 Mio. Farben und ist verlustfrei komprimiert.

MATLAB 4-Dateien (.mat): Speichert die Wellenformdaten im MATLAB 4-Format.

JPEG (.jpg): Speichert das Gitternetz, die Lineale und Wellenformen im JPG-Format. Das Bild ist 800 Pixel breit und 600 Pixel hoch, besitzt 16 Mio. Farben und ist verlustbehaftet komprimiert.

Optionen: Die ersten drei Optionen steuern, was eine Wellenform enthält:

Alle Wellenformpuffer: Speichert alle Wellenformen im ausgewählten Dateiformat. Wenn das Dateiformat PSDATA ist, werden alle Wellenformen in einer einzelnen Datei zusammengefasst. Man kann diese Datei dann in USB-Oszilloskop laden und mit den Steuerelementen für die Puffernavigation durch die Dateien blättern. Wenn das ausgewählte Dateiformat mehrere Wellenformen nicht unterstützt, erstellt das USB-Oszilloskop automatisch ein neues Verzeichnis mit mehreren Dateien.

Nur aktueller Wellenformpuffer: Speichert die einzelne Wellenform, die aktuell angezeigt wird.

Wellenformpuffer: Speichert die angegebene Liste oder den angegebenen Bereich von Wellenformen. Jede Wellenform ist durch ihre Indexnummer gekennzeichnet. Beispiel:

1, 2, 9, 10

2, 5–10

Nur gezoomte Regionen: Wenn die Wellenform horizontal vergrößert wurde, wird nur der sichtbare Teil gespeichert.

Das USB-Oszilloskop kann Rohdaten im Text- oder einem binären Format exportieren:

Textbasierte Dateiformate: Einfach zu lesen ohne Spezialwerkzeuge. Kann in Standard-Tabellenkalkulationsprogramme importiert werden. Die Dateien sind sehr groß, wenn die Daten zahlreiche Abtastungen enthalten (daher ist die Dateigröße auf 1 Mio. Werte pro Kanal begrenzt).

Binäres Dateiformat: Die Dateien bleiben relativ klein und können unter bestimmten Umständen sogar komprimiert werden (das bedeutet, dass die Menge an gespeicherten Daten unbegrenzt ist). Entweder wird eine spezielle Anwendung benötigt, oder der Anwender muss ein Programm schreiben, um die Daten aus der Datei auszulesen.

Wenn man mehr als 64.000 Werte pro Kanal speichern möchte, muss man ein binäres Dateiformat wie das MATLAB MAT-Dateiformat verwenden.

Unabhängig davon, ob die Datentypen aus einer binären oder einer textbasierten Datei geladen wurden, empfiehlt es sich die folgenden Dateiformate zum Speichern der Werte, die aus einer USB-Oszilloskop-Datendatei geladen wurden:

Abgetastete Daten (wie Spannungen) sollten 32-Bit-Gleitkommadaten mit einfacher Genauigkeit sein. Die Zeiten sind in 64-Bit-Gleitkommadaten mit doppelter Genauigkeit ausgeführt.

Dateien im Textformat, die von USB-Oszilloskop exportiert werden, sind standardmäßig im UTF-8-Format codiert. Dies ist ein gängiges Format, das eine große Anzahl von Zeichen darstellen kann, während es dennoch mit dem ASCII-Zeichensatz kompatibel bleibt, wenn in der Datei nur Westeuropäische Standardzeichen und Zahlen verwendet werden.

CSV (kommagetrennte Werte): CSV-Dateien speichern Daten im folgenden Format:

Zeit,	Kanal A,	Kanal B
(µs),	(V),	(V)
−500.004,	5511,	1215
−500.002,	4724,	2130
−500,	5552,	2212

Nach jedem Wert in einer Zeile steht ein Komma, um eine Datenspalte und einen Absatz am Ende der Zeile anzugeben, der eine neue Datenzeile einleitet. Die Begrenzung von 1 Mio. Werte pro Kanal verhindert, dass übermäßig große Dateien erstellt werden.

Hinweis: CSV-Dateien sind nicht das beste Format, wenn sie in einer Sprache arbeiten, die das Komma als Dezimalzeichen verwendet. Man versucht stattdessen das tabulatorgetrennte Format zu verwenden, das nahezu auf der gleichen Weise arbeitet. Tabulatorgetrennte Dateien speichern Daten im folgenden Format:

Zeit	Kanal A	Kanal E
(µs)	(V)	(V)
500.004	5511	1215
−500.002	4724	2130
−500	5552	2212

Nach jedem Wert in einer Zeile steht ein Tabulatorzeichen, um eine Datenspalte und einen Absatz am Ende der Zeile anzugeben, der eine neue Datenzeile einleitet. Diese Dateien können in jeder Sprache verwendet werden und eignen sich gut, um Daten international auszutauschen. Die Begrenzung von 1 Mio. Werte pro Kanal verhindert, dass übermäßig große Dateien erstellt werden.

Das USB-Oszilloskop unterstützt den Datenexport in Version 4 des binären Dateiformats MAT. Das USB-Oszilloskop speichert die Dateien auf spezielle Weise im MAT-Format.

Importieren in MATLAB: Man lädt die Datei mit der folgenden Syntax in Ihren Arbeitsbereich:

load myfile

Die Daten jedes Kanals werden in einer Array-Variable gespeichert, die nach dem Kanal benannt wird. Die erfassten Daten für die Kanäle A bis D befinden sich also in vier Arrays mit der Bezeichnung A, B, C und D.

Es gibt nur einen Satz Zeitdaten für alle Kanäle. Dieser wird in einem von zwei möglichen Formaten geladen:

1. Eine Startzeit, ein Intervall und eine Länge. Die Variablen erhalten die Namen Tstart, Tinterval und Length.
2. Eine Zeit-Array (wird manchmal für ETS-Daten verwendet). Die Zeit-Array erhält den Namen T.

Wenn die Zeiten als Tstart, Tinterval und Length geladen werden, kann man mit dem folgenden Befehl die entsprechende Zeit-Array erstellen:

$$T = \left[\text{Tstart} : \text{Tinterval} : \text{Tstart} + (\text{Length}-1) * \text{Tinterval} \right];$$

Tab. 6.3 Aufbau der
Kopfzeilen

Bytes	Wert
0–3	Datenformat (0, 10 oder 20)
4–7	Anzahl Werte
8–11	1
12–15	0
16–19	Länge des Namens

Tab. 6.4 Aufbau des Datenformats und die ersten vier Bytes beschreiben den Typ der numerischen Daten in der Array

Wert	Beschreibung
0	Doppelt (64-Bit-Gleitkomma)
10	Einzeln (32-Bit-Gleitkomma)
20	Ganzzahl (32-Bit)

Die maximale Dateigröße, die MATLAB öffnen kann, hängt von der Leistung des Computers ab. Es ist daher möglich, dass USB-Oszilloskop eine MATLAB-Datei erstellt, die sich bei einigen Installationen von MATLAB nicht öffnen können. Dies ist beim Speichern von wichtigen Daten zu beachten.

Die beschriebenen Variablen (unter Importieren in MATLAB) werden in einer Reihe von Datenblöcken gespeichert, denen jeweils eine Kopfzeile vorangestellt ist. Jede Variable hat ihre eigene Kopfzeile und ihren eigenen Datenblock und die entsprechenden Variablennamen werden damit gespeichert (z. B. A, B, Tstart). Es soll nun beschrieben werden, wie jede Variable aus der Datei ausgelesen wird.

Die Reihenfolge der Datenblöcke ist nicht festgelegt, Programme sollten also die Variablennamen prüfen, um zu ermitteln, welche Variable gerade geladen wird.

Kopfzeile: Die Datei besteht aus einer Anzahl von Datenblöcken, denen 20-Byte-Kopfzeilen vorangestellt sind. Jede Kopfzeile enthält fünf 32-Bit-Ganzzahlen, wie Tab. 6.3 zeigt.

Tab. 6.4 zeigt den Aufbau des Datenformats und die ersten vier Bytes beschreiben den Typ der numerischen Daten in der Array.

Anzahl Werte: Die Anzahl Werte ist eine 32-Bit-Ganzzahl, welche die Anzahl von numerischen Werten in der Array beschreibt. Dieser Wert kann 1 sein für Variablen, die nur einen Wert beschreiben und für Arrays von Abtastungen oder Zeiten und dies in der Regel eine große Zahl ist.

Länge des Namens: Die Länge des Namens ist die Länge des Namens der Variable als auf Null endende.

ASCII-Zeichenfolge mit 1 Byte pro Zeichen. Das letzte Nullendzeichen (\0) ist in der Länge des Namens enthalten, sodass bei einem Variablenname TStart (wie TStart\0) die Länge des Namens 7 ist.

Datenblock: Der Datenblock beginnt mit dem Namen der Variable (z. B. A, Tinterval) und man sollte die Anzahl von Bytes eingeben, die im Teil Länge des Namens der Kopf-zeile angegeben ist (und dabei beachten, dass das letzte Byte in der Zeichenfolge \0 ist, wenn die Programmiersprache dies berücksichtigt).

Der verbleibende Teil des Datenblocks sind die Daten selbst und man gibt also die Anzahl von Werten ein, die im Teil „Anzahl Werte" der Kopfzeile beschrieben ist. Man sollte dabei bedenken, die Größe jedes Wertes einzugeben, wie sie im Teil „Daten-format" der Kopfzeile beschrieben ist.

Kanaldaten wie Spannungen in Variablen wie A und B werden als 32-Bit-Gleit-kommadaten mit einfacher Genauigkeit gespeichert. Zeiten wie Tstart, Tinterval und T werden als 64-Bit-Gleitkommadaten mit doppelter 32-Bitgenauigkeit gespeichert. Length wird als 32-Bit-Ganzzahl gespeichert.

6.2.3 Menü „Starteinstellungen"

Ermöglicht es die Starteinstellungen vom USB-Oszilloskop zu laden, zu speichern und wiederherzustellen.

((Abb. 6.32a)).

Starteinstellungen speichern: Speichert die aktuellen Einstellungen, wenn man als nächstes „Starteinstellungen laden" wählt. Diese Einstellungen bleiben in USB-Oszilloskop von einer Sitzung zur anderen gespeichert.

Starteinstellungen laden: Kehrt zu den Einstellungen zurück, die man mit der Option „Starteinstellungen laden" erstellt hat.

Starteinstellungen zurücksetzen: Löscht die Starteinstellungen, die man mit dem Befehl „Starteinstellungen speichern" erstellt hat, und stellt die Standardeinstellungen bei der Installation wieder her.

Der Wellenformbibliotheks-Browser ermöglicht es, hunderte von durch Anwender hochgeladene Wellenformen zu durchsuchen, indem man verschiedene Datenfelder aus-füllt. Wenn eine Wellenform gefunden wurde, kann man sie auf Ihrem USB-Oszilloskop-

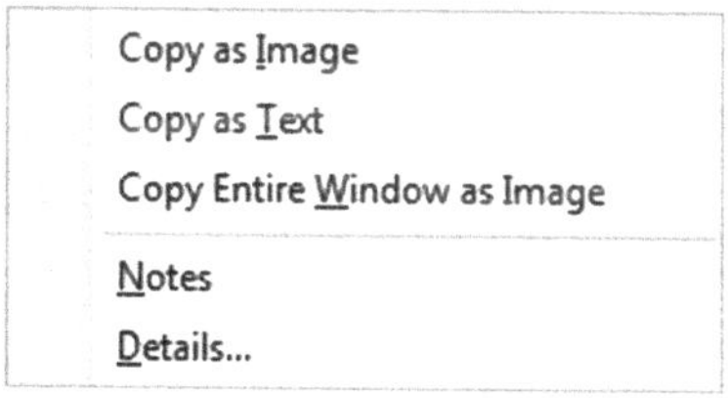

Abb. 6.33 Menü „Bearbeiten" bietet Zugriff auf die Funktionen der Zwischenablage

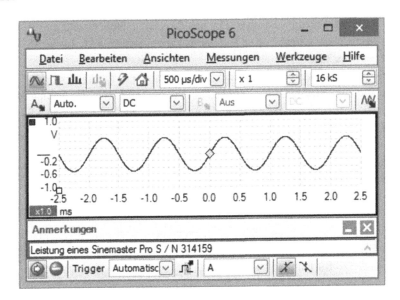

Abb. 6.34 Textfeld zur Eingabe eigener Anmerkungen

Bildschirm in einer Vorschau anzeigen, öffnen oder sogar ihre einzelnen Kanäle als Referenzwellenformen verwenden.

Das Menü „Bearbeiten" bietet Zugriff auf die Funktionen der Zwischenablage und zum Bearbeiten von Anmerkungen, wie Abb. 6.33 zeigt.

Copy as Image (Als Bild kopieren): Kopiert die aktive Ansicht als Bitmap in die Zwischenablage. Man kann dann das Bild in eine beliebige Anwendung einfügen, die Bitmap-Bilder unterstützt.

Copy as Text (Als Text kopieren): Kopiert die Daten in der aktiven Ansicht als Text in die Zwischenablage. Man kann dann die Daten in ein Arbeitsblatt oder eine andere Anwendung einfügen. Das Textformat ist dasselbe, wie wenn man diese im Dialogfeld „Speichern unter" das Format „.txt." wählt.

Gesamtfenster als Bild kopieren: Kopiert ein Bild des USB-Oszilloskop-Fensters in die Zwischenablage. Dies entspricht dem Drücken von Alt-Druck auf einer Standardtastatur und ist als Alternative für Benutzer mit Laptops ohne Druck-Taste vorgesehen. Man kann dann das Bild in eine beliebige Anwendung einfügen, die Bilder anzeigen kann, zum Beispiel ein Textverarbeitungs- oder DTP-Programm.

Anmerkungen: Öffnet einen Bereich „Anmerkungen" am unteren Rand des USB-Oszilloskop-Fensters. Man kann in diesen Bereich eigene Anmerkungen eingeben oder einfügen.

Stammdaten: Öffnet das Dialogfeld „.Stammdaten", in dem die Fahrzeugstammdaten, Kundenstammdaten, Anmerkungen und Kanalbeschriftungen eingegeben werden.

Das Textfeld dient zur Eingabe eigener Anmerkungen, wie Abb. 6.34 zeigt.

Abb. 6.35 USB-Oszilloskop-
Fenster für das Menü
„Ansichten"

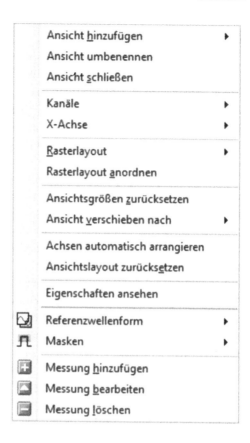

Ein Bereich „Anmerkungen" kann am unteren Rand des USB-Oszilloskop-Fensters angezeigt werden und man kann in diesen Bereich beliebigen Text eingeben. Man kann auch Text aus einem anderen Programm kopieren und hier einfügen. Dieser Text wird übernommen, wenn die Wellenform als Datei gespeichert werden soll.

Steuert das Layout der aktuellen Ansicht, die ein rechteckiger Bereich des USB-Oszilloskop-Fensters ist, in dem das Oszilloskop, Spektrum oder andere Datentypen angezeigt werden. Der Inhalt des Menüs „Ansichten" hängt davon ab, wo man klickt und wie viele Ansichten geöffnet sind. Wenn die aktuelle Ansicht eine Messtabelle enthält, werden ein kombiniertes Menü „Messungen" und Menü „Ansichten" angezeigt, wie Abb. 6.35 zeigt.

Ansicht hinzufügen: Man fügt eine Ansicht des ausgewählten Typs hinzu (Oszilloskop, XY oder Spektrum). Im Modus für automatisches Rasterlayout (Standardmodus) ordnet USB-Oszilloskop das Raster neu an, um Platz für die neue Ansicht zu schaffen, bis zu einem Limit von vier Ansichten. Alle weiteren Ansichten werden als Registerkarten in vorhandenen Ansichtsfenstern hinzugefügt. Wenn man ein Layout mit festem Raster gewählt hat, wird es vom USB-Oszilloskop nicht verändert.

Unteransicht: (Nur Mixed-Signal-Oszilloskop): Schaltet die analoge Ansicht und die digitale Ansicht unabhängig ein oder aus.

Ansicht umbenennen: Ändern Sie die Standardbeschriftung „Oszilloskop" oder „Spektrum" zu einer Bezeichnung Ihrer Wahl.

Ansicht schließen: Eine Ansicht aus dem USB-Oszilloskop-Fenster entfernen. Im Modus für automatisches Rasterlayout (Standardmodus) ordnet USB-Oszilloskop das Raster neu an, um den verbleibenden Platz bestmöglich zu nutzen. Im Modus mit festem Rasterlayout (wenn man ein Layout mit festem Raster gewählt hat) wird das Raster von USB-Oszilloskop nicht verändert.

Kanäle: Man wählt, welche Kanäle in der aktuellen Ansicht sichtbar sein sollen. Jede Ansicht zeigt, wenn sie erstellt wird, alle Eingangskanäle, und man kann jedoch mit diesem Befehl aktivieren bzw. deaktivieren. Es können nur aktivierte Kanäle (in der Symbolleiste „Kanal einrichten" nicht auf Aus gesetzt) angezeigt werden. Das Menü Kanäle listet außerdem Rechenkanäle und Referenzwellenformen auf. Man kann in jeder Ansicht bis zu 8 Kanäle auswählen.

X-Achse: Man wählt einen geeigneten Kanal aus, um die X-Achse zu steuern. Standardmäßig stellt die X-Achse die Zeit dar. Wenn man stattdessen einen Eingangskanal auswählt, wird die Oszilloskopansicht zu einer XY-Ansicht, die einen Eingang gegen einen anderen zeichnet. Ein schnellerer Weg, eine XY-Ansicht zu erstellen, ist der Befehl Ansicht hinzufügen.

Rasterlayout: Das Rasterlayout ist standardmäßig auf den Modus Automatisch gesetzt, in dem USB-Oszilloskop Ansichten automatisch in einem Raster anordnet. Man kann auch eines der Standard-Rasterlayouts auswählen oder ein benutzerdefiniertes Layout erstellen, was USB-Oszilloskop beibehält, wenn man Ansichten hinzufügt oder entfernt.

Arrange Grid Layout (Rasterlayout anordnen): Passt das Rasterlayout an die Anzahl der Ansichten an. Verschiebt Ansichten als Registerkarten in leere Ansichtsfenster. Überschreibt die vorherige Auswahl eines Rasterlayouts.

Ansichtsgrößen zurücksetzen: Wenn man die Größe von Ansichten geändert hat, indem man die vertikale oder horizontale Trennleiste zwischen Ansichtsfenstern verschoben haben, setzt diese Option alle Ansichtsfenster auf ihre ursprüngliche Größe zurück.

Ansicht verschieben nach: Verschiebt eine Ansicht in ein bestimmtes Ansichtsfenster. Man kann eine Ansicht auch an ihrem Kartenreiter ziehen und in einem neuen Ansichtsfenster ablegen.

Ansichten anordnen: Wenn in einem Ansichtsfenster mehrere Ansichten übereinander platziert sind, kann man sie zurück in ihre eigenen Ansichtsfenster verschieben.

Achsen automatisch anordnen: Passt den Skalierungsfaktor und Offset aller Kurven an, um die Ansicht auszufüllen und Überlappungen zu vermeiden.

Ansichtslayout zurücksetzen: Setzt den Skalierungsfaktor und Offset der ausgewählten Ansicht auf die Standardwerte zurück.

Abb. 6.36 Benutzerdefiniertes Rasterlayout

Abb. 6.37 Aufbau der
Messtabelle

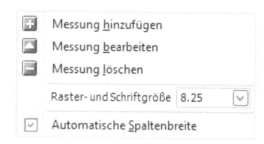

Eigenschaften ansehen: Zeigt die Eigenschaften, in dem normalerweise ausgeblendete Oszilloskopeinstellungen angezeigt werden.

Referenzwellenformen: Man kopiert einen der verfügbaren Kanäle in eine neue Referenzwellenform und fügt sie der Ansicht hinzu.

Masken: Legt fest, welche Masken (siehe Maskengrenzprüfung) sichtbar sind in folgenden Details:

Messung hinzufügen
Messung bearbeiten
Messung löschen

6.2.4 Dialogfeld „Benutzerdefiniertes Rasterlayout"

Rechtsklicken auf die Ansicht   „> Menü „Ansichten" > Grid Layout (Rasterlayout) > Custom Layout (Benutzerdefiniertes Layout)... oder Views (Ansichten) > Grid Layout (Rasterlayout).

Wenn der Bereich Rasterlayout des Menüs „Ansichten" nicht das gewünschte Layout enthält, bietet Ihnen dieses Dialogfeld weitere Optionen, wie Abb. 6.36 zeigt.

Man kann das Ansichtsraster mit einer beliebigen Anzahl von Zeilen und Spalten bis zu 4×4 konfigurieren. Man kann dann die Ansichten auf verschiedene Positionen im Raster ziehen.

6.2.5   Menü „Messungen"

Steuert die Messtabelle, wie Abb. 6.37 zeigt.

Messung hinzufügen: Fügt der Messungstabelle eine Zeile hinzu und öffnet das Dialogfeld „.Messung bearbeiten". Diese Schaltfläche befindet sich auch in der Symbolleiste Messungen".

Messung bearbeiten: Mit dieser Option gelangt man zum Dialogfeld „Messung bearbeiten". Diese Schaltfläche befindet sich auch in der Symbolleiste „Messungen", oder man kann eine Messung bearbeiten, indem man auf eine Zeile in der Messtabelle doppelklickt.

Messung löschen: Entfernt die ausgewählte Zeile aus der Messungstabelle. Diese Schaltfläche befindet sich auch in der Symbolleiste „Messungen".

Raster- und Schriftgröße: Legt die Schriftgröße für Einträge in der Messtabelle fest.

Automatische Spaltenbreite: Wenn man diese Schaltfläche aktiviert, passen sich die Spalten der Messtabelle automatisch an die Breite des Inhalts an, wenn sich die Tabelle ändert. Klickt man erneut auf die Schaltfläche, gibt man sie frei.

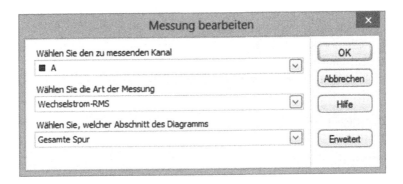

Abb. 6.38 Fenster für „Messung hinzufügen"/„Messung bearbeiten"

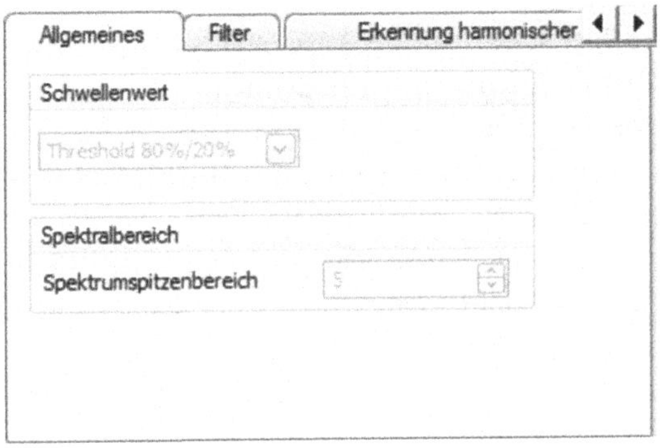

Abb. 6.39 Einstellungen für
Filterung und Spektralanalyse

Dialogfeld „Messung hinzufügen"/„Messung bearbeiten". Doppelklicken auf eine Messung in der Messtabelle und ermöglicht, der ausgewählten Ansicht eine Messung einer Wellenform hinzuzufügen oder eine vorhandene Messung zu bearbeiten, wie Abb. 6.38 zeigt.

USB-Oszilloskop aktualisiert die Messung automatisch bei jeder Aktualisierung der Wellenform. Wenn dies die erste Messung für die Ansicht ist, erstellt USB-Oszilloskop eine neue Messtabelle, um die Messung anzuzeigen; andernfalls fügt es die neue Messung dem Ende der vorhandenen Tabelle hinzu.

Die zu messenden Kanäle des Oszilloskops: USB-Oszilloskop kann ein breites Spektrum an Messungen für Wellenformen berechnen. Oszilloskopmessungen (zur Verwendung mit Oszilloskopansichten) oder Spektrummessungen (zur Verwendung mit Spektralansichten).

Abschnitt: Messen die gesamte Kurve, nur den Abschnitt zwischen Linealen oder ggf. einen einzelnen Zyklus, der durch eines der Lineale markiert ist.

Erweitert: Bietet Zugriff auf erweiterte Messeinstellungen.

„Messung hinzufügen" oder Dialogfeld „Messung bearbeiten > Erweitert". Passt Parameter bestimmter Messungen wie die Filterung und Spektralanalyse an, wie Abb. 6.39 zeigt.

Schwellenwert: Einige Messungen, wie die Anstiegszeit und Abfallzeit, können mithilfe verschiedener Schwellenwerte erstellt werden. Man wählt die entsprechenden hier

Abb. 6.40 Einstellungen
für Filterung mit der
Grenzfrequenz und Filtergröße

Abb. 6.41 Einstellungen
für Erkennung harmonischer
Verzerrungen

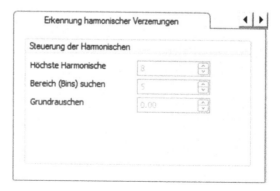

aus. Wenn man Anstiegs-und Abfallzeiten mit den Spezifikationen des Herstellers vergleichen, muss man dieselben Schwellenwerte für alle Messungen verwenden.

Spektralbereich: Wenn Sie Spitzen-bezogene Parameter wie Frequenz bei Spitze in einer Spektralansicht messen, kann USB-Oszilloskop nach einer Spitze nahe der angegebenen Lineal-Position suchen. Diese Option teilt USB-Oszilloskop mit, wie viele Frequenzbereiche durchsucht werden sollen. Der Standardwert ist 5, was USB-Oszilloskop anweist, von zwei Bereichen unter bis zu zwei Bereichen über der Linealfrequenz zu suchen, was einen Gesamtbereich von fünf Bereichen einschließlich der Linealfrequenz ergibt. Abb. 6.40 zeigt die Einstellungen für Filterung mit der Grenzfrequenz und Filtergröße.

Filterregelung: USB-Oszilloskop kann die Statistiken mit einem Tiefpassfilter filtern, um stabilere und präzisere Werte zu erzielen. Die Filterung ist nicht für alle Messungstypen verfügbar.

Filter aktivieren: Man aktiviert diese Option, um die Tiefpassfilterung zu aktivieren (falls verfügbar). Ein F erscheint nach der Messungsbezeichnung in der Messtabelle.

Automatisch: Man aktiviert diese Option, um die Tiefpassfiltereigenschaften automatisch einzustellen.

Grenzfrequenz: Man aktiviert die Filter. Man aktiviert diese Option, um die Tiefpassfilterung zu aktivieren (falls verfügbar). Ein F erscheint nach der Messungsbezeichnung in der Messtabelle. Man aktiviert diese Option, um die Tiefpassfiltereigenschaften automatisch einzustellen.

Die Grenzfrequenz des Filters, normalisiert auf die Messgeschwindigkeit. Bereich: 0 bis 0,5.

Filtergröße: Die Anzahl von Abtastungen, die verwendet werden (Abb. 6.41).

Oberschwingungsregelung: Diese Optionen gelten für Verzerrungsmessungen in Spektralansichten. Man legt fest, welche Oberschwingungen man im USB-Oszilloskop für diese Messungen verwendet.

Höchste Oberschwingung: Die bei der Berechnung der Verzerrungsleistung zu berücksichtigende höchste Oberschwingung.

Suchbereich: Die Anzahl von zu durchsuchenden Frequenzbereichen, zentriert auf die erwartete Frequenz, wenn nach einer Oberschwingungsspitze gesucht wird.

Grundrauschen: Der Pegel in dB, über dem Signalspitzen als Oberschwingung gelten.

Stichwortverzeichnis

© Springer Fachmedien Wiesbaden GmbH, ein Teil von Springer Nature 2024
H. Bernstein, *Messelektronik und Sensoren,* https://doi.org/10.1007/978-3-658-38929-1

Printed in the United States
by Baker & Taylor Publisher Services